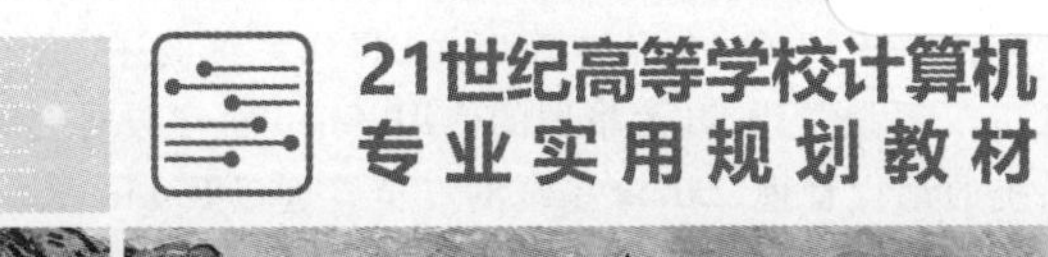

Linux操作系统实用教程

（第2版）

◎ 文东戈 赵艳芹 编著

清華大学出版社
北京

内 容 简 介

本书从易用性和实用性角度出发，主要以终端命令方式介绍 Linux 系统的应用知识，并以 CentOS 7.4 中文版为基础进行编写。全书共分 12 章，内容包括 Linux 操作系统概述、Linux 系统的环境搭建、Linux 操作基础、Linux 文件系统、Linux 系统管理、vi 编辑器的使用、Shell 程序设计、Linux 的网络服务、Linux 系统下的数据库应用、Linux 系统的远程管理、Linux 系统的安全管理以及 Linux 系统下的编程等知识。

本书是众多 Linux 用户、系统运维人员和项目开发人员学习与应用 Linux 系统的理想参考书，可作为高等院校计算机相关专业的教材，也可作为各类 Linux 教学的培训教材及自学参考资料。

图书在版编目(CIP)数据

Linux 操作系统实用教程/文东戈，赵艳芹编著. —2 版. —北京：清华大学出版社，2019（2025.2 重印）
（21 世纪高等学校计算机专业实用规划教材）
ISBN 978-7-302-52939-2

Ⅰ. ①L… Ⅱ. ①文… ②赵… Ⅲ. ①Linux 操作系统－高等学校－教材 Ⅳ. ①TP316.89

中国版本图书馆 CIP 数据核字(2019)第 083589 号

策划编辑：魏江江
责任编辑：王冰飞
封面设计：刘 键
责任校对：李建庄
责任印制：宋 林

出版发行：清华大学出版社
网 址：https://www.tup.com.cn，https://www.wqxuetang.com
地 址：北京清华大学学研大厦 A 座 **邮 编**：100084
社 总 机：010-83470000 **邮 购**：010-62786544
投稿与读者服务：010-62776969，c-service@tup.tsinghua.edu.cn
质量反馈：010-62772015，zhiliang@tup.tsinghua.edu.cn
课件下载：https://www.tup.com.cn，010-83470236
印 装 者：小森印刷霸州有限公司
经 销：全国新华书店
开 本：185mm×260mm **印 张**：21 **字 数**：508 千字
版 次：2010 年 1 月第 1 版 2019 年 9 月第 2 版 **印 次**：2025 年 2 月第16次印刷
印 数：79001～81000
定 价：49.80 元

产品编号：075875-01

出版说明

随着我国改革开放的进一步深化，高等教育也得到了快速发展，各地高校紧密结合地方经济建设发展需要，科学运用市场调节机制，加大了使用信息科学等现代科学技术提升、改造传统学科专业的投入力度，通过教育改革合理调整和配置了教育资源，优化了传统学科专业，积极为地方经济建设输送人才，为我国经济社会的快速、健康和可持续发展以及高等教育自身的改革发展做出了巨大贡献。但是，高等教育质量还需要进一步提高以适应经济社会发展的需要，不少高校的专业设置和结构不尽合理，教师队伍整体素质亟待提高，人才培养模式、教学内容和方法需要进一步转变，学生的实践能力和创新精神亟待加强。

教育部一直十分重视高等教育质量工作。2007 年 1 月，教育部下发了《关于实施高等学校本科教学质量与教学改革工程的意见》，计划实施"高等学校本科教学质量与教学改革工程(简称'质量工程')"，通过专业结构调整、课程教材建设、实践教学改革、教学团队建设等多项内容，进一步深化高等学校教学改革，提高人才培养的能力和水平，更好地满足经济社会发展对高素质人才的需要。在贯彻和落实教育部"质量工程"的过程中，各地高校发挥师资力量强、办学经验丰富、教学资源充裕等优势，对其特色专业及特色课程(群)加以规划、整理和总结，更新教学内容、改革课程体系，建设了一大批内容新、体系新、方法新、手段新的特色课程。在此基础上，经教育部相关教学指导委员会专家的指导和建议，清华大学出版社在多个领域精选各高校的特色课程，分别规划出版系列教材，以配合"质量工程"的实施，满足各高校教学质量和教学改革的需要。

本系列教材立足于计算机专业课程领域，以专业基础课为主、专业课为辅，横向满足高校多层次教学的需要。在规划过程中体现了如下一些基本原则和特点。

(1) 反映计算机学科的最新发展，总结近年来计算机专业教学的最新成果。内容先进，充分吸收国外先进成果和理念。

(2) 反映教学需要，促进教学发展。教材要适应多样化的教学需要，正确把握教学内容和课程体系的改革方向，融合先进的教学思想、方法和手段，体现科学性、先进性和系统性，强调对学生实践能力的培养，为学生知识、能力、素质协调发展创造条件。

(3) 实施精品战略，突出重点，保证质量。规划教材把重点放在公共基础课和专业基础课的教材建设上；特别注意选择并安排一部分原来基础比较好的优秀教材或讲义修订再版，逐步形成精品教材；提倡并鼓励编写体现教学质量和教学改革成果的教材。

(4) 主张一纲多本，合理配套。专业基础课和专业课教材配套，同一门课程有针对不同层次、面向不同应用的多本具有各自内容特点的教材。处理好教材统一性与多样化，基本教材与辅助教材、教学参考书，文字教材与软件教材的关系，实现教材系列资源配套。

(5) 依靠专家，择优选用。在制定教材规划时要依靠各课程专家在调查研究本课程教材建设现状的基础上提出规划选题。在落实主编人选时,要引入竞争机制,通过申报、评审确定主题。书稿完成后要认真实行审稿程序,确保出书质量。

繁荣教材出版事业,提高教材质量的关键是教师。建立一支高水平教材编写梯队才能保证教材的编写质量和建设力度,希望有志于教材建设的教师能够加入到我们的编写队伍中来。

21世纪高等学校计算机专业实用规划教材

联系人:魏江江 weijj@tup.tsinghua.edu.cn

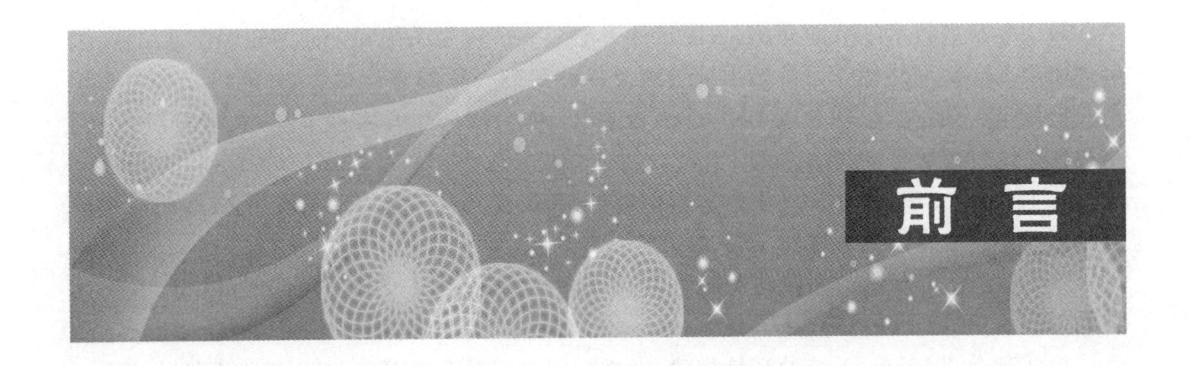

前言

党的二十大报告指出：教育、科技、人才是全面建设社会主义现代化国家的基础性、战略性支撑。必须坚持科技是第一生产力、人才是第一资源、创新是第一动力，深入实施科教兴国战略、人才强国战略、创新驱动发展战略，开辟发展新领域新赛道，不断塑造发展新动能新优势。高等教育与经济社会发展紧密相连，对促进就业创业、助力经济社会发展、增进人民福祉具有重要意义。

Linux 作为一套免费使用和自由传播的类 UNIX 操作系统，由于用户可以无偿地得到它及其源代码，也可以无偿地获得大量的应用程序，并且可以任意地修改和补充它们，而得到了越来越多用户的青睐。Linux 现已广泛应用在一些关键的行业中，如政府、军队、金融、电信及电商等，随着 Linux 在各个行业的广泛应用，企业对 Linux 人才的需求正持续升温。在 Linux 的应用开发、网络服务、嵌入式系统、大数据、人工智能、云计算等方面，都急需大量的专业人才。

本书从第 1 版问世到现在已经 9 年了，这期间得到了广大高校师生和 Linux 爱好者的厚爱，已经重印了十余次。为了适应广大读者的需求，我们修订了本书的核心内容，将 Linux 系统的版本升级到 Red Hat Enterprise Linux 7.4/CentOS 7.4，删除了陈旧的内容，变更了新技术的操作方法，丰富了教学配套资源。

第 2 版与第 1 版结构上是一致的，但是 CentOS 7.4 与之前的 Linux 版本还是有较大的变化，在系统运行级别、软件源的安装、系统服务的管理方法、数据库版本的变更、防火墙的策略及管理等方面都变化较大，本书在适应新系统、新技术的同时，也兼顾了旧系统的操作理念和方法，在技术过渡上也着重地进行了说明。

CentOS 是 Linux 的发行版本之一，它是由 Red Hat Enterprise Linux 开放的源代码所编译而成。由于出自同样的源代码，因此有些要求高度稳定性的服务器以 CentOS 替代商业版的 Red Hat Enterprise Linux 使用。CentOS 目前是应用最为广泛的 Linux 发行版本，它的应用及优势也强于其他同类的 Linux 操作系统，所以本书以 CentOS 7.4 为蓝本讲解 Linux 操作系统的基本操作、系统管理及网络服务建设等内容。本书主要以 Linux 的终端字符界面、多用户、网络操作系统的管理方式进行讲解，兼容 UNIX 的操作理念，抛开了表面的桌面应用，使读者能真正领会 Linux/UNIX 的特性及操作方法。

本书面向高校计算机相关专业的学生和 Linux 的初中级用户，采用由浅入深、循序渐进的讲解方法，在内容编写上充分考虑到初学者的实际需求，通过大量实用的操作指导和有代表性的实例，读者可以直观、迅速地了解并掌握 Linux 操作系统的主要功能和系统管理方法。

本书在编写过程中注重理论与实践相结合，摒弃了一些艰深的计算机专业术语以及对一些较为复杂的技术细节的介绍,力图让读者形成一个较为系统和全面的知识体系结构,了解现实中 Linux 网络操作系统的系统管理及各种网络服务的建设过程,并能将学会的知识与技能用于实践。所以本书以实用、够用为原则,内容详细全面,实例丰富,浓缩了 Linux 网络操作系统管理服务知识的精华。

本书共分 12 章,每章都以丰富的实例进行讲解,读者可以按照目录次序依次阅读,也可以根据需要查找特定内容进行学习。

第 1 章对 Linux 操作系统进行概述,包括自由软件的含义及其相关词语,Linux 操作系统的发展历史、版本特点等。

第 2 章介绍 Linux 系统的环境搭建,考虑到用户和现有的 Windows 操作系统的兼容问题,介绍多重引导及虚拟平台的安装使用方法,同时也介绍多用户的操作系统在登录及关闭系统时的不同方式。

第 3 章介绍 Linux 系统的基本操作,包括 Linux 系统与 Shell 的关系、常用的简单命令、一般命令格式、Shell 命令的高级操作、Linux 的 X-Window、GNOME 桌面环境及其系统菜单等内容。

第 4 章主要介绍 Linux 文件系统的基本知识,包括文件的含义及操作、目录结构、文件类型、文件权限和文件链接等内容。

第 5 章介绍 Linux 系统管理的方法,包括用户和组管理、软件包管理、网络通信管理、进程管理、系统服务管理和磁盘操作管理等。

第 6 章对 Linux 环境下的编辑器进行介绍,重点讲解利用 vi 编辑器建立、编辑、加工处理文本文件的操作方法等内容。

第 7 章介绍 Shell 脚本程序设计中的语法结构、变量定义及赋值、特殊符号、控制语句等内容,并给出了实例。

第 8 章介绍 Linux 的网络服务器配置及架设方法,包括 NFS 服务、Web 服务、FTP 服务以及 Samba 服务。

第 9 章介绍 Linux 系统下 MySQL 数据库的基本操作和远程管理方法,以及 PHP 访问 MySQL 数据库的环境构建及网络编程的基本方法。

第 10 章介绍 Linux 系统远程管理的方式,主要介绍 4 种远程管理软件的配置及使用方法:字符方式的 Telnet、SSH、C/S 方式的远程桌面 VNC 以及基于 B/S 方式的 Webmin。

第 11 章介绍 Linux 系统的安全管理知识,并着重介绍 Linux 中的日志管理以及系统防火墙的设置等。

第 12 章介绍 Linux/UNIX 操作系统下的各种开发平台和开发方法、常用的 Linux 编程环境和工具,包括 Linux 下的 C/C++语言编程、Java 语言编程、Linux 下的编程工具 GNU make、程序调试工具 GDB、网络编程概念、嵌入式开发平台等内容。

本书是以目前最新发行版本的技术进行编写的,难免有不妥之处,欢迎读者批评指正。另外,本书提供教学课件、教学大纲、电子教案、程序源码、习题答案,读者可以扫描封底的课件二维码下载。

编　者
2019 年 7 月

目录

第1章

Linux操作系统概述

Linux操作系统是自由软件的杰出代表,受到业内人士的广泛关注。本章对Linux操作系统进行概述,主要针对Linux的有关特性进行介绍,包括自由软件的含义,Linux操作系统的组成、内核、特点、版本及发展历史等内容,并特别对CentOS做了简单介绍。

本章的学习目标

- 了解什么是自由软件及相关词语。
- 掌握Linux操作系统的组成及特点。
- 了解Linux操作系统的内核特点。

1.1 自由软件简介

Linux是自由软件的代表,同时它也是一个操作系统,运行在该系统上的应用程序几乎都是自由软件,Linux是免费的、源代码开放的,编写它的目的是建立不受任何商业化软件版权制约的、全世界都能自由使用的UNIX兼容产品。

1.1.1 自由软件的含义

自由软件是指用户拥有以下3个层次自由的软件。

(1) 研究程序运行机制,源代码公开并有根据用户自己的需要修改它的自由。

(2) 重新分发副本,以使其他人能够共享软件的自由。

(3) 改进程序,为使他人受益而散发它的自由。

简言之,就是用户有运行、复制、改进软件的自由。

你也许花钱或免费得到了自由软件的副本,然而,不管你如何得到副本,你都有复制和更改软件的自由,在GNU计划中,我们使用CopyLeft来合法地保护每个人的自由。

1.1.2 自由软件相关词语

自由软件运动是由Richard Stallman在1983年9月27日公开发起的。它的目标是创建一套完全自由的操作系统。从而自由软件基金会(FSF)、GPL协议和GNU项目就此诞生,掀开了自由软件革命的序幕。

1. 自由软件基金会(FSF)

自由软件基金会(Free Software Foundation,FSF)是启动GNU工程的组织,他们的基本原则是:源代码是计算机科学进一步深入发展的基础,而且对于持续的革新而言,可以自由地得到的源代码确实是必要的。FSF是Richard Stallman于1985年创立的,为GNU计划提供技术、法律以及财政支持。尽管 GNU 计划大部分时候是由个人自愿无偿贡献,但 FSF 有时还是会聘请程序员帮助编写。当 GNU 计划开始逐渐获得成功时,一些商业公司开始介入开发和技术支持。

2. GPL 协议

通用公共许可协议(General Public License,GPL)是与传统商业软件许可协议 CopyRight 对立的,所以又被戏称为 CopyLeft,就是被称为“反版权”的概念。GPL 保证任何人有共享和修改自由软件的自由。任何人有权取得、修改和重新发布自由软件的源代码,并且规定在不增加附加费用的条件下可以得到自由软件的源代码。同时还规定自由软件的衍生作品必须以 GPL 作为它重新发布的许可协议。

3. GUN 工程

到了 20 世纪 80 年代,几乎所有的软件都是私有的,这意味着它有一个不允许其他用户与其共同拥有并且拒绝合作的私有产品。

每个计算机的使用者都需要一个操作系统;如果没有自由的操作系统,那么如果你不求助于私有软件,你甚至不能开始使用一台计算机。所以自由软件议事日程的第一项就是自由的操作系统。一个操作系统不仅仅是一个内核,它还包括编译器、编辑器、文本排版程序、电子邮件软件等。因此,创作一个完整的操作系统是一份十分庞大的工作。

GNU 工程已经开发了一个被称为“GNU”(GNU 是由“GNU's Not Unix”所定义出的首字母缩写)的、对 UNIX 向上兼容的、完整的自由软件系统(free software system),其中“free”指的是自由(freedom),而不是价格。

GNU 计划是由 Richard Stallman 于 1983 年 9 月 27 日公开发起的。它的目标是创建一套完全自由的操作系统。Richard Stallman 最早是在 net. unix-wizards 新闻组上公布该消息,并附带一份《GNU 宣言》解释为何发起该计划,其中一个理由就是要“重现当年软件界合作互助的团结精神”。

由于 UNIX 的全局设计已经得到认证并且广泛流传,自由软件发起者决定使操作系统与 UNIX 兼容。同时这种兼容性使 UNIX 的使用者很容易地转移到 GNU 上来。

自由的类似于 UNIX 内核的初始目标已经达到了。1991 年 Linus Torvalds 编写了与 UNIX 兼容的 Linux 操作系统内核并在 GPL 条款下发布。Linux 之后在网上广泛流传,许多程序员参与了开发与修改。1992 年 Linux 与其他 GNU 软件结合,完全自由的操作系统正式诞生。该操作系统往往被称为“GNU/Linux”或简称 Linux,一个基于 Linux 的 GNU 系统。目前估计有上百万人在使用基于 Linux 的 GNU 系统,包括 Slackware、Debian、Red Hat 等。然而,GNU 工程并不限于操作系统。他们的目标是提供所有类型的软件,包括应用软件。许多 UNIX 系统上也安装了 GNU 软件,因为 GNU 软件的质量比之前 UNIX 的软件还要好。GNU 工具还被广泛地移植到 Windows 和 MacOS 上。

1.2 Linux 操作系统简介

Linux 操作系统作为自由软件的代表,它的开源、免费、强大的功能,安全稳定的性能,优秀众多的维护团队以及快速发展的势头等优势使之在当今操作系统中占有重要的地位。

1.2.1 Linux的发展历史

1. Linux操作系统的产生

Linux是一套免费使用和自由传播的类UNIX操作系统，它主要用于基于Intel x86系列CPU的计算机上。这个系统是由全世界各地的成千上万的程序员设计和实现的。其目的是建立不受任何商品化软件的版权制约的、全世界都能自由使用的UNIX兼容产品。

Linux的出现最早开始于一位名叫Linus Torvalds的计算机业余爱好者，当时他是芬兰赫尔辛基大学的学生。从1990年底到1991年的几个月中，他为了自己的操作系统课程和后来的上网用途而编写了Linux，他的目的是想设计一个代替Minix(是由一位名叫Andrew Tannebaum的计算机教授编写的一个操作系统示教程序)的操作系统，这个操作系统可用于386、486或奔腾处理器的个人计算机上，并且具有UNIX操作系统的全部功能，这是Linux最初的雏形。Linus Torvalds于1991年底在赫尔辛基大学的一台FTP服务器上发了一则消息，说用户可以下载Linux的公开版本(基于Intel 386体系结构)和源代码。从此以后，奇迹开始发生了。

Linux的兴起可以说是Internet创造的一个奇迹。到1992年1月止，全世界只有100个左右的人在使用Linux，但由于它是在Internet上发布的，网上的任何人在任何地方都可以得到Linux的基本文件，并可通过电子邮件发表评论或者提供修正代码，这些Linux的热心者有将之作为学习和研究对象的大专院校的学生和科研机构的科研人员，也有网络黑客等，他们所提供的所有初期上传代码和评论，后来证明对Linux的发展至关重要。正是在众多热心者的努力下，使Linux在不到三年的时间里成了一个功能完善、稳定可靠的操作系统。

2. Linux操作系统的发展

由于Linux是一套具有UNIX全部功能的免费操作系统，它在众多的软件中占有很大的优势，为广大的计算机爱好者提供了学习、探索以及修改计算机操作系统内核的机会。另外，由于Linux是一套自由软件，用户可以无偿地得到它及其源代码，可以无偿地获得大量的应用程序，而且可以任意地修改和补充它们。

Linux是自由软件和开放源代码软件的代名词。正是这些特点带动了Linux操作系统的飞速发展，各种集成在Linux上的开源软件和实用工具也得到了广泛的应用和普及。

(1) Linux在服务器领域的发展。随着开源软件在世界范围内影响力日益增强，Linux服务器操作系统在整个服务器操作系统市场格局中占据了越来越多的市场份额，已经形成了大规模市场应用的局面，并且保持着快速的增长率，尤其在政府、金融、农业、交通、电信等国家关键领域。此外，考虑到Linux的快速成长性以及国家相关政策的扶持力度，Linux服务器产品一定能够冲击更大的服务器市场。

据权威部门统计，目前Linux在服务器领域已经占据了75%的市场份额，同时，Linux在服务器市场的迅速崛起已经引起全球IT产业的高度关注，并以强劲的势头成为服务器操作系统领域中的中坚力量。

(2) Linux在桌面领域的发展。近年来，特别在国内市场，Linux桌面操作系统的发展趋势非常迅猛。国内如中标麒麟Linux、红旗Linux、深度Linux等系统软件厂商都推出了Linux桌面操作系统，目前已经在政府、企业、OEM等领域得到了广泛应用。另外，SUSE、

Ubuntu 也相继推出了基于 Linux 的桌面系统,特别是 Ubuntu Linux,已经积累了大量社区用户。但是,从系统的整体功能、性能来看,Linux 桌面系统与 Windows 系列相比还有一定的差距,主要表现在系统易用性、系统管理、软硬件兼容性、软件的丰富程度等方面。

(3) Linux 在移动嵌入式领域的发展。Linux 的低成本、强大的定制功能以及良好的移植性能,使得 Linux 在嵌入式系统方面也得到广泛应用,目前 Linux 已广泛应用于手机、平板电脑、路由器、电视和电子游戏机等领域。在移动设备上广泛使用的 Android 操作系统就是创建在 Linux 内核之上的。目前,Android 已经成为全球最流行的智能手机操作系统,据 2018 年权威部门最新统计,Android 操作系统的手机销量在全球市场上的占比达到 86.2%。

(4) Linux 在云计算/大数据领域的发展。互联网产业的迅猛发展促使云计算、大数据产业形成并快速发展,云计算、大数据作为一个基于开源软件的平台,Linux 占据了核心优势,据 Linux 基金会的研究,86%的企业已经使用 Linux 操作系统进行云计算、大数据平台的构建,目前,Linux 已开始取代 UNIX 成为最受青睐的云计算、大数据平台操作系统。

1.2.2 Linux 的内核版本与发行版本

在 Linux 中最重要的部分就是"内核"(kernel),它是 Linux 的主体,内核负责控制硬件设备、文件系统、进程调度以及其他工作,但是并不包括应用程序,然而一个称职的操作系统,除了有一个强大的内核功能外,其他的应用程序也是必不可少的组件,否则空有一个好的架构也无法发挥实际功效。

所有的内核都源自 Linus Torvalds 的 Linux 内核,无论版本名称或发行商是什么,就是因为它们有相同的内核,所以它们都属于 Linux 的大家庭,它们之间的差别只在于所包含的软件种类及数量不同而已。Linux 的版本号分为两部分:内核版本(kernel)与发行版本。

1. Linux 的内核版本

Linux 的内核版本表示方法发生几次变化,在 1.0～2.6 版本之间由 3 组数字组成:r.x.y。

r:目前发布的 Kernel 主版本。

x:偶数是稳定版本,奇数是开发中的版本。

y:错误修补次数。

一般来说,x 位为偶数的版本表明这是一个可以使用的稳定版本,如 2.6.18;x 位为奇数的版本一般加入了一些新内容,不一定稳定,是测试版本,如 2.7.22。

在 2.6～3.0 版本之间由 4 组数字组成:r.x.y.z。其中近 7 年的时间里前两个数 r.x 即"2.6"保持不变,y 随着新版本的发布而增加,z 代表一些 Bug 修复、安全更新、添加新特性和驱动的次数。

3.0 版本之后是"r.x.y"格式,x 随着新版本的发布而增加,y 代表一些 Bug 修复、安全更新、新特性和驱动的次数。这种表示方式中不再使用偶数代表稳定版、奇数代表开发版这样的命名方式。例如,3.7.0 代表的不是开发版,而是稳定版。

CentOS 7 系统使用的内核版本是 3.10.0。

2. Linux 的发行版本

就是因为 Linux 免费的内核,以及允许用户或厂商自行搭配其他应用程序的特性,目前世界上已经有几百种不同的组合,这些不同的厂商把发布的内核、源代码及相关的应用程序组织构成一个完整的操作系统，让一般的用户可以简便地安装和使用 Linux，这就是所谓的发行版本。相对于内核版本，发行版本号随着发布者的不同而不同，与系统内核的版本号是相对独立的。常见的发行版本有 Red Hat Linux、Redflag Linux、Mandrake Linux 及 Ubuntu Linux 等。

1.2.3 Linux 软件体系结构

Linux 软件体系结构如图 1-1 所示，标识了系统的软件部分，以及它们对于用户和硬件的逻辑关系。下面自底向上简要描述每个软件层。

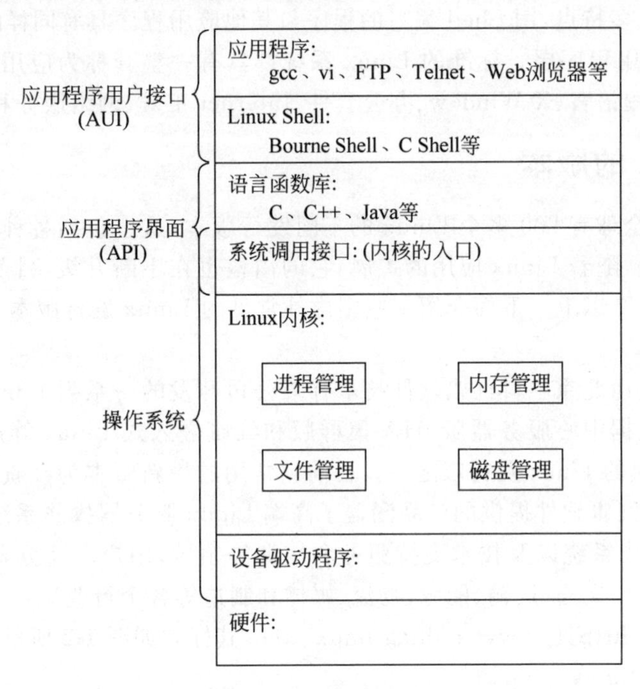

图 1-1　Linux 操作系统软件体系结构

(1) 设备驱动程序层。设备驱动程序层的功能是和各种各样的硬件设备交互，它用独立的程序和每一种设备交互。当用户命令或应用程序需要执行硬件相关的操作，如文件读写时，这些程序代表 Linux 内核去执行。用户没有直接访问这些程序的权限，所以不能把它们当成命令执行。

(2) Linux 内核层。Linux 内核层是 Linux 系统的核心，是运行程序、管理磁盘和操控打印机等硬件设备的核心程序，包括 CPU 调度、作业管理、内存管理、文件管理、磁盘管理等。

(3) 系统调用接口层。系统调用接口层包含进入内核代码的切入点。因为所有系统资源被内核管理，任何涉及访问系统资源的用户请求或应用程序请求，必须由内核代码处理。但出于安全的原因，用户进程不能随意访问内核代码。为了让用户进程能启动内核代码的运行，Linux 提供了一些方法或函数调用，称作系统调用。众多的系统调用允许用户操纵进程、文件和其他系统资源。这些调用是经过严格测试的，所以使用它们比使用任何用户自己编写的完成相同功能的代码要安全得多。

(4) 语言函数库层。语言函数库层是一组预先写好和测试过的可以被程序员用于开发软件的函数。函数库的实用性以及它的应用为程序员节省了时间,因为他们不再需要从头开始写这些函数。这一层包含了几种语言的函数库,如C、C++、Java和FORTRAN。例如,C语言有几个函数库,包括字符串函数、数学函数等。

函数库和系统调用层统称为应用程序界面(API)。换句话说,用某种语言例如C语言编写软件的程序员,可以在他们的代码中使用函数库和系统调用。

(5) Linux Shell层。Linux Shell层是Linux系统的用户界面,提供了用户与内核进行交互操作的一种接口。它接收用户输入的命令并把它送入内核去执行。实际上Shell是一个命令解释器,它解释由用户输入的命令,并且把它们送入内核。另外,Shell编程语言具有普通编程语言的很多特点,用Shell编写的程序与其他应用程序具有同样的效果。

(6) Linux应用程序层。标准的Linux系统都具有一整套称为应用程序的程序集,包括文本编辑器、编程语言、X-Window、办公套件、Internet工具、网络服务和数据库等。

1.2.4 Linux的版本

到目前为止,全球有200多个Linux的不同发行版本,这里包括各种内核版本、各种语言、各种桌面环境。随着Linux应用的扩展,它的内核也在不断升级,目前大多数Linux发行版的内核都在3.0以上。下面介绍一些国内外常见的Linux发行版本。

1. 红旗Linux

红旗Linux是由北京中科红旗软件技术有限公司开发的一系列Linux发行版,包括桌面版、工作站版、数据中心服务器版、HA集群版和红旗嵌入式Linux等产品。红旗Linux是中国较大、较成熟的Linux发行版之一。目前它常用的最新版本为红旗Linux桌面版9.0及服务器版7.0。红旗软件提供的产品涵盖了高端Linux服务器操作系统、集群系统、桌面版操作系统、嵌入式系统以及技术支持服务和培训等领域,用户广泛分布在政府、邮政、教育、电信、金融、保险、交通、运输、能源、物流、媒体和制造等各个行业。

其官方网站为http://www.redflag-linux.com,其标志如图1-2所示。

2. openSUSE Linux

openSUSE是著名的Novell公司旗下的Linux的发行版,发行量在欧洲占第一位。它采用的KDE 4.3作为默认桌面环境,同时也提供GNOME桌面版本。它的软件包管理系统采用自主开发的YaST,颇受好评。它的用户界面非常华丽,甚至超越Windows 7,而且性能良好,最新版本是openSUSE Leap 15.0。openSUSE是一个一般用途的基于Linux内核的GNU/Linux操作系统,由openSUSE项目社区开发维护,该项目由SUSE等公司赞助。

其中文社区网站为http://cn.opensuse.org,标志如图1-3所示。

图1-2 红旗Linux标志

图1-3 openSUSE Linux标志

3. Ubuntu Linux

Ubuntu(友帮拓、优般图、乌班图)是一个以桌面应用为主的开源GNU/Linux操作系统,Ubuntu是基于Debian GNU/Linux,支持x86、amd64(即x64)和ppc架构,由全球化的专业开发团队(Canonical Ltd)打造的。Ubuntu基于Debian发行版和GNOME桌面环境,而从11.04版起,Ubuntu发行版放弃了GNOME桌面环境,改为Unity,与Debian的不同在于它每6个月会发布一个新版本。Ubuntu的目标在于为一般用户提供一个最新的、同时又相当稳定的主要由自由软件构建而成的操作系统。Ubuntu具有庞大的社区力量,用户可以方便地从社区获得帮助。

其官方网站为https://www.ubuntu.com,标志如图1-4所示。

4. Red Hat Linux

Red Hat Linux是世界上最流行的Linux发行版之一。Red Hat Linux 9.0版本以后,改成了发行Fedora Core桌面版及Red Hat Enterprise Linux企业版。桌面版提供了更强大、更安全、更富有弹性的操作系统。CentOS Linux也是来自于Red Hat Enterprise Linux依照开放源代码规定释出的源代码所编译而成。由于出自同样的源代码,因此有些要求高度稳定性的服务器以CentOS替代商业版的Red Hat Enterprise Linux使用。目前最新的版本为Red Hat Enterprise Linux 7。2018年10月29日,IBM宣布以340亿美元的价格收购Red Hat。

其官方网站为http://www.redhat.com,标志如图1-5所示。

图1-4 Ubuntu Linux标志

图1-5 Red Hat Linux标志

5. Debian Linux

广义的Debian是指一个致力于创建自由操作系统的合作组织及其作品,由于Debian项目众多内核分支中以Linux宏内核为主,而且Debian开发者所创建的操作系统中绝大部分基础工具来自于GNU工程,因此"Debian"常指Debian GNU/Linux。Debian含有大量的软件包,提供良好的稳定性和大量的教程,帮助开发人员解决问题。Debian测试分支有所有最新的软件,并且非常稳定,适合高级程序员和系统管理员使用。

其官方网站为https://www.debian.org,标志如图1-6所示。

图1-6 Debian Linux标志

1.2.5 Linux的特点

Linux操作系统在短短的几年之内得到了非常迅猛的发展,这与Linux具有良好的特性是分不开的。简单地说,Linux具有以下主要特性。

1. 开放性

开放性是指系统遵循世界标准规范,特别是遵循开放系统互连(OSI)国际标准,凡是遵循这个国际标准所开发的硬件和软件,都能彼此兼容,可方便地实现互联。

2. 多用户

多用户是指系统资源可以被不同用户使用,每个用户对自己的资源(如文件、设备)有特定的权限,互不影响。

3. 多任务

多任务是现代计算机最主要的一个特点。它是指计算机同时执行多个程序,而且各个程序的运行相互独立。Linux 系统调度每一个进程平等地访问微处理器,由于 CPU 的处理速度非常快,其结果是,启动的应用程序看起来好像在并行运行。事实上,从处理器执行一个应用程序中的一组指令,到 Linux 调度微处理器再次运行这个程序之间只有很短的时间延迟,用户感觉不到。

4. 良好的用户界面

Linux 向用户提供了两种界面:用户界面和系统调用。Linux 的传统用户界面是基于文本的命令行界面(即 Shell),它既可以联机使用,又可以存储在文件上脱机使用。Shell 有很强的程序设计能力,用户可方便地用它编制程序,从而为用户扩充系统功能提供了更高级的手段。可编程 Shell 是指将多条命令组合在一起,形成一个 Shell 程序,这个程序可以单独运行,也可以与其他程序同时运行。

系统调用给用户提供编程时使用的界面。用户可以在编程时直接使用系统提供的系统调用命令。系统通过这个界面为用户程序提供高效率的服务。

Linux 还为用户提供了一个更直观、更易操作和交互性更强的友好图形化界面。用户可以利用鼠标、菜单、窗口、滚动条等图形用户界面工具管理系统。

5. 设备独立性

设备独立性是指操作系统把所有外部设备统一当作文件对待,只要安装设备的驱动程序,任何用户都可以像使用文件一样,操纵、使用这些设备,而不必知道它们的具体存在形式。

具有设备独立性的操作系统通过把每一个外围设备看作一个独立文件来简化增加新设备的工作。当需要增加新设备时,系统管理员就在内核中增加必要的连接。这种连接(也称作设备驱动程序)保证每次调用设备提供服务时,内核都以相同的方式来处理它们。当新的及更好的外设被开发并交付用户时,操作系统允许在这些设备连接到内核后,就能不受限制地立即访问它们。设备独立性的关键在于内核的适应能力。其他操作系统只允许一定数量或一定种类的外部设备连接。而设备独立性的操作系统能够容纳任意种类及任意数量的设备,因为每一个设备都是通过其与内核的专用连接进行独立访问的。

Linux 是具有设备独立性的操作系统,它的内核具有高度适应能力,随着更多的程序员加入 Linux 编程工作,会有更多硬件设备加入到各种 Linux 内核和发行版本中。另外,由于用户可以免费得到 Linux 的内核源代码,因此,用户可以修改内核源代码,以便适应新增加的外部设备。

6. 提供了丰富的网络功能

完善的内置网络是 Linux 的一大特点。Linux 在通信和网络功能方面优于其他操作系统。Linux 为用户提供了完善的、强大的网络功能。

支持 Internet 是其网络功能之一。Linux 免费提供了大量支持 Internet 的软件,

Internet 是在 UNIX 领域中建立并繁荣起来的，因此在这方面使用 Linux 是相当方便的，用户能用 Linux 与世界上的其他人通过 Internet 网络进行通信。

文件传输是其网络功能之二。用户能够通过一些 Linux 命令完成内部信息或文件的传输。

远程访问是其网络功能之三。Linux 不仅允许进行文件和程序的传输，它还为系统管理员和技术人员提供了访问其他系统的窗口。通过这种远程访问的功能，一位技术人员能够有效地为多个系统提供服务，即使这些系统位于相距很远的地方。

7. 可靠的系统安全性

Linux 采取了许多安全技术措施，包括对设备和文件的读写控制、带保护的子系统、审计跟踪、核心授权等，这为网络多用户环境中的用户提供了必要的安全保障。

8. 良好的可移植性

Linux 是一种可移植的操作系统，能够在从微型计算机到大型计算机的任何环境中和任何平台上运行。可移植性为运行 Linux 的不同计算机平台与其他任何机器进行准确而有效的通信提供了手段，不需要另外增加特殊和昂贵的通信接口。

9. 兼容其他 UNIX 系统

因为同样遵循 POSIX(Portable Operating System for UNIX)标准来开发，所以 Linux 与现今的 System V 以及 BSD 等主流 UNIX 系统均可兼容，而原来 UNIX 系统下可以执行的程序，也几乎可以完全移植到 Linux 上。

10. 支持多种文件系统

Linux 可以将许多不同的文件系统以挂载的方式加入，包括 Windows FAT32、NTFS、OS/2 的 HPFS，甚至网络上其他计算机所共享的文件系统 NFS 等，都是 Linux 支持的文件系统。

1.2.6　关于 CentOS

CentOS(Community Enterprise Operating System)的中文意思是社区企业操作系统，是 Linux 发行版之一，也是市场应用最广泛的 Linux 系统之一。它是来自于 Red Hat Enterprise Linux 依照开放源代码规定释出的源代码所编译而成的。由于出自同样的源代码，因此有些要求高度稳定性的服务器以 CentOS 替代商业版的 Red Hat Enterprise Linux 使用。二者的不同在于 CentOS 并不包含封闭源代码软件。

CentOS 是一个基于 Red Hat Linux 提供的可自由使用源代码的企业级 Linux 发行版本。每个版本的 CentOS 都会获得十年的支持(通过安全更新方式)。新版本的 CentOS 大约每两年发行一次，而每个版本的 CentOS 会定期(大概每 6 个月)更新一次，以便支持新的硬件。这样，就建立了一个安全、低维护、稳定、高预测性、高重复性的 Linux 环境。

Red Hat Enterprise Linux (RHEL)是黄金标准的企业发行版。它每 5 年左右更新一次，在系统的稳定性、前瞻性和安全性上有着极大的优势。CentOS 是 RHEL 发行版对应的开源版本，通常在 Red Hat 的发布后就会很快发行。人们使用 CentOS 的原因在于 RHEL 商业版的标准支持服务费用非常高，而 CentOS 是从 Red Hat 源代码编译重新发布版。CentOS 去除很多与服务器功能无关的应用，系统简单但非常稳定，命令行操作可以方便管理系统和应用，并且有帮助文档和社区的免费支持。

CentOS 在 2014 年初宣布加入 Red Hat。同年中期,系统更新为 7.0 版本,现在最新版为 7.5,内核为 3.10.0,同期与其匹配的系统 Red Hat Enterprise 7 版本在操作理念、命令及配置的变化上几乎相同。CentOS 6.0 之前的版本一旦确定了主版本,除了安全问题和严重故障会被修复以外,其他内容将不会做任何改变。这虽然对稳定性有好处,但是对许多服务不利。例如,MySQL 和 PHP 服务,它们在这 5 年的 CentOS/RHEL 主版本发布周期中会进行繁重的开发和大量的修改。其中,MySQL 5.0 是当前 RHEL/CentOS 主版本所默认使用的版本,但是当前 MySQL 已经更新到了 5.1 和 5.5 版本。幸运的是,这个问题在 CentOS 6.0 之后版本被 Yum 软件仓库管理器轻易地解决了。如此一来,那些主要的软件,如当前 RHEL/CentOS 中实际的组件,包括内核和所有工具等,仍然来自发行版,但是那些附加的软件,如 Nginx、Apache、PHP、Java 和 MySQL 等,来自更新的软件源,如 Fedora,或者直接从开发商获取更新的版本,如 MySQL。在这里,我们有自己专用的安装映像来全自动地处理所有这些事情。

本书以 CentOS 7 系统为蓝本,讲解 Linux 操作系统的基本操作方法。Linux 操作系统的版本发展很快,它主要是对硬件的支持、应用软件的更新,而它遵循的 UNIX 的操作理念、网络管理、远程控制方式不变。本书主要以 Linux 的终端字符界面、多用户、网络操作系统的管理方式进行讲解,兼容 UNIX 的操作理念,抛开了表面的桌面应用方法,使读者能真正领会 Linux/UNIX 的精髓及操作方法。

1.3 本章小结

本章主要对 Linux 操作系统做了概述,其中包括什么是自由软件以及相关的术语,Linux 操作系统的组成、内核、特点、版本及发展历史等内容,最后对 Red Hat Linux 做了简单介绍。本章主要让读者了解 Linux 操作系统的特性,对 Linux 操作系统的重要性及其发展前景有个总的认识。

1.4 思考与实践

1. 什么是自由软件?什么是 GPL、GNU?
2. Linux 操作系统的内核版本有什么特点?
3. 简述 Linux 操作系统的组成及特点。
4. 常用的 Linux 操作系统有哪些版本?掌握在 Internet 上获取某一版本的 Linux 系统的途径及方法。

第2章

Linux 系统的环境搭建

本章主要介绍 CentOS 7 操作系统的分区、安装方式、安装步骤、系统的引导过程、启动模式、登录方式、注销及关闭等内容，并详细介绍 VMware 虚拟平台下的网络模式，以及如何在 Windows 下虚拟安装 Linux 系统、Linux 系统启动模式的切换、多用户状态下如何关闭系统等问题。

本章的学习目标

- 掌握 Linux 操作系统的安装方式及安装步骤。
- 了解 Linux 操作系统的分区方法。
- 掌握 VMware 平台下的 Linux 虚拟机与主机的网络构建。
- 了解 Linux 系统的启动过程。
- 掌握 Linux 操作系统的注销、关闭方式。

2.1 Linux 系统的安装准备

安装 Linux 操作系统，用户首先要明确安装的系统和现有计算机操作系统的关系，掌握 Linux 操作系统安装的一般性常识，确定安装方法，方可进行，否则会对现有操作系统（如 Windows 操作系统的文件）造成无法挽回的损失。

2.1.1 CentOS 7 安装程序的获取

1. 免费从网上下载

目前，Linux 操作系统的各种最新版本的安装程序 ISO 映像文件都可以在网上免费下载，最新的 CentOS 发行版本可以直接访问官方开源映像网站 http://mirror.centos.org，从网站可以看到各个版本目录，进入相应的版本目录后，会发现 isos 目录，这个就是存放 ISO 格式映像的目录，用户可以选择不同的网站下载。

2. ISO 映像版本

CentOS 操作系统官网上提供不同的发行映像版本，用户可以根据自己的需要，下载不同的版本进行安装。

CentOS 提供的映像文件格式如下：

```
CentOS - 7 - x86_64 - DVD - 1804.iso
```

其中，x86_64：安装的系统为 64 位并向下兼容 32 位。

1804：为 CentOS 7 的版本号。

DVD：为不同的映像版本，DVD 版。

除了 DVD 版外，官网上还提供其他各种安装形式的映像版本，如下所示。

(1) DVD：系统标准安装版，DVD 本身包含了软件，不需要依赖于网络进行安装，此版为大多数用户使用的推荐安装版本。

(2) Minimal：精简版，安装一个最基本的系统，具有一个功能系统所需的最少的软件包。

(3) NetInstall：网络版，这是网络安装和救援映像。根据选择的软件列表从网上下载安装。

(4) LiveKDE：KDE 桌面版。

(5) LiveGNOME：GNOME 桌面版。

(6) Everything：最新完整版，对完整版安装盘的软件进行补充，集成所有软件。

其对应的版本映像 ISO 文件(如 CentOS-7-x86_64-Everything-1804.iso)下载到本地，就可以进行系统安装了。

2.1.2 硬件需求

安装 CentOS 7/Red Hat Enterprise Linux 7 所需要的硬件要求如下。

1. 硬件的兼容性

CentOS 7 应该与最近两年的多数硬件兼容，然而，硬件的技术规范几乎每天都在发展变化，因此很难保证百分之百地兼容，最新的硬件支持列表可以在官网上查到，官网网址为 https://www.centos.org。

2. 最低配置要求

(1) CPU。CentOS 7 对 CPU 要求不是很高，现在的 CPU 都可满足要求，但作为服务器主机，多用户、多任务方式操作建议较高性能的 CPU。

(2) 硬盘空间。用户所选择的软件包及数量不同，所需的硬盘空间也不尽相同。如果 DVD 版的全部安装，则占用的硬盘空间为 10GB 左右，同时为了支持安装程序的运行、交换分区以及多用户分配空间等要求，建议使用不小于 15GB 的硬盘空间。

(3) 内存。目前 Linux 系统根据 CPU 的不同，可以支持的最大内存为 64GB 以上，所以内存越大越好。如果要执行 X 窗口图形界面，需要拥有 256MB 以上的内存。另外，对于多用户登录，则每增加一个文本模式用户，系统会消耗 0.5～1MB 的内存；如果用户以 X 窗口图形方式登录，则每个用户需要增加 4～6MB 的内存。根据 CentOS 7 的系统，使用远程终端的文本模式，建议为 256MB 以上内存容量；使用图形 X 窗口模式，建议为 512MB 以上内存容量。

2.1.3 映像文件的安装方式

下载到本地的 ISO 映像文件，可以采取以下安装方式。

(1) 虚拟系统安装。虚拟系统安装一般是指在 Windows 系统运行下，安装并启动 Linux 系统，这种方式需要虚拟系统平台软件，该软件是 Windows 下的应用软件，安装方式详见 2.4 节。

(2) 光盘引导安装。用光盘刻录软件将 ISO 映像文件刻录成 CD/DVD，由 CD/DVD

启动引导安装，该方式可以进行虚拟安装或直接物理安装。

(3) USB Disk 引导安装。用 USBWriter 等制作 U 盘启动软件将 ISO 映像文件制作成 USB Disk。由于 ISO 文件较大，建议使用大于 8GB 的 U 盘制作，制作好后由 U 盘启动引导安装。该形式安装一般采用物理安装，直接把 Linux 系统安装在 PC 上，或安装 Windows 和 Linux 双系统，详见 2.3 节。

(4) 网络安装。网络安装要求计算机具备上网的物理条件。网络安装通常需要使用 NetInstall 网络安装版的 ISO 映像文件制作成 DVD 光驱或 U 盘启动系统，然后在安装提示中指定安装方法。因为它是网络安装，选择 URL，配置 TCP/IP 连接 Internet，成功联网后安装程序通过网络检索 ISO 映像文件，并选择安装的软件包，则可以实施正常的安装步骤进行安装。

2.2　Linux 操作系统的安装

CentOS 7 可以从多种介质进行安装，包括光盘、硬盘及网络等，这里以常见的光盘介质为例进行安装。

2.2.1　Linux 的安装步骤

要从光盘安装 CentOS 7 首先要把计算机启动设为光驱引导，然后把 CentOS 7 安装光盘放入光盘驱动器中，重新启动计算机。

1. 选择界面安装

使用安装光盘引导系统，进入选择安装界面，如图 2-1 所示，界面中给出 3 个选项。

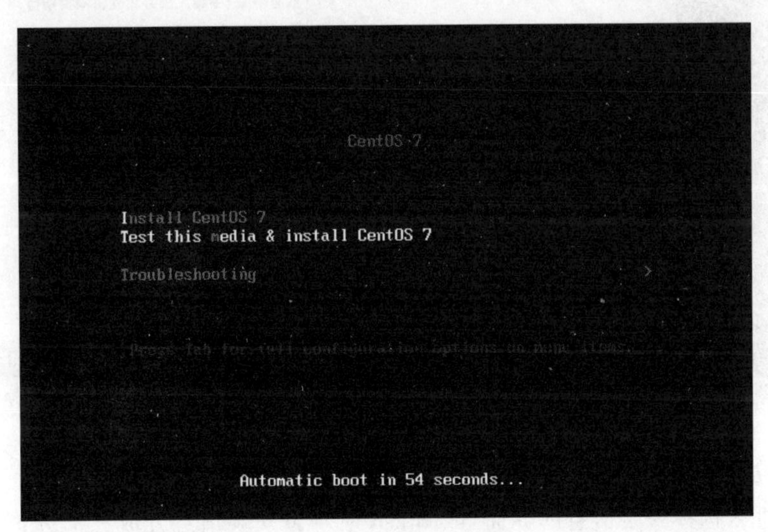

图 2-1　选择安装方式

(1) Install CentOS 7。

(2) Test this media & install CentOS 7。

(3) Troubleshooting。

第 1 个选项表示直接安装 CentOS 7。

第 2 个选项表示测试安装媒介无错误后再进行安装,此功能有如下优点。

① 可以检测光盘是否有物理损坏,避免安装失败。

② 可以确保此光盘是 CentOS 的官方发布的,而没有经过其他人的篡改,从而提高了系统的安全性。

第 3 个选项主要用来测试内存和启动救援模式修复已经存在的 CentOS。

安装系统首先进入如图 2-1 所示的选择安装方式的界面中,如果在 60 秒内没有按任何键,则运行默认引导选项。要选择默认选项,则可以直接按键盘中的 Enter 键。若要选择默认选项外的不同选项,可以使用键盘中的箭头键并在选中正确选项时按 Enter 键。选择 Install CentOS 7,然后按 Enter 键。等待数秒后会提示按 Enter 键启动安装程序。

2. 语言选择

当安装向导程序出现如图 2-2 所示的语言选择界面时,默认是英文,可以根据用户的需要选择适当的语言。需要注意的是,此处选择语言只是安装过程中使用的语言,并不影响系统的最终语言。如在左侧选择“中文”选项,右侧选择“简体中文(中国)”选项,单击“继续”按钮。

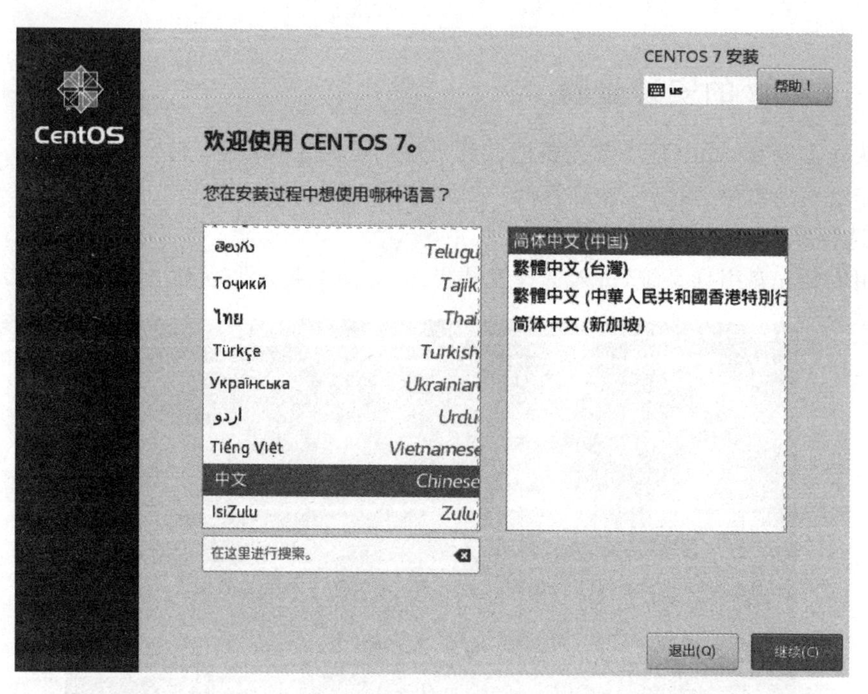

图 2-2　语言选择

3. 选择安装信息

接下来进入选择安装信息的界面,如图 2-3 所示。安装信息分成三部分:本地化、软件和系统。

单击相应图标来配置安装。只有标有警告符号的部分是强制性的,其他部分可以将来进行配置。在屏幕底部的注意事项提醒用户,“必选项”完成并通过自动验证后方可激活“开始安装”按钮,安装就可以开始,其余的部分都是可选的。

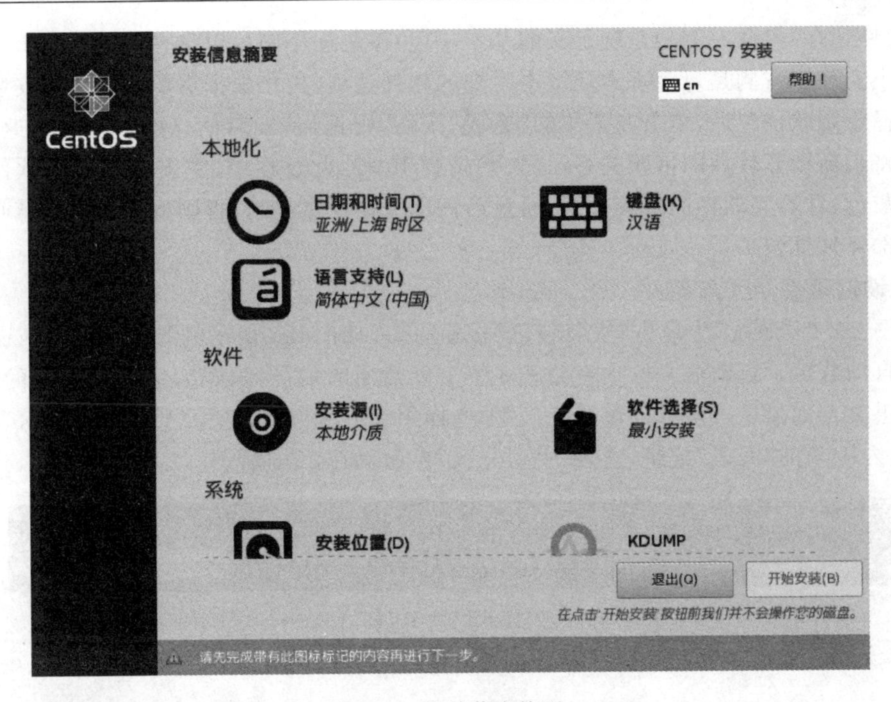

图 2-3　安装信息摘要

4. 选择安装软件

图 2-3 中的“软件”部分主要是用来定制需要安装的软件包及软件包的来源。其中,“安装源”将自动设置成本地的安装介质;“软件选择”表示安装系统所定制并安装的软件,默认设置为最小安装,单击“软件选择”图标进入软件定制界面,如图 2-4 所示。

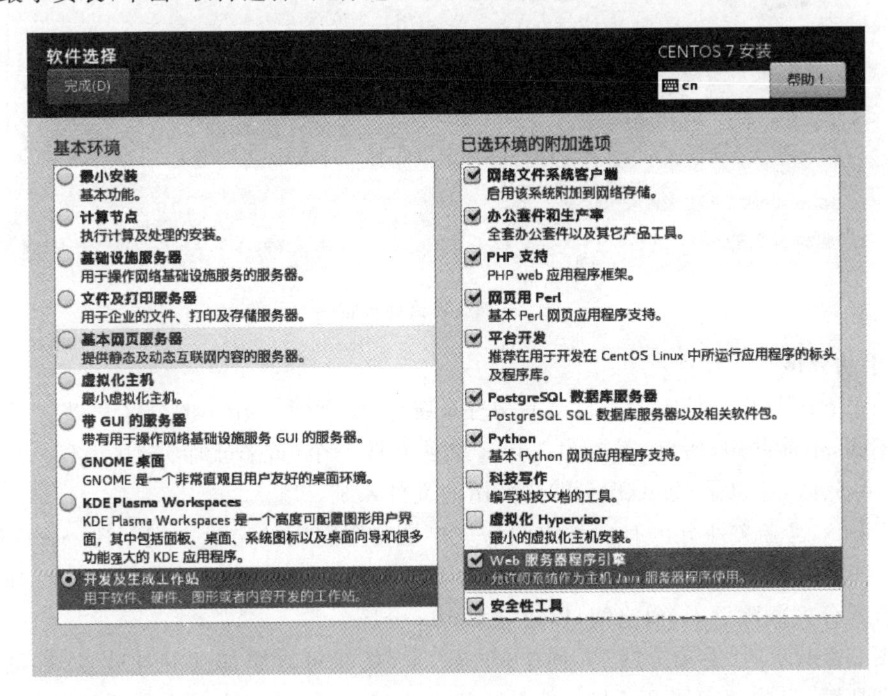

图 2-4　软件选择

"软件选择"界面左侧是系统定义的基本环境,按用途不同可以选择不同的基本环境,默认是最小安装。右侧是每个基本环境中附加的软件选项,用户根据需要可以定制安装软件。

选择定制软件包后,单击左上角的"完成"按钮,则返回"安装信息摘要"界面,返回后安装程序将重新计算软件的依赖关系,这大概需要 10 秒,此过程中的"安装源"及"软件选择"部分为灰色,计算完软件的依赖关系,通过后该部分为正常显示,否则将显示黄色感叹号,需要重新选择软件包。

5. 设置磁盘分区方案

在图 2-3 的"系统"中单击"安装位置"按钮,进入如图 2-5 所示的界面,此时默认磁盘的分区为自动分区。自动分区方式将会破坏整个硬盘原来的分区信息,原来分区内的数据就会全部丢失。如果运行多个操作系统,必须选择手动分区方式,选中"我要配置分区"单选按钮,单击左上角的"完成"按钮,进入"手动分区"界面,如图 2-6 所示。

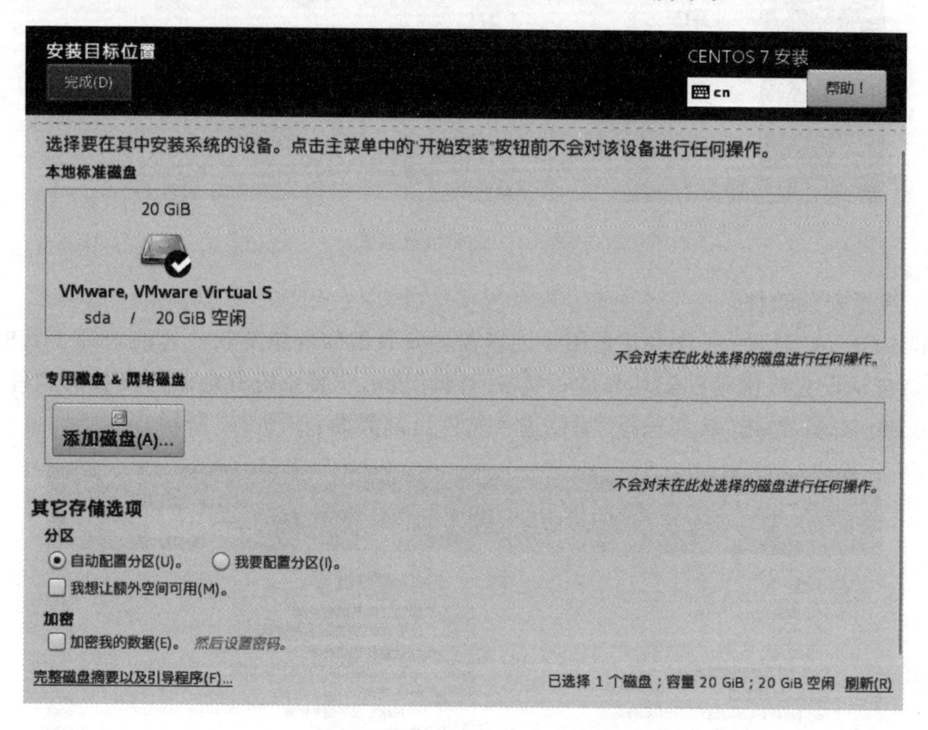

图 2-5 安装目标位置

6. 手动分区

因为 Linux 操作系统需要有自己的文件系统分区,而且 Linux 的分区和微软 Windows 的分区不同,不能共用,所以,需要为 Linux 单独开辟一个(或若干个)分区。Linux 一般可以采用 xfs 分区,这也是 CentOS 7 默认采用的文件系统。

为 Linux 建立文件分区有两种方法:一种是利用空闲的磁盘空间新建一个 Linux 分区;另一种是编辑一个现有的分区,使它成为 Linux 分区。如果没有空闲的磁盘空间,就需要将现有的分区删除后,腾出空间,以建立 Linux 分区。

在图 2-6 所示的"手动分区"界面中,单击"+"按钮可以添加新的挂载点,如图 2-7 所示。所谓挂载,是物理存储设备与文件系统建立连接,而挂载点则是文件系统的入口目录,

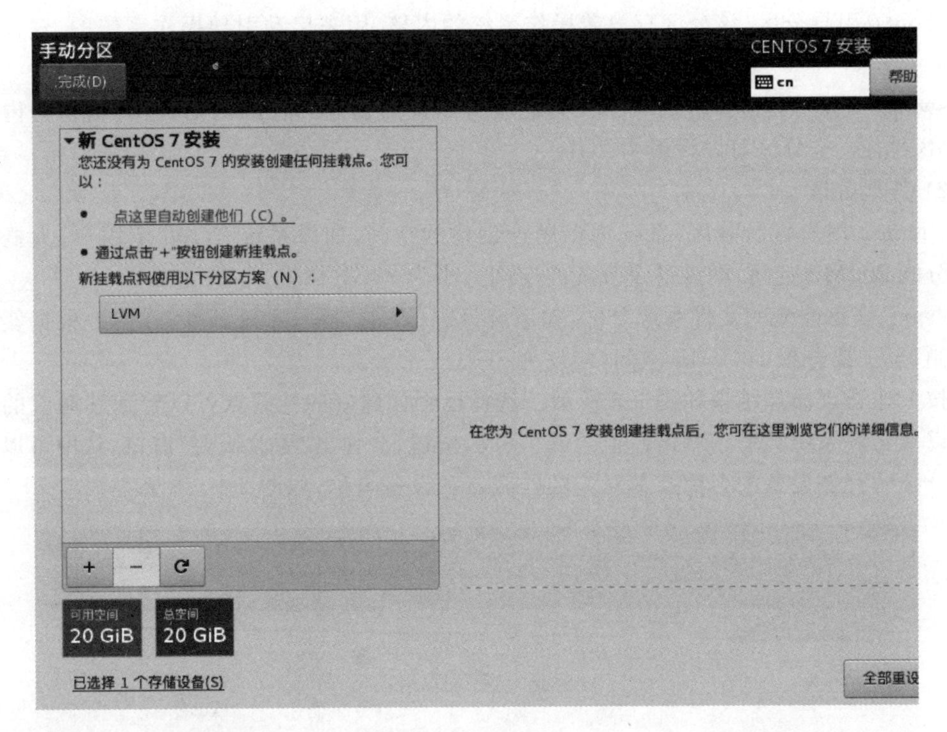

图 2-6　手动分区

物理存储设备只有通过挂载点的文件目录才能访问其物理存储设备。Linux 允许将不同的物理磁盘上的分区映射到不同的目录，这样可以实现将不同的服务程序放在不同的物理磁盘上，当其中一个物理磁盘损坏时不会影响到其他物理磁盘上的数据。

在图 2-7 所示的"添加新挂载点"窗口中，单击"挂载点"下拉按钮，如图 2-8 所示，列出了 Linux 系统常用的挂载点目录名称，以及其对应的期望容量(以 MB 为单位)，其一般要求如下。

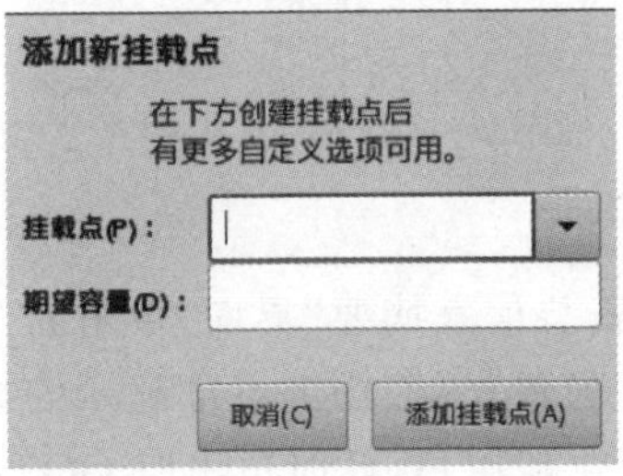

图 2-7　添加新挂载点

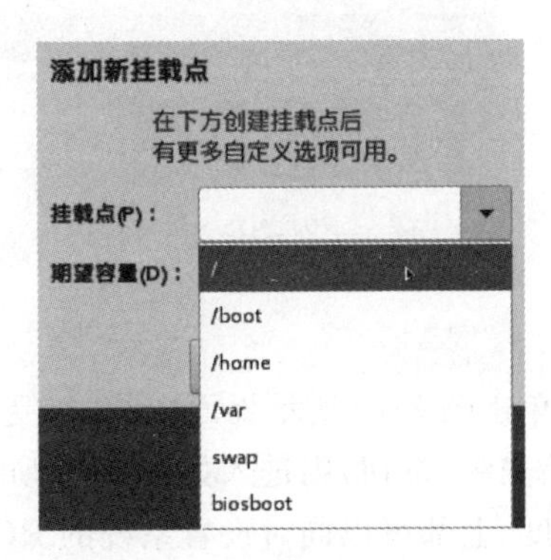

图 2-8　选择新挂载点

1）必须建立的分区

/：根目录分区，这是整个操作系统的根目录，几乎所有的文件都位于此目录下，如果用户没有划分其他分区，如"/usr""/home"及"/var"等，则它的容量越大越好，建议把剩余空间都提供给它使用，本例中要全部安装 CentOS 7 系统，所以其值应不小于 10GB。

/boot：引导分区，该分区存放着操作系统的内核，用来启动引导操作系统的，建议空间为 300MB。

swap：交换分区，swap 的大小根据经验可以设为物理内存的两倍，但是当物理内存大于 1GB 时，swap 分区可以设置为 2GB。

2）其他分区

/home：用户目录分区，系统为多用户创建的空间，如果系统有 100 个用户，大概每个用户分配 200MB 空间，则该目录分配的空间大小为 20GB 以上。

/var：容易改变的文件系统分区，如系统日志、Web 空间、系统邮件等，用户根据实际需要定制，至少要分配 1000MB 空间，建议为 2GB。

按上述建议添加结果如图 2-9 所示。选择已经创建好的挂载点可以看到其对应的设备类型以及文件系统类型。单击左上角的“完成”按钮，会弹出“更改摘要”窗口，从中可以看到手动分区后存储设备的名称及其对应的挂载点和设备名称，如图 2-10 所示。

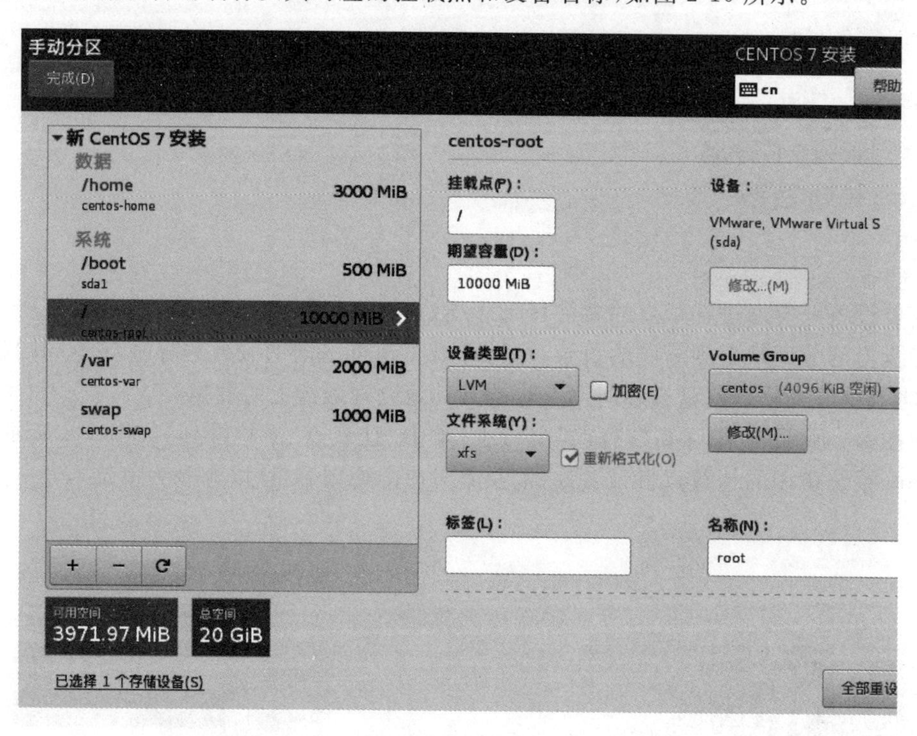

图 2-9 手动分区

单击图 2-10 所示界面中的“接受更改”按钮，回到“安装信息摘要”界面，单击右下角的“开始安装”按钮，则进入如图 2-11 所示的“配置”界面，“配置”界面中的下部显示安装软件的进度，上部可以同时设置系统的 ROOT 用户密码及创建新用户，此时单击“ROOT 密码”按钮，进入如图 2-12 所示的界面。

7. 设置根口令及验证

在图 2-12 所示的界面中，设置根账号 ROOT 用户密码是安装过程中最重要的步骤之一。根账号被用来安装软件包、升级 RPM，以及执行系统维护等工作。作为根用户登录可对系统有完全的控制权。在设置密码时，若长度小于 8 位或两次输入不相同时，将会出现警

更改摘要

您的自定义更改将产生以下变更，这些变更将会在您返回到主菜单并开始安装时生效：

顺序	操作	类型	设备名称	挂载点
1	销毁格式	Unknown	sda	
2	创建格式	分区表 (MSDOS)	sda	
3	创建设备	partition	sda1	
4	创建设备	partition	sda2	
5	创建格式	physical volume (LVM)	sda2	
6	创建设备	lvmvg	centos	
7	创建设备	lvmlv	centos-root	
8	创建格式	xfs	centos-root	/
9	创建设备	lvmlv	centos-var	
10	创建格式	xfs	centos-var	/var
11	创建设备	lvmlv	centos-swap	
12	创建格式	swap	centos-swap	

取消并返回到自定义分区(C)　接受更改(A)

图 2-10　更改摘要

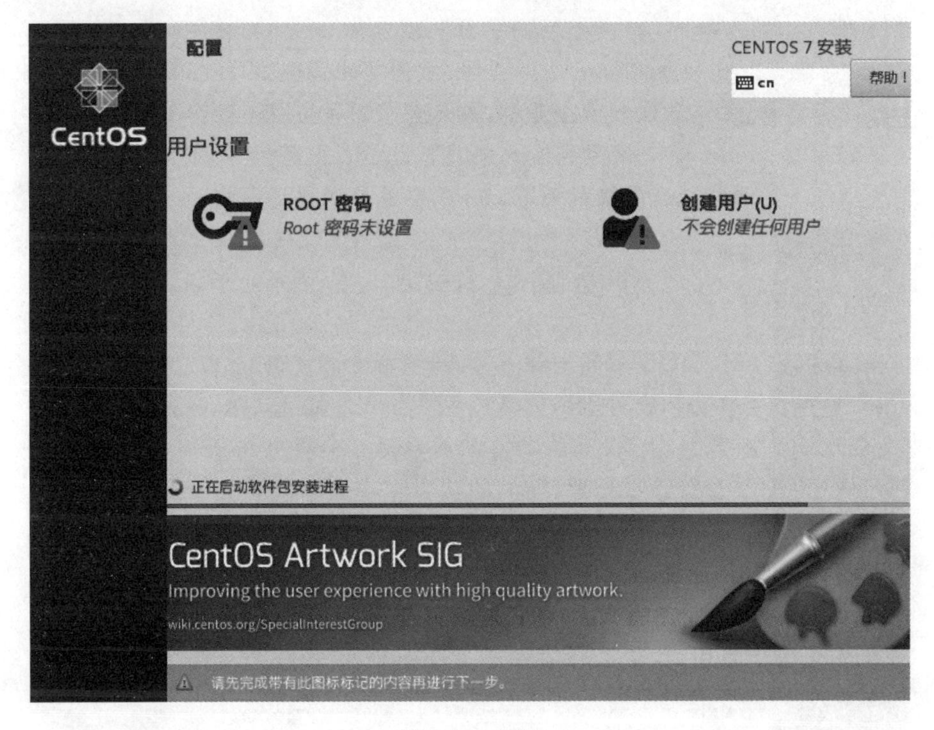

图 2-11　配置

告信息，此时可以重新输入，设置成功后单击“完成”按钮回到图 2-11 所示的“配置”界面，此时“用户设置”中的黄色感叹号的警告提示消失。创建新用户可以在系统安装完成后，ROOT 用户进入系统管理时再创建。

在返回“配置”界面后，界面下部将显示系统安装进度，安装时间取决于选择的软件多少，如果安装一切无误，则系统安装完后出现提示窗口，如图 2-13 所示。至此，CentOS 7 系统就已经安装完成了，单击“重启”按钮，使系统重新启动。

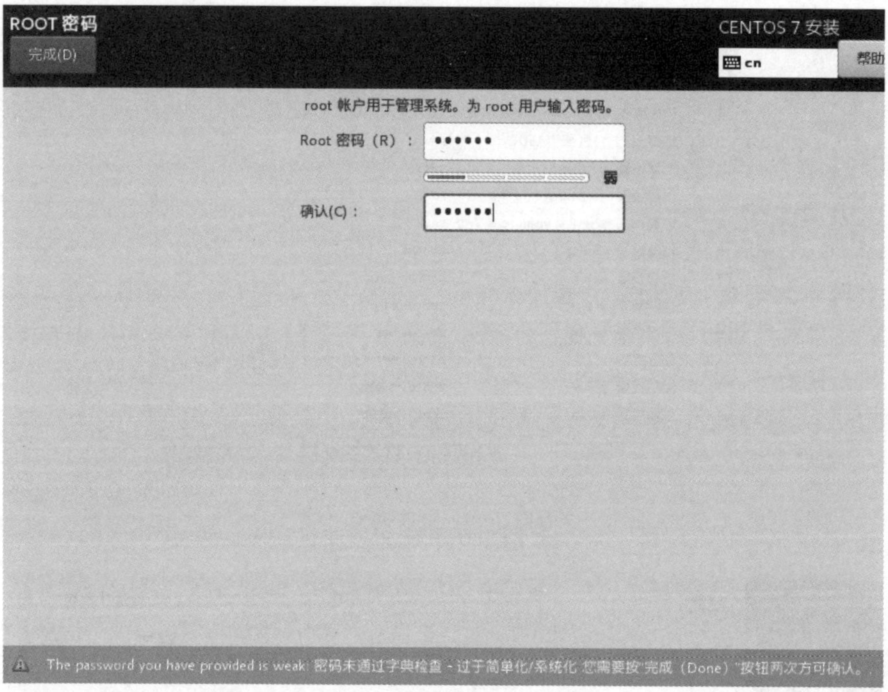

ROOT 密码
完成(D)
CENTOS 7 安装
cn
帮助
root 帐户用于管理系统。为 root 用户输入密码。
Root 密码 (R) :
弱
确认(C) :
The password you have provided is weak: 密码未通过字典检查 - 过于简单化/系统化 您需要按"完成(Done)"按钮两次方可确认。

图 2-12　设置 ROOT 用户密码

配置
CENTOS 7 安装
cn
帮助！
CentOS
用户设置
ROOT 密码
已经设置 root 密码
创建用户(U)
不会创建任何用户
完成！
使用本产品即表示遵守此许可协议 /usr/share/centos-release/EULA

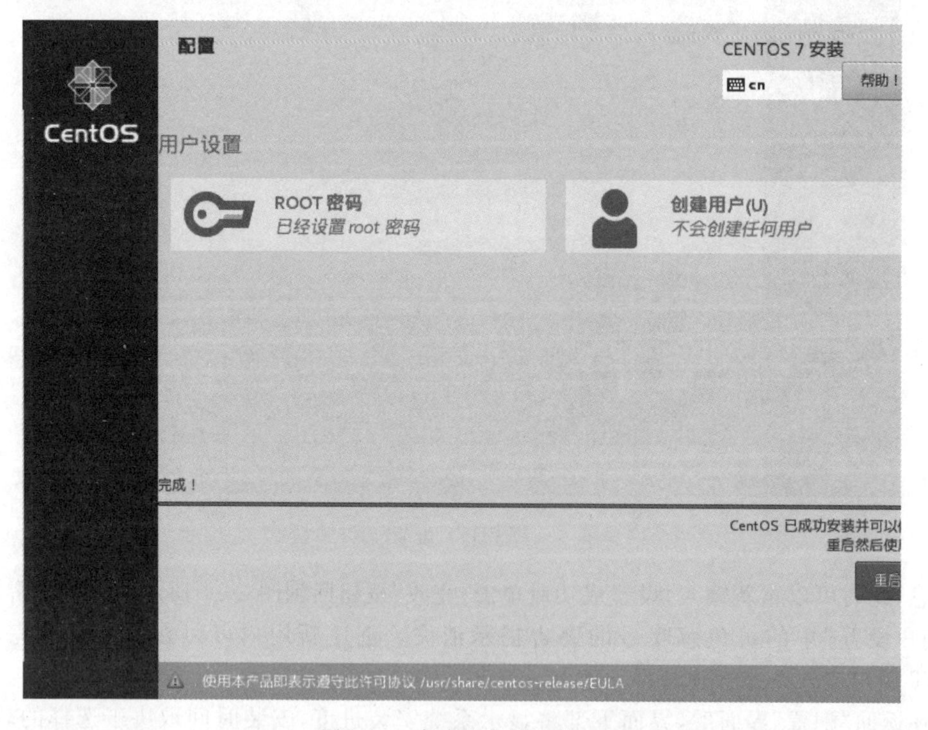

图 2-13　完成安装提示窗口

2.2.2 Linux系统的升级

1. 系统升级

对于已经安装了CentOS旧版本的系统用户来说，通常希望直接升级到新版本的CentOS系统，但升级系统前应对系统中的重要数据进行备份，以降低升级系统带来的风险。另外，升级系统的必要性和是否选择最新版要根据用户的需求而定，因为最新版还没有得到市场应用的充分检验，可能存在较多没有发现的bug，所以对于企业级的网络应用服务器来说没有必要进行系统升级，而对于普通用户来说可以尝试体验最新版本的Linux系统功能。

CentOS的系统升级主要是对文件系统、引导装载程序和软件包3项进行的，建议用户在图形界面下进行升级安装。

如果在旧版本的CentOS系统中安装新版本的CentOS系统或执行新版本的ISO映像系统安装光盘，就会自动出现“升级检查”对话框。要想执行升级安装，可以选择“升级现有安装”选项。如果想对在系统上升级的软件包有更大程度的控制，可以选择“定制要升级的软件包”选项；若要在系统上执行CentOS 7的全新安装，可以选择“执行CentOS 7的新安装”选项，然后单击“下一步”按钮，按照向导操作进行系统升级。

2. 内核升级

Linux的一个重要特点就是其源代码的公开性，全世界任何一个软件工程师都可以将自己认为优秀的代码加入其中，由此引发的一个明显的好处就是Linux修补漏洞的快速以及对最新软件技术的利用。而Linux的内核则是这些特点的最直接的代表。

通常，更新的内核会支持更多的硬件，具备更好的进程管理能力，运行速度更快、更稳定，并且一般会修复旧版本中发现的许多漏洞等，经常性地选择升级更新的系统内核是Linux使用者的必要操作内容。

升级内核需要下载最新的稳定版本的内核软件包，按照说明要求进行配置操作。升级内核需要谨慎操作，对于Linux版本跨度大、汉化内核等升级操作配置都有所不同，由于升级配置操作失败会导致系统运行不稳定或系统崩溃等后果，因此内核升级一定要按照其中的说明进行升级配置操作。

2.2.3 Linux系统的删除

如果一个计算机中安装了Linux系统，同时也安装了Windows系统时，在Windows分区中是看不到Linux分区的。所以在Windows分区中会出现Linux分区不存在的现象。这样可以使用Linux安装光盘来进行删除操作，步骤如下。

(1) 首先，插入Linux光盘来引导系统，选择全新安装而不是升级安装。

(2) 然后，删除所有的Linux分区，之后按Ctrl＋Alt＋Del组合键重新引导，并中断原有的安装程序。

(3) 在重新启动系统后，还是会出现GRUB引导管理程序，因为它保存在MBR中，此时可以准备引导盘(光盘或U盘)重新引导系统，然后删除有关GRUB的信息。

要删除Linux分区，也可以使用类似于Disk Genius分区工具软件或GHOST映像方法进行删除。

2.3 Linux系统的多重引导安装

使用Windows操作系统的用户,可以再尝试安装Linux操作系统,来实现多操作引导功能。Linux操作系统中的多重引导程序GRUB,不仅可以对各种发行版本的Linux进行引导,也能够正常引导计算机上的其他操作系统。

Linux操作系统所分区的文件系统和Windows操作系统的文件系统不同,作为普通用户实现多系统的引导功能时的磁盘分区是重点难点,所以安装多操作系统前应做好备份,以防资料丢失。

2.3.1 磁盘分区基础

磁盘是计算机上最重要的硬件之一,硬盘分区是针对一个硬盘进行操作的,它可以分为主分区、扩展分区、逻辑分区。其中,主分区可以有1～3个,扩展分区可以有0～1个,逻辑分区则没有限制。图2-14所示为磁盘分区关系的一种样式,图中有两个主分区、一个扩展分区,在扩展分区中划分了3个逻辑分区。

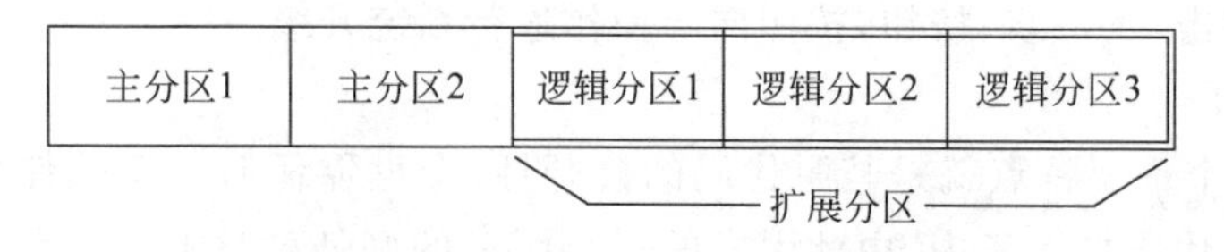

图2-14 磁盘分区关系的一种样式

简单地说,主分区与扩展分区是平级的,扩展分区本身无法用来存放数据,要使用它必须将其分成若干个逻辑分区。无论什么操作系统,能够直接使用的只有主分区、逻辑分区。不过不同的操作系统使用的文件系统格式不同,如Windows操作系统的文件系统格式常用的有FAT32及NTFS分区类型,而Linux操作系统的文件系统格式常用的有ext3、ext4、xfs、NFS、vfat及swap分区类型,一般Windows操作系统下,不识别Linux分区格式,但Linux操作系统下,可以识别Windows分区,即可以访问Windows分区下的文件系统。

通常,在PC上使用的硬盘有两种:IDE接口和SCSI接口。在Linux系统中用户用设备名来访问设备,如磁盘设备,其名称如下。

(1) 系统第一块IDE接口的硬盘称为/dev/hda,而它的第一个分区则称为/dev/hda1。

(2) 系统第二块IDE接口的硬盘称为/dev/hdb,而它的第三个分区则称为/dev/hdb3。

(3) 系统第一块SCSI接口的硬盘称为/dev/sda,而它的第一个分区则称为/dev/sda1。

(4) 系统第二块SCSI接口的硬盘称为/dev/sdb,而它的第五个分区则称为/dev/sdb5。

其他的命名方式以此类推,其中SCSI、SATA、USB口的存储介质,设备名称都为/dev/sd[a-p]。在Windows操作系统中使用盘符来标识不同的分区,而Linux操作系统以分区的设备名来标识不同的分区,Linux中的分区数字编号,1～4留给主分区和扩展分区,逻辑分区从5开始。图2-15所示为IDE接口硬盘Windows和Linux分区标识对应的名称。

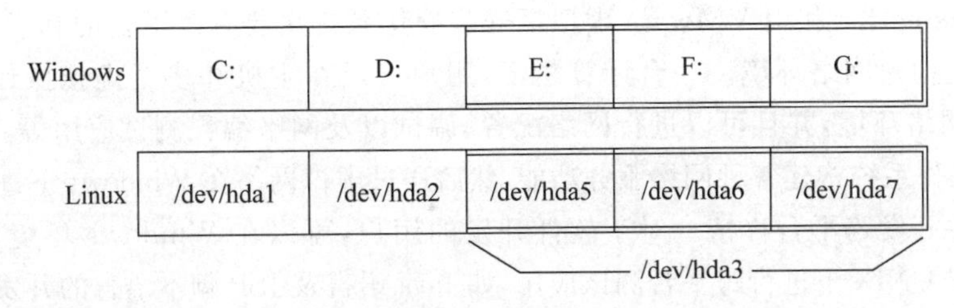

图 2-15 Windows 和 Linux 分区标识对应名称

2.3.2 Linux 和 Windows 操作系统多重引导安装

Linux 操作系统支持多重引导，即在同一台计算机上可以安装包括 Linux 在内的多种操作系统。计算机在开机后可以选择引导不同的操作系统。实现选择引导操作系统的程序是 GRUB(GRUB 的详细介绍见 2.5.2 节)。

因为 Windows 操作系统不识别 Linux 分区文件，而 Linux 操作系统可以识别 Windows 分区文件系统，所以对于 Windows 和 Linux 之间的多重引导问题，最好是先安装 Windows 操作系统，然后在 Windows 分区的文件系统下进行 Linux 分区，图 2-16 所示的是其中的一种分区样式。在图 2-15 所示的 Windows 分区中删除 G 盘，如果 G 盘足够大，则利用删除 G 盘的空间进行 Linux 分区安装系统。该方式是在 Windows 操作系统安装完成后，再安装 Linux 操作系统，采取自定义分区的方式利用分区程序进行 Linux 分区，分区方式及划分的磁盘空间大小参见图 2-9 所示的说明，分区样式如图 2-16 所示。

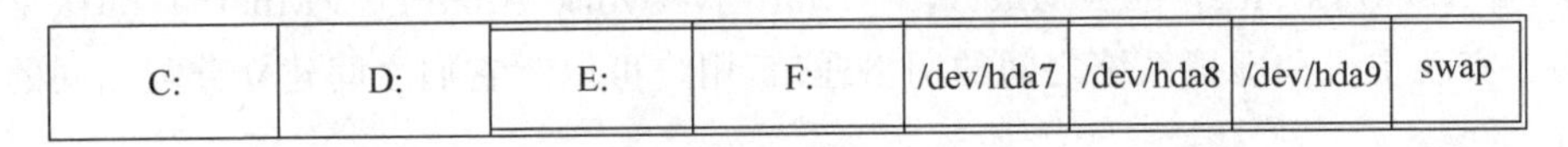

图 2-16 Windows 和 Linux 系统共存的磁盘分区样式之一

现代操作系统无一例外地使用了虚拟内存的技术，Windows 操作系统使用交换文件实现这一技术，而 Linux 系统使用交换分区来实现。所以，安装 Windows 操作系统只使用一个分区，而 Linux 操作系统至少需要两个分区，其中之一是交换分区 swap。

2.4 VMware 虚拟机下安装 Linux 系统

Linux 的功能非常强大，越来越多的用户在计算机上安装 Linux 操作系统，但是作为初级用户在现有的 Windows 下全部转移到 Linux 下是不太现实的事情，是否可以在现有的 Windows 操作系统下和 Linux 操作系统进行切换呢？答案是肯定的，可以采用虚拟机的方式实现。

2.4.1 VMware 简介

VMware Workstation 是 VMware 公司设计的专业虚拟机，可以虚拟现有任何操作系统，即在现有的操作系统上再运行另一个操作系统。VMware 可以在计算机所安装的操作系统上构建多个虚拟的计算机系统，那个真实的计算机上安装的操作系统被称为主操作系统(Host Operation System)，虚拟计算机上安装的操作系统则被称为客户操作系统(Guest

Operation System)。利用 VMware 虚拟机安装操作系统主要有以下目的和意义。

(1) 单机构建网络环境。一台计算机下,用户可以在主机和多个虚拟操作系统之间构建一个小型网络环境,并且可以进行网络配置、调试以及网络编程测试应用等。例如用户可以在 Linux 操作系统构建各种网络服务功能,然后通过虚拟网络在 Windows 下进行测试应用。

(2) 软件开发跨平台移植。对于软件开发的用户,可以在 Windows 环境下开发,再移植到 Linux 或 UNIX 下进行跨平台测试应用,如 Java 语言及 JSP 脚本语言的开发移植测试。

(3) 系统学习。对于学习 Linux 或 UNIX 操作系统的用户,采取在 Windows 下利用虚拟机方式安装,可以在 Windows 下随时切换到 Linux 环境下学习操作。

(4) 进行危险操作。有些用户很难对磁盘进行分区格式化操作,因为这些操作不当极容易造成硬盘数据的丢失,而采取虚拟机方式,如在 Windows 下安装 Linux 操作系统及进行 Linux 分区格式化,不会影响到真正的 Windows 系统分区。

2.4.2 VMware 虚拟机下创建 Linux 操作系统

1. VMware 的安装

VMware 有不同的版本,可以在同一台 Windows 或 Linux 上同时运行多个操作系统,创建真实的 Linux 和 Windows 虚拟机以及其他桌面、服务器和平板电脑环境。本节对在 Windows 操作系统下安装并运行 Linux 操作系统进行简单介绍。

在 Windows 操作系统下安装 VMware 和其他软件安装没有什么区别,只不过是为了实现主机和虚拟机之间建立网络环境,安装过程中在主机中生成两个虚拟网络连接(VMware Network Adapter VMnet1,VMware Network Adapter VMnet8),如图 2-17 所示。为了实现主机和虚拟系统之间的网络通信,用户可以为它们之间建立分配相同的 IP 段的地址。

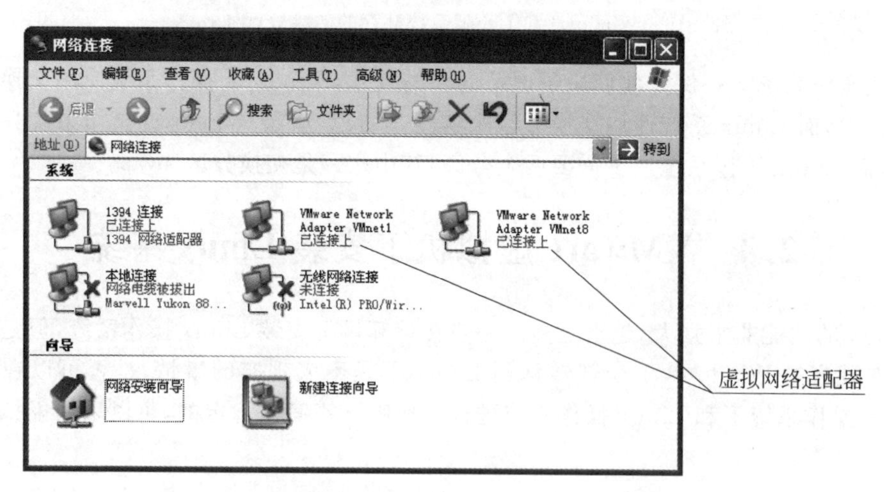

图 2-17 安装 VMware 产生的虚拟网络适配器

本书以 VMware Workstation Pro 12 版本为例,来建立和使用虚拟 CentOS 7 系统,该版本的虚拟机主界面如图 2-18 所示。

2. 新建虚拟机并安装 Linux 虚拟系统

在 Windows 的 VMware 的主界面下可以按照"向导"来建立一个新的 Linux 虚拟机,

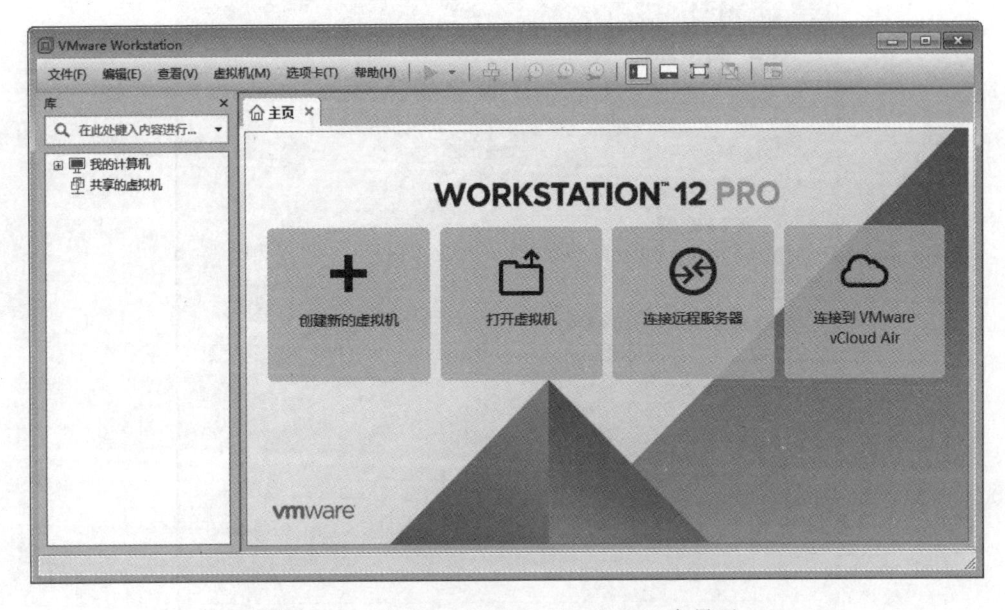

图 2-18 VMware Workstation Pro 12 主界面

在图 2-18 所示的界面中单击“创建新的虚拟机”按钮，将弹出“新建虚拟机向导”的选择虚拟机类型界面，如图 2-19 所示，此处选中“典型”单选按钮，单击“下一步”按钮。接下来向导让用户选择安装来源，如图 2-20 所示。

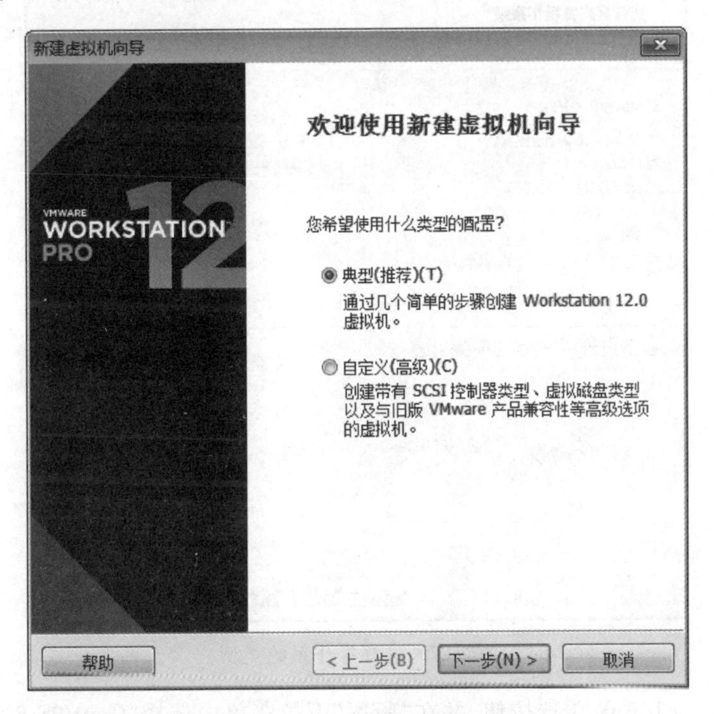

图 2-19 选择虚拟机类型

在图 2-20 所示的界面中选择安装来源，安装来源可在虚拟机建立后再选择，此处选中“稍后安装操作系统”单选按钮，单击“下一步”按钮，将出现如图 2-21 所示的“选择客户机操

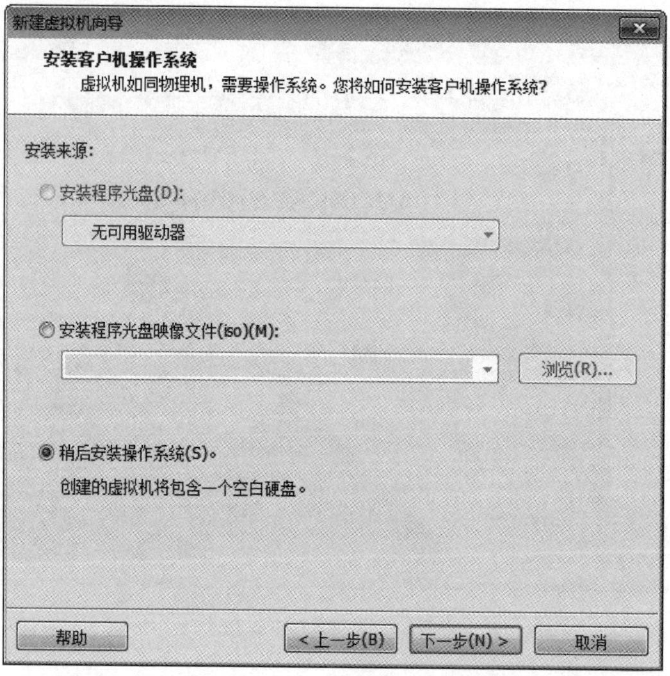

图 2-20　选择安装来源

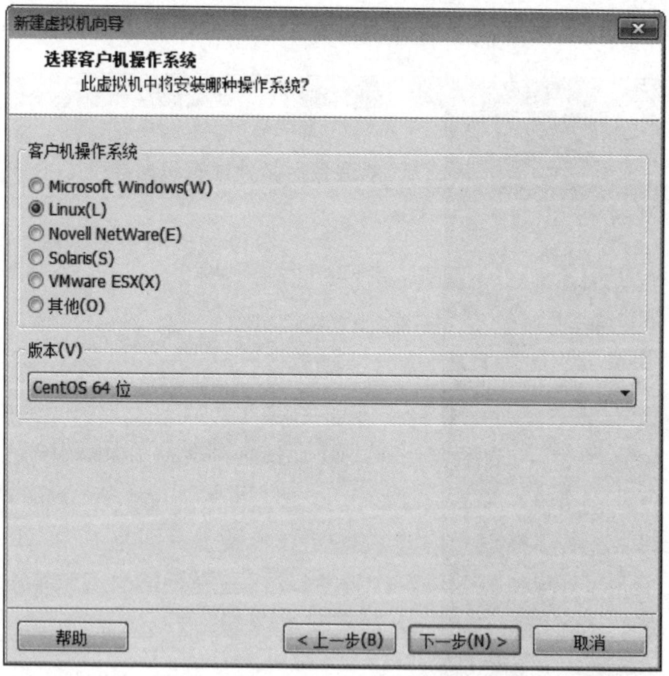

图 2-21　选择操作系统类型

作系统"界面，选中 Linux 单选按钮，并在"版本"下拉菜单中选择"CentOS 64 位"选项，单击"下一步"按钮。接下来出现图 2-22 所示的命名虚拟机及设置安装路径界面，虚拟机名称由用户自己定义，这里命名为"CentOS 7"，然后设置安装文件的路径位置，单击"下一步"按钮，将出现指定磁盘容量界面，如图 2-23 所示。

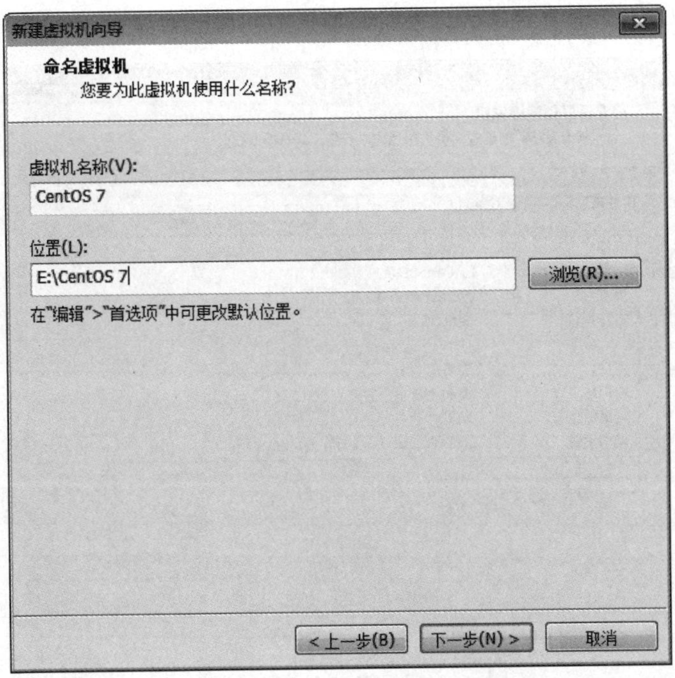

图 2-22 命名虚拟机及设置安装路径

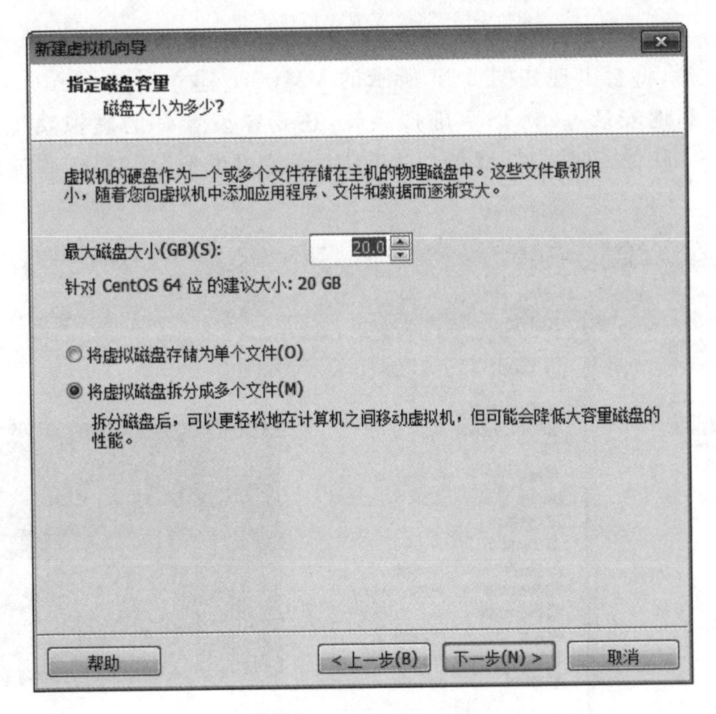

图 2-23 指定磁盘容量

设定虚拟系统所占用主机文件系统的最大磁盘空间大小，如果只安装 CentOS 7 系统及其应用软件，一般需要 10GB 左右空间容量，考虑后期多用户使用情况，在这里设置 20GB 空间容量。在虚拟磁盘存储文件中，为了虚拟系统移植的便利性，选中“将虚拟磁盘拆分成多个文件”单选按钮,单击“下一步”按钮,将出现如图 2-24 所示的“新建虚拟机向导”完成界面。

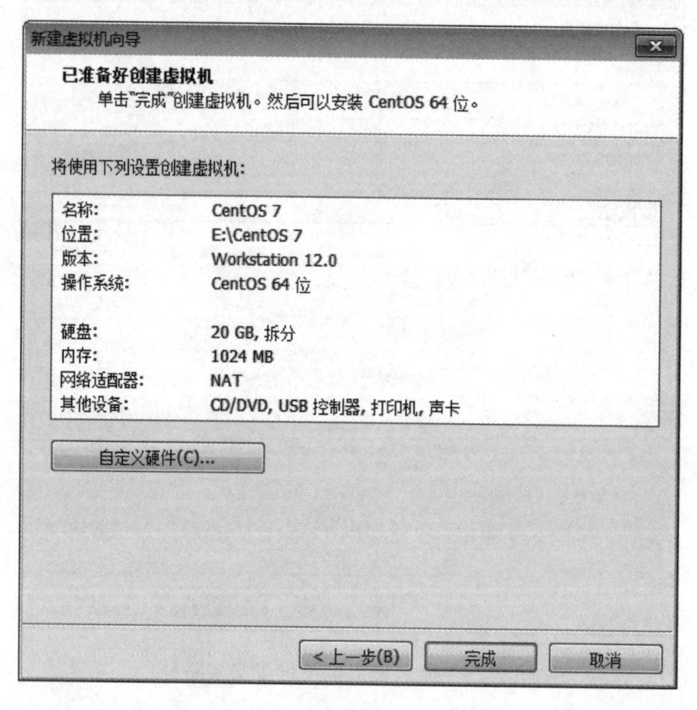

图 2-24 完成虚拟机创建

虚拟机建立后,将会出现如图 2-25 所示的 VMware 建立后的 CentOS 虚拟系统主界面,为了能够顺利地安装 CentOS 7 虚拟系统,还要在设置好的虚拟系统的光驱中载入 Linux 系统的 ISO 映像安装文件,此处单击“编辑虚拟机设置”超链接,则弹出图 2-26 所示的对话框。

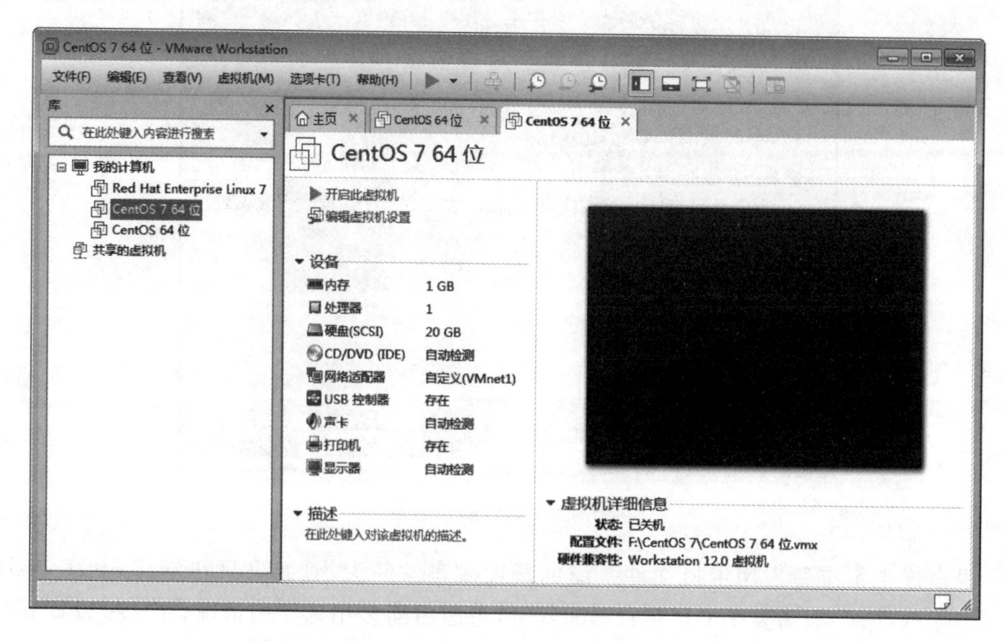

图 2-25 VMware 建立后的 Linux 虚拟系统主界面

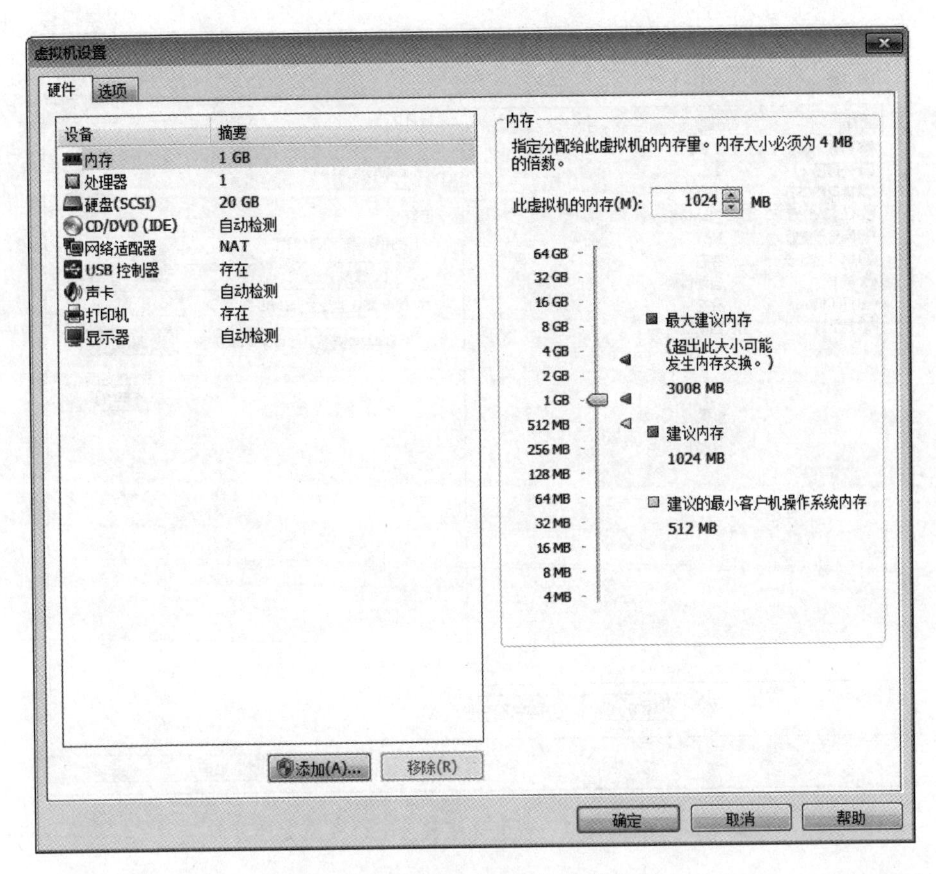

图 2-26　编辑虚拟设置的内存界面

在"虚拟机设置"对话框中的"硬件"选项卡中单击"添加"按钮,可以在虚拟系统启动前随时添加新的虚拟设备,如添加主机的物理磁盘(如 Windows 分区,在 Linux 下进行识别并挂载,来访问 Windows 文件系统)。在图 2-26 所示的"内存"设置界面中"此虚拟机的内存"数值框中,CentOS 7 系统内存不能小于 512MB,建议要尽量大一些,这要看 CentOS 7 虚拟系统的需求大小。设置虚拟机内存大小不能影响主机系统正常运行的基本内容需求,应尽量按照界面中提示的推荐内存大小范围进行设置。

在图 2-27 所示的 CD/DVD 硬件设置界面选中"使用 ISO 映像文件"单选按钮,浏览选择下载的 ISO 映像文件,完成后单击"确定"按钮,则完成了虚拟机的设置。

至此已经建立好了 CentOS 7 虚拟机环境并载入了安装源,在图 2-25 所示的界面中单击"开启此虚拟机"超链接就可以安装 CentOS 7 虚拟系统了。

2.4.3　移植已安装的 Linux 虚拟系统

由于 VMware 在所建的虚拟系统和主机之间的硬件中只共享 CPU 和内存,其他如网卡、声卡、显卡等都是虚拟的,所以只要计算机内存足够大,就可以在主机下同时运行多个虚拟系统;另外,因为虚拟系统的主要硬件都是虚拟的,所以它有很好的移植性,即在一台计算机上安装的虚拟系统,完全可以移植到另外一台计算机上运行。

在图 2-18 所示的 VMware 主界面中单击"打开虚拟机"按钮,按照操作步骤找到复制的

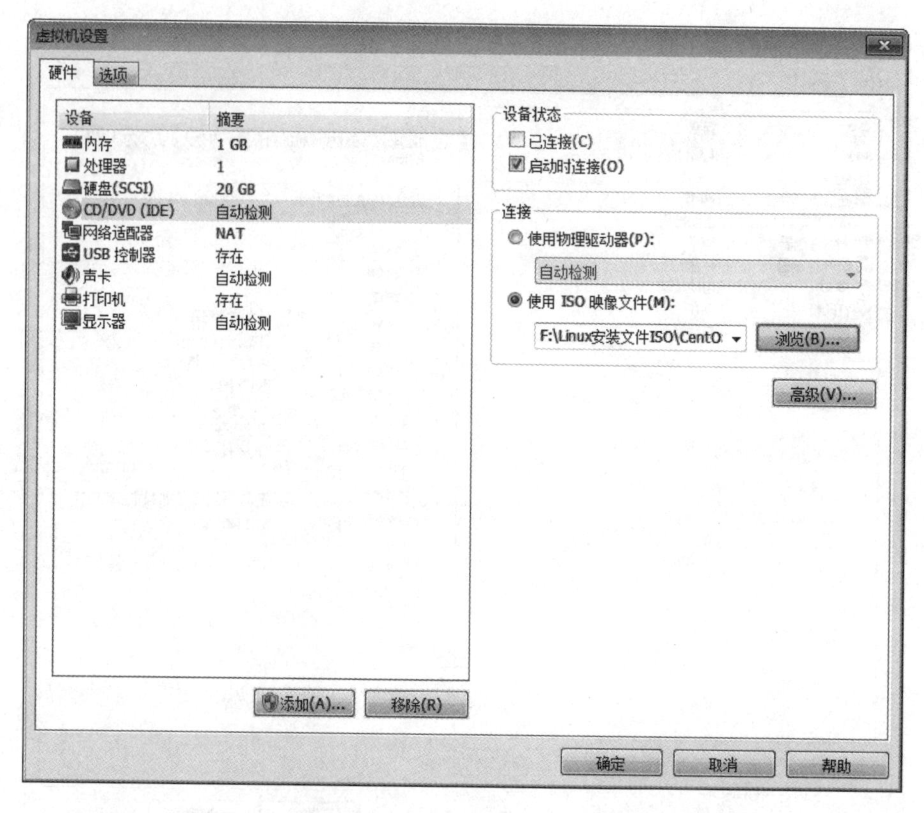

图 2-27　编辑虚拟设置的光驱载入 ISO 映像文件界面

已经安装好的 Linux 虚拟系统目录，打开目录中对应的文件即可载入复制的新虚拟机系统，就会出现如图 2-25 所示的界面了。单击“开启此虚拟机”超链接，则启动并运行虚拟系统，如图 2-28 所示，图中为在 Windows 7 下利用 VMware 建立并运行的 CentOS 7 虚拟系统。

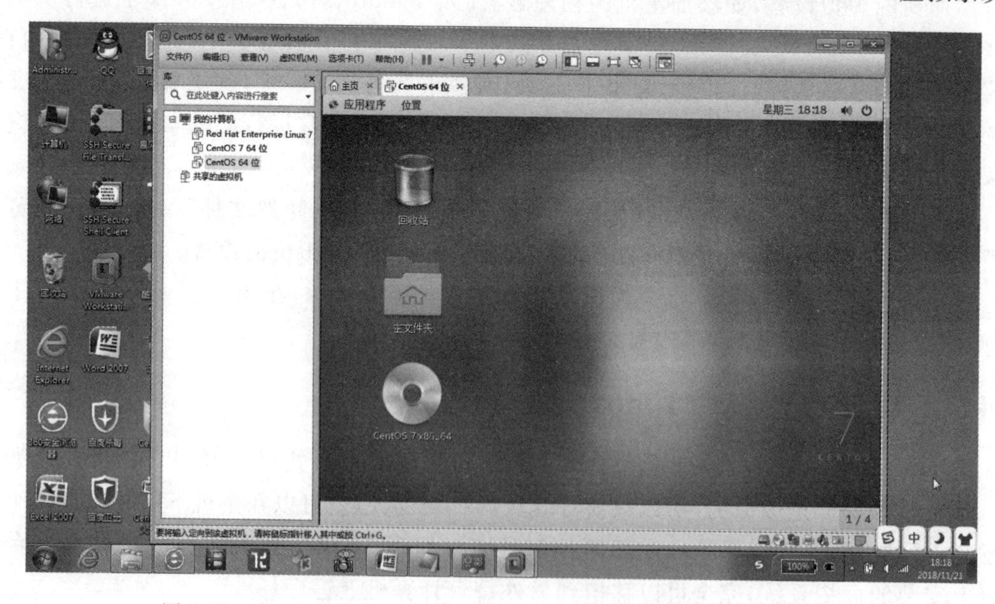

图 2-28　在 Windows 7 下利用 VMware 虚拟机运行 Linux 操作系统

2.4.4 Linux 虚拟系统与主机之间的网络构建

网络服务是 Linux 操作系统的最重要的功能之一，而构建主机和虚拟机之间的网络通信是初学者学习 Linux 系统的最佳环境平台。本节将介绍主机和虚拟机之间的不同网络环境的构建方法。

例如，在 Windows 7 操作系统上安装的 VMware 虚拟平台并构建运行起来的 CentOS 7 虚拟机，把虚拟平台上运行起来的 CentOS 7 操作系统称为虚拟系统或虚拟机，而 Windows 7 操作系统称为主机。

在主机上安装 VMware 虚拟平台时，将自动创建两个虚拟网卡：VMnet1 和 VMnet8。其中，VMnet1 是 host 网卡，用于 host 方式连接网络；VMnet8 是 NAT 网卡，用于 NAT 方式连接网络。它们的 IP 地址是随机生成的，如图 2-17 所示，这样主机与虚拟机之间已经构成了虚拟网络硬件环境，若要虚拟机和主机之间进行网络通信，还需进一步进行配置。

1. 网络模式

VMware 虚拟平台为主机与虚拟机之间提供了 3 种网络模式，如图 2-29 所示，其中，“桥接模式”和“NAT 模式”虚拟机可以共享主机的上网环境，如连接 Internet 网络，而“仅主机模式”只构成主机与虚拟机之间的网络环境。下面分别对这 3 种网络模式进行介绍。

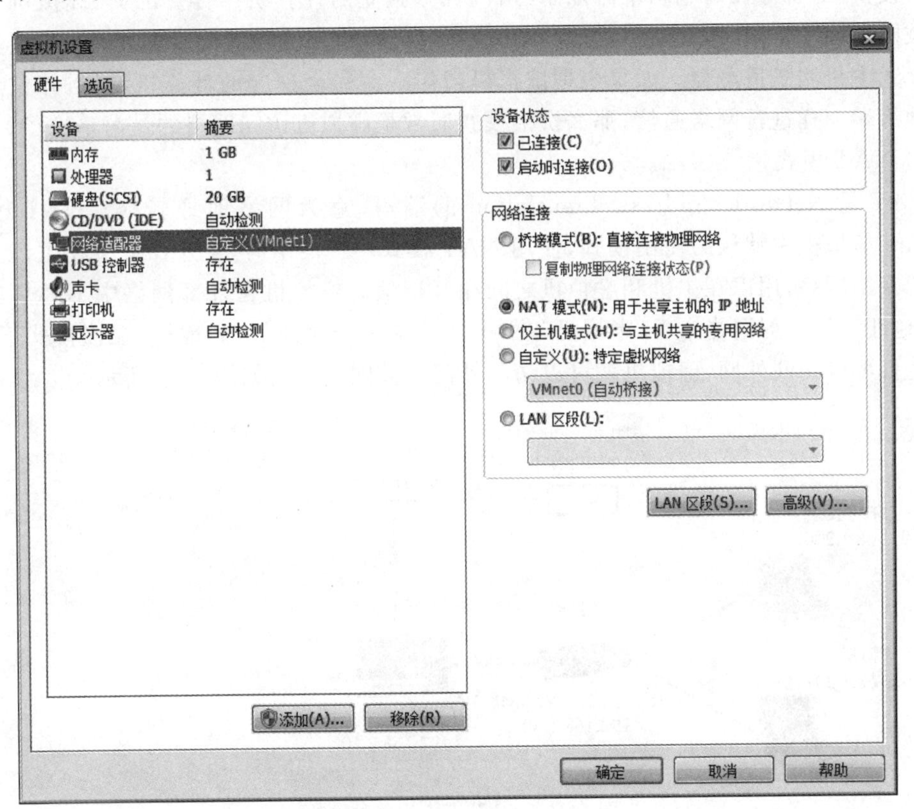

图 2-29 VMware 虚拟平台提供的网络模式

1) 桥接模式

当虚拟机的网络环境处于“桥接模式”时，相当于这台虚拟系统和主机同时连接到局域网，这两台机器处于同一 IP 地址段，也就是虚拟机和主机一样都拥有一个对外的物理 IP 地址。例如，以主机通过路由器无线上网环境为例，其网络结构如图 2-30 所示。

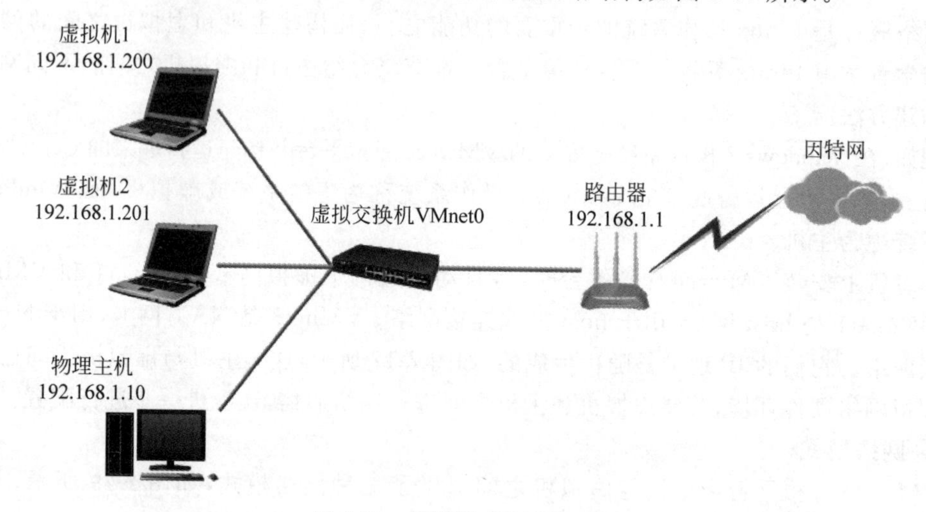

图 2-30　桥接模式构建的网络

桥接模式，就像在局域网中添加了一台新的、独立的计算机一样。因此，虚拟机也会占用局域网中的一个 IP 地址，并且可以和其他终端进行相互访问。桥接模式网络连接支持有线和无线主机网络适配器。如果想把虚拟机当作一台完全独立的计算机看待，并且允许它和其他终端一样进行网络通信，那么桥接模式通常是虚拟机访问网络的最简单途径。

2）NAT 模式

NAT 是 Network Address Translation 的缩写，意为网络地址转换。NAT 模式是 VMware 虚拟机中默认的使用模式，使用 NAT 模式连接网络时，VMware 会在主机上建立单独的专用网络，用以在主机和虚拟机之间相互通信。虚拟机在外部网络中不必具有自己的 IP 地址。从外部网络来看，虚拟机和主机在共享一个对外的 IP 地址，在该模式下，只要物理主机可以访问外网，虚拟机就可以访问外网。其网络结构如图 2-31 所示。

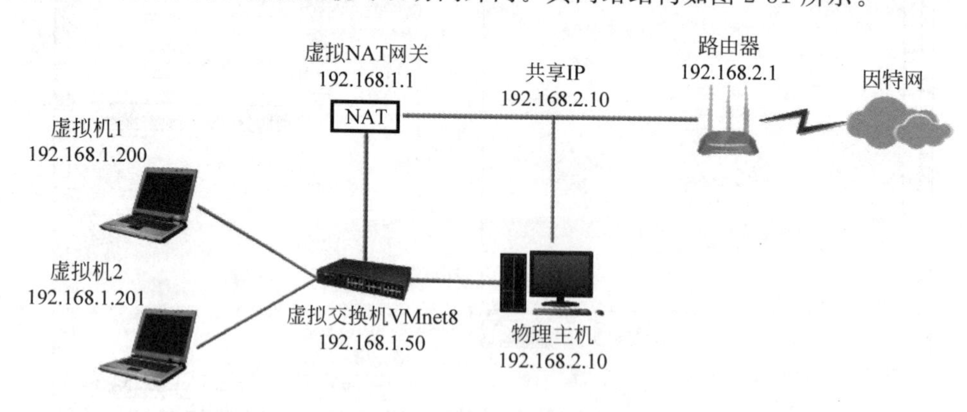

图 2-31　NAT 模式构建的网络

3）仅主机模式

仅主机模式是一种比 NAT 模式更加封闭的网络连接模式，它将创建完全包含在主机中的专用网络。仅主机模式的虚拟网络适配器仅对主机可见，并在虚拟机和主机系统之间提供网络连接,其网络结构如图 2-32 所示。使用“仅主机模式”连接网络,物理主机可以访问外网,而虚拟机无法连接到外网。

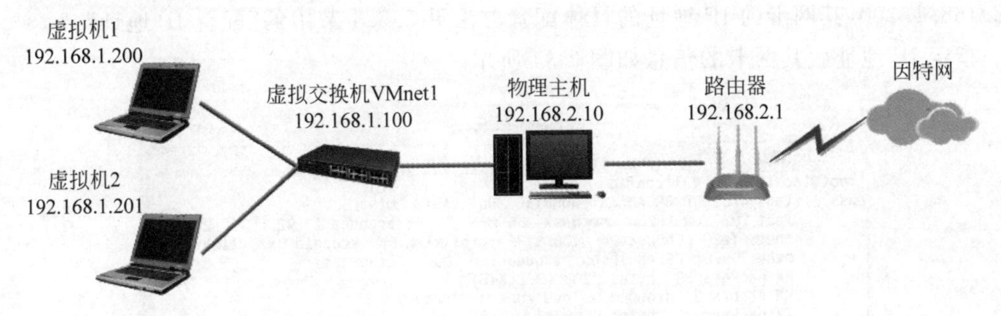

图 2-32　仅主机模式构建的网络

2. 网络配置

网络是 Linux 操作系统作为服务器的最重要的条件之一,仅仅设置了虚拟机的网络模式还无法构建主机和虚拟机之间的网络通信,还需配置虚拟网卡和虚拟机的 IP 地址。下面以构建“仅主机模式”的网络通信关系为例,介绍具体的网络配置方法。

1）虚拟机的网络配置

在 CentOS 7 虚拟系统的桌面上右击,在弹出的快捷菜单中选择“打开终端”选项,在弹出的终端命令窗口中输入“ifconfig”命令,可查看所有网卡设备的信息。图 2-33 所示为 CentOS 7 虚拟系统没有设定网络环境的初始状态信息。从图中可以看出目前系统有 3 个网卡设备：第一个网卡名为 ens33,用于介入外网,默认关闭状态；第二个网卡名为 lo,用于访问本地网络,其 IP 地址为 127.0.0.1；第三个网卡名为 virbr0,是一个虚拟的网络连接端口。

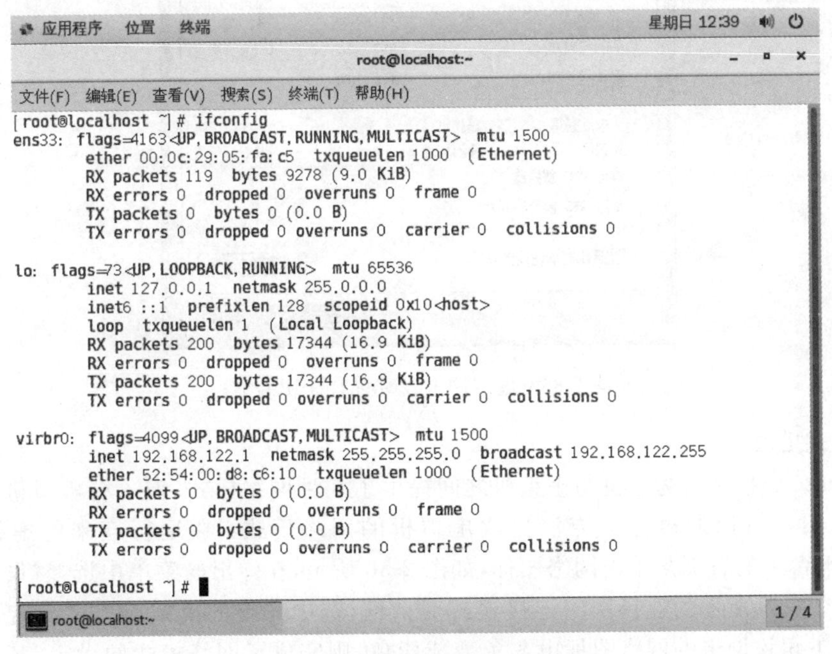

图 2-33　查看网卡初始状态信息

无论采用哪种模式连接网络，虚拟系统都应该配置一个静态的 IP，通过更改指定 ens33 网卡 IP 地址，就可以通过 IP 地址找到该虚拟机。示例中把该网卡的 IP 地址设定为 192.168.1.200，其网卡的 IP 地址的具体配置方法见 5.3.1 节中的“配置 IP 地址”。

指定 IP 地址后其网卡的信息如图 2-34 所示。

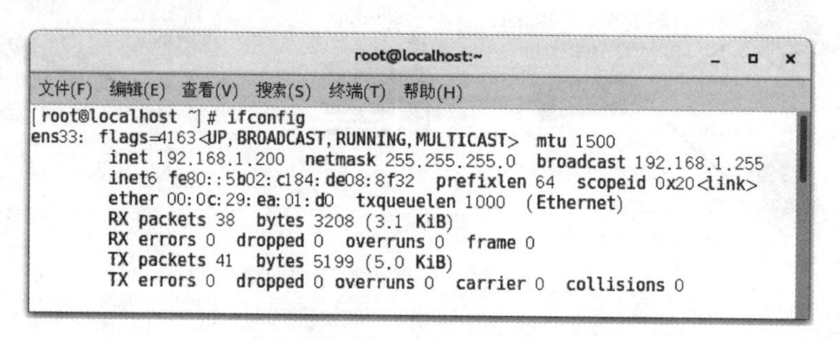

图 2-34 查看网卡指定 IP 后的状态信息

2）虚拟网卡的网络配置

如果采用“仅主机模式”，只需指定 VMnet1 网卡的 IP 地址即可，因为仅主机模式下，虚拟机和主机之间需要设定同一个 IP 段的地址，所以这里指定其 IP 为 192.168.1.100，如图 2-35 所示。

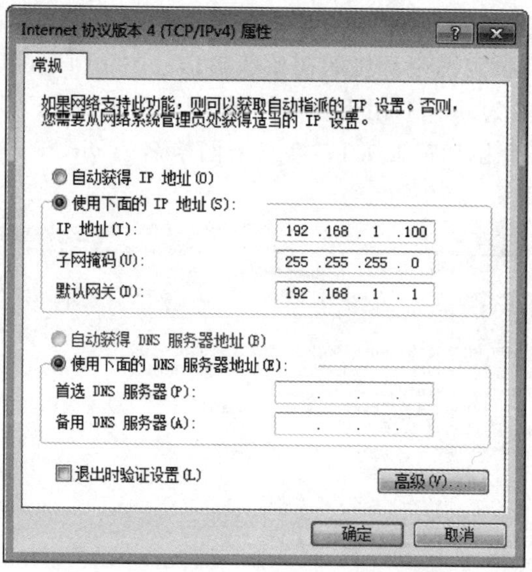

图 2-35 虚拟网卡 VMnet1 的 IP 设置

3. 模式更改

VMware 虚拟平台为主机与虚拟机之间提供了 3 种网络模式，但一台虚拟机只能使用一种模式，用户可以通过如下方法更改虚拟机的网络模式：在运行起来的虚拟系统的 VMware 平台上的右下角单击网络图标，如图 2-36 所示，在弹出的菜单中选择“设置”选项，则弹出如图 2-29 所示的选择网络连接模式对话框，选中需要的模式，单击“确定”按钮，则图 2-36 右下角该网卡的网络图标由灰色变成彩色，则完成了网络模式的设定，其网卡重新启动并生效。

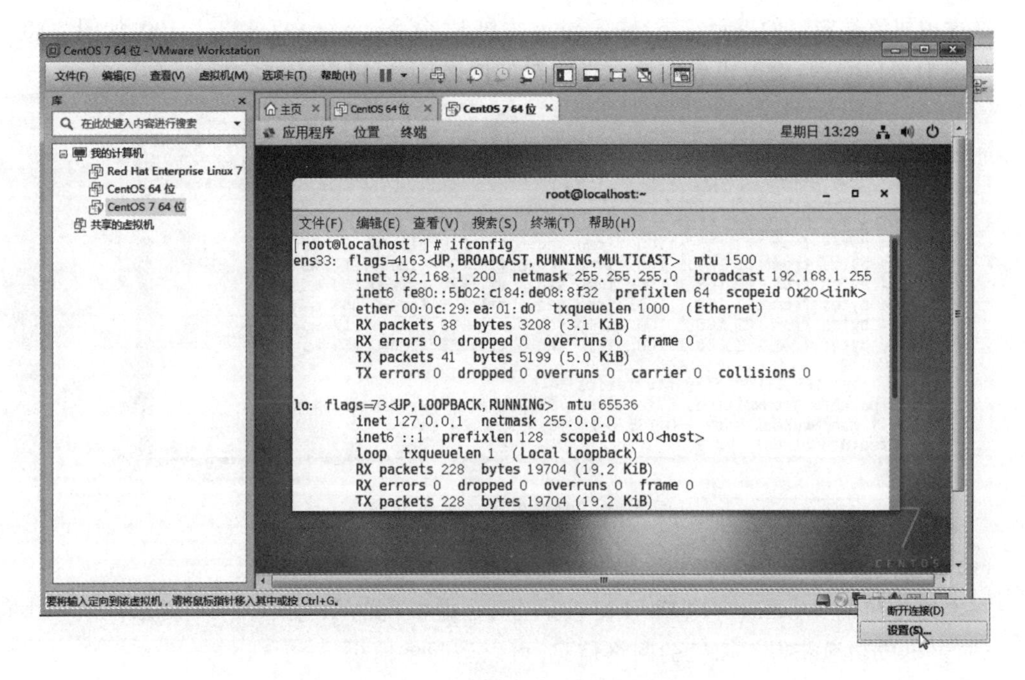

图 2-36　更改网络模式的选定界面

另外，相对于其他模式而言，在图 2-29 所示的界面中选中“自定义：特定虚拟网络”单选按钮，并在其下拉菜单中选中 VMnet1 网卡，单击“确定”按钮，则虚拟网卡重新启动使新设定的网络环境生效。此种方式比较轻松地构建主机和虚拟机之间的网络通信关系，它属于“仅主机模式”下的网络环境构建。

4. 访问测试

主机和虚拟机的网络环境构建好后，还需进行测试来检测它们之间的网络通信是否正常，并检验 CentOS 7 虚拟系统的基本网络服务是否正常。

1）基本网络通信的测试

Linux 系统和 Windows 系统都提供了 ping 命令，用于测试网络的基本通信情况，根据命令结果判断是否可以访问指定的网络。

(1) 虚拟机访问本地主机。

首先查看设定好的本地主机虚拟网卡 VMnet1 的 IP 地址，例如，在 Windows 的 DOS 窗口界面，通过 ipconfig 命令，找到 VMnet1 网卡的网络信息，显示的主机虚拟网络配置信息如图 2-37 所示。图中显示，虚拟网卡 VMnet1 的 IP 地址为 192.168.1.100。

图 2-37　查看主机虚拟网卡的 IP 信息

在虚拟机终端窗口的提示符下，输入 ping 主机 IP 命令：ping 192.168.1.100，如图 2-38 所示。从图中可以看到，虚拟机成功地获得主机的网络信息，可以访问主机。

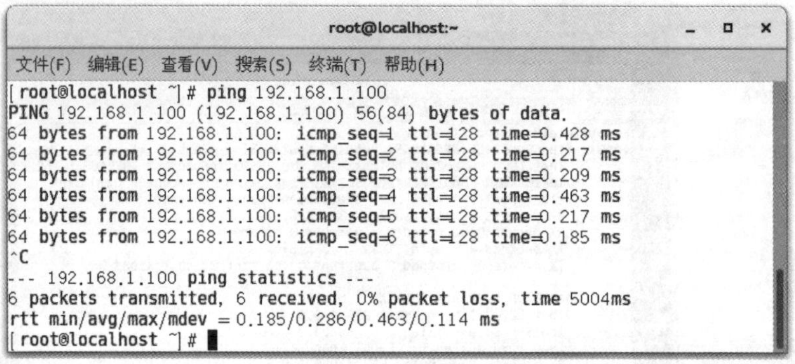

```
root@localhost:~
文件(F) 编辑(E) 查看(V) 搜索(S) 终端(T) 帮助(H)
[root@localhost ~]# ping 192.168.1.100
PING 192.168.1.100 (192.168.1.100) 56(84) bytes of data.
64 bytes from 192.168.1.100: icmp_seq=1 ttl=128 time=0.428 ms
64 bytes from 192.168.1.100: icmp_seq=2 ttl=128 time=0.217 ms
64 bytes from 192.168.1.100: icmp_seq=3 ttl=128 time=0.209 ms
64 bytes from 192.168.1.100: icmp_seq=4 ttl=128 time=0.463 ms
64 bytes from 192.168.1.100: icmp_seq=5 ttl=128 time=0.217 ms
64 bytes from 192.168.1.100: icmp_seq=6 ttl=128 time=0.185 ms
^C
--- 192.168.1.100 ping statistics ---
6 packets transmitted, 6 received, 0% packet loss, time 5004ms
rtt min/avg/max/mdev = 0.185/0.286/0.463/0.114 ms
[root@localhost ~]#
```

图 2-38 虚拟机测试主机网络

(2) 本地主机访问虚拟机。

在本地主机的 Windows 的 DOS 窗口下，ping 虚拟机的 IP 如图 2-39 所示。从图中可以看到，主机成功地获得虚拟机的网络信息，可以访问虚拟机。

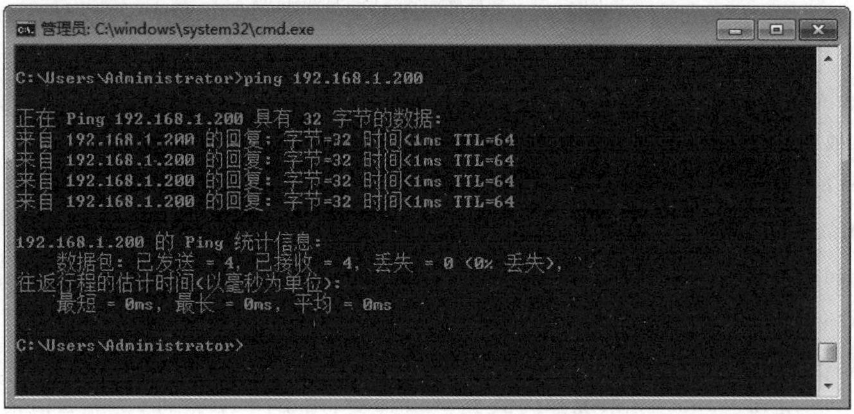

```
管理员: C:\windows\system32\cmd.exe

C:\Users\Administrator>ping 192.168.1.200

正在 Ping 192.168.1.200 具有 32 字节的数据:
来自 192.168.1.200 的回复: 字节=32 时间<1ms TTL=64
来自 192.168.1.200 的回复: 字节=32 时间<1ms TTL=64
来自 192.168.1.200 的回复: 字节=32 时间<1ms TTL=64
来自 192.168.1.200 的回复: 字节=32 时间<1ms TTL=64

192.168.1.200 的 Ping 统计信息:
    数据包: 已发送 = 4, 已接收 = 4, 丢失 = 0 (0% 丢失),
往返行程的估计时间(以毫秒为单位):
    最短 = 0ms, 最长 = 0ms, 平均 = 0ms

C:\Users\Administrator>
```

图 2-39 主机测试虚拟机网络

2) SSH 终端的访问测试

在主机和虚拟机之间 ping 通后，默认的 CentOS 7 系统已经启动 sshd 服务，或者在其图形界面的字符终端窗口中执行 sshd 服务的启动命令：

```
[root@localhost ~]# systemctl restart sshd.service
```

然后在主机 Windows 下，安装 SSH 的客户端软件 SSH Secure Shell Client，安装完后打开 SSH Secure Shell 窗口，单击 Quick Connect 按钮，在弹出的窗口中输入虚拟机的 IP 及访问的 root 用户名，其他选项保持默认值，如图 2-40 所示。单击 Connect 按钮后，如果连接成功则弹出输入密码窗口，正确输入后则进入主机下的虚拟系统的远程连接窗口终端界面，这样用户就可以在虚拟机的异地主机下用终端命令方式管理虚拟 Linux 系统了。有关

SSH 服务的详细设置参见 10.2.2 节的介绍。

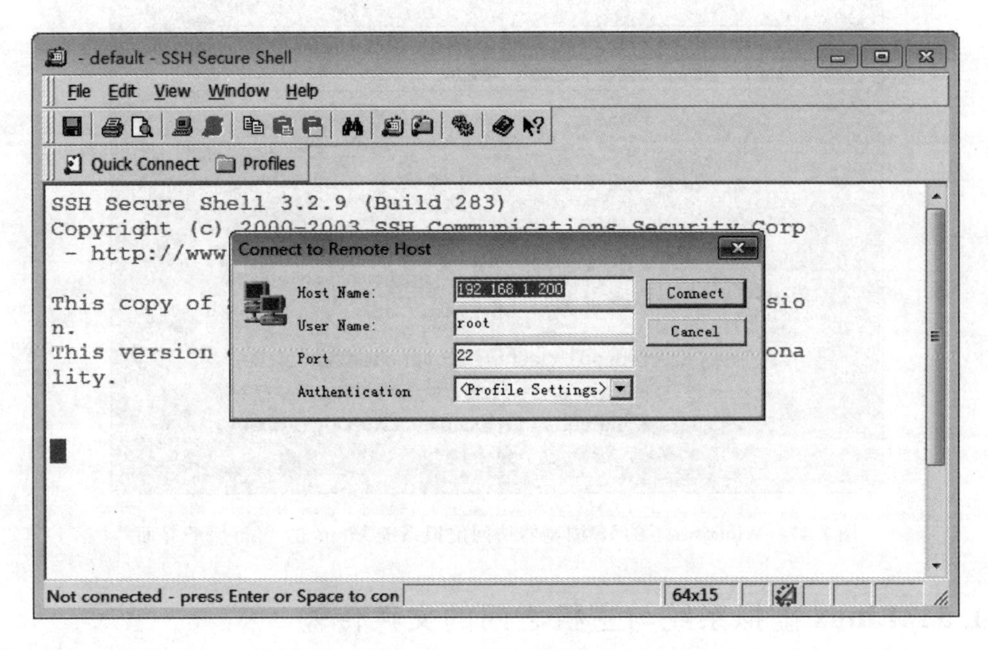

图 2-40 SSH 终端软件窗口

3）Web 服务的访问测试

CentOS 7 系统在安装类型选择中如果已经安装了 Web 服务 httpd 软件，则可以在字符终端窗口中执行 httpd 服务的启动命令：

```
[root@localhost ~]# systemctl restart httpd.service
```

如果没有任何提示，说明启动成功，这时在 Windows 的主机下打开浏览器，输入"http://192.168.1.200"；如果没有成功，需要打开虚拟系统 CentOS 7 的防火墙，开放 HTTP 的 80 端口，其执行的方法如下：

```
[root@localhost ~]# firewall-cmd --query-port=8080/tcp     #查询端口是否开放
no
[root@localhost ~]# firewall-cmd --permanent --add-port=80/tcp     #开放 80 端口
success
[root@localhost ~]# firewall-cmd --reload                   #修改配置后要重启防火墙
success
[root@localhost ~]# systemctl restart httpd.service         #重新启动 httpd 服务
```

之后重新在 Windows 的主机下打开浏览器，输入"http://192.168.1.200"，将出现如图 2-41 所示的界面，主机 Windows 下的 IE 浏览器访问 CentOS 7 虚拟系统的 Web 服务。

本书的所有演示例子主要是以在 Windows 7 操作系统主机下利用 VMware 建立并运行 CentOS 7 虚拟系统，以及主机构建的"仅主机模式"的网络环境，在 Windows 7 下采用 SSH(Secure Shell)终端方式管理控制 Linux 系统的。

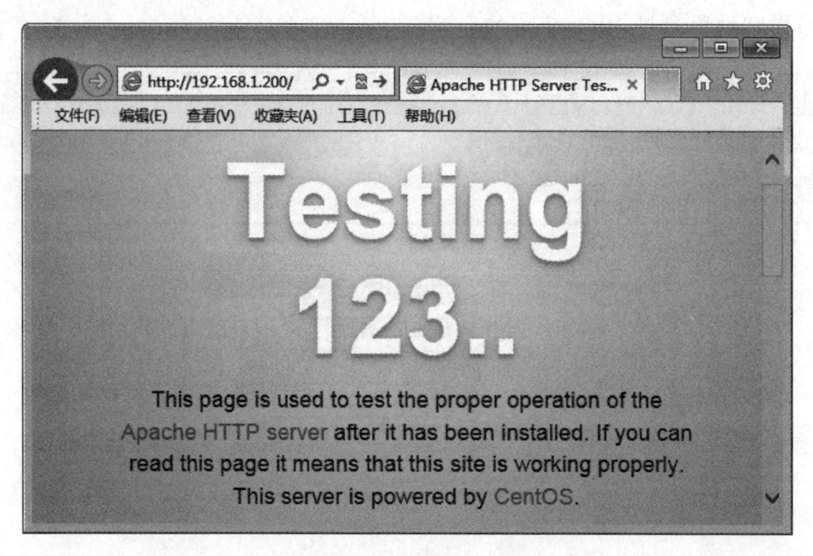

图 2-41　Windows 下的 IE 浏览器访问虚拟系统 Linux 的 Web 服务界面

2.4.5　Linux 虚拟系统与主机之间的文件传输

对于 Linux 系统维护来说，文件的上传下载、系统软件的安装及更新、系统平台上的开发软件移植等都需要通过终端方式与 Linux 系统进行文件传输工作，也就是远程文件管理，这是使用 Linux 系统平台及管理运维人员必不可少的工作任务之一。那么采取哪些方式来实现远程文件管理更加方便、安全、高效呢？下面对实现远程文件管理方式进行简单说明。

实现主机与虚拟机 Linux 系统上的文件共享，主要有两种方式：一种是在本地采取 U 盘挂载或本地物理磁盘的挂载，该方式只适合在 Linux 系统的本地实施；另一种是在异地，即远程终端方式与 Linux 主机之间的文件传输，该方式是系统维护的主要手段。

采取远程终端方式与 Linux 主机之间的文件传输有多种办法：在系统软件安装与更新上可以采用 yum 命令的网络资源软件仓库方式进行；单纯的文件共享可以采取 NFS 网络文件系统或者 Samba 服务方式来构建不同系统之间的文件共享；另外就是不同系统之间的文件传输可以采用 FTP 服务以及 SSH 文件传输方式。以上几种方式除了 SSH 文件传输方式外，其他方式的实施环境构建相对麻烦，除了安装平台软件外，还需进行相关的配置以及防火墙的开放服务等操作。在本书中相关的实施方法都有介绍，本节只介绍最简单、方便、安全、高效的远程终端的文件传输方法——SSH 方式。

在 2.4.4 节中的访问测试中已经简单构建了 SSH 终端命令方式的环境，本书中的 10.2.2 节对 SSH 远程字符终端的管理方式进行了详细介绍，但是 SSH(Secure Shell)不只是安全的 Shell 命令方式，它同时还带有图形界面的 Secure File Transfer 文件传输功能，在如图 2-42 所示的以 root 超级用户终端登录的窗口中，单击菜单图标工具栏中的 New File Transfer Window 按钮，则弹出如图 2-43 所示的文件传输窗口。

在图 2-43 所示的图形界面的文件传输界面中，左侧为本地终端的文件目录，因为终端是在 Windows 下，所以本地默认为 Windows 的桌面系统的文件列表；右侧为远程的 Linux

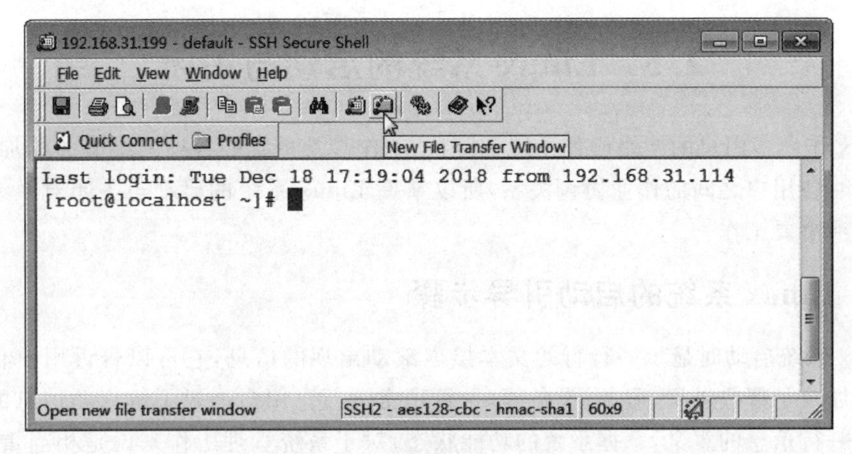

图 2-42　SSH 的字符终端命令界面

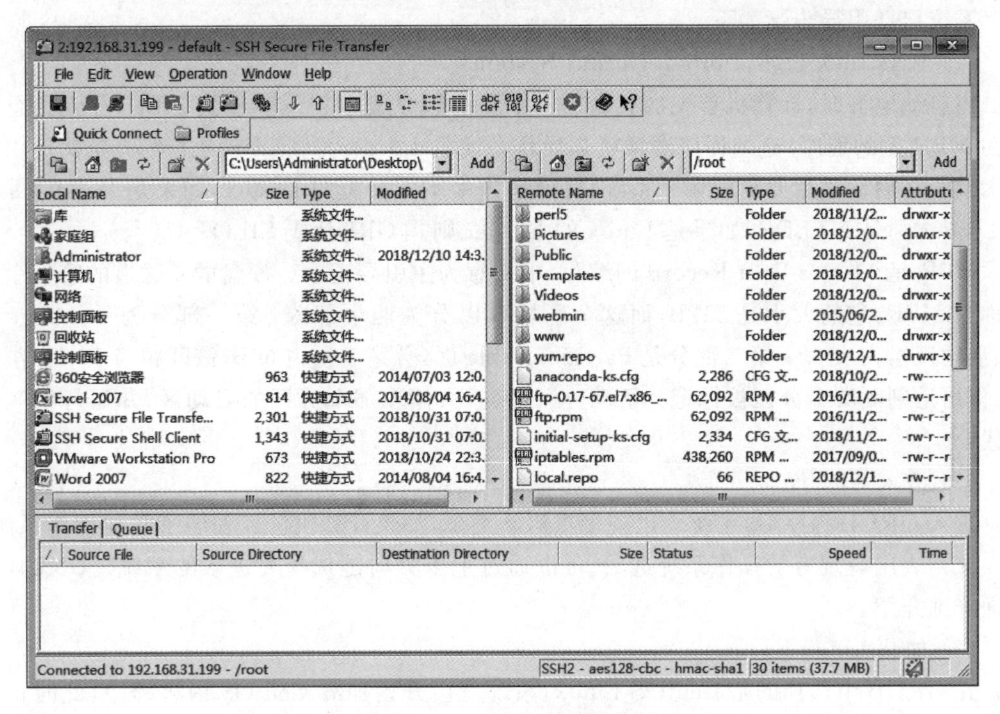

图 2-43　SSH 的文件传输界面

的文件系统，因为此窗口是通过已经登录的 root 用户的 SSH 字符终端方式打开的，所以图中右侧的 Linux 文件系统为 root 用户的宿主目录文件列表。这样在此图形界面中用鼠标把要传输的源文件拖动到目标文件系统下即可完成文件的传输，图中的下部显示被传输文件的传输进度条等信息。

通过以上的 SSH 方式的文件传输，如果 SSH 字符命令方式能登录到远程的 Linux 系统，则该文件传输的功能就可以使用，不需要额外配置。该传输方式是图形界面的鼠标操作，不同系统之间通过鼠标的拖曳即可完成本地与远程不同系统之间的文件上传及下载功能。

2.5 Linux 系统的启动与关闭

Linux 作为多用户的网络操作系统,其启动工作涉及系统的各项网络服务的加载,以及系统关闭时各用户之间的作业协调关系,所以掌握 Linux 系统的启动与关闭对系统管理员来说是一项重要工作。

2.5.1 Linux 系统的启动引导步骤

Linux 系统启动时显示一行行的文本接连滚动出现的信息,它可以告诉用户目前机器在启动时加载了哪些进程、服务、设备等,是否正常运行。用户通过了解启动信息的前后顺序以及每一行信息的意义,掌握系统的功能状态,对于系统管理工作来说是相当重要的,系统管理的成功与否也就由此开始。

系统启动引导步骤如下。

(1) 加载 BIOS(Basic Input/Output System)。

当启动电源时,计算机首先加载 BIOS 引导系统,从硬盘引导会查找 MBR,并且执行记录在 MBR 上的程序,这个程序通常就是操作系统的 Loader。Loader 的主要功能就是用来指示系统在启动之后要加载哪个系统,目前有许多不同种类的 Loader,如果是 Windows 上的 Loader 则是 NTLDR,如果是 Linux 的 Loader 则是 GRUB 或 LILO。

MBR 是 Master Boot Record 的缩写,中文意为主引导记录。硬盘的 0 磁道的第一个扇区称为 MBR,它的大小是 512B,而这个区域可以分为两个部分:第一部分为 pre-boot 区(预启动区),占 446B;第二部分是 Partition table 区(分区表),占 66B,该区相当于一个小程序,作用是判断哪个分区被标记为活动分区,然后去读取那个分区的启动区,并运行该区中的代码。

(2) 进入 GRUB。

进入 GRUB 程序后,系统会出现多重启动菜单,如果计算机已经安装了其他操作系统,则在此列表出现现有的操作系统选项,可以通过上下方向键选择要进入的系统。GRUB 在后面详细介绍。

(3) 加载 Linux Kernel。

在 GRUB 中选择的是 CentOS Linux,系统就会开始加载 CentOS 内核程序,此时正式进入 Linux 的控制,内核开始初始化,从/boot 目录中启动引导程序引导内核映像加载到内存。它是以压缩格式解压到内存中的,一旦内核自解压完成,就完成了内核载入内存,之后就会启动系统的第一个 systemd 进程(其 PID 始终为 1,它是所有进程的父进程),它的早期版本为 init 进程。

系统的第一个 systemd 进程,主要完成初始化文件系统、设置环境变量、挂载硬盘、根据设置的运行级别启动相应的守护进程、在系统运行期间监听整个文件系统。

(4) 初始化运行级别。

systemd 进程获取系统控制权后,首先读取/etc/systemd/system/default. target 文件中的配置,找到并读取其对应运行级别的相关服务,该对应的级别文件为/lib/systemd/system/runlevelN. target,其中,N 表示 0～6 的数字(下同),代表不同的运行级别。

运行级就是操作系统当前正在运行的功能级别。这个级别从 0～6，具有不同的功能。其功能级别如下：

0—停机。

1—单用户模式。

2—多用户，没有 NFS。

3—完全多用户模式（标准的运行级，文本字符界面）。

4—没有用到（保留）。

5—X 窗口（图形界面）。

6—重新启动。

CentOS 7 表面有“运行级别”这个概念，实际上是为了兼容以前系统的运行级别，在 /etc/inittab 文件中指定，新版本仍兼容原来的这个文件，但每个所谓的“运行级别”都有对应的软链接指向：

```
0 ==> runlevel0.target, poweroff.target
1 ==> runlevel1.target, rescue.target
2 ==> runlevel2.target, multi-user.target
3 ==> runlevel3.target, multi-user.target
4 ==> runlevel4.target, multi-user.target
5 ==> runlevel5.target, graphical.target
6 ==> runlevel6.target, reboot.target
```

例如，列出系统对应的运行级别的启动文件：

```
[root@Linux-CentOS-7 ~]# ls /lib/systemd/system/runlevel[0-9].target
/lib/systemd/system/runlevel0.target
/lib/systemd/system/runlevel1.target
/lib/systemd/system/runlevel2.target
/lib/systemd/system/runlevel3.target
/lib/systemd/system/runlevel4.target
/lib/systemd/system/runlevel5.target
/lib/systemd/system/runlevel6.target
```

（5）执行默认级别中的所有 Script。

systemd 进程获取运行级别的参数后，最先运行的服务是放在/etc/rc.d 目录下的文件。在大多数的 Linux 发行版本中，启动脚本都是位于/etc/rc.d/init.d 中的。这些脚本被用 ln 命令连接到/etc/rc.d/rcN.d 目录，这里所有的 Script 都是以 S 和 K 开头的连接文件。S 表示 Startup，也就是在系统启动时要执行的 Script，其执行的顺序是根据 S 后面的数字来决定的，数字越小则越早执行。这些 Script 有些有着相互依赖的关系及启动顺序，如果用户随意修改数字而改变启动顺序可能造成系统无法启动。K 表示 Kill，也就是在退出 Runlevel 时执行的 Script，它也是以数字为优先执行次序的。

（6）对相关的设备进行初始化。

这主要包括设置初始的系统环境变量、设置主机名、初始化文件系统、清除临时文件、设置系统时钟等。

(7) 启动系统的后台进程。

系统的后台进程是指开机自动启动的进程(或称为服务),这些进程都是由 systemd 进程来管理的。

(8) 启动用户自定义服务。

由于 Linux 是多用户系统,对权限有着严格的控制,每个用户可以设置自定义的用户服务及系统 ROOT 授权。

(9) 执行/bin/Login 程序。

Login 程序会提示用户输入账号及口令,进行编码并确认口令的正确性,如果二者相互符合,则开始为用户进行环境的初始化,然后将控制权交给 Shell。

如果默认的 Shell 是 bash,则 bash 会先查找/etc/profile 文件,并执行其中的命令,然后查找用户目录中是否有. bash_profile、. bash_login 或. profile 文件并执行其中一个,最后出现命令提示符等待输入命令。

(10) 打开登录界面。

在以上步骤都正确无误执行后,系统会按照指定的 Runlevel 来打开 X 窗口或进入字符命令的登录界面。

2.5.2 Linux 系统的引导系统启动菜单程序 GRUB

1. GRUB 简介

GRUB(Grand Unified Boot Loader)是强大的启动引导程序,不仅可以对各种发行版本的 Linux 进行引导,还能够正常引导计算机上的其他操作系统。由于 GRUB 的功能强大,成为各 Linux 发行版本默认的启动引导器。CentOS 7 系统使用了新的引导程序 GRUB2。

GRUB2 是新一代的 GRUB,它实现了一些 GRUB 中所没有的功能。

(1) 模块化设计:不同于 GRUB 的单一内核结构,GRUB2 的功能分布在很多的小模块中,并且能在运行时动态装载和卸除。

(2) 支持多体系结构:GRUB2 可支持 PC(i386)、MAC(powerpc)等不同的体系结构,而且支持最新的 EFI 架构。

(3) 国际化的支持:GRUB2 可以支持非英语的语言。

(4) 内存管理:GRUB2 有真正的内存管理系统。

(5) 脚本语言:GRUB2 可以支持脚本语言,如条件、循环、变量、函数等。

2. GRUB 的启动菜单

正确安装 CentOS 7 操作系统后,可从硬盘引导系统。首先系统进入启动的初始画面,在默认的状态下系统将直接进入系统的引导步骤界面,若在提示状态下的 5 秒内按任意键,则系统停止倒计时,进入 GRUB 的启动菜单界面,如图 2-44 所示。在该界面中可以使用的按键如表 2-1 所示。默认状态有两个启动选项:一个是普通模式;另一个是救援模式。也可以在该界面中选择 GRUB 配置文件中的预设启动菜单项,从而实现硬盘中多个操作系统的切换引导。此外,还可以从该界面进入菜单项编辑界面和 GRUB 命令行界面。

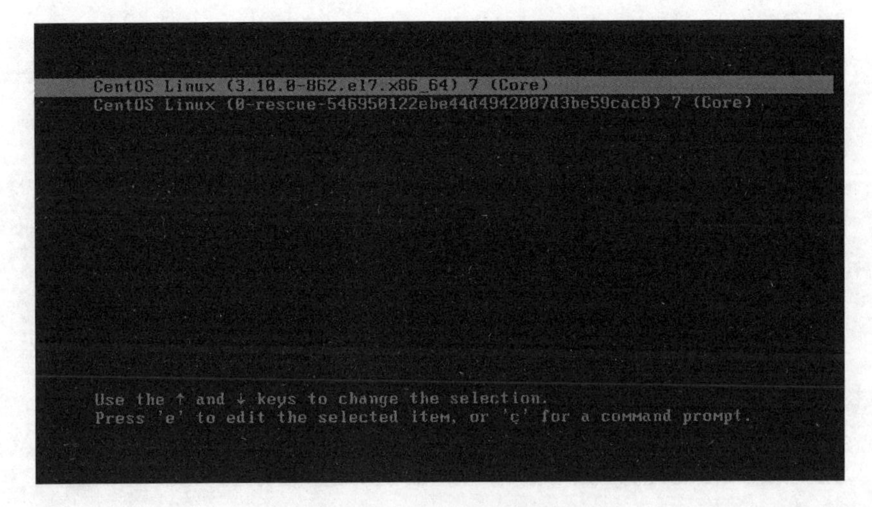

图 2-44 GRUB启动菜单

表 2-1 GRUB启动菜单按键

按 键	说 明
↑ ↓	使用上下箭头键在启动菜单项之间进行移动
Enter	输入回车键启动当前的菜单项
E	按 E 键编辑当前的启动菜单
C	按 C 键进入 GRUB 的命令行方式

在启动菜单的编辑界面下，可以对 GRUB 配置文件中已经存在的启动项做进一步的调整，如对现有的命令行进行编辑、添加、删除，最后按 Ctrl＋X 组合键以当前的配置启动，或者按 Ctrl＋C 组合键退出编辑状态进入 GRUB 的命令行方式，也可以按 Esc 键回到 GRUB 的启动菜单状态。

例如，以单用户方式启动 Linux 系统的 GRUB2 配置命令操作步骤如下(单用户模式启动系统只能在本地操作，且系统不用登录，单用户模式没有登录密码，是以 root 用户的权限进入系统)。

(1) 在 GRUB 菜单选择第一项后按 E 键进入编辑模式。

(2) 用↑、↓键把光标定位到“linux16...”行，如图 2-45 所示，找到“ro”替换成“rw”；再把“rhgb quiet”及其之后的指定“LANG＝”编码都删除，替换成“init＝/bin/sh”，注意和其他字符之间留有空格，替换后的界面如图 2-46 所示。

(3) 按 Ctrl＋X 组合键重启。按 Ctrl＋X 组合键重启，系统则直接进入不需要输入密码的单用户模式，如图 2-47 所示。需要注意的是 GRUB 启动菜单的编辑界面下的修改只是对本次启动生效，并没有保存到 grub. conf 的配置文件中，如果需要改变启动菜单项的配置，可编辑/boot/grub2/grub. cfg 启动配置文件。在单用户界面提示符下输入“exec /sbin/init”命令则恢复进入原来的多用户系统界面。

3. GRUB 启动配置文件

GRUB 启动配置文件主要有 3 个。

(1) /boot/grub2/grub. cfg(/etc/grub2. cfg 是/boot/grub2/grub. cfg 文件的符号链接)。

```
        insmod xfs
        set root='hd0,msdos1'
        if [ x$feature_platform_search_hint = xy ]; then
          search --no-floppy --fs-uuid --set=root --hint-bios=hd0,msdos1 --hin\
t-efi=hd0,msdos1 --hint-baremetal=ahci0,msdos1 --hint='hd0,msdos1'  83687be6-f\
e8d-4b6d-b6aa-a87d5c94dafd
        else
          search --no-floppy --fs-uuid --set=root 83687be6-fe8d-4b6d-b6aa-a87d\
5c94dafd
        fi
        linux16 /vmlinuz-3.10.0-693.el7.x86_64 root=/dev/mapper/centos-root ro\
 crashkernel=auto rd.lvm.lv=centos/root rd.lvm.lv=centos/swap rhgb quiet LANG=\
zh_CN.UTF-8
        initrd16 /initramfs-3.10.0-693.el7.x86_64.img

      Press Ctrl-x to start, Ctrl-c for a command prompt or Escape to
      discard edits and return to the menu. Pressing Tab lists
      possible completions.
```

图 2-45 GRUB 启动菜单的编辑模式：指定关键字界面

```
        insmod xfs
        set root='hd0,msdos1'
        if [ x$feature_platform_search_hint = xy ]; then
          search --no-floppy --fs-uuid --set=root --hint-bios=hd0,msdos1 --hin\
t-efi=hd0,msdos1 --hint-baremetal=ahci0,msdos1 --hint='hd0,msdos1'  83687be6-f\
e8d-4b6d-b6aa-a87d5c94dafd
        else
          search --no-floppy --fs-uuid --set=root 83687be6-fe8d-4b6d-b6aa-a87d\
5c94dafd
        fi
        linux16 /vmlinuz-3.10.0-693.el7.x86_64 root=/dev/mapper/centos-root rw\
 crashkernel=auto rd.lvm.lv=centos/root rd.lvm.lv=centos/swap init=/bin/sh_
        initrd16 /initramfs-3.10.0-693.el7.x86_64.img

      Press Ctrl-x to start, Ctrl-c for a command prompt or Escape to
      discard edits and return to the menu. Pressing Tab lists
      possible completions.
```

图 2-46 GRUB 启动菜单的编辑模式：关键字替换后的界面

```
[  OK  ] Stopped udev Coldplug all Devices.
         Stopping udev Coldplug all Devices...
[  OK  ] Stopped udev Kernel Device Manager.
[  OK  ] Stopped Create Static Device Nodes in /dev.
         Stopping Create Static Device Nodes in /dev...
[  OK  ] Stopped Create list of required static device nodes for the current kernel.
         Stopping Create list of required static device nodes for the current kernel...
[  OK  ] Stopped dracut pre-udev hook.
         Stopping dracut pre-udev hook...
[  OK  ] Stopped dracut cmdline hook.
         Stopping dracut cmdline hook...
[  OK  ] Closed udev Kernel Socket.
[  OK  ] Closed udev Control Socket.
         Starting Cleanup udevd DB...
[  OK  ] Started Cleanup udevd DB.
[  OK  ] Reached target Switch Root.
[  OK  ] Started Plymouth switch root service.
         Starting Switch Root...
[    2.264755] systemd-journald[86]: Received SIGTERM from PID 1 (systemd).
sh-4.2# _
```

图 2-47 CentOS 7 单用户模式进入系统后的界面

（2）/etc/default/grub。

（3）/etc/grub.d/*。

其中：

/etc/default/grub 配置文件用来实现最基本的开机界面配置，如等待时间秒数、设置开机密码等。

/etc/grub2.cfg 是文件中调用/etc/grub.d/10_linux 来配置不同的内核，这里面有两个 menuentry（菜单入口），所以开机的时候会看见两个默认选项，一个是普通模式，另一个是救援模式。需要注意的是，/etc/grub2.cfg 文件相对复杂，最好不要直接去修改。如果需要自定义这个文件，可以修改对应的脚本或者/etc/default/grub 文件，然后通过 grub2-mkconfig 重新生成 grub.cfg 文件。

/etc/grub.d/* 目录下的脚本文件是 grub.cfg 脚本文件中的配置信息的执行次序，文件名以数字开头的脚本会被先执行，并且数字小的先执行。这些文件主要完成如设置环境变量、系统文件位置，设置 GRUB2 的背景图片、文本颜色、主题，识别操作系统正在使用的内核等。

2.5.3 Linux系统的登录

1. 登录模式

1）图形界面模式登录

图形界面也称为 X-Window（X 窗口），是系统安装时默认的登录模式，如图 2-48 所示。如果系统安装时设定了用户，则列出已设定的用户列表，用户可以选择某一用户进行登录，单击“未列出？”超链接，则出现用户名填写项，如填入 root（管理员），则密码为系统安装时所设置的根口令。正确输入后则进入 CentOS 7 的图形化窗口主界面，如图 2-49 所示。

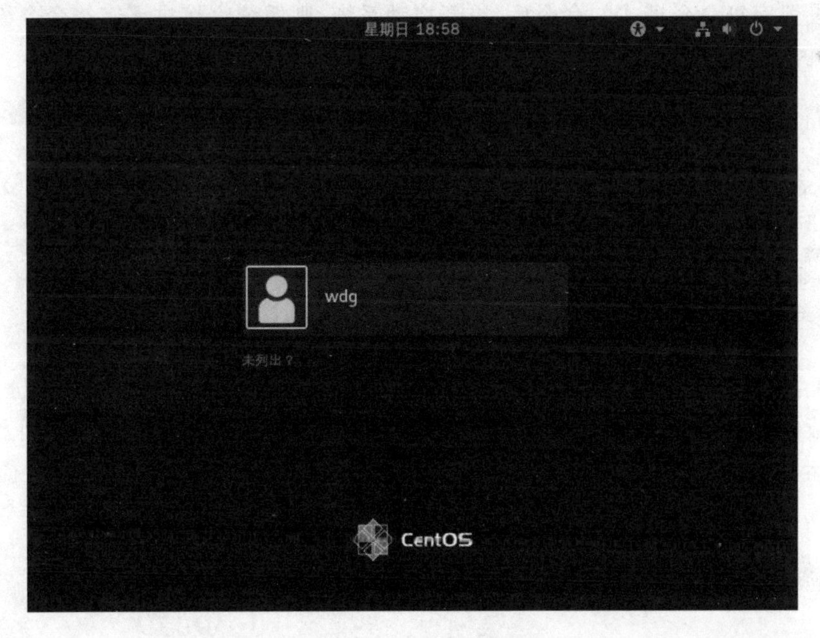

图 2-48　图形登录界面

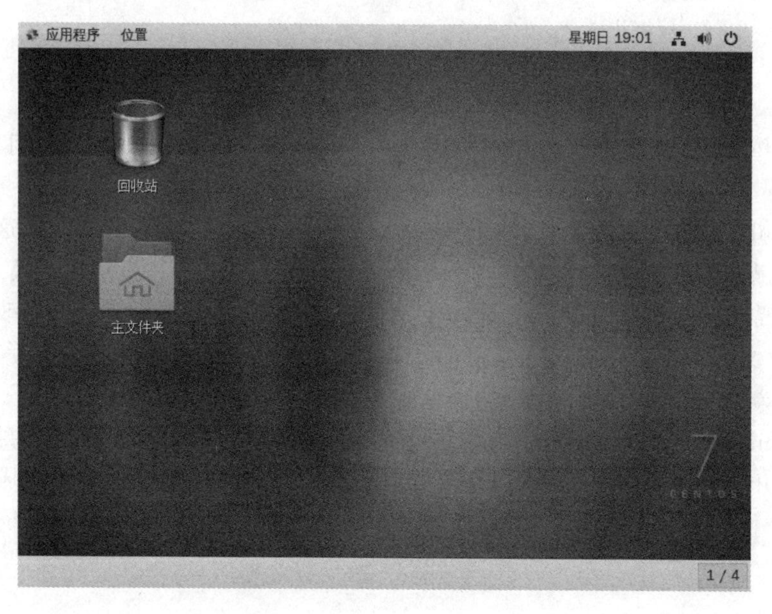

图 2-49　图形化窗口主界面

2）字符命令模式登录

为了在 Linux 启动时直接进入字符界面(或图形界面)，可以在 CentOS 7 的终端输入如下命令进行启动模式的切换。

```
# systemctl set-default multi-user.target          #设置成命令模式
# systemctl set-default graphical.target           #设置成图形模式
```

执行设置字符命令模式的命令后，重新启动系统，则系统直接进入字符命令模式的提示符状态，其内容如下：

```
CentOS Linux 7 (Core)                          #Linux 版本
Kernel 3.10.0-693.el7.x86_64 on an x86_64      #内核版本及主机类型
localhost login: root                          #localhost 为本地主机名,以 root 身份登录
password:                                      #输入密码是不可见的
Last login: Mon Nov 26 01:32:36 2018 from 192.168.1.100
[root@localhost ~]# su -a
[a@localhost ~]$
```

在以上提示中，localhost 为计算机名(显示为本地主机名)，以 root 用户身份登录，输入密码为屏蔽的，屏幕上不显示，输入正确后按回车键则出现用户上次登录的时间及登录的终端 IP，在“#”root 用户的提示符下，输入“su -a”命令则转入 a 用户的环境中，提示符变成“$”。系统出现的信息格式为：

```
[登录的用户名称@登录的计算机名称~ ]用户级别提示符
```

例如，提示符“[root@Linux-CentOS-7 ~]#”含义为当前为 root 用户，在计算机名为 Linux-CentOS-7 的系统中，“~”为当前用户所在的默认账户目录，此时管理员用户路径为

/root,"#"为系统管理员状态符。

提示符"[a@ Linux-CentOS-7 ~]$"含义为当前为a用户,在计算机名为Linux-CentOS-7的系统中,用户当前路径为用户所在的默认账户路径/home/a,"$"为普通用户。

2. 模式切换

1) X窗口下切换到字符终端

在X-Window图形操作界面中按Alt+Ctrl+功能键Fn(n=1~6)就可以进入字符操作界面。这就意味着可以同时拥有X-Window加上6个字符终端,在此时的字符操作界面中再按Alt+Ctrl+F7组合键即可返回X-Window。这7个终端编号分别为tty1~tty7。X-Window启动后,占用的是tty7号屏幕,tty1~tty6仍为字符界面屏幕。如果没有切换,则没有激活该终端。用Alt+Ctrl+Fn组合键即可实现字符界面与X-Window界面的快速切换。

2) 从字符界面进入X窗口界面

如果系统安装了图形界面,则在字符界面提示符下,输入"startx"或"init 5"命令,则启动图形界面窗口。例如:

```
[root@localhost ~]# startx
```

3) 从X窗口界面进入字符界面

在X窗口界面下打开字符终端窗口,在字符界面提示符下输入"init 3"命令,则关闭图形界面进入字符界面。例如:

```
[root@localhost ~]# init 3
```

2.5.4 系统的注销与关闭

1. 注销

注销是当前用户退出登录状态,在字符界面下输入"logout"或"exit"命令,即可退出系统。

```
[root@localhost ~]# logout
```

用户可以在图形桌面环境中依次选择"系统"→"注销"选项进行注销。

2. 关闭系统

Linux操作系统对于应用于一个多用户、多任务状态下的网络服务器来说,除了某些特殊原因,一般情况下很少关闭系统,但关闭系统一般涉及以下几个问题。

(1) 多用户状态下,如何告知其他在线用户在系统中的作业存盘。

(2) 系统关闭是在远程还是本地。

(3) 关闭系统的目的是为了计算机硬件的维护,还是软件升级工作。

所以Linux操作系统的关机命令有着很多重要功能。

1) shutdown关机命令

shutdown关机命令是root用户的命令,它功能强大灵活,可以按照管理员的各种工作意图完成关机工作,如进入单用户维护模式、向在线用户发送关机警告信息、定时关机或重

新启动计算机、进行关机调度等,shutdown 关机命令的格式为:

```
shutdown [ - krhfc] [ - t secs] time [warning message]
```

其中的主要参数含义如下。

-k:告诉其他在线用户系统要进入维护模式,实际没有执行,只是一个警告。

-r:reboot,重新启动系统。

-h:halt,关闭系统并且关闭电源。

-f:跳过 fsck(检查文件系统并尝试修复错误),系统快速关机并重新启动。

-c:作为另一个终端的 root 用户,利用该参数可以取消 shutdown 命令的执行。

-t secs:系统执行 shutdown 的延迟时间,单位为分钟。

time:指定具体时间。

warning message:向每个在线用户以广播的形式发送信息。

(1) 传送信息。利用 shutdown 命令可以向用户以广播的形式发送信息,通常会向用户提示系统即将关机的内容,在发送信息后,系统会每隔一分钟传送一次信息,直到时间到期为止。

下例中采用的参数是"-k",并输入系统关机的原因及延迟时间为 2 分钟后系统将进入维护模式的命令:

```
[root@localhost ~]# shutdown - k 2 Attention: System will install a disk.
Broadcast message from root (pts/2) (Wed Dec 12 20:38:16 2018):
Attention: System will install a disk.
The system is going DOWN to maintenance mode in 2 minutes!

Broadcast message from root (pts/2) (Wed Dec 12 20:39:16 2018):
Attention: System will install a disk.
The system is going DOWN to maintenance mode in 1 minute!

Broadcast message from root (pts/2) (Wed Dec 12 20:40:16 2018):
Attention: System will install a disk.
The system is going down to maintenance mode NOW!

Shutdown cancelled.
[root@localhost ~]#
```

(2) 延迟时间。

time:具体指定时间,进行关机调度,它有 3 种表示方法,命令如下所示:

```
[root@localhost ~]# shutdown 23:59          #23:59 进入单用户维护模式
[root@localhost ~]# shutdown + 10           #10 分钟后进入单用户维护模式
[root@localhost ~]# shutdown now            #立刻进入单用户维护模式
```

以 shutdown 命令指定具体时间关机并且没有发送提示信息,则关机动作不向在线用户发送任何关机信息,在输入关机命令后,没有真正执行关机前,如果要取消此命令,只需使用 Ctrl+C 组合键,则取消延迟时间内继续执行的关机命令。

(3) 系统关机。如果系统要立刻关机，可以使用参数“-h”以及 now，这是最快的关机方式，命令如下：

```
[root@localhost ~]# shutdown -h now       #立刻关闭系统
[root@localhost ~]# shutdown -r now       #立刻重新启动系统
```

2) 其他关机命令

halt、reboot 和 poweroff 3 个关机命令非常相似，halt 是系统正常关机，reboot 是系统重新启动，poweroff 是系统关机后还会关闭电源。

2.6 本章小结

本章主要介绍了 CentOS 7 系统的整个安装过程，包括其各种安装方式，以及系统的启动程序及其配置文件、引导步骤、系统的登录、注销及关机要求等内容，并重点介绍了 VMware 虚拟机安装 Linux 系统的方法、Linux 系统分区特点及与 Windows 共存的基本要求，最后介绍了多用户状态下系统如何安全关机。通过本章的学习，读者可以了解到 Linux 系统的整个安装过程，以及 Linux 系统的启动与关闭的基本操作方法。

2.7 思考与实践

1. Linux 系统的自定义分区要求有哪些？
2. 简述 Linux 系统的启动过程。
3. 举例说明 Windows 和 Linux 系统共存的磁盘分区要求。
4. 多用户情况下，如何保证其他在线用户的作业，而系统还能正常安全关机？
5. 练习系统的开机、登录、注销及关机的方法，并对该过程进行观察和记录。
6. 练习在 Windows 下利用 VMware 建立并安装 Linux 虚拟机系统。
7. 练习安装后的虚拟系统的移植。
8. 练习在 Windows 下的 SSH 终端软件登录虚拟的 CentOS 7 系统，并进行 Windows 系统与 Linux 系统间的文件上传及下载操作。
9. 练习在 Windows 下利用 SSH 终端软件以不同的用户身份同时登录虚拟的 CentOS 7 系统，再用 shutdown(携带不同参数)的关机命令，体会多用户状态下，不同终端窗口系统关机的提示及状态变化情况。

第3章

Linux 操作基础

本章主要介绍 Linux 操作系统与 Shell 的关系、简单命令、一般命令格式、常用命令、Shell 高级操作、Linux 的 X-Window、环境变量及系统配置等内容，并详细介绍信息显示命令、查询系统命令及如何在桌面环境简单操作等问题。

本章的学习目标

- 了解 Linux 操作系统与 Shell 的关系。
- 掌握简单命令、一般命令格式和一些常用命令。
- 掌握 Shell 高级操作、环境变量及系统配置。
- 了解 Linux 的 X-Window。

3.1　Linux 系统与 Shell 的关系

Linux 操作系统主要由两部分组成：内核和系统工具。内核是 Linux 系统的核心并且驻留内存。所有直接与硬件通信的常规程序都集中在内核中，与操作系统的其他部分相比，这部分相对比较小。除了内核，其他必要的模块也驻留内存。这些模块执行一些重要功能，如输入/输出、文件管理、内存管理和处理器管理。

Linux 系统的其他部分保存在磁盘上，需要时调入内存。Linux 命令就是保存在磁盘上的程序(即系统工具)。当输入一个命令(请求程序执行)时，相应的程序就被调入内存。用户通过 Shell 与操作系统通信，而依赖于硬件的操作是由内核管理的。图 3-1 给出了 Linux 操作系统的组件，从中可见 Shell 的位置。

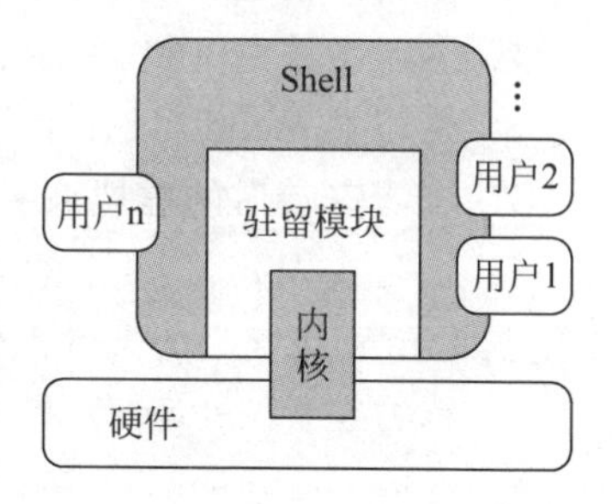

图 3-1　Linux 系统的组件

Shell 的原意是外壳，用来形容物体外部的架构。Linux 系统的 Shell 作为操作系统的外壳，为用户提供了使用操作系统的接口。它是命令语言、命令解释程序及程序设计语言的统称。优秀的管理员喜欢用 Shell 帮助他们自动完成各种管理工作。Linux 系统很多服务都是通过 Shell 脚本来启动，通过查看这些脚本，可以了解服务的启动过程，从而为故障诊断和系统优化做好准备。

每种操作系统都有其特定的 Shell。DOS 的标准 Shell 是 command. com，虽然 DOS 系统有多种，但是通常都采用 command. com 作为 Shell 的名称。Windows 95/Windows 98 的 Shell 是 explorer. exe。各主要 UNIX 类操作系统下默认的 Shell 为：AIX 默认的是 Korn Shell，Solaris 和 FreeBSD 默认的是 Bourne Shell，HP-UX 默认的是 POSIX Shell，

Linux默认的是Bash(Bourne Again Shell),也可以重新设定或切换到其他的Shell。

Bash是GNU系统的标准Shell,正式发布于1988年11月10日,Brain Fox编写了Bash的最初版本,1989年年初,Chet Ramey加入开发,负责大量的故障调试及加入许多有用的特性。现在人们可免费从FSF(Free Software Foundation)得到0.99以上的版本。Red Hat Linux 9的版本是2.05b,Fedora Core 8的版本是3.1。可以用Bash的命令行选项-version或打印环境变量BASH_VERSION的值来获得版本号。本书是以CentOS 7系统为例进行说明的,查看它的Shell解释器,Bash的版本执行的命令为:

```
[root@localhost ~]# bash - version
GNU bash, 版本 4.2.46(2) - release (x86_64 - redhat - linux - gnu)
Copyright (C) 2011 Free Software Foundation, Inc.
```

用户在提示符下输入的命令都由Shell先解释然后传给Linux核心。

很多时候,初学者容易混淆Shell和命令行这两个概念,一般来说,当一个用户登录后,系统将启动一个默认的Shell程序,可以看到Shell的提示符(管理员为#,普通用户为$),在提示符后输入一串字符后,Shell将对这一串字符进行解释,而输入的这一串字符就称为命令行。尽管Linux的GUI功能也很强大,但控制Linux的最好方法是使用命令行界面,命令行操作的运行不需要占用过多的系统资源,功能也十分强大,几乎所有的Linux操作都可以通过命令行来完成,在计算机远程管理和服务器环境操作中Linux命令行的优势尤其明显。熟练掌握Linux命令行操作是领会Linux系统精髓的必然途径。

3.2 Shell功能简介

Shell主要有两个功能,作为命令解释器,它一端连接着UNIX/Linux内核,另一端连接着用户和其他应用程序,换句话说,Shell是用户和应用程序与内核沟通的桥梁。

在Linux命令中,Shell作为命令解释器的具体功能为:它接收用户输入的命令,进行分析,创建子进程,由子进程实现命令所规定的功能,等子进程终止后,发出提示符。这是Shell最常见的使用方式。

另外,Shell作为一种高级程序设计语言,可以编写出代码简洁、功能强大的程序。它属于UNIX/Linux下的脚本编程语言,它是解释执行的,无须提前编译。

Shell虽然没有C/C++、Python、Java、C#等编程语言强大,但也支持了基本的编程元素,Shell脚本实现的功能非常强大,完全能够胜任Linux的日常管理工作,如文本或字符串检索、文件的查找或创建、大规模软件的自动部署、更改系统设置、监控服务器性能、发送报警邮件、压缩安装文件等。

3.3 简单命令

下面介绍一些常用的简单命令,这些命令只输入命令名,可以不加选项或参数,按Enter键就可以正常执行。

1. pwd 当前路径命令

pwd 命令的功能是显示当前工作的全路径名。例如,在系统中登录以后马上输入命令:

```
[wdg@localhost ~]$ pwd
/home/wdg
```

表明当前所处的目录是 wdg 用户的主目录/home/wdg。Shell 提示符 $ 前面的字符串"[wdg@localhost ~]"中的"~"表示当前为宿主(用户主)目录,如果处于其他目录则显示目录名,"@"前面的"wdg"表示用户名,"@"后面的"localhost"表示主机名。由于在不同时间、不同环境中所用的工作目录会有很大的差异,因此由 pwd 命令显示的结果就因具体情况而异。

需要注意的是,在所有命令行字符串的结尾都要按 Enter(回车)键,系统才对该命令加以接收、分析、执行。因此这里所讲到的命令行示例都省去 Enter,作为默认方式,用户在实际上机操作时必须在输入命令之后按下 Enter 键。

2. date 日期命令

date 命令的功能是显示系统当前的日期和时间。例如:

```
[wdg@localhost ~]$ date
2018 年 11 月 26 日   星期一 06:52:54 CST
```

日期是 2018 年 11 月 26 日,时间是 6 时 52 分 54 秒。

3. who 在线用户命令

who 命令的功能是显示当前已登录到系统的所有用户名、所有终端名和登录到系统的时间。例如:

```
[wdg@localhost ~]$ who
root   tty1    2018-11-26 06:54
root   pts/0   2018-11-26 06:49 (192.168.1.100)
wdg    pts/1   2018-11-26 06:55 (192.168.1.100)
```

这段代码表明目前有 3 个用户在系统中:root(超级用户)使用 tty1 本地终端登录,登录时间为 2018 年 11 月 26 日 6 时 54 分;另一个 root 用户使用 pts/0 异地终端登录,登录时间为 2018 年 11 月 26 日 6 时 49 分;wdg 用户使用 pts/1 异地终端登录,登录时间为 2018 年 11 月 26 日 6 时 55 分。

4. cal 日历命令

cal 命令的功能是显示日历。它可以显示公元 1~9999 年中任意一年或任意一个月的日历。可以不带任何参数直接使用该命令。例如:

```
[wdg@localhost ~]$ cal
      十一月 2018
日 一 二 三 四 五 六
             1  2  3
 4  5  6  7  8  9 10
11 12 13 14 15 16 17
18 19 20 21 22 23 24
25 26 27 28 29 30
```

从中可以看出，如果 cal 命令不带任何参数直接使用则显示本月的日历。在 cal 命令之后可以有一个表示年份的数字，指定显示某一年全年的日历，例如 cal 2019。注意，年份 2019 不能缩写为“19”，因为“cal 19”将显示公元 19 年的日历。可以指定显示某一年某一月的日历，如 cal 8 2019，将显示 2019 年 8 月份的日历。

注意，如果在异地终端执行以上命令，汉字可能出现乱码，需要执行如下命令之后方可正常显示汉字，该方式仅对该终端有效，若打开新的异地终端，需再次执行该命令：

```
[wdg@localhost~]$ export LANG=zh_CN
```

5. uname 系统信息命令

uname 命令查看当前操作系统的信息，它可带多个选项。常用选项有以下几个。

-r：显示发行版本号。

-m：显示所用机器类型。

-i：显示所需硬件平台。

-v：显示操作系统版本。

例如：

```
[wdg@localhost ~]$ uname
Linux
[wdg@localhost ~]$ uname -r
3.10.0-693.el7.x86_64
[wdg@localhost ~]$ uname -mi
x86_64 x86_64
[wdg@localhost ~]$ uname -v
#1 SMP Tue Aug 22 21:09:27 UTC 2017
```

6. wc 统计命令

wc 命令用来统计给定文件的行数、字数和字符数，其格式为：

```
wc [ -lw ] [ -c ] 文件名
```

选项含义：l 为统计行数，w 为统计字数，c 为统计字节数；如果没有给出文件名，则读取标准输入。例如：

```
[wdg@localhost ~]$ wc file1
34 403 4075 file1
```

输出的列的顺序和数目固定不变，分别为行数、字数、字节数和文件名。又如：

```
[wdg@localhost ~]$ wc -w file1
403 file1
```

7. su 切换用户命令

su 命令用来切换当前用户的登录身份（前提是系统已经创建了其他用户），其常用的格

式为:

```
su [ - ] [ 用户名 ]
```

选项含义:“-”表示切换时是否带切换用户的环境变量;如果不带用户名,是指普通用户切换到 root 用户。例如:

```
[root@localhost ~]# su - wdg                 #切换到 wdg 用户,并转换其切换用户的环境
[wdg@localhost ~]$ pwd
/home/wdg
[wdg@localhost ~]$ su                         #切换到 root 用户,不转换其环境
password:
[root@localhost wdg]# pwd
/home/wdg
```

8. clear 清屏命令

clear 命令用来清除字符界面上的所有内容,只保留当前提示符,并显示在屏幕的第一行上。

3.4 Shell 命令的操作基础

Shell 命令作为使用 Linux 操作系统的最基本方式之一,用户需要熟练掌握常用的 Shell 命令,从而高效地管理 Linux 系统。

3.4.1 Shell 命令的一般格式

Linux 命令又称为 Shell 命令,当用户登录后 Shell 运行进入了内存,它遵循一定的语法将输入的命令加以解释并传给系统。

前面介绍的几个简单命令,只要在命令提示符后面输入命令名,然后按 Enter 键就可以执行了。其实许多命令的命令行还需要选项和参数。命令行中输入的第一个项目必须是一个命令的名称,第二个字是命令的选项或参数,命令行中的每个字必须由空格或 Tab 隔开,格式如下:

```
命令名称 [选项] [参数]
```

选项是一种标志,常用来扩展命令的特性或功能。[选项]的方括号表示语法上选项可有可无。选项往往包括一个或多个英文字母,在字母前面有一个减号(减号是必要的,Linux 用它来区别选项和参数)。例如,没有选项的 ls 命令,可列出目录中的所有文件,只列出各个文件的名称,而不显示其他更多的信息。而“ls -l”命令可以列出包含文件大小、权限、修改日期等更多信息的文件或文件夹列表。

有时也可以把几种表示不同含义的选项字母组合在一起对命令发生作用,例如:

```
[wdg@localhost ~]$ ls - la
```

大多数命令都可以接纳参数。参数是在命令行中的选项之后输入的一个或多个单词，例如，“ls -l /tmp”显示tmp目录下的所有文件及其信息。其结果与先进入tmp文件夹再执行“ls -l”的结果一致。

有一些命令可能会限制参数的数目。例如，cp命令至少需要两个参数：

```
[wdg@localhost ~]$ cp oldfile newfile
```

在命令行中，选项要先于参数输入。在一个命令行中还可以置入多个命令，用分号“;”将各个命令隔开，例如：

```
[wdg@localhost ~]$ date;who;pwd
2018年 11月 26日 星期一 07:09:45 CST
root     tty1     2018-11-26 06:54
root     pts/0    2018-11-26 06:49 (192.168.1.100)
wdg      pts/1    2018-11-26 06:55 (192.168.1.100)
/home/wdg
```

3.4.2 在线帮助命令

用户需要掌握许多命令来使用Linux操作系统。为了方便用户，Linux提供了功能强大的在线帮助命令——man命令，它可以查找到相应命令的语法结构、主要功能、主要选项说明。另外，部分命令还列举了全称以及此命令操作后所影响的系统文件等信息。格式如下：

```
man 命令名
```

例如：

```
[wdg@localhost ~]$ man who
```

通常man显示命令帮助的格式包含以下四部分。

(1) NAME：命令名称。

(2) SYNOPSIS：语法大纲。

(3) DESCRIPTION：描述说明。

(4) OPTIONS：选项。

除了这四部分以外，man命令通常还会包含一些教学示例，以帮助用户进一步了解该命令的语法。man在查询控制手册时给出了一些功能键设置，用于控制手册页滚动的主要键如下。

- 空格键：显示手册页的下一屏。
- 回车键：一次滚动手册页的一行。
- q键：退出man命令。

除man命令外，有些命令可以用“--help”选项提供该命令的帮助信息，用户还可以用info和whatis等命令查询一些命令的帮助信息。

3.4.3 与Shell有关的配置文件

在Linux操作系统中,主要有以下几个与Shell有关的配置文件。

(1) /etc/profile文件。这是系统最重要的Shell配置文件,也是用户登录系统最先检查的文件,文件中存放的是系统的环境变量,对所有用户都有效果,要对其更改的话,必须要在root用户权限下才能进行。可以使用env命令来查看系统当前所有的环境变量。

(2) ~/.bash_profile文件。每个用户的Bash环境配置文件存在于用户的主目录中,当系统运行/etc/profile后,将读取此文件的内容,此文件定义了USERNAME\BASHENV和PATH等环境变量,此处的PATH包括了用户自己定义的路径以及用户的"bin"路径。

(3) ~/.bashrc文件。前两个文件仅在系统登录时读取,此文件将在每次运行Bash时读取,此文件主要定义的是一些终端设置以及Shell提示符等,而不定义环境变量等内容。

(4) ~/.bash_history文件。记录了用户使用的历史命令。

3.5 Shell命令的高级操作

Linux系统除了提供丰富的Shell命令外,还提供了强大的Shell高级操作的扩展功能,这样不仅为用户提供方便,同时也丰富了Shell功能。

3.5.1 Shell的命令补全

Linux命令较多,有的较长,有时容易输错。其实在Bash中,用户在使用命令或输入文件名时不需要输入完整信息,可以让系统来补全最符合的名称,如果有多个符合,则会显示所有与之匹配的命令或文件名。例如,用户首先输入命令的前几个字母,然后按Tab键,如果与输入字母匹配的仅有一个命令名或文件名,系统将自动补全;如果有多个与之匹配,系统将发出报警声音;如果再按一下Tab键,系统将列出所有与之匹配的命令或文件名,从而方便用户操作。

例如:

```
[wdg@localhost ~]$ if            #先输入if,再按Tab键,将发出声音表示有匹配
if      ifconfig  ifenslave  ifport  ifuser
ifcfg   ifdown    ifnames    ifup
[wdg@localhost ~]$ ifconfig      #参照对比输入所需要的ifconfig命令显示网卡配置
```

3.5.2 Shell的历史命令

用户在命令行操作中输入的所有命令,系统都会将其自动记录到用户宿主目录下的一个文件中(~/.bash_history),记录的多少由用户环境变量中的HISTSIZE决定。在输入命令时,用户可以通过方向键的上下箭头来选择最近使用过的命令,即可完成自动输入历史命令;还可以在提示符下输入history命令查看所有历史命令。例如:

```
[root@localhost ~]# history | more
    1 hostname CentOS-7
    2 bsh
    3 hostname
    4 hostname Linux-CentOS-7
    5 bash
    6 cal
    7 vi /etc/locale.conf
    8 source /etc/locale.conf
    9 date
   10 cal
   11 cat /boot/grub2/grub.cfg
   12 cat /etc/grub2.cfg
   …
```

若执行以前历史命令列表中的某一个命令，则执行“!n”，n 为历史命令列表中的编号，如执行本例中的编号 9 的历史命令：

```
[root@localhost ~]# !9
date
2018年 11月 26日 星期一 08:34:30 CST
```

3.5.3 Shell 的重定向

输入输出重定向(I/O Redirection)可以让用户从文件输入命令，或将输出结果存储在文件及设备中，从而摆脱了只有标准输入(键盘)和输出(显示器)设备的模式。其中，输出重定向符号有“>”和“>>”，“>>”称为重定向附加；而输入重定向符为“<”。另外，还有错误重定向输出“2>”，可以把命令行出错的信息保存到指定的文件中。Shell 的重定向详见 7.4.2 节。下面为一个重定向的例子。

“>”将输入的信息直接写入，“>>”将输入的信息以追加的方式写入。例如：

```
[wdg@localhost ~]$ ls
examlpe.c  m1.c  m2.c  m3.c
[wdg@localhost ~]$ ls > test                #把当前目录清单信息写入 test 文件中
[wdg@localhost ~]$ cat test
examlpe.c  m1.c  m2.c  m3.c
[wdg@localhost ~]$ cal >> test              #把当月日历信息附加到 test 文件后
[wdg@localhost ~]$ cat test                 #查看处理后的 test 文件内容
examlpe.c  m1.c  m2.c  m3.c
      十一月 2018
日 一 二 三 四 五 六
             1  2  3
 4  5  6  7  8  9 10
11 12 13 14 15 16 17
18 19 20 21 22 23 24
25 26 27 28 29 30
```

3.5.4 Shell 的管道操作

管道线“|”可以将多个简单的命令集合在一起,用以完成较复杂的功能。管道线“|”前面命令的输出是管道线“|”后面命令的输入。格式为:

```
命令1 | 命令2 | 命令3|…| 命令n
```

例如,对当前月的日历输出进行统计。

```
[wdg@localhost ~]$ cal
     十一月 2018
日 一 二 三 四 五 六
             1  2  3
 4  5  6  7  8  9 10
11 12 13 14 15 16 17
18 19 20 21 22 23 24
25 26 27 28 29 30

[wdg@localhost ~]$ cal | wc
      8     39    145
```

如果把“cal | wc”的输出再当作另一个管道线后面命令的输入,进行 wc 命令的信息统计,其示例如下:

```
[wdg@localhost ~]$ cal | wc | wc
      1      3     24
```

对照以上两个示例,比较统计的结果。

3.6 Linux 的桌面系统

Linux 系统遵循 UNIX 系统给用户提供的基于文本的命令界面,同时也为用户提供了方便、灵活、直观的图形环境——桌面系统。用户可以利用鼠标、菜单、图标等图形用户界面来使用 Linux 操作系统。

一般情况下,Linux 的桌面系统是独立于其内核之外的服务组件,和微软的 Windows 相比,Linux 的桌面系统整体功能相差不多,它们之间的区别在于:Windows 的桌面图形系统作为其内核的一部分,而 Linux 只是将桌面系统作为其系统下的一个应用程序。目前常见的 Linux 的桌面版本有 GNOME、KDE 和 Xfce 等,它们都是基于 X-Window 协议基础的桌面系统。

3.6.1 X-Window 系统简介

很多人使用计算机是从微软的 Windows 操作系统开始的,但实际上,UNIX 系统中使用窗口形式的 GUI 要早于 Windows 操作系统。在“X-Window System”这个词中不要误用

Windows,因为 Windows 是微软公司的注册商标。尽管大多数专业 Linux 操作人员喜欢命令行界面,但是初学者往往更喜欢图形用户界面(GUI),尤其是某些用户使用 Linux 的目的只是办公和娱乐,这时候 GUI 是更好的选择。Linux 提供的 GUI 解决方案是 X-Window System(也称为 X-Window 系统)。

X-Window 系统于 1984 年在麻省理工学院(MIT)开始开发,是基于 UNIX 系统的一个图形系统的组件,它是一个独立的程序,且易于移植,即使其运行时出现故障,也不会影响操作系统的正常运行。X-Window 由服务器、客户端和通信通道三部分构成。服务器的主要作用是控制显示器、输入设备等;客户端主要是一些功能应用程序;通信通道主要是为服务器与客户端进行数据传输。

X-Window 系统是一套工作在 UNIX 计算机上的优良的窗口系统。严格意义上讲,X-Window 并不是一个软件,而是一个协议,常称为 X 协议,现在是类 UNIX 系统中图形用户界面的工业标准。X-Window 系统最重要的特征之一是它的结构与设备无关。任何硬件只要和 X 协议兼容,就可以执行 X 程序并显示一系列包含图文的窗口,而不需要重新编译和链接。这种与设备无关的特征,使得依据 X 标准开发的应用程序,可以在不同环境下执行,因而奠定了 X-Window 系统成为工业标准的地位。

X-Window 系统具有以下主要特征。

(1) X-Window 系统具有网络操作的透明性。应用程序的窗口可以显示在自己的计算机上,也可以通过网络显示在其他计算机的显示器上。

(2) 支持许多不同风格的操作界面。X-Window 系统只提供建立窗口的一个标准,至于具体的窗口形式则由窗口管理器决定。在 X-Window 系统上可以使用各种窗口管理器,即桌面系统。

(3) X-Window 系统不是操作系统必需的构成部分。对操作系统而言,X-Window 系统只是一个可选的应用程序组件。

(4) X-Window 系统现在是开源项目,可以通过网络或者其他途径免费获得源代码。

3.6.2 Linux 的桌面环境

X-Window 系统为 GUI 界面提供最基本的支持,而具体的图形化工具的支持,则需要借助于桌面环境。

几乎在所有的 Linux 发行版本中 X-Window 的图形界面都提供 GNOME 和 KDE 桌面,它们都是完全免费的,可以说它们是 Linux 系统的应用程序,在实际应用中可以切换选择使用它们。一般在 Linux 系统定制安装时可以选择 GNOME 和 KDE 二者之一,也可以二者兼选。若兼选,则若要使用 KDE 的一些特征,可以运行命令 kdesktop 调出 KDE。这两类桌面环境的大部分操作彼此互相适用。下面分别介绍这两个桌面环境。

1. GNOME

GNOME 即 GNU 网络对象模型环境(The GNU Network Object Model Environment),是 GNU 计划的一部分,是开放源码运动的一个重要组成部分,是一种让使用者容易操作和设定计算机环境的工具。GNOME 的目标是基于自由软件,为 UNIX 或者类 UNIX 操作系统构造一个功能完善、操作简单以及界面友好的桌面环境,它是 GNU 计划的正式桌面。

GNOME 桌面是自由软件桌面系统,支持 UNIX 和 Linux 操作系统。GNOME 设计的宗旨是给用户简单、易用、稳定的桌面系统，它使用 X-Window 服务器。

GNOME 桌面系统是使用 C 语言编程的，但也存在一些其他语言的绑定使得能够使用其他语言编写 GNOME 应用程序，如 C++、Java、Ruby、C#、Python、Perl 等。GNOME 桌面系统的 LOGO 如图 3-2 所示。

2. KDE

KDE 是 K Desktop Environment（K 桌面环境）的缩写，是一种著名的运行于 Linux、UNIX 以及 FreeBSD 等操作系统上的自由图形工作环境。KDE 和 GNOME 都是 Linux 操作系统上最流行的桌面环境系统。

KDE 现在是 UNIX 上易于使用的现代桌面环境。和一些如 GNU/Linux 这样的自由的类 UNIX 一起，UNIX/KDE 组成了一个对于任何人都可用的完全自由和开放的计算平台，而且完全免费，任何人都可以修改它的源代码。

因为 KDE 应用程序开发框架的优势，已经有大量的应用程序存在于 KDE 桌面环境了。KDE 的基本发行版中包含了这些程序的一个选择。现在 KDE 也拥有了一个基于 KDE 的 KParts 技术的，由电子表格、幻灯片制作程序、组织者、新闻客户端和更多应用组成的办公应用套件。KDE 桌面系统的 LOGO 如图 3-3 所示。

图 3-2　GNOME 的 LOGO

图 3-3　KDE 的 LOGO

CentOS 7 系统默认安装使用的 X 窗口界面就是 GNOME，KDE 可以在定制安装时选择安装。如果两个都安装了，两个桌面环境可以切换使用。本章下面的叙述都是以 GNOME 为例介绍 CentOS 7 系统的图形环境桌面系统的常用功能的使用。CentOS 7 的 GNOME 桌面如图 3-4 所示。

3.6.3 GNOME 桌面环境简介

GNOME 桌面环境的工作方式和使用微软 Windows 操作系统时所预想的一样。用户可以把文件程序的图标拖放到使用方便的地方，可以为文件和程序在桌面、面板和文件管理器中添加图标，可以改变多数工具和应用程序的外观，还可以使用系统提供的配置工具来改变系统设置。

CentOS 7 系统的 GNOME 图形化桌面环境默认提供了 5 种主要工具来使用应用程序：控制面板、桌面图标、任务条、工作区切换器以及 3.6.4 节将介绍的菜单系统。

1. 控制面板

横贯桌面顶部的长条称为控制面板。它是 GNOME 用户界面最核心的部分，如图 3-5 所示。它依次包含“应用程序”菜单、“位置”菜单，以及系统时间、网络控制器、音量控制器和

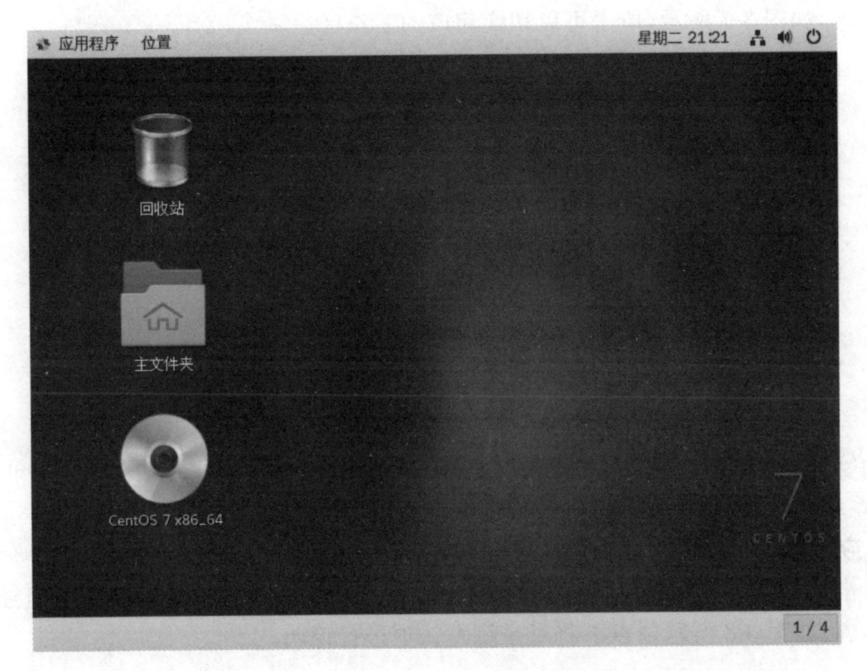

图 3-4 CentOS 7 的 GNOME 桌面

系统关机控制器 4 个功能图标。

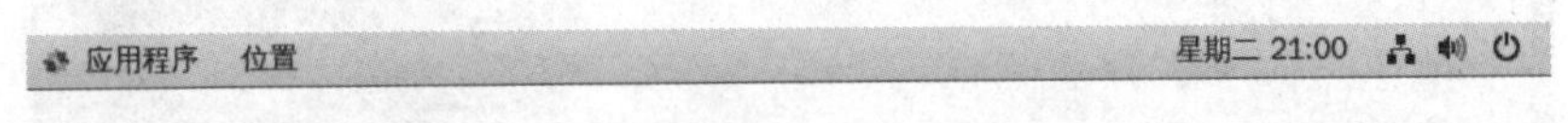

图 3-5 GNOME 的控制面板

2. 桌面图标

桌面上的图标是用来链接到文件夹、应用程序、回收站、光盘或软盘等可移动设备(在它们被挂载后出现)的快捷途径。初始状态下,CentOS 7 系统的桌面图标如图 3-4 所示,主要有回收站、主文件夹(登录用户的宿主目录)或安装时挂载的 ISO 映像文件光盘。要打开一个文件夹或启动一个应用程序,双击相应的图标即可。

3. 任务条

任务条是 GNOME 桌面底部的一个长条,它显示任意虚拟桌面上(工作区)运行应用程序的名称。用户可以单击任务条上的名称来使相应的应用程序重现在桌面上以及工作切换区等,如图 3-6 所示。

图 3-6 GNOME 的任务条

4. 工作区切换器

在 GNOME 图形化桌面环境中提供了使用多个工作区的能力,因此不必把所有运行的应用程序都堆积在一个可视桌面区域内。CentOS 7 桌面默认有 4 个工作区,在图 3-6 所示的界面中右侧"1/4"图标的含义为当前状态显示的是 4 个工作区的第一区,而这个工作区当前有两个运行的应用程序,颜色深的为活动状态,单击右侧的"1/4"图标,则弹出 4 个工作区的窗口菜单,如图 3-7 所示,单击可以切换相应的工作区。

图 3-7 工作区切换器

3.6.4 GNOME 桌面中的菜单系统

CentOS 7 系统的 GNOME 桌面环境中的菜单系统包括 3 个:"应用程序"菜单、"位置"菜单和"系统快捷控制器"菜单。它们各自的内容如下。

1. "应用程序"菜单

在单击最左侧的"应用程序"图标后,GNOME 会出现许多程序组,而每个组还包括其他程序内容,如图 3-8 所示。以下将对系统默认项进行说明。

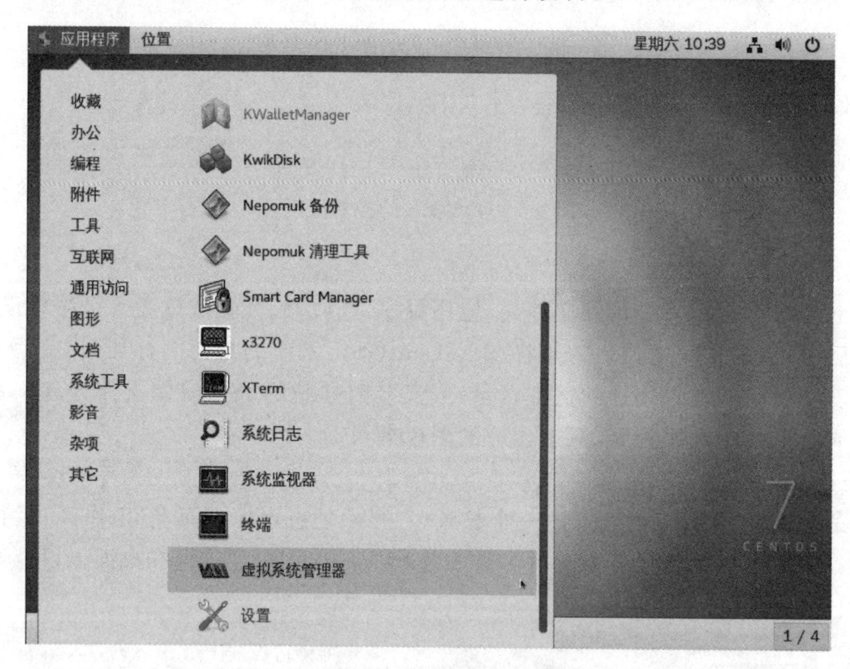

图 3-8 "应用程序"菜单

在图 3-8 中显示的是"应用程序"菜单中的"系统工具"组中的程序,是系统安装时选择安装的软件。

虽然 CentOS 7 提供了功能强大的桌面环境,但是熟悉 Linux 环境的用户仍然习惯使用命令行模式。另外,部分 Linux 系统管理只能在命令行模式下完成。因此,本书在以后章节中将重点介绍 SSH 方式远程终端命令模式下的操作,当然,用户同样可以在桌面环境下的终端模拟器中使用命令行,即打开新的终端运行命令。

1）字符终端模拟器

在“应用程序”菜单中的“系统工具”选项中选择“终端”选项，或者在桌面空白处右击，在弹出的菜单中选择“打开终端”选项，即可打开终端命令窗口 Shell 提示。要退出 Shell 提示，单击 Shell 提示窗口右上角的关闭按钮，或在提示行中输入“exit”，以及按 Ctrl＋D 组合键，这 3 种方法均可退出。如图 3-9 所示为 X 图形界面下的字符终端模拟器软件。

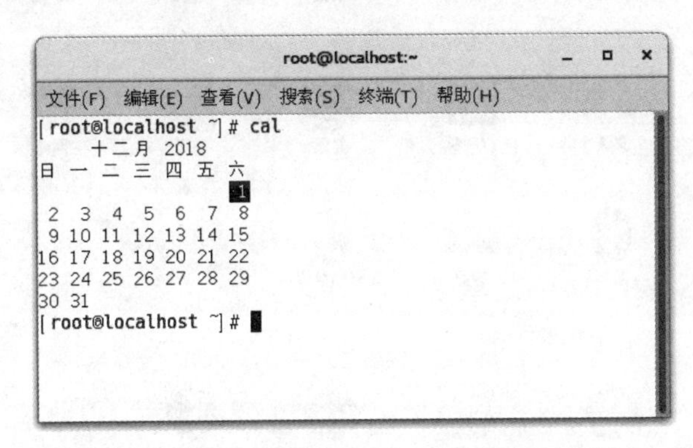

图 3-9　X 图形界面下的字符终端模拟器软件

2）系统管理工具

在“应用程序”菜单中的“系统工具”选项中选择“设置”选项，将打开系统管理工具，如图 3-10 所示。系统管理中包括系统的全部设置，这是桌面环境中的系统管理主要窗口，该窗口的功能由个人、硬件和系统三部分组成，每个部分都由多个功能模块选项组成，通过这些功能模块可以完成系统的基本设置。当然，桌面环境的系统设置对于初学者来说相对容易，但是若想快捷、高效地对系统进行设置，还是用字符命令方式最好。

3）设置系统 IP 地址

在图 3-10 的系统管理工具窗口中，单击“硬件”选项区域中的“网络”图标，则打开如图 3-11 所示的网络设置窗口。要设置系统的静态 IP 地址，则单击右下角的设置图形按钮，在弹出的新窗口中选择“IPv4”选项，如图 3-12 所示，单击右上角的“打开”按钮，并选择其下的“手动”下拉菜单选项，然后再填写“地址”“子网掩码”“网关”等参数信息，最后单击“应用”按钮，使参数设置生效。

2. “位置”菜单

在如图 3-13 所示的桌面环境中，单击“位置”按钮后会弹出多种选项的“位置”菜单。“位置”菜单的主要功能是显示登录的用户宿主目录文件列表及其权限之内的经常使用的工具软件列表，登录系统不同的用户，其“位置”菜单的内容有所不同。图中为 root 用户的“位置”菜单文件列表，其中，“主文件夹”为“/root”目录，“视频”“图片”“文档”等为系统安装时在 root 用户目录下自动生成的子文件夹。因为安装时选择的是“中文界面”安装系统，则生成中文的子文件夹；若用“英文界面”安装系统，则生成英文的子文件夹。“位置”菜单中的“计算机”为系统根目录。选择“位置”菜单中的“主文件夹”选项，则弹出如图 3-14 所示的窗口，为当前 root 用户的宿主目录文件窗口。

3. “系统快捷控制器”菜单

在图 3-13 所示的界面的右上角有一组系统快捷控制器图标，单击该图标则弹出一组菜

图 3-10 系统管理工具窗口

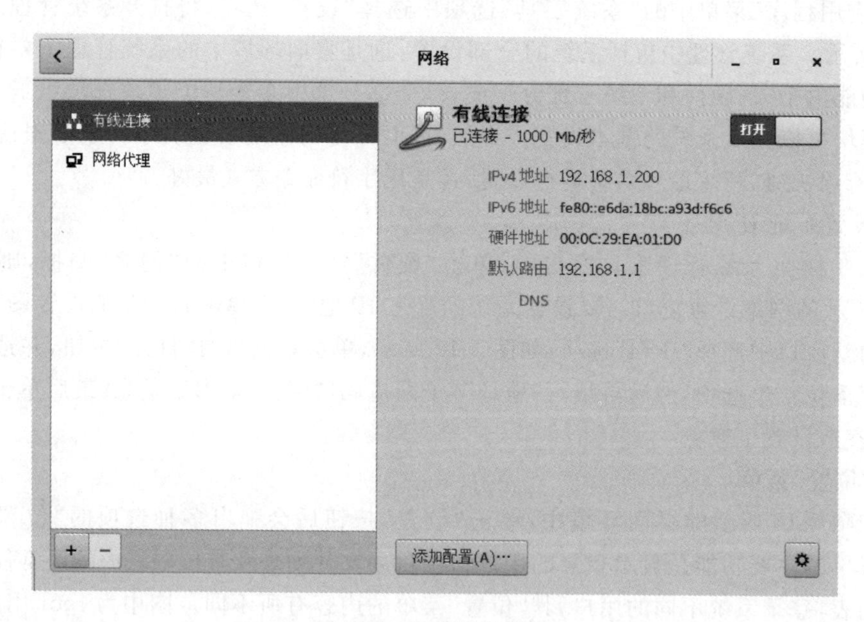

图 3-11 网络设置窗口

单,如图 3-15 所示。菜单分三部分:系统音量控制器;有线 已连接、未在使用、root;3 个系统控制图标。

单击“有线 已连接”则展开其子菜单,包括“关闭”网络连接、“有线控制”网络配置;“未在使用”的子菜单是系统蓝牙设置内容;“root”表示当前登录的账户名,其子菜单包括“注销”用户、“账号设置”功能。

3 个系统控制图标包括“系统设置”“屏幕锁定”以及“关闭系统”,其中,单击“关闭系

图 3-12 设置静态 IP 地址窗口

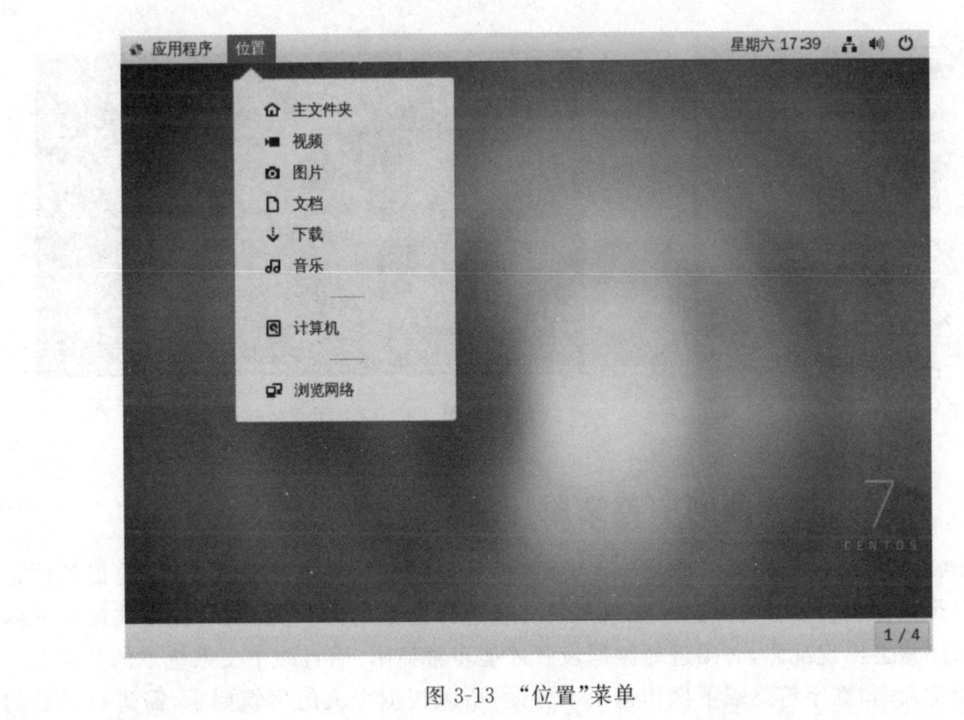

图 3-13 “位置”菜单

统”，则弹出如图 3-16 所示的窗口，若系统中有其他用户登录，则关闭系统窗口将列出当前在线用户列表，以及系统关机倒计时 60 秒，此时若单击“关机”按钮，则系统进入关机状态。

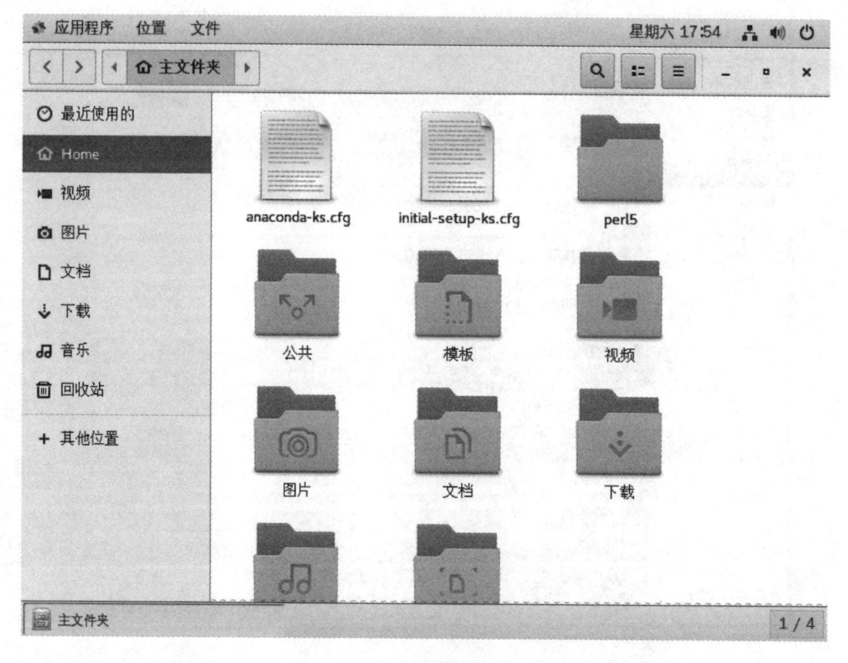

图 3-14 root 用户“位置”菜单下的“主文件夹”窗口

图 3-15 “系统快捷控制器”菜单

图 3-16 “关闭系统选项”窗口

3.6.5 GNOME 桌面的中英文版切换

CentOS 7 系统安装时可以选择语言类型,也可以安装后再选择语言类型,前提条件是安装时必须选择相关语言字库包。如果系统安装选择的是简体中文,在远程终端窗口下的中文提示经常会出现乱码,必须进行编码设置才能正常显示,而且原中文系统下的文件及文件夹的中文命名,在字符终端下操作也很不方便,所以根据个人的习惯要求,需进行必要的系统语言格式类型的重新设置。

下面以安装系统时选择的是中文简体版的系统安装为例,在系统安装完后进入 GNOME 桌面环境中,默认简体中文版切换成英文版的操作步骤如下。

(1) 打开“区域和语言”设置窗口。

打开“应用程序”菜单,选择“系统工具”选项,然后在其子菜单中选择“设置”选项,弹出如图3-17所示的"全部设置"界面，在图中选择"区域和语言"选项，出现如图3-18所示的窗口。

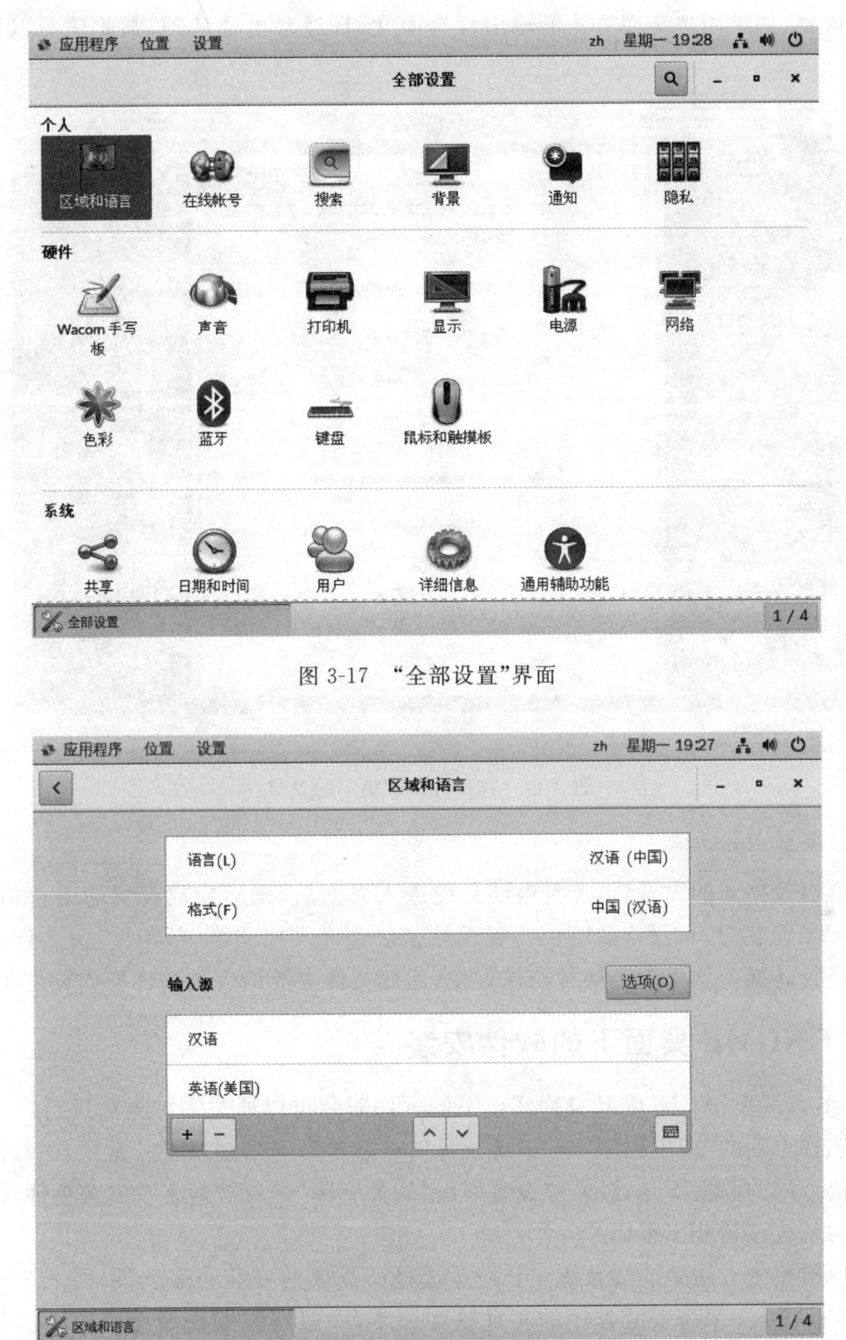

图3-17 "全部设置"界面

图3-18 "区域和语言"窗口

(2) 设置语言类型。

在图3-18所示的界面中，上部设置系统的语言类型有两个，分别是"语言"和"格式"。单击"语言"选项则弹出如图3-19所示的窗口，选择所要的语言类型，如"English"，单击"完成”按钮，则提示重新启动系统后生效。以上“语言”设置只是系统的界面菜单的语言类型。“格式”选项可以选择页面输出的格式语言类型，如日期的输出格式的语言类型等，该选项设置也非常重要，如果用户终端方式的输出含有中文，且经常出现乱码，则此项可以设置成英文格式。

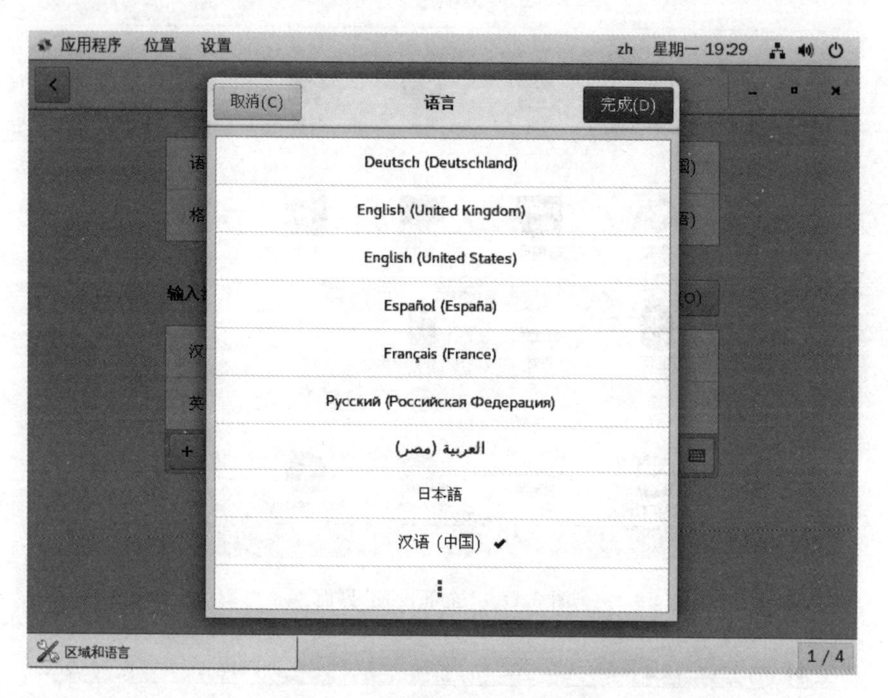

图 3-19　选择“语言”类型的窗口

(3) 格式类型的转换。

完成语言及格式的设置后，重新启动系统进入桌面后，则转换成设置的语言格式类型，但出现提示转换窗口，如图 3-20 所示，提示原来的语言及格式类型所对应的文件夹的语言类型是否进行转换。这里为了终端操作方便，建议文件夹等语言类型转换成英文状态。

3.6.6 GNOME 桌面下的软件安装

CentOS 7 系统的 GNOME 桌面环境下的软件安装可以通过多种方法进行。一种常用的方法是选择桌面的“应用程序”→“系统工具”→“软件”，则出现“软件”窗口，该软件窗口是在系统连接外网的前提下，通过系统设置好的“软件仓库”进行搜索查看安装软件，但是没有连接外网的系统该功能不可用。

另一种常用的方法是通过系统安装光盘选择所需要的安装程序软件，在 2.1.1 节中已经介绍了 CentOS 7 系统安装程序的各种映像版本，一般安装的映像文件中已经集成了大多数系统所需要的软件，且通过映像文件安装系统后进入桌面环境会自动默认识别原安装的映像文件光盘，如图 3-4 所示。其通过光盘安装指定软件的步骤如下。

(1) 打开映像光盘中的软件包文件夹。

在图 3-4 所示的界面中双击桌面上的光盘图标，则打开如图 3-21 所示的界面，在光盘内的根目录下的“Packages”文件夹就是集成了系统安装的 RPM 软件包，打开该软件包文

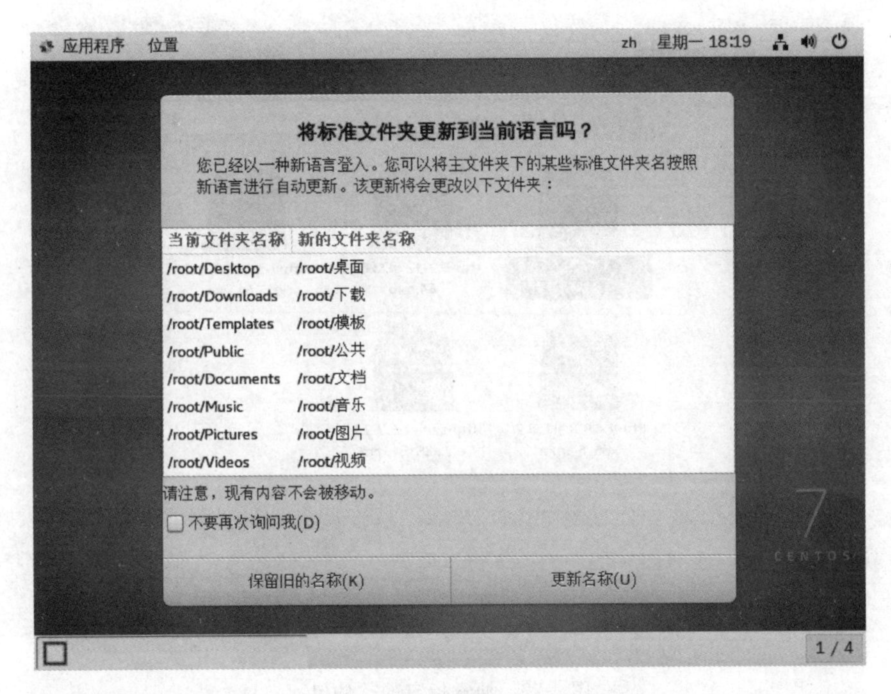

图 3-20　语言格式类型的转换提示窗口

件夹，则出现如图 3-22 所示的 RPM 软件目录列表窗口。

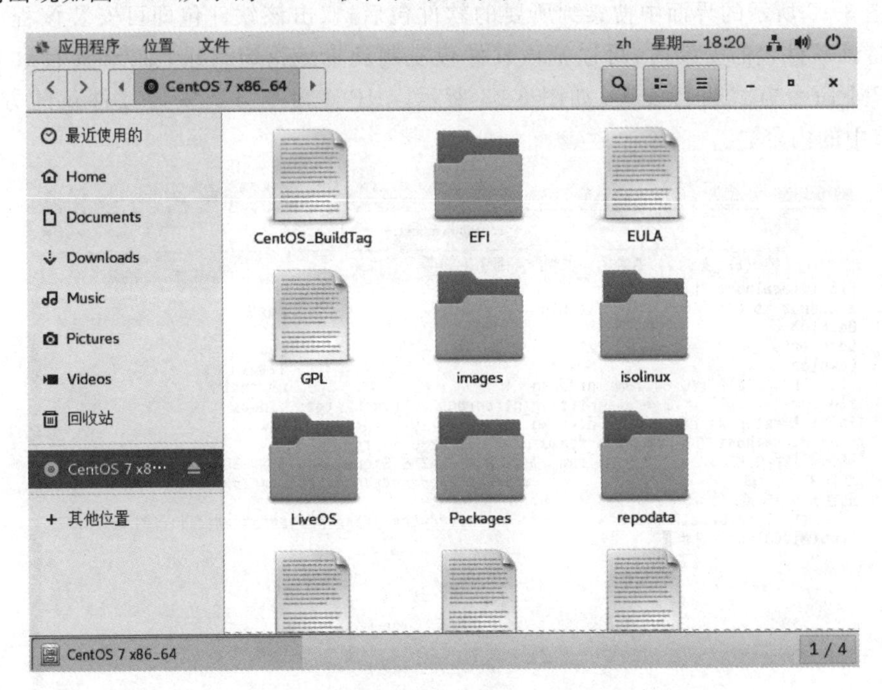

图 3-21　系统安装映像文件光盘界面

(2) 搜索指定的软件包。

在 RPM 软件包文件列表窗口中单击“搜索”图标，在其下出现的提示栏中输入所要指定软件包的关键字，则下面自动匹配该关键字的软件包，如图 3-22 所示。

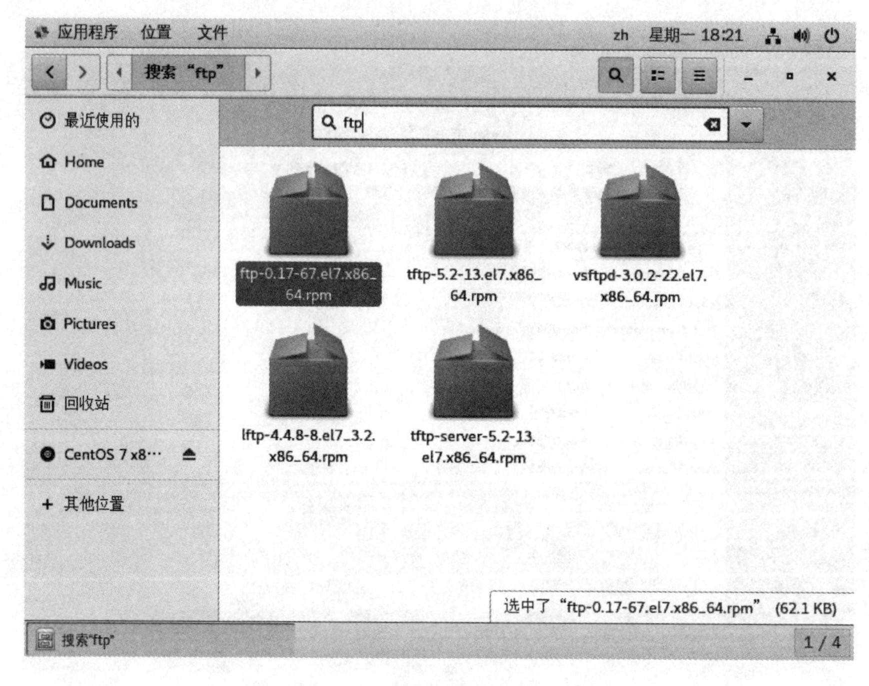

图 3-22 搜索指定的软件包

(3) 安装软件包。

在图 3-22 所示的界面中搜索到所要的软件包后,双击该软件包即可安装该程序,若提示不支持该软件包的安装时,可以把该软件包复制到本地指定目录,如/root 目录下,通过终端 RPM 命令方式进行安装,如图 3-23 所示。RPM 命令方式安装软件包的方法详见 5.2.2 节中的内容。

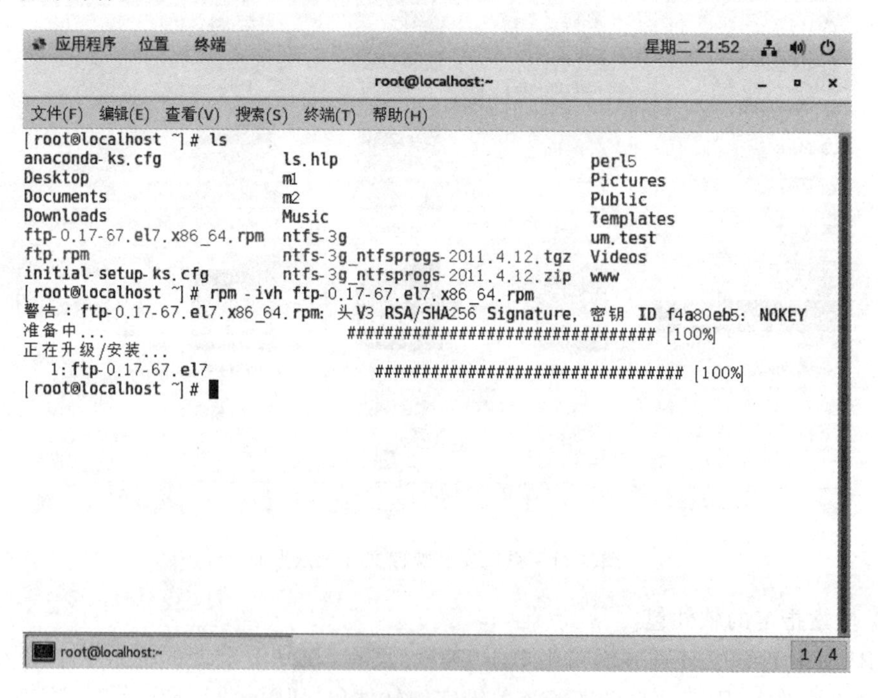

图 3-23 终端命令方式安装软件包

3.7 本章小结

本章主要介绍了Linux操作系统与Shell的关系，强调了命令行操作的重要性，然后叙述了常用的简单命令、一般命令格式、Shell高级操作、Linux的X-Window、GNOME桌面环境及系统菜单等内容。通过本章的学习，读者可以了解到Linux操作系统与Shell的关系，学会一些简单命令、常用命令以及X窗口下的图形操作。

因为读者都熟悉Windows操作系统，所以本书的图形界面只在本章做了简单介绍，以后的章节中主要以远程终端形式使用Linux操作系统，所以要求读者重点掌握Shell命令相关操作等内容。

3.8 思考与实践

1. Shell有哪些高级操作？

2. 对一个命令不熟悉，有哪些方法可以获得帮助？

3. 在CentOS 7系统桌面环境下进行如下操作：设置系统时间、更换桌面背景、工作区切换、目录的切换、文件的查看等，比较该系统和Windows系统的基本操作区别。

4. 在CentOS 7系统下，分别在远程SSH终端以及本地桌面环境下以多用户方式登录(登录的用户分为普通用户及root用户)，再在不同终端关闭系统，观察此时多用户在线状态下普通用户及root用户系统关机的提示及状态变化情况。

5. 在CentOS 7系统的桌面环境下，进行系统的语言格式由中文版转换成英文版的重新设置操作。设置成功后观察设置前后的远程终端的输出变化，即把原来终端的中文输出转换成英文输出的格式。

6. 在CentOS 7系统的桌面环境下，打开安装系统时的映像文件光盘，查找有关ftp文件的RPM软件包，选择其一并进行安装。

第4章

Linux 文件系统

文件系统是操作系统的重要组成部分，也是用户同计算机系统打交道的最直接的载体，用户使用计算机时经常执行和文件相关的操作，如创建、读取、修改及执行文件，这些都是文件系统提供的对外服务，因此用户需要掌握 Linux 文件系统的基本知识和操作方法。本章主要介绍 Linux 文件系统的基本含义、目录与文件的含义、目录结构、文件类型、文件权限和文件系统管理等内容。

本章的学习目标

- 了解基本术语的含义。
- 掌握目录和文件的操作。
- 掌握文件权限的设置。

4.1 Linux 系统的文件及其类型

文件是 Linux 操作系统处理信息的基本单位。在 UNIX/Linux 操作系统中的软件部分所有信息(包括硬件信息)都组织成文件，并以文件的形式进行组织和管理。

4.1.1 Linux 系统的文件含义

每个操作系统都有一种把数据保存为文件和目录的方法，因此它才能得知添加、修改之类的改变。在 Linux 中，每个文件都被保存在目录中。目录中还可以包含目录，这些被包含的目录称为子目录(subdirectory)，包含它们的目录称为父目录，子目录还可以包含文件和下一层子目录。Linux 文件系统是树形结构的，可以把目录想象成它的枝干。

“文件系统”有以下几种含义。

(1) 指一种特定的文件格式。例如，可以说 Linux 的文件系统是 ext4 或 xfs，MSDOS 的文件系统是 FAT16，而 Windows XP 的文件系统是 NTFS 或 FAT32。

(2) 指按特定格式进行了“格式化”的一块存储介质。当人们说“安装”或“拆卸”一个文件系统时，指的就是这个意思。

(3) 指操作系统中(通常在内核中)用来管理文件系统以及对文件进行操作的机制及其实现。

本书关于文件系统的叙述是基于前两种含义的。对文件系统的使用也就是目录间切换及浏览与对文件的操作组成。

1. 文件的含义

(1) 文件。文件的含义也是有广义和狭义之分的。广义地说，UNIX 从一开始就把外部设备都当成"文件"。从这个意义上讲,凡是可以产生或消耗信息的都是文件。狭义地说,"文件"是指"磁盘文件",进而可以是有组织、有次序地存储于任何介质(包括内存)中的一组信息。一般情况下,提到文件基本都是指狭义的含义,即文件系统中存储数据的一个命名的对象。一个文件可以是空文件(即没有包含用户数据),但是它仍然为操作系统提供了其他信息。

在 Linux 系统中文件是一个字符流序列,基于这个概念,Linux 中不仅把普通文件(文本文件、可执行文件等)或是目录当作文件,而且也把磁盘、键盘、打印机以及网卡等设备也当作文件,因为它们都用字符流序列表示,所以在 Linux 系统中所有的输入和输出设备都被当作文件来对待。

(2) 目录。目录文件中包含许多文件的目录项,每个目录项包含相应文件的名称和 i 节点号。在 i 节点中存放该文件的控制管理信息。目录支持文件系统的层次结构。文件系统中的每个文件都登记在一个(或多个)目录中。除了根目录以外,所有的目录都是子目录,并且有它们的父目录。Linux 系统中的根目录(/)就作为自己的父目录。

(3) 文件名。文件名是用来标识文件的字符串,它保存在一个文件目录项中。

(4) 路径名。路径名是通过斜线字符"/"结合在一起的一个或多个目录及文件名的集合。路径名指定一个文件在分层树形结构(即文件系统)中的位置。例如,用户名为"wdg",它的宿主(用户主)目录的路径名为"/home/wdg"。

(5) 当前工作目录。当前工作目录就是用户当前所处的目录,刚登录时就是宿主目录,在 Linux 系统中的提示符中显示当前工作目录。使用当前工作目录作为一个参考点目录查看文件系统时路径名称为相对路径;用根目录作为参考点,则是绝对路径。

2. 文件的成分

无论文件是一个程序、一个文档、一个设备,或者是一个目录,操作系统都会赋予它如下所示的同样的成分。

(1) 索引节点。又称 i 节点,在文件系统结构中,包含有关相应文件的信息的一个记录,这些信息包括文件权限、文件主、文件大小、存放位置、建立日期等。inode 是每个 Linux 分区中对文件使用的标识符。每个文件有一个 inode,如果 inode 搞乱或搞错,则 Linux 无法找到相关文件。同一文件具有相同的 inode 号。例如,查看根目录下的文件节点号:

```
[root@localhost ~]# ls -i /
   75406 bin         81 lib            1 proc         1 sys
      64 boot        83 lib64   33574977 root  16777288 tmp
       3 dev   50334390 media       8453 run   33820344 usr
16777281 etc         84 mnt        75410 sbin  50331713 var
33850139 home  16804090 opt     33850140 srv
```

(2) 数据。数据是文件的实际内容,它可以是空的,也可以非常大,并且有自己的结构。

3. 文件的命名

文件名保存在目录文件中。Linux 的文件名几乎可以由 ASCII 字符的任意组合构成,文件名最长可达 255 个字符(某些较老的文件系统类型把文件名长度限制为 14 个字符)。下面的惯例会使管理文件更加方便。

① 文件名应尽量简单,并且应反映出文件的内容。文件名没有必要超过 14 个字符。

② 除斜线(/)和空字符(ASCII 字符\0)以外,文件名可以包含任意的 ASCII 字符,因为那两个字符被操作系统当作表示路径名的特殊字符来解释。

③ 习惯上允许使用下画线"_"和句点"."来区别文件的类型,使文件名更易读。但是应避免使用以下字符,因为对系统的 Shell 来说,它们有特殊的含义。这些字符是;、|、<、>、`、"、'、$、!、%、&、*、?、\、(、)、[、]。文件名还应避免使用空格、制表符或其他控制字符。

④ 同类文件应使用同样的后缀或扩展名。

⑤ Linux 系统区分文件名的大小写,例如,名为 letter 的文件与名为 Letter 的文件不是同一个文件。

⑥ 以圆点"."开头的文件名是隐含文件,必须使用带-a 选项的 ls 命令才能把它们在屏幕上显示出来。

4.1.2 Linux 系统的目录结构

在 Windows 操作系统中,主分区和逻辑分区也被称为驱动器,会被分配一个驱动器字母(如 C、D、E),每个驱动器都有自己的根目录结构。与 Windows 操作系统有所不同,Linux 文件系统不使用驱动器这个概念,而且 Linux 文件系统使用单一的根目录结构,所有的分区都挂载到单一的"/"目录上。

根据 FHS(Filesystem Hierarchy Standard,文件系统层次化标准),所有的 Linux 文件系统都有标准的文件和目录结构。那些标准的目录又包含一些特定的文件。下面是一个 CentOS 7 系统的根目录清单实例。

```
[root@localhost ~]# ls /
bin   dev   home   lib64   mnt   proc   run    srv   tmp   var
boot   etc   lib    media   opt   root   sbin   sys   usr
```

了解 Linux 系统常见目录的作用,对维护和管理 Linux 系统有着重要作用。以下是 Linux 操作系统常用目录的作用说明。

(1) 根目录(/)。"/"目录也称为根目录,位于 Linux 文件系统目录结构的顶层。在很多系统中,"/"目录是系统中的唯一分区。如果还有其他分区,必须挂载到"/"目录下某个位置。整个目录结构呈树形结构,因此也称为目录树。

(2) bin。/bin 目录为命令文件目录,也称为二进制目录,包含了供系统管理员及普通用户使用的重要的 Linux 命令的二进制(可执行)文件,包括 Shell 解释器等。该目录不能包含子目录。目录/usr/bin 存放了大部分的用户命令。

(3) boot。/boot 目录中存放系统的内核文件和引导装载程序文件。例如 CentOS 7 的内核文件为 vmlinuz-3.10.0-693.el7.x86_64。

(4) dev。/dev 目录也称设备(device)文件目录,存放连接到计算机上的设备(终端、磁盘驱动器、光驱及网卡等)的对应文件,包括字符设备和块设备等。

(5) etc。/etc 目录存放系统的大部分配置文件和子目录。X-Window 系统的文件保存在/etc/X11 子目录中,与网络有关的配置文件保存在/etc/sysconfig 子目录中。该目录下的文件由系统管理员来使用,普通用户对大部分文件有读取权限。

(6) home。/home 目录中包含系统上各个用户的主目录,子目录名称即为各用户名。

(7) lib。/lib 目录下存放了各种编程语言库。典型的 Linux 系统包含了 C、C++ 和 FORTRAN 语言的库文件。用这些语言开发的应用程序可以使用这些库文件。这就使软件开发者能够利用那些预先写好并测试过的函数。/lib 目录下的库映像文件可以用来启动系统并执行一些命令。目录/lib/modules 包含了可加载的内核模块。/lib 目录存放了所有重要的库文件，其他的库文件则大部分存放在/usr/lib 目录下。

/lib64 目录用来存放与/lib 不同格式的二进制函式库，支持 64 位的函式库。

(8) media。/media 目录是指系统设置的自动挂接点，如 CDROM 光盘或 U 盘的自动挂接点，而/mnt 一般是指手动挂接点目录。

(9) opt。/opt 目录表示的是可选择的意思，某些第三方应用程序通常安装在这个目录，有些软件包也会被安装在这里。

(10) root。/root 目录为系统管理员的主目录。

(11) usr。/usr 目录是 Linux 系统中最大的目录之一，很多系统中，该目录是作为独立分区挂载的。该目录中主要存放不经常变化的数据，以及系统下安装的应用程序目录。

(12) mnt。如果想要暂时挂载某些额外的装置，一般可以放置在/mnt 目录中。早期，这个目录的作用与/media 相同，后来有了/media，这个目录就用来暂时挂载用了。

(13) proc。/proc 目录是一个虚拟的文件系统，该目录中的文件是内存中的映像。可以通过查看该目录中的文件获取有关系统硬件运行的详细信息，例如，使用 more 或 less 命令查看/proc/interrupts 文件以获取硬件中断(IRQ)信息，查看/proc/cpuinfo 文件以获取 CPU 的型号、主频等信息。

(14) sbin。/sbin 目录下保存系统管理员或者 root 用户的命令文件。/usr/sbin 存放了应用软件，/usr/local/sbin 存放了通用的根用户权限的命令。

(15) tmp。/tmp 目录存放了临时文件，一些命令和应用程序会用到这个目录。该目录下的所有文件会被定时删除，以避免临时文件占满整个磁盘。

(16) var。/var 目录以及该目录下的子目录中通常保存经常变化的内容，如系统日志、邮件文件等。

(17) run。早期的 FHS 规定系统开机后所产生的各项信息应该放在/var/run 目录下，新版的 FHS 则规范到/run 下。由于/run 可以使用内存来仿真，因此效能上会好很多。例如，CentOS 7 系统的自动识别 CDROM 光盘映像文件则加载到/run/media/目录下。

4.1.3 Linux 的文件类型

文件是操作系统用来存储信息的基本结构，是存储在某种介质(软盘、硬盘、光盘等)上的一组信息的集合，通过文件名来标识。Linux 操作系统常见的文件类型包括普通文件、目录文件、设备文件及链接文件等，下面对这几种常见文件的类型进行详细说明。

1. 普通文件

普通文件也称为常规文件，包含各种长度的字节串。内核对这些数据没有进行结构化，只是作为有序的字节序列把它提交给应用程序。应用程序自己组织和解释这些数据，通常把它们归并为下述类型之一。

(1) 文本文件。文本文件由 ASCII 字符构成。例如，信件、报告和称作脚本(Script)的命令文本文件，后者由 Shell 解释执行。

(2) 数据文件。数据文件由来自应用程序的数字型和文本型数据构成。例如，电子表格、数据库，以及字处理文档。

(3) 可执行的二进制程序。可执行的二进制程序由机器指令和数据构成，例如 Linux 系统所提供的命令。

UNIX/Linux 系统中，用户可以按照自己喜欢的规则命名文件，不对任何文件的命名规则作强行的规定。Linux 系统和 Windows 系统不同，可以任意给文件名加上自己或应用程序定义的扩展名，但这些扩展名对 Linux 系统来说没有任何意义。有些用户为了区别文件类型而特意加上扩展名，如网络上下载的各类软件包都加上 rpm、tar 或 gz 等扩展名来使用户容易区别不同类型的软件包。Linux 系统中可以使用 file 命令来确定指定文件的类型。该命令可以将任意多个文件名当作参数，其一般使用格式为：

```
file 文件名[文件名 …]
```

例如，查看当前目录下的所有文件类型。

```
[root@localhost ~]# # file *
a.out:                              ELF 32 - bit LSB executable, not stripped
a.tar:                              GNU tar archive
a.tar.gz:                           gzip compressed data, from Unix
at - spi - 1.1.8 - 3.i386.rpm:      RPM v3 bin i386 at - spi - 1.1.8 - 3
for2:                               ASCII text
Helix_DNA_Server_10.1:              directory
Helix_DNA_Server_10.1.tar.tar:      gzip compressed data, was
install.log.syslog:                 UTF - 8 Unicode text
readme.txt:                         ISO - 8859 text, with very long lines
rl:                                 ISO - 8859 text
```

2. 目录文件

目录也称为文件夹，在 Linux/UNIX 系统中把它当成是一类特殊的文件，利用它可以构成文件系统的分层树形结构。

每个目录的第一项都表示目录本身，并以“.”作为它的文件名。每个目录的第二项的名称是“..”，表示该目录的父目录。

应注意，以“.”开头的文件名表示隐含文件，使用带-a 选项的 ls 命令可以列出它们。

3. 设备文件

在 Linux 系统中，所有设备都作为一类特别文件对待，用户像使用普通文件那样对设备进行操作，从而实现设备无关性。但是，设备文件除了存放在文件节点中的信息外，它们不包含任何数据。系统利用它们来标识各个设备驱动器，内核使用它们与硬件设备通信。

有两类特别设备文件，它们对应不同类型的设备驱动器。

(1) 字符设备，最常用的设备类型，允许 I/O 传送任意大小的数据，取决于设备本身的容量。使用这种接口的设备包括键盘、终端、打印机及鼠标。

(2) 块设备，这类设备利用核心缓冲区的自动缓存机制，缓冲区进行 I/O 传送总是以 1KB 为单位。使用这种接口的设备包括硬盘、软盘和光盘等。

通常，设备文件在/dev 目录下。

4. 链接文件

Linux具有为一个文件命名多个名称的功能,称为链接。被链接的文件可以存放在相同或不同的目录下。如果在同一目录下,二者必须有不同的文件名,而不用在硬盘上为同样的数据重复备份;如果在不同的目录下,那么被链接的文件可以与原文件同名,只要对一个目录下的该文件进行修改,就可以完成对所有目录下同名链接文件的修改。对于某文件的各个链接文件,可以给它们指定不同的存取权限,以控制对信息的共享和增强安全性。

下面是显示文件类型的一个实例。

```
[root@localhost ~]# ls -l|more
total 800483
drwxr-xr-x.   2 root   root       1024 2018-04-16 22
-rw-r--r--.   1 root   root         96 2018-04-16  3
-rwxr-xr-x.   1 root   root      11573 2018-10-19  a.out
-rw-r--r--.   1 root   root     358400 2018-04-25  a.tar
crw-------.   1 root   root    10,  10 2018-01-30  adbmouse
brw-rw----.   1 root   disk    29,   0 2015-01-30  aztcd
lrwxrwxrwx.   1 root   root          7 2015-03-14  nfsd -> socksys
…
```

使用ls -l命令列目录时,输出信息的每一行的第一个字符代表文件类型。其中,"-"表示普通文件,"d"表示目录文件,"c"表示字符设备文件,"b"表示块设备文件,"l"表示符号链接文件。

4.2 Linux系统的文件操作命令

文件操作是操作系统为用户提供的最基本的功能之一,Linux/UNIX操作系统有着强大的文件目录的操作命令,虽然图形界面的功能很强大,但是在字符命令下,用户能够非常快捷地完成一些特定的任务,并且可以实现多用户下远程终端使用Linux系统,这是图形界面方式下无法比拟的。下面介绍一些最常用的文件操作命令。

4.2.1 Linux的文件导航命令

有两个基本导航命令可以在Shell中移动:cd命令可以在目录之间移动;ls命令可以显示目录内容。进入不同Linux目录前,可以用pwd命令显示当前位置。pwd命令前面已经介绍了,这里就不再叙述了。下面详细介绍ls和cd命令。

1. ls命令

虽然前面在简单命令中,大家知道了ls命令不带任何选项和参数的用法和作用,但是有几个常用选项使ls命令更能充分体现其价值。其语法格式为:

```
ls [选项] [目录或是文件名]
```

对于每个目录,该命令将列出其中的所有子目录与文件。对于每个文件,ls将输出其文件名及所要求的其他信息。默认情况下,输出条目按字母顺序排序。未给出目录名或文件名时,就显示当前目录的信息。该命令类似于 DOS 下的 dir 命令。表 4-1 列出了 ls 命令的常用选项的作用。

表 4-1 ls 命令的选项及含义

命令选项	含义
ls -a	显示指定目录下所有子目录与文件,包括隐藏文件
ls -1	以长格式来显示文件的详细信息。每行列出的信息依次是文件类型与权限、链接数、文件属主、文件属组、文件大小和建立或最近修改的时间名称。对于符号链接文件,显示的文件名后有"→"和引用文件路径名。对于设备文件,其"文件大小"字段显示主、次设备号,而不是文件大小。目录中的总块数显示在长格式列表的开头,其中包含间接块
ls -m	按字母逆序或最早优先的顺序显示输出结果
ls -R	递归式地显示指定目录的各个子目录中的文件
ls -i	在输出的第一列显示文件的索引节点号

以上选项在本章的前面示例中已经列举了,这里就不再说明了。

2. cd 命令

cd 命令用于改变当前工作目录。与 MS-DOS 的 cd 命令非常相似。语法格式为:

```
cd [目录名]
```

该命令将当前目录改变至所指定的目录。为了改变到指定目录,用户必须拥有对指定目录的执行和读权限。Shell 中"~"表示主目录,使用"~"可以代替路径名中主目录那一串字符,使命令行简洁。目录、计算机和域名之间用斜杠"/"分开,而不是用反斜杠"\"。表 4-2 显示了典型的 cd 命令。

表 4-2 cd 命令

命令示例	含义
cd ..	上移一层目录。例如,如果当前在/home/wdg 目录中,则移到/home 目录
cd /home/a	用户从当前目录移到用户 a 的主目录下,用户在任何当前目录下移动到的目标目录中,都可以使用绝对路径
cd	移到自己的主目录,适用于任何用户及任意目录下直接回到用户主目录下

例如:

```
[root@localhost ~]# pwd
/root                                    #root 用户在宿主目录下
[root@localhost ~]# cd /home/wdg         #直接移到所指定的目录下
[root@localhost wdg]# pwd
/home/wdg
[root@localhost wdg]# cd                 #任意位置下可直接回到宿主目录下
[root@localhost ~]# pwd
/root
```

4.2.2 Linux 的文件信息显示命令

文件是操作系统存储信息的基本结构，查看文件信息是最基本的应用方式，本节主要介绍常用的文件信息显示命令，包括 cat 查看文件信息命令、more 分屏显示命令和 file 显示文件类型命令，其中，file 显示文件类型命令前面已经介绍了，这里就不再重复。

1. cat 查看文件信息命令

cat 命令的主要功能是显示文件信息，另外利用输入输出重定向可以建立小型文件以及文件连接功能。

(1) 显示文件信息，将文件或标准输入组合输出到标准输出。其语法格式为：

```
cat [选项] 文件名
```

常用的选项-n 为由 1 开始对所有输出行进行编号显示。

例如：

```
[root@localhost ~]# cat -n /etc/passwd
     1  root:x:0:0:root:/root:/bin/bash                #前面的数字为行号
     2  bin:x:1:1:bin:/bin:/sbin/nologin
     3  daemon:x:2:2:daemon:/sbin:/sbin/nologin
     4  adm:x:3:4:adm:/var/adm:/sbin/nologin
     5  lp:x:4:7:lp:/var/spool/lpd:/sbin/nologin
     6  sync:x:5:0:sync:/sbin:/bin/sync
     …
```

(2) 建立小型文件，利用输出重定向把 cat 命令的屏幕输出信息写入一个新的文件中，其语法格式为：

```
cat > 命名的新文件名
…                                        #输入信息
<ctrl>+d                                 #存盘并退出
```

例如：

```
[root@localhost ~]# cat > m1             #建立一个文件名为 m1 的文件
echo "hello! Linux"
echo 'date'
<ctrl>+d                                 #按 Ctrl+D 组合键存盘并退出
[root@localhost ~]# cat m1               #显示刚创建的文件内容信息
echo "hello! Linux"
echo 'date'
```

(3) 合并文件。利用 cat 命令及重定向命令可以把两个文件的信息合并起来，并以一个新文件名命名。其语法格式为：

```
cat  文件1  文件2  >  新文件名
```

例如:

```
[root@localhost ~]# date > m2                    #创建 m2 文件
[root@localhost ~]# cat m1 m2 > m3               #连接 m1、m2 文件成为一个新文件 m3
[root@localhost ~]# cat m3                       #显示合并文件内容
echo "hello! Linux"
echo 'date'
2018 年 12 月 03 日 星期一 09:08:21 CST
```

2. more 分屏显示文件内容

more 命令的主要功能是分屏显示文件内容,在正常情况下每个满屏之后终止,并在屏幕底部提示已显示内容占全部内容的百分比。如果按 Enter 键则显示下一行,按 Space 键则显示下一屏,按 Q 键退出。例如:

```
[root@localhost ~]# man ls > ls.hlp              #创建一个 ls 命令的帮助文件
[root@localhost ~]# more ls.hlp                  #分屏显示该文件信息
NAME
        ls - list directory contents
SYNOPSIS
        ls [OPTION]... [FILE]...
DESCRIPTION
        List  information  about  the FILEs (the current directory by default).
        Sort entries alphabetically if none of -cftuvSUX nor --sort.
         -a, --all
               do not ignore entries starting with .
…
--More--(6%)
```

用户可以指定显示的文件名,也可以利用管道线由另一个命令的输出作为 more 的输入,从而控制其显示。例如,上述例子的两个命令也可以合二为一,利用管道线进行如下方式的显示。

```
[root@localhost ~]# man ls | more
```

4.2.3 Linux 的文件复制、删除及移动命令

文件的复制、删除及移动都是最常用的文件操作,但也是危险的操作,复制及移动会覆盖已存在的文件,删除的文件不能恢复,所以系统对这些操作默认都会确认,因此要谨慎使用选项参数。

1. cp 复制命令

cp 命令把指定的源文件(或目录)复制到目标文件或把多个源文件复制到目标目录中,其语法格式为:

```
cp [选项] 源文件或目录 目标文件或目录
```

表4-3所示的是常用的cp命令及其选项示例。

表4-3 cp命令示例

命令示例	含义
cp file1 file2	将文件file1复制成目标文件file2,目标文件得到的文件生成新的创建日期和inode编号
cp ./* Dir1	将当前目录下的所有文件(不包含目录)复制到Dir1目录中
cp -f file1 file2	如果文件file2已经存在,则这个命令覆盖其内容时不先发出提示
cp -p file1 file2	将file1内容复制到目标文件file2中,目标文件保持原有的生成日期和inode编号
cp -r Dir1 Dir2	将目录Dir1及其子目录内容复制到Dir2目录中,这个效果是递归的,也就是说,如果Dir1的子目录中还有子目录,则也复制其中的文件和目录

说明:

(1) 对于不同分区,inode号不同,因此从一个分区向另一个分区复制文件时,不能使用cp -p file1 file2命令。

(2) 为防止用户在不经意的情况下用cp命令破坏另一个文件(如用户指定的目标文件名已存在,用cp命令复制文件后,这个文件就会被新文件覆盖),系统默认是进行提示的,如果加上选项-f,则不先发出提示。

(3) 如果复制一个目录,包含该目录下的所有文件及其子目录,建议同时使用-rf这两个选项。

(4) 复制多个文件时,建议使用通配符。

2. mv文件移动及改名命令

用户可以使用mv命令来为文件或目录改名或将文件由一个目录移入另一个目录中。该命令如同MS-DOS下的ren和move的组合。其语法格式为:

```
mv [选项] 源文件或目录 目标文件或目录
```

表4-4所示的是常用的mv命令及其选项示例。

表4-4 mv命令示例

命令示例	含义
mv file1 file2	将文件名从file1变成file2。如果源文件与目标文件在同一卷中,则文件的inode号不变
mv file* Dir1	将以file开头命名的多个文件移到一个目录中
mv -f file1 file2	如果文件file2已经存在,则这个命令覆盖其内容时不发出提示

如果所给目标文件(不是目录)已存在,此时该文件的内容将被新文件覆盖。为防止用户用mv命令破坏另一个文件,使用mv命令移动文件时,系统默认先发出提示。

3. rm命令

可以用rm命令删除文件与目录。如果没有使用-r选项,则rm不会删除目录。其语法格式为：

```
rm [选项] 文件名
```

rm 是一个危险的命令，因此建议只在必要时才在超级用户方式下使用该命令。这个命令的使用过程中的一个小小的错误就很容易删除所有 Linux 文件。表 4-5 所示的是常用的 rm 命令及其选项示例。

表 4-5　rm 命令示例

命令示例	含义
rm file1	删除 file1 文件，系统默认要求确认
rm -f file2	如果文件 file2 已经存在，则这个命令删除该文件时不发出提示确认
rm -r Dir1	递归删除 Dir1 目录文件，如果当前目录中还有子目录，则也删除其中的文件和目录。但这个命令要求确认；若不要求确认提示，则同时使用-rf 选项

使用 rm 命令要小心。因为文件一旦被删除，是不能被恢复的。为了防止这种情况发生，删除时系统默认要求逐个确认要删除的文件。如果输入 y，文件将被删除；如果输入其他任何字符，文件则不会被删除。

4.2.4　Linux 的文件检索、排序、查找命令

Linux 的系统中，无论是查看大的文件内容信息，还是从众多的文件中检索用户所需要的信息，都要用到检索及排序命令。本节将介绍 3 个常用的命令：文件信息检索命令 grep、文件排序命令 sort 和查找文件命令 find。

1. 文件信息检索命令 grep

grep 命令是在指定文件中检索出匹配关键字的信息内容，在软件包安装检索中经常用到，其语法格式为：

```
grep [选项] 字符串[文件 …]
```

它可以方便地搜索文件，可以不打开文件而搜索文件中的文本字符串。主要选项有：-I 为忽略字符大小写的差别；-n 为在显示符合的字符串之前，标出该行的行号；-v 为过滤检索。

例如：

```
[root@localhost ~]# grep root /etc/passwd            #在 passwd 文件中检索 root 字符串
root:x:0:0:root:/root:/bin/bash
operator:x:11:0:operator:/root:/sbin/nologin
```

同样利用管道线可以实现以上功能。

```
[root@localhost ~]# cat /etc/passwd | grep root
root:x:0:0:root:/root:/bin/bash
operator:x:11:0:operator:/root:/sbin/nologin
```

带参数的过滤检索在查看系统配置文件中经常用到，例如，查看某一配置文件内容，过滤掉“空格”及“#”注释内容。例如：

```
[root@localhost ~]# cat /etc/logrotate.conf|grep -v ^ $ |grep -v ^ #
weekly
rotate 4
create
dateext
…                                    #以下内容省略
```

2. 文件排序命令 sort

sort命令对文件进行排序与合并，是把所有指定文件的行一起进行排序，结果写到标准输出上。其语法格式为：

```
sort [选项] [文件列表]
```

排序比较是依据从输入文件的每一行提取的一个或多个排序关键字进行的。排序关键字定义了用来排序的最小的字符序列。按照默认，排序关键字的顺序由系统使用的字符集决定。表4-6所示的是常用的sort命令及其选项示例。

表4-6 sort命令示例

命令示例	含义
sort file1	对file1文件按每行第一个字符进行排序输出
sort file1 file2	对file1和file2两个文件合起来进行排序并输出
sort -r file1	对file1文件按每行第一个字符进行反向排序
sort -r -o outf1 file1	对file1文件按每行第一个字符进行反向排序，并把结果存在outf1中
sort -n file1	对file1文件按每行第一个字段进行数值排序
sort -k 3 file1	对file1文件按每行以第3个字段为关键字进行排序
sort -n -k 3 file1	对file1文件按每行以第3个字段进行数值排序

例如，把当前目录下的所有文件按文件由大到小进行排序。

```
[root@localhost ~]# ls -l | sort -n -r -k 5          # 利用管道线的方式实现
-rw-r--r--. 1 root root 9538 05-10 06:47 ls.hlp
drwxr-xr-x. 2 root root 1024 05-11 01:27 d1
drwxr-xr-x. 2 root root 1024 05-10 23:29 d2
drwxr-xr-x. 2 root root 1024 04-29 03:25 Desktop
-rw-r--r--. 1 root root  449 05-11 02:14 f2
-rw-r--r--. 1 root root  361 05-11 01:42 f1
-rw-r--r--. 1 root root   76 2015-04-18 outf1
-rw-r--r--. 1 root root   70 05-10 06:33 m3
-rw-r--r--. 1 root root   37 05-10 06:32 m2
-rw-r--r--. 1 root root   33 05-10 06:20 m1
```

3. 查找文件命令 find

find命令是根据指定路径和表达式查找所匹配的文件或目录的命令，find的参数很多，并且支持正则表达式,功能强大。find 命令和管道线结合使用可以实现复杂的功能,是用户必须掌握的命令,在系统维护、查找指定文件等操作中经常用到,其语法格式为:

```
find [路径 … ] [表达式]
```

表 4-7 所示的是常用的 find 命令及其选项示例。

表 4-7 find 命令

命令示例	含义
find / -name test	从/根目录查找名称为 test 的文件或目录
find /var -name *.sh	在/var 目录下查找所有以 sh 为扩展名的文件
find /home -user root	在/home 目录下查找宿主为 root 用户的文件
find /home -user root -a -name *.sh	-a 连接两个不同的条件(两个条件必须同时满足)
find /tmp -perm 755	查找在/tmp 目录下权限是 755 的文件
find /tmp -perm -222	查找所有类别用户都满足写权限的文件,即 777－222＝555
find / -type d -a -atime ＋3	在/根目录下查找 3 天之内没有访问过的目录
find /tmp -size ＋2M	查找在/tmp 目录下大于 2MB 的文件

示例 1:统计/tmp 目录下,文件大于 2MB 的文件个数。

```
[root@localhost ~]# find /tmp - size + 2M | wc - l
7
```

示例 2:查找最近 5 天之内访问过的,以 conf 为扩展名的配置文件,且为包含关键字 mysql 文件名的所有文件。

```
[root@localhost ~]# find / - name *.conf - a - atime - 5 | grep mysql
/etc/ld.so.conf.d/mysql - x86_64.conf
/usr/lib/tmpfiles.d/mysql.conf
```

4.2.5 Linux 的目录操作命令

在前面介绍的文件导航命令 cd 和 pwd、复制命令 cp、删除命令 rm 中已经包含了针对目录操作的方法,本节主要介绍创建目录命令 mkdir、删除目录命令 rmdir。

1. 创建目录命令 mkdir

mkdir 命令用于创建一个目录(类似于 MS-DOS 下的 md 命令)。其语法格式为:

```
mkdir [选项] [目录名]
```

生成的目录不一定要基于当前目录。需要时,可以一次建立多级目录,还可以对生成的目录指定权限。不带选项时对于普通用户创建的目录权限默认为 775(drwxrwxr-x)。创建的目录自动产生它的标准项(如文件“.”表示目录本身,“..”表示父目录),表 4-8 所示的是常用的 mkdir 命令及其选项示例。

表 4-8 mkdir 命令

命令示例	含义
mkdir Dir1 Dir2	同时创建 Dir1 和 Dir2 两个目录
mkdir -p Dir1/Dir2	递归生成目录 Dir1 及 Dir2，即 Dir1 作为当前目录的子目录，而 Dir2 作为 Dir1 目录的子目录
mkdir -m 744 /usr/Dir3	生成目录 Dir3，作为/usr 目录的子目录。权限(744)是拥有者 rwx，组中的其他成员和别人为 r--

2. rmdir 删除目录命令

rmdir 命令用于删除空目录。其语法格式为：

```
rmdir [选项] [目录名]
```

rmdir 命令从一个目录中删除一个或多个子目录项。需要特别注意的是，一个目录被删除前必须是空的，若不受此限制，可采用“rm -r Dir1”命令代替 rmdir，但是有危险性。删除某目录时也必须具有对父目录的写权限。

命令中各选项的含义如下。

-p：递归删除目录，当子目录删除后其父目录为空时，也一同被删除。如果整个路径被删除或者由于某种原因保留部分路径，则系统在标准输出上显示相应的信息。

4.3 文件的权限

文件权限是指文件的访问控制，即哪些用户和组群可以访问文件以及可以执行什么样的操作。文件权限与系统的数据安全息息相关。

4.3.1 文件的属主与属组

每个文件或目录都有它的所有者，即属主。默认情况下，文件或目录的创建者即为该对象的属主。属主对文件或目录有特别的操作权限。用户可以使用 chown 命令修改文件的所有者关系(前提是用户必须对该文件有最高权限，一般是文件的属主或 root 用户)。chown 命令可以改变文件的属主，其语法格式为：

```
chown [选项] [所有者][:[组]] 文件列表
```

所有者或组可以是名称，也可以是 UID、GID，但必须是系统已经存在的；文件列表的多个文件使用空格隔开。以上格式有两个含义功能。

(1) 更改文件的属主。例如，要将文件的属主更改，可以运行以下命令。

```
[root@localhost ~]# ls -l f*                     #列出当前目录下 f 开头的所有文件
-rw-r--r--. 1 root root 361 05-11 01:42 f1
-rw-r--r--. 1 root root 449 05-11 02:14 f2
[root@localhost ~]# chown wdg f1                 #更改 f1 文件的所有者
[root@localhost ~]# ls -l f*
-rw-r--r--. 1 wdg  root 361 05-11 01:42 f1       #f1 文件的属主由原来的 root 改为 wdg
-rw-r--r--. 1 root root 449 05-11 02:14 f2
```

(2) 更改文件的属组。文件同时属于某个特定的组,该组称为文件的属组。用户可以使用 chown 命令同时修改文件的属主和属组。例如:

```
[root@localhost ~]# ls -l f*
-rw-r--r--. 1 wdg  root 361 05-11 01:42 f1
-rw-r--r--. 1 root root 449 05-11 02:14 f2
[root@localhost ~]# chown wdg:wdg f2              #更改 f2 的属主及属组
[root@localhost ~]# ls -l f*
-rw-r--r--. 1 wdg  root 361 05-11 01:42 f1
-rw-r--r--. 1 wdg  wdg  449 05-11 02:14 f2       #f2 的属主和属组由原来的 root 改为 wdg
```

只修改属组,而不修改属主,可以运行以下命令。

```
[root@localhost ~]# chown :wdg f1
```

4.3.2 文件的访问权限

在网络操作系统中,出于安全性的考虑,需要给每个文件和目录加上访问权限,严格地规定每个用户的权限。同时,用户可以为自己的文件赋予适当的权限,以保证其他人不能修改和访问。

1. 文件权限的表示方法

Linux 系统中的每个文件和目录都有访问许可权限,这是加在文件上的一个数据结构,称为访问控制列表(ACL)。用它来确定哪些用户可以通过何种方式对文件和目录进行访问和操作。

访问权限规定 3 种不同类型的用户。

(1) 文件属主(owner):文件的所有者,称为属主。

(2) 同组用户(group):文件属组的同组用户。

(3) 其他用户(others):可以访问文件的其他用户。

访问权限的表示方法有 3 种,即三组九位字母表示法、三组九位二进制表示法和三位八进制表示法。

(1) 三组九位字母表示法。每一组表示为不同类型用户的权限,顺序分别为文件属主、同组用户和其他用户,字母表示法规定各类用户访问文件或目录的方式有 4 种。

① r(读):允许读取文件内容或者列目录。

② w(写):允许修改文件内容或者创建、删除文件。

③ x(可执行或查找):允许执行文件或者允许使用 cd 命令进入目录。

④ -(无权限):不允许对文件进行读取、修改及执行。

使用 ls -l 命令显示文件或者目录详细信息时,可以看到文件的权限。例如:

```
[root@localhost ~]# ls -l
drwxr-xr-x. 2 root root 1024 05-11 01:27 d1
drwxr-xr-x. 2 root root 1024 05-10 23:29 d2
-rw-r--r--. 1 wdg  root  361 05-11 01:42 f1
-rw-r--r--. 1 root root  449 05-11 02:14 f2
```

在以上示例看到的信息中，第一列的第一个字符表示文件类型，第2～10这9个字符表示权限，具体含义如图4-1所示。

可见，权限表示规定每一类型用户的权限的第一位是"读"权限的位置，第二位是"写"，第三位是"执行"。如果此类用户有某权限，则在相应位置出现其表示字母；如果无权限，则在相应位置出现"-"。

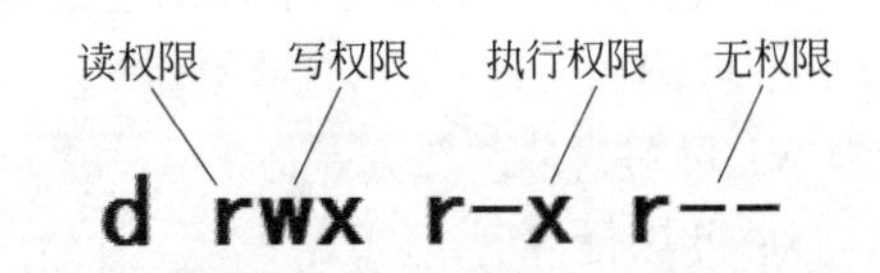

图4-1 文件权限表示方法

(2) 三组九位二进制表示法。与九位字母相对应，相应权限位有权限表示为1，无权限表示为0。例如，某文件权限字母表示为：rwx r-x r--，对应的三组九位二进制表示：111 101 100。

(3) 三位八进制表示法。在三位八进制表示中，第一位表示用户权限(u)，第二位表示同组权限(g)，第三位表示其他用户权限(o)，每个数字都是多种权限的累加，每个类型用户对应的三位权限二进制数转换为一个八进制数，例如，某文件权限字母表示为：rwx r-x r--，其字母模式、二进制模式和八进制模式的示例对比如表4-9所示。

表4-9 文件权限模式表示方法示例

权限表示方法	属主(u)	同组用户(g)	其他用户(o)
字母表示法	r w x	r - x	r - -
二进制表示法	1 1 1	1 0 1	1 0 0
八进制表示法	7	5	4

2. 文件权限的修改方法

修改文件权限的命令是chmod，执行该命令要求必须为文件属主或root用户才能使用。它有两种修改方法。

(1) 字母模式修改权限。字母模式形式即"用户对象 操作符号 操作权限"，其命令格式为：

```
chmod [选项] 模式[,模式] 文件名
```

其中的各项含义如下。

① 用户对象：包括以下符号或者这些符号的组合。

u：user表示用户，即文件或目录的所有者。

g：group表示同组用户，即与文件属组有相同组ID的所有用户。

o：others表示其他用户。

a：all表示以上所有用户。

② 操作符号：可以是以下类型之一。

+：添加某个权限。

-：取消某个权限。

=：赋予给定权限并取消其他所有权限(如果有的话)。

③ 操作权限：为下述字母的任意组合。

r：可读。

w：可写。

x：可执行。

要使用多个字母模式，中间必须以逗号间隔。例如：

```
[root@localhost ~]# ls -l f*                        #列出文件原来的权限
-rw-r--r--. 1 wdg  wdg  361 05-11 01:42 f1
-rw-r--r--. 1 root root 449 05-11 02:14 f2
[root@localhost ~]# chmod u+x,g+w,o-r f1            #更改 f1 文件的权限
[root@localhost ~]# chmod a=rw f2                   #更改 f2 文件的权限
[root@localhost ~]# ls -l f*                        #列出更改之后的权限
-rwxrw----. 1 wdg  wdg  361 05-11 01:42 f1
-rw-rw-rw-. 1 root root 449 05-11 02:14 f2
```

(2) 数字形式修改权限。数字形式即由三位八进制数字组成，其命令格式为：

```
chmod  八进制模式  文件名
```

使用三位八进制数字表示权限，会使权限设置更加简单。

例如：

```
[root@localhost ~]# ls -l f*                        #列出文件原来的权限
-rwxrw----. 1 wdg  wdg  361 05-11 01:42 f1
-rw-rw-rw-. 1 root root 449 05-11 02:14 f2
[root@localhost ~]# chmod 644 f1                    #更改 f1 文件的权限
[root@localhost ~]# chmod 700 f2                    #更改 f2 文件的权限
[root@localhost ~]# ls -l f*                        #列出更改之后的权限
-rw-r--r--. 1 wdg  wdg  361 05-11 01:42 f1
-rwx------. 1 root root 449 05-11 02:14 f2
```

4.3.3 文件的特殊权限

1. SUID、SGID 和 Sticky 的表示

特殊权限有三位，分别是用户置位 s(SUID)、组置位 s(SGID)和粘着置位 t(Sticky)。SUID 和 SGID 也可以分别写成 suid 和 sgid 或者 setuid 和 setgid。SUID、SGID 和 Sticky 占用 x 位置来表示，设置完这些标志后，可以用 ls -l 来查看。如果有这些标志，则会在原来的执行标志位置上显示。例如：

rwsrw-r--表示有 setuid 标志；

rwxrwsrw-表示有 setgid 标志；

rwxrw-rwt 表示有 sticky 标志。

表示上会有大小写之分。假设同时开启执行权限和 SUID、SGID 及 Sticky，则权限表示字符是小写的，例如：

```
-rwsr-sr-t
```

倘若关闭执行权限,则表示字符会变成大写的,例如:

```
-rwSr-Sr-T
```

操作这些标志与操作文件一般权限的命令是一样的,都是 chmod。有两种操作方法:数字形式修改权限时,setuid、setgid、sticky 的八进制位分别是 4000、2000、1000;字母形式修改权限时,则分别为 u+s、g+s、o+t(删除标记位是 u-s、g-s、o-t)。例如:

```
[root@localhost ~]# ls -l m*                              #显示文件原来的权限
-rw-r--r--. 1 wdg  root 33 05-10 06:20 m1
-rw-r--r--. 1 root root 37 05-10 06:32 m2
-rw-r--r--. 1 root root 70 05-10 06:33 m3
[root@localhost ~]# chmod u+s m1
[root@localhost ~]# chmod u+xs m2
[root@localhost ~]# chmod 1755 m3
[root@localhost ~]# ls -l m*                              #显示更改之后的文件权限
-rwSr--r--. 1 wdg  root 33 05-10 06:20 m1                 #添加上了用户置位 s(SUID)
-rwsr--r--. 1 root root 37 05-10 06:32 m2                 #添加上了用户置位 s 及用户 x
-rwxr-xr-t. 1 root root 70 05-10 06:33 m3                 #添加上了粘着置位 t
```

2. suid/sgid 程序

UNIX 实际上有两种类型的用户 ID:"real user ID"是在登录过程中建立的用户 ID;"effective user ID"是在登录后的会话过程中通过 SUID 和 SGID 位来修改用户 ID。当一个用户运行一条命令时,进程继承了用户登录 Shell 的权限,这时"real user ID"和"effective user ID"是相同的。当 SUID 位被设置时,进程继承了命令拥有者的权限。例如,普通用户运行 passwd 命令时,他能够修改/etc/passwd 文件,尽管文件是属于 root 的。这是因为 passwd 命令以 root 的 SUID 权限运行。

要严格设置这种权限,避免破坏性,因为如果 suid 程序是/bin/bash 的话,则会导致严重后果。在 Red Hat Linux 9 及其之前的版本,一个普通用户若在某个短时间取得过 root 权限,他就能设置一个 suid 程序/bin/bash 来取得根特权。

```
[root@localhost ~]# cp /bin/bash /home/a/.rootshell
[root@localhost ~]# chmod 4755 /home/a/.rootshell
```

这样事后攻击者以普通用户 a 身份登录,执行了/home/scl/.rootshell -p 后就得到了根特权,可用 id 命令显示 euid=0(root)。因此一个管理员应定期运行检查程序检查系统内有无异常的 suid/guid 程序,如下面这样的命令:

```
# find / -type f \( -perm -04000 -o -perm -02000 \) \-exec ls -lg {} \; >suid-guid-
results
```

把上面的命令放入 cron job 并邮递文件 suid-guid-results 给管理员邮箱账号。

3. 程序的 t 属性

粘着位告诉系统在程序完成后在内存中保存一份运行程序的备份,如果该程序常用,可为系统节省点时间,不用每次从磁盘加载到内存。

4. 目录的 s 属性

目录的 s 属性使得在该目录下创建的任何文件及目录属于该目录所拥有的组。例如,在 apache 中为个人设置 Web 目录的时候,如果给 apache 分配的组名为 httpd,则:

```
[root@localhost ~]# chown -R jephe.httpd ~jephe/public_html
[root@localhost ~]# chmod -R 2770 ~jephe/public_html
```

确保在 public_html 中创建新的文件或子目录时,新创建的文件设置了组 ID。

另外如有两个用户 a 和 b 都属于组 c,则希望在某目录下 a 创建的文件也能被 b 修改,则可设置该目录 chmod +s 属性,同时设置 a 和 b 的默认 umask 为 770。

5. 目录的 T 属性

设置了目录的 T 属性后,只有该目录的所有者及 root 才能删除该目录,如/tmp 目录就是 drwxrwxrwt。

4.3.4 文件默认权限 umask 掩码

文件默认权限是指新创建的文件所拥有的权限,Linux 通过设置 umask 掩码来指定。其计算公式如下。

文件创建时的默认权限=0666-umask

目录创建时的默认权限=0777-umask

系统默认的掩码是 0022,则创建的文件权限为 0666-0022=0644,创建的目录权限为 0777-0022=0755。

显示及设置文件默认权限掩码的命令是 umask,例如:

```
[root@localhost ~]# umask
0022                                                #显示系统默认的掩码
[root@localhost ~]# touch um.test                   #创建新文件
[root@localhost ~]# ls -l um.test
-rw-r--r--. 1 root root 0 05-14 16:17 um.test      #权限为 644
[root@localhost ~]# ls -l d1
drwxr-xr-x. 2 root root 1024 05-11 01:27 d1        #目录 d1 权限为 755
[root@localhost ~]# umask 0000                      #修改当前掩码
[root@localhost ~]# umask                           #显示系统的掩码
0000
[root@localhost ~]# touch um2.test                  #创建新文件
[root@localhost ~]# ls -l um2.test
-rw-rw-rw-. 1 root root 0 05-14 16:20 um2.test     #权限为 666
```

4.4 文件的链接

链接是访问同一个文件的目录项,同一个文件可以有若干个链接,就是说,一个文件可以在多个目录中进行登记,从而可以通过多条路径访问同一个文件,由多个用户共同使用它。为了避免文件在系统中被不必要地多次复制，可以通过创建文件链接，使得各个用户在自己方便的位置存取同一个文件，实现文件的共享。

文件的链接其实就是为一个文件命名多个名称，有硬链接和软链接两种形式。

文件的硬链接不能从最初的目录项上区分开来，对于文件所做的任何修改都是有效的，不依赖于访问该文件所用的名称。硬链接不能用于创建目录链接和在不同的文件系统之间创建文件的链接。

软链接也称为符号链接，包含要链接到的文件的名称，并且在符号链接之前那个文件不一定存在。软链接可以跨越不同的文件系统，并且可以创建目录之间的链接。

文件的链接用 ln 命令实现，其语法格式为：

```
ln [选项] 源文件 [目标文件]
```

4.4.1 硬链接

默认不带选项参数情况下，ln 命令创建硬链接。建立硬链接时，是在另外的目录或本目录中增加目标文件的一个目录项，这样，一个文件就登记在多个目录中。

例如，系统下有 wdg、a 和 b 三个普通用户，把 wdg 目录下的 m1.c 链接到 a 用户下，别名为 m2.c；再把该文件链接到 b 用户下，链接文件名不变，操作如下。

```
[root@localhost ~]# ls -li /home/wdg/m1.c                    #查看要被链接的文件 m1.c
60325 -rw-rw-r--. 1 wdg wdg 150 05-17 01:44 /home/wdg/m1.c
[root@localhost ~]# ln /home/wdg/m1.c /home/a/m2.c           #建立链接一,硬链接
[root@localhost ~]# ls -li /home/a/m2.c                      #查看建立的被链接文件一
60325 -rw-rw-r--. 2 wdg wdg 150 05-17 01:44 /home/a/m2.c
[root@localhost ~]# ln /home/wdg/m1.c /home/b                #建立链接二,硬链接
[root@localhost ~]# ls -li /home/b/m1.c                      #查看建立的被链接文件二
60325 -rw-rw-r--. 3 wdg wdg 150 05-17 01:44 m1.c
[root@localhost ~]# ln -s /home/wdg/m1.c /home/b/m2.c        #建立链接三,软链接
[root@localhost ~]# ls -li /home/b/m*                        #查看建立的链接文件
60325 -rw-rw-r--. 3 wdg  wdg  150 05-17 01:44 /home/b/m1.c
34143 lrwxrwxrwx. 1 root root  12 05-17 03:48 /home/b/m2.c -> /home/wdg/m1.c
```

从上述示例可以看出，创建硬链接后，已经存在的文件的 i 节点号(inode)会被多个目录文件项使用。一个文件的硬链接数可以在目录的长列表格式的第二列中看到，无额外链接的文件的链接数为 1。ln 命令会增加链接数；rm 命令会减少链接数。一个文件除非链接数为 0，否则不会物理地从文件系统中被删除。

图 4-2 中所示的 wdg 目录中的 m1.c 文件在目录 a 和 b 中都建立了目录项。

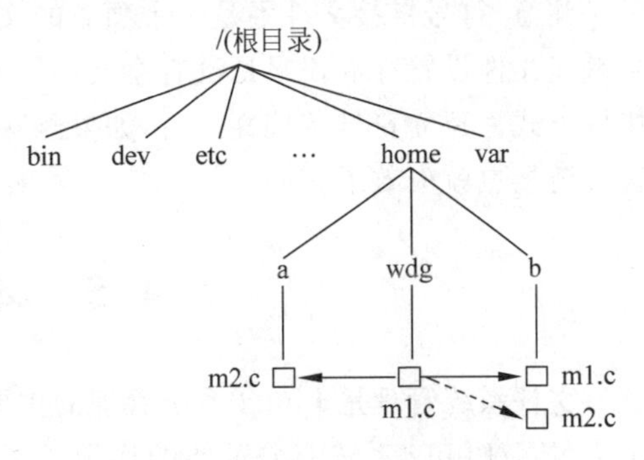

图 4-2 文件链接

对硬链接有如下限制。

(1) 不能对目录文件做硬链接。

(2) 不能在不同的文件系统之间做硬链接。也就是说，链接文件和被链接文件必须位于同

一个文件系统中。

4.4.2 软链接

软链接是将一个路径名链接到一个文件。这些文件是一种特别类型的文件。事实上，它只是一个小文本文件(如图 4-2 中的 b 目录下的 m2.c 文件)，其中包含它所链接的目标文件的绝对路径名，如图 4-2 中虚线箭头所示。被链接文件是实际上包含所有数据的文件。所有读写文件的命令，当它们涉及符号链接文件时，将沿着链接方向前进，找到实际的文件。

用"ln -s"命令建立符号链接时，最好源文件用绝对路径名，这样可以在任何工作目录下进行符号链接。当源文件用相对路径时，如果当前的工作路径和要创建的符号链接文件所在路径不同时，就不能进行链接。

与硬链接不同的是，符号链接确实是一个新文件，它具有与目标文件不同的 i 节点号；而硬链接并没有建立新文件。符号链接没有硬链接的限制，可以对目录文件做符号链接，也可以在不同文件系统之间做符号链接。

注意符号链接与源文件或目录之间的区别。

(1) 删除源文件或目录时，只删除了数据，不会删除链接。一旦以同样的文件名创建了源文件，链接将继续指向该文件的新数据。

(2) 在目录长列表中，符号链接作为一种特殊的文件类型显示出来，其第一个字母是 l。

(3) 符号链接的大小是其链接文件的路径名中的字节数。

(4) 当用"ls -l"命令列出文件时，可以看到符号链接名后有一个箭头指向源文件或目录。

在图 4-2 所示及其示例中可以看出，虚线箭头指向的是符号链接，其示例中查看 m2.c 文件的信息命令如下。

```
[root@localhost ~]# ls -li /home/b/m*                          #查看建立的链接文件
60325 -rw-rw-r--. 3 wdg  wdg  150 05-17 01:44 /home/b/m1.c
34143 lrwxrwxrwx. 1 root root  12 05-17 03:48 /home/b/m2.c -> /home/wdg/m1.c
```

此例中，表示"文件大小"的数字"12"恰好表示源文件名"/home/b/m2.c"由 12 个字符构成。

链接的对象可以是文件，也可以是目录。如果链接指向目录，用户就可以利用该链接直接进入被链接的目录，而不用给出到达该目录的一长串路径。这样，即使删除这个链接，也不会破坏原来的目录。

注意，符号链接文件不是一个独立的文件，它的许多属性依赖于源文件，所以给一个符号链接文件设置存取权限是没有意义的。符号链接的工作方式类似于 Windows 系统中的快捷方式。建立符号链接文件后，如果删除源文件，则符号链接文件将会指向一个空文件，符号链接也就失效了。

4.5 本章小结

文件系统管理是 Linux 系统管理的重要组成部分，掌握常用的文件操作命令，对熟练使用 UNIX/Linux 系统有着重要的作用。了解 Linux 系统的目录内容可以帮助用户快速熟悉 Linux 文件系统的逻辑结构。文件系统的权限管理方式是 Windows 系统所无法比拟的，它体现了多用户系统管理中的数据安全特性。本章从文件系统的基本概念起，详细介绍了文件系统管理的常用命令、文件的权限、目录及文件的操作、文件的链接等。本章是学习和使用 Linux 操作系统的基础。

4.6　思考与实践

1. 在你所使用的 Linux 系统的根目录上有哪些目录，它们的作用是什么？

2. 如何递归式地显示指定目录的各个子目录中的文件？

3. 如何把两个文件的内容合并成一个文件？

4. 文件的权限管理的意义是什么？

5. 如何统计当前系统中的在线人数？

6. 怎样查询文本文件内的特定文字？怎样查询系统内的特定文件？

7. 把 root 目录下的所有文件(包含隐藏文件)按文件的大小进行排序。

8. 请给出下列命令的执行结果。

(1) cd /　　(2) cd ..　　(3) cd ../..　　(4) cd

9. 建立符号链接文件后，如果删除源文件会有什么样的结果？

10. 在一个 Linux 系统中的多个用户之间实现文件共享的方法有哪些？试讨论它们的优缺点。

11. 对某个文件在同一目录中分别建立硬链接和符号链接文件，然后运行 1s -l 命令。观察输出信息的第二列(链接数)以及第五列(文件尺寸)，比较两种链接有什么不同。

12. 已知文件 f1，创建 f1 文件的硬链接 f2，再创建 f1 的软链接 f3，再删除源文件 f1，问共享文件 f2 和 f3 是否失效？共享文件 f2 和 f3 的链接数是多少？

第5章

Linux 系统管理

Linux 操作系统是众多程序的集合，为用户提供了良好的应用、开发环境，保证系统的正常运行，满足用户的不同需要。为了充分发挥系统的功能，系统管理员必须对系统进行定期维护和管理。

系统管理是技术性很强的工作。本章主要介绍 Linux 操作系统管理的方法，主要包括用户和组的管理、软件包管理及文件压缩、网络通信管理、进程控制和系统的服务启动管理等，并详细地介绍各部分的基本概念、使用方法和技巧。

本章的学习目标

- 掌握用户和组的概念、配置文件和常用命令。
- 掌握常用软件包的管理方法。
- 掌握基本的网络概念和配置，以及进行网络通信的基本方法。
- 掌握进程控制的相关概念和进程管理命令。
- 掌握系统的常用服务启动管理。

5.1 用户和组管理

所有新用户进入系统必须由系统管理员预先为他在系统中建立一个账户。Linux 操作系统具有功能强大的用户管理机制，它将用户分为组，每个用户都属于某个组，每个用户都需要进行身份验证，同时用户只能在所属组所拥有的权限内工作，这样不仅方便了管理，而且增强了系统的安全性。

5.1.1 用户和组概述

1. 账户

Linux 操作系统是多用户的分时操作系统，它允许多个用户同时登录到系统上，使用系统资源。当多个用户能同时使用系统时，为了使所有用户的工作都能顺利进行，保护每个用户的文件和进程，也为了系统自身的安全和稳定，必须建立起一种秩序，使每个用户的权限都能得到规范。为此，首先就需要区分不同的用户，这就产生了用户账户。

账户实质上就是一个用户在系统上的标识，系统依据账户来区分每个用户的文件、进程、任务，给每个用户提供特定的工作环境，如用户的工作目录、Shell 版本及 X-Window 环境的配置等，使每个用户的工作都能独立地、不受干扰地进行。

2. 用户和组

Linux 的账户包括用户账户和组账户两种。这两种账户又各有两个子类。

其中,用户账户(简称用户)分为两种。普通用户账户和超级用户账户(或管理员 root 账户)。普通用户在系统上的任务是进行普通工作,管理员在系统上的任务是对普通用户和整个系统进行管理。管理员账户对系统具有绝对的控制权,能够对系统进行一切操作。但是,管理员操作不当很容易对系统造成损坏,如误删除文件,执行某个对系统有破坏性的命令。因此,即使系统只有一个用户在使用,也应该在管理员账户之外建立一个普通用户账户,在用户进行普通工作的时候以普通用户账户登录系统。

在 Linux 下还存在组账户(简称组),组是用户的集合。在 Linux 中组有两种类型：私有组和标准组。当创建一个新用户时,若没有指定他所属的组,系统就建立一个与该用户同名的私有组。当然此时该私有组中只包含这个用户自己。标准组可以容纳多个用户,若使用标准组,在创建一个新的用户时就应该指定他所属的组。

要注意的是,同一个用户可以同属于多个组,这与日常生活也是类似的,如某单位有领导组和技术组等,某人是该单位的技术主管,所以他既应该属于领导组又应该属于技术组。Linux 下当一个用户属于多个组时,其登录后所属的组称为主组,其他的组称为附加组。

5.1.2 用户和组的配置文件

Linux 下的账户配置文件主要有 passwd、shadow、group 和 gshadow 4 个。详细说明如下。

1. passwd 文件

位置：/etc/passwd

作用：用于保存各用户的账户信息。

文件格式：每行定义一个用户账号,一行中又划分为多个字段定义用户账号的不同属性,各字段之间用“:”分隔。示例如下。因篇幅关系,只显示部分行。

```
[root@Linux-CentOS-7 ~]# cat /etc/passwd
root:x:0:0:root:/root:/bin/bash
bin:x:1:1:bin:/bin:/sbin/nologin
…
wdg:x:1000:1000:wdg:/home/wdg:/bin/bash
a:x:1001:1001::/home/a:/bin/bash
b:x:1002:1002::/home/b:/bin/bash
```

在上述显示的内容中,root 用户的用户 ID 和组 ID 永远是 0,普通用户的用户 ID 和组 ID 从序号 1000 开始,这期间的序号是系统保留的。在每行内容中部分字段可以是空的,但必须使用“:”来分隔。各字段的含义如表 5-1 所示。要注意的是,考虑安全性,口令密码是不使用明文进行保存的,而只用“×”来填充。

表 5-1 passwd 各字段的含义

字段	说明
用户名	这是用户登录系统时使用的用户名,它在系统中是唯一的
口令	此字段存放加密的口令。加密的口令的形式是×,这表示用户的口令是被/etc/shadow 文件保护的,所有加密的口令以及和口令有关的设置都保存在/etc/shadow 中

续表

字　段	说　明
用户标识号(UID)	是一个整数,系统内部用它来标识用户。每个用户的 UID 都是唯一的。root 用户的 UID 为 0,1～999 是系统的标准账户。普通用户的 UID 从 1000 开始
组标识号(GID)	是一个整数,用它来标识用户所属的组。每个用户账户在建立好后都会有一个主组。主组相同的账户其 GID 相同。默认情况下,每一个账户建立好后系统都会建立一个和账户名同名的组,作为该账户的主组,这个组只有用户这一个成员,即此组是私有组
注释描述	例如存放用户全名等信息,可为空
用户目录	用户登录系统后所默认进入的目录,也称宿主目录及用户主目录
命令解释器	指示该用户使用的 Shell,Linux 默认为 bash

2. shadow 文件

passwd 对任何用户均可读,为增加系统安全性,用户口令通常用 shadow passwords 保护,即保存在 shadow 文件中,此文件只对 root 用户可读。

位置:/etc/shadow

作用:保存各用户账户的密码等信息。

文件格式:每行定义一个用户账号,一行中又划分为多个字段定义用户账号的不同属性,各字段间用":"分隔,以下是该文件的部分内容。

```
[root@Linux-CentOS-7 ~]# cat /etc/shadow
root:$6$10LaZF84FaMqmU8Z$ysiRKs8xL...::0:99999:7:::
bin:*:17110:0:99999:7:::
…
wdg: $6$5nBqIsgnSdip7bB7$1ZV6OKQyPF...::0:99999:7:::
a: $6$j2ken6Ne$k7LK93rKoK0iG9gE...:17838:0:99999:7:::
b:$6$clWNl2uz$xrfUyGsnjlQez2RD3...:17838:0:99999:7:::
```

各字段的含义如表 5-2 所示。要注意的是,考虑安全性,此文件保存的是已经加密的口令。

表 5-2　shadow 各字段的含义

字　段	说　明
用户名	用户登录系统时使用的用户名
口令	用户经加密的口令,系统默认的加密方法为 MD5
最后一次修改时间	从 1970 年 1 月 1 日起到最后一次更改口令的天数
最小时间间隔	从 1970 年 1 月 1 日起到用户可以更改口令的天数
最大时间间隔	从 1970 年 1 月 1 日起到用户必须更改口令的天数
警告时间	在用户口令过期之前多少天提醒用户更新
不活动时间	在用户口令过期之后到禁用账户的天数
失效时间	从 1970 年 1 月 1 日起到账户被禁用的天数
标志	保留位

3. group

对用户进行分组是Linux中对用户进行管理及控制访问权限的一种手段。每个用户都属于某一个组；一个组中可以有多个用户，一个用户也可以属于不同的组。当一个用户同时是多个组的成员时，在passwd文件中记录的是用户所属的主组，而其他组称为附加组。用户要访问附加组的文件时，必须首先使用newgrp命令使自己成为所要访问的组的成员。组的所有属性都存放在group文件中。任何用户均可读此文件。

位置：/etc/group

作用：保存各用户账户的分组信息。

文件格式：与passwd类似，每行记录一个组的信息，每行包括4个不同字段，各字段之间用":"分隔。"/etc/group"的内容如下。

```
[root@Linux-CentOS-7 ~]# cat /etc/group
root:x:0:
bin:x:1:
…
wdg:x:1000:wdg
a:x:1001:
b:x:1002:
```

各字段的含义如表5-3所示。

表5-3 group各字段的含义

字　段	说　明
组名	该组的名称
组口令	用户组口令，用×占位
组标识号(GID)	组的识别号，每组有唯一的识别号
组成员	属于这个组的成员

4. gshadow

位置：/etc/gshadow

作用：用于定义用户组口令、组管理员等信息。

文件格式：与group类似，每行记录一个组的信息，每行包括4个不同字段，各字段之间用":"分隔。/etc/gshadow文件的内容如下。

```
[root@Linux-CentOS-7 ~]# cat /etc/gshadow
root:::
bin:::
…
wdg:!::wdg
a:!::
b:!::
```

各字段的含义如表5-4所示。注意，该文件只有root用户可读取。

表 5-4 gshadow 各字段的含义

字 段	说 明
组名	该组的名称
组口令	用户组口令,用!占位
组标识号(GID)	组的识别号,每组有唯一的识别号
组成员	属于这个组的成员

5.1.3 用户和组的管理命令

UNIX 是以命令行为代表特征的操作系统,命令行具有操作直观、执行效率高等优点。Linux 由 UNIX 发展而来,它们的大多数命令是通用的,这些命令即为 shell 命令。对于用户和组管理,Linux 同样提供了一套完整的命令管理机制和图形化的管理方式。图形化的方式这里不做介绍,请读者参考其他资料。常用的用户管理命令说明如下。

1. 账户管理命令

(1) useradd。useradd 的作用是添加新用户。其语法格式为:

```
useradd [参数] 用户名
```

在表 5-5 中列出了 useradd 经常使用的命令参数格式及其含义。在添加完用户后,可用命令"more /etc/passwd"来查看添加的用户(在文件的最后)。

表 5-5 useradd 命令的常用参数

选 项	功 能 说 明
-d home-dir	设置用户的宿主目录,默认值为/home/username
-e date	设置账号的过期日期,格式如 2020-10-30
-g group-name	设定用户所属的组名,默认自动创建以用户名为组名的新的组(私有组),若指定,必须为已经存在的组名
-s shell-path	设定用户登录所使用的 Shell,默认为/bin/bash
-u uid	设定用户的 UID,它必须是唯一的,且大于 1000
-D username	用于显示用户所使用的默认值

在创建一个新用户时,可以使用表 5-5 设定的值来代替默认的值。例如:

```
[root@Linux - CentOS - 7 ~]# useradd - u 1010 - g a - d /home/a - s /bin/bsh - e 2019/1/
1 zhang
```

以上是创建一个 zhang 用户,但是所设定的组和宿主目录都是 a 用户的。

(2) usermod。usermod 的作用是修改已有用户账户的属性,修改内容包括宿主目录、私有组、登录 Shell 以及设定锁定用户账号等。其语法格式为:

```
usermod [参数] 用户名
```

usermod 命令常用的参数和 useradd 命令的参数相同,表 5-6 列出了 usermod 不同于

useradd 所使用的命令参数。

表 5-6　usermod 命令的常用参数

选　　项	功 能 说 明
-l newusername username	改变已有用户名
-L username	用于锁定指定用户账号
-U username	对已锁定的用户进行解锁

（3）passwd。passwd 不仅是一个用户文件名，而且是一个命令。passwd 命令用于设置用户账号的口令，如口令存在则覆盖原有口令。其语法格式为：

```
passwd [参数] 用户名
```

若不使用参数及不指定用户名，则为当前用户修改自身的口令。passwd 命令常用的参数如表 5-7 所示。

表 5-7　passwd 命令的常用参数

选　　项	功 能 说 明
-S username	用于查询指定用户的口令状态，只 root 可用
-l username	用于锁定指定用户的口令，只 root 可用
-u username	用于解锁指定用户的口令，只 root 可用
-d username	用于删除指定用户的口令，只 root 可用

（4）userdel。userdel 的作用是删除指定的用户账户。其格式为：

```
userdel [ - r] 用户名
```

若使用参数 r 则删除用户的同时删除用户所有相关的文件，包括宿主目录及用户的邮件池等。

2. 组账户管理命令

（1）groupadd。groupadd 的作用是添加新的组账户，建立的普通组的组号 GID 大于 1000，其常使用的命令参数格式如下。

```
groupadd [ - r] 组名
```

其中，不带参数为建立普通组，带参数 r 为建立系统组。

（2）groupmod。groupmod 的作用是改变用户组账户的属性。根据命令参数可设置多个属性，其格式为：

```
groupmod [ - r] 组名
```

其格式及其参数的使用同 groupadd 命令。

（3）groupdel。groupdel 命令用于删除指定的组账户。注意，要删除的组账户必须存在且不能作为私有组被用户账号引用。其语法格式为：

```
groupdel 组名
```

(4) gpasswd。gpasswd 命令用于将指定用户添加到指定用户组或从组内删除。组管理员有执行权限。其语法格式为:

```
gpasswd [参数]用户名 组名
```

其常用的参数如表 5-8 所示。

表 5-8 gpasswd 命令的常用参数

命令及其参数选项	功能说明
gpasswd -a username groupname	将指定用户添加到指定用户组中
gpasswd -d username groupname	从组内删除用户名
gpasswd -A username groupname	设指定用户为指定组的管理员

5.2 软件包管理

操作系统的一项重要工作是管理该平台下运行的各种软件,而许多软件包都包含了类库等模块和操作系统关联,这样利用操作系统下的软件包管理工具就可以轻松地安装、添加和删除软件。本节主要介绍 Linux 下常用软件包的管理方式,包括制作、安装、删除、查询及校验等,其中图形化安装方式与 Windows 下应用程序的安装极为相似,将不做介绍,本节主要介绍终端命令行的操作方式。

5.2.1 Linux 下软件包简介

与 Windows 下安装各种应用程序类似,在 Linux 下也可以安装各种需要的应用程序,通常称为软件包。目前,在 Linux 系统下常见的软件包的格式主要有以下几种。

(1) rpm 包。rpm 包,如 software-1.2.3-1.i386.rpm,它是 Red Hat Linux 提供的一种包封装格式。RPM 全称是 Red Hat Package Manager(Red Hat 包管理器)。RPM 本质上就是一个包,包含可以立即在指定机器体系结构上安装和运行的 Linux 软件。

(2) tar 包。tar 是 tape archive(磁带存档)的简称,它出现在还没有软盘驱动器、硬盘和光盘驱动器的计算机早期阶段。那时软件的发行和备份都需要大卷的磁带,计算机上运行的前几个程序中就要有一个是磁带的阅读程序。随着时间的推移,tar 命令逐渐变为一个将很多文件存档的工具,目前许多用于 Linux 操作系统的程序就是打包为.tar 档案文件的形式。

(3) bz2 包。bzip2 是一个压缩能力更强的压缩程序,以“.tar.bz2”结尾的文件就是.tar 文件经过 bzip2 压缩后的结果。

(4) gz 包。gzip 是 GNU 组织开发的一个压缩程序,以“.tar.gz”结尾的文件就是.tar 文件经过 gzip 压缩后的结果,有时也称为 tgz 包或是以“.tgz”结尾命名的压缩打包文件。

同 rpm 一样,gz 包命名有一定的规律,也遵循名称-版本-修正版-类型。

例如：software-1.2.3-1.tar.gz

其中，软件名称：software

版本号：1.2.3

修正版本：1

类型：tar.gz，说明是一个 tar 的 gzip 压缩包。

(5) deb 包。其为 Debian Linux 提供的一种已经编译过的包的安装格式，安装方法跟 rpm 类似。但由于 RPM 出现得更早，因此在各种版本的 Linux 常见到。而 Debian 的包管理器 dpkg 则只出现在 Debian Linux 中，其他 Linux 版本一般都没有。

(6) 以 sh 结尾的文件。以“.sh”结尾的文件一般是由 Shell 脚本编写的程序，它的安装是由 Shell 编程进行系统配置及复制安装的，典型的软件为 Webmin，它是 tar.gz 包，释放包后的安装文件就是 Shell 脚本文件“setup.sh”，安装执行“./setup.sh”即可。

(7) src 源码文件。源码程序安装前需要自行编译。在进行编译工作以前，应该先用 vi 等文本编辑器阅读一下软件目录中的 Readme、Install 等重要的相关文件，在这里会找到软件详尽的编译步骤及注意事项。编译完成之后，在当前目录或是名为 src 的子目录下，能非常容易地发现软件的可执行程序。

(8) bin 文件。扩展名为.bin 的文件是二进制的，它是源程序经编译后得到的。有一些软件能发布为以.bin 为后缀的安装包，例如，流媒体播放器 RealOne。如果安装过 RealOne 的 Windows 版，那么安装 RealOne for Linux 版本(文件名：r1p1_linux22_libc6_i386_a1.bin)就非常简单了：

```
[root@Linux-CentOS-7 ~]# chmod +x r1p1_linux22_libc6_i386_a1.bin   #改成可执行权限
[root@Linux-CentOS-7 ~]# ./r1p1_linux22_libc6_i386_a1.bin          #执行该文件
```

接下来安装按默认提示进行即可。

(9) zip 包。扩展名为.zip 的文件是 Windows 下的老牌压缩文档，现在 Windows 及 Linux 下的网上资源有些是以 zip 为扩展名的文档压缩包，而 Linux 下也可以用 zip 方式进行文档压缩打包及解压缩操作。Linux 下常用 zip 及 unzip 命令进行相关操作，如 CentOS 7 系统下默认已经安装了 zip 文档的操作命令，例如：

```
[root@localhost ~]# rpm -qa | grep zip
unzip-6.0-16.el7.x86_64                        #解压缩命令包
zip-3.0-11.el7.x86_64                          #压缩命令包
```

压缩文档命令格式为：

```
zip -r filename.zip filesdir
```

其中，filename.zip 表示用户要创建的压缩文件命名；filesdir 表示将要被压缩的文件目录；-r 选项指定是指递归地(recursively)包括所有在 filesdir 目录中的文件及其子目录。

解压缩文档命令格式为：

```
unzip filename.zip
```

5.2.2 RPM 软件包的管理

1. RPM 概述

1) RPM 的含义

RPM 最初的全称是 Red Hat Package Manager,即软件包管理器,它是由 Red Hat 公司提出的软件包管理标准,适于各种 Linux 系统,后来随着版本的升级又融入了许多其他优秀特性,现已成为 Linux 中公认的软件包管理标准。

RPM 的发布基于 GPL(General Public License)协议。随着 RPM 在各种发行版本的广泛使用,如今 RPM 的全称是 RPM Package Manager。RPM 由 RPM 社区负责维护,可以登录到 RPM 的官方站点(http://www.rpm.org)查询最新的信息。

2) 使用 RPM 的好处

RPM 包具有强大的软件包管理功能,好处可总结如下。

① 可提供快速的安装,减少编译安装的错误困扰。

② 维护系统要比以往容易得多。安装、卸载和升级 RPM 软件包均只需一条命令即可完成,所有烦琐的细节问题无须用户费心。

③ 可以进行功能强大的软件包查询和验证工作。

④ 如果需要进行软件包升级,在升级过程中,RPM 会对配置文件进行特别处理,不会丢失以往的定制信息,而这对于后面要讲到的 TAR 文件几乎是不可能的。

3) RPM 的功能

一般来说,将 RPM 总结为以下 5 种功能。

① 安装:即将软件从软件包中释放出来,并且安装到硬盘上。

② 卸载:将软件从硬盘删除。

③ 升级:替换软件的旧版本为新版本。

④ 查询:查询软件包的各种信息。

⑤ 验证:检验系统中已安装的软件与包中软件的区别。

4) RPM 包的名称格式

RPM 包的名称有其特有的格式,如某软件的 RPM 包名称由如下部分组成。

```
name-version.type.rpm
```

看到一个 RPM 包的文件名之后就可以获得该软件包的大致信息了,其中:

(1) name 为软件的名称。

(2) version 为软件的版本号。

(3) type 为包的类型。type 又可进行细分,如下所列。

① i[3456]86:表示在 Intel x86 计算机平台上编译的。

② sparc:表示在 sparc 计算机平台上编译的。

③ alpha：表示在 alpha 计算机平台上编译的。

④ src：表示软件源代码。

(4) rpm 为文件扩展名。

例如：

httpd-2.0.40-21.i386.rpm 是 httpd(2.0.40-21)的 Intel386 平台编译版本包。

httpd-2.0.40-21.src.rpm 是 httpd(2.0.40-21)的源代码版本包。

5）获得 RPM 软件包

获得一个 RPM 包主要有以下途径。

① 从发行套件的光盘中查找。CentOS 7 安装系统光盘一般都有 RPM 包的目录，它们在"\Packages"文件夹中。

② 从 RPM 官方站点上查找下载(www.rpm.org)。

2. RPM 包的命令

在 Linux 中是通过使用 RPM 命令来操作各种 RPM 包的，由于 RPM 功能强大，它的命令参数也很多，下面只对常用的功能加以说明。

1）RPM 包的安装

安装 RPM 包的基本命令格式为：

```
rpm - ivh <RPM 包名>
```

其中，i(Install)表示安装；v(Verify)表示在安装中显示详细的安装信息；h(Horizontal)表示显示水平进度条。示例如下：

```
[root@localhost ~]# rpm - ivh ftp - 0.17 - 67.el7.x86_64.rpm
warning: ftp - 0.17 - 67.el7.x86_64.rpm: Header V3 Signature, key ID f4a8: NOKEY
Preparing...  ################################### [100 %]
Updating/installing...
   1:ftp - 0.17 - 67.el7
              ################################### [100 %]
```

2）RPM 包的删除

删除 RPM 包的基本命令格式为：

```
rpm - e <RPM 包名>
```

其中，e 表示删除(Erase)。示例如下：

```
[root@Linux - CentOS - 7 ~]# rpm - e httpd
```

注意，在删除包时，可不用写包的版本号、包类型和扩展名，只写包名即可，这样可提高工作效率。

3）RPM 包的查询

查询在 RPM 的操作中是很频繁的工作，RPM 命令也提供了大量的参数选项，实现灵活的查询。常用查询如表 5-9 所示。注意在查询包时也可简写，即只写包名即可。

表 5-9　RPM 包的查询命令

命令格式	查询功能
rpm -qa	查询系统中安装的所有 RPM 软件包
rpm -q <RPM 包名>	查询指定的软件包是否已安装
rpm -qp <RPM 包文件名>	查询包中文件的信息,用于安装前了解软件包中的信息
rpm -qi <RPM 包名>	查询系统中已安装包的描述信息
rpm -ql <RPM 包名>	查询系统中已安装包中所包含的文件
rpm -qf <文件名>	查询系统中指定文件所属的软件包

例如,查询系统中已经安装有关 PHP 的软件包,命令及其结果如下。

```
[root@Linux-CentOS-7 ~]# rpm -qa | grep php
php-5.1.6-5.el5
php-mysql-5.1.6-5.el5
php-common-5.1.6-5.el5
php-pdo-5.1.6-5.el5
php-cli-5.1.6-5.el5
php-pgsql-5.1.6-5.el5
php-ldap-5.1.6-5.el5
php-odbc-5.1.6-5.el5
php-pear-1.4.9-4
```

4) RPM 包的升级

升级 RPM 包的基本命令格式为:

```
rpm -Uvh <RPM 包名>
```

其中,U(Update)表示升级。升级软件包和安装软件包类似。实际上升级软件包就是删除和安装的组合,可以一直使用升级的方式安装软件包,因为即使没有安装先前的版本,也可以用此方式安装该软件包。

5) RPM 包的验证

验证 RPM 包的工作是检查包中文件是否和安装的一致,包括校验码文件的大小、存取权限和属主属性都将进行校验。

验证 RPM 包的基本命令格式为:

```
rpm -V [参数]
```

其中,参数可以是包名、文件名或为空。

示例如下:

```
# rpm -V httpd                              #验证已安装的 httpd 软件包
# rpm -Vf /etc/passwd                       #验证包含文件/etc/passwd 的软件包
# rpm -Vp httpd-2.0.40-21.i386.rpm          #验证未安装的 httpd-2.0.40-21.i386.rpm 软件包
# rpm -Va                                   #验证所有已安装的软件包
```

要注意的是，验证成功后一般没有提示。

5.2.3 YUM软件包的管理

1. YUM概述

1）YUM的含义

YUM(Yellow dog Updater Modified)是一个在Fedora和Red Hat以及CentOS中的Shell前端软件包管理器。基于RPM包管理，能够从指定的服务器自动下载RPM包并且安装，并构建软件的更新机制，可以自动处理依赖性关系，并且一次安装所有依赖的软件包，无须烦琐地一次次下载、安装，所有软件包由集中的YUM软件仓库提供。

YUM软件包管理分为准备YUM软件仓库、配置YUM客户端以及YUM命令工具的使用三部分。

2）YUM的软件仓库

YUM最大的优势是可以去互联网上下载所需要的RPM包，然后自动安装。软件仓库的提供方式有本地目录和网络FTP或HTTP服务方式。准备本地仓库可以使用CentOS 7光盘的RPM包作为YUM仓库。

3）YUM的配置文件

YUM的基本配置文件如下。

（1）基本配置文件：/etc/yum.conf。

（2）软件仓库配置文件：/etc/yum.repos.d/*.repo。

（3）日志文件：/var/log/yum.log。

其中，软件仓库配置文件有多个，一般系统都已经配置好相关的网络资源，例如，查看相关信息，示例如下：

```
[root@localhost ~]# ls /etc/yum.repos.d              #列出软件仓库的配置文件
CentOS-Base.repo   CentOS-Debuginfo.repo   CentOS-Media.repo   CentOS-Vault.repo
CentOS-CR.repo     CentOS-fasttrack.repo   CentOS-Sources.repo
```

其中，CentOS 7系统默认的软件仓库配置文件有7个，这些文件都是以“.repo”为文件扩展名，一般系统都已经配置好相关的网络资源，例如，查看其中一个软件仓库配置文件关键信息，示例如下：

```
[root@localhost ~]# cat /etc/yum.repos.d/CentOS-Base.repo
# CentOS-Base.repo
[base]                                        #每个文件中都有多个以"[]"开始的软件源
name=CentOS-$releasever - Base                                  #本软件源的名称
mirrorlist=http://mirrorlist.centos.org/...                     #指定YUM服务器映像地址
baseurl=http://mirror.centos.org/centos/                        #指定YUM服务器地址
gpgcheck=1                                                      #是否检验待安装的RPM包
gpgkey=file:///etc/pki/rpm-gpg/RPM-GPG-KEY-CentOS-7             #检验RPM包的密钥文件
…
```

当然用户也可以按照以上的格式，添加自己本地的软件仓库的配置。

2. YUM 的本地源的配置

yum 命令可以安装 RPM 软件包,安装时自动查找该软件包所支撑的软件之间的关系,并自动安装,方便快捷。以往人们通过 RPM 命令安装指定软件时,还需要查找该软件包的依赖关系,需要下载其依赖的相关软件,还必须按照特定的安装顺序进行安装,很烦琐。而采用 yum 命令就不需要考虑这些问题,但是采用 yum 命令安装 RPM 软件包的安装源默认是在 Internet 上,若 Linux 系统不能上网,yum 命令就会失效,那么可以采用配置 YUM 的本地安装源办法解决此问题。

1) YUM 的本地安装源的获得

在 2.1.1 节中介绍了安装 CentOS 7 系统获得的 ISO 映像版本,其中,Everything 版是完整版,是对安装版的软件补充,该版本映像 ISO 文件大概 8.75GB,集成了很多软件包。可以在 CentOS 7 系统中加载该 ISO 映像光盘文件,系统启动后在字符终端执行如下命令:

```
[root@localhost ~]# mount                                 #查看光盘的挂载情况
…
/dev/sr0 on /run/media/root/CentOS 7 x86_64 type iso9660 (ro, iocharset=utf8...)
```

从本例中可以看出,光盘已经识别,其设备名为/dev/sr0,并被自动挂载,但是被挂载的路径很长,操作不方便,可以重新挂载。

```
[root@localhost ~]# mkdir /mnt/cdrom                      #创建被挂载的目标目录
[root@localhost ~]# mount /dev/sr0 /mnt/cdrom             #挂载
mount: /dev/sr0 写保护,将以只读方式挂载
[root@localhost ~]# ls /mnt/cdrom                         #查看被挂载后的光盘目录文件
CentOS_BuildTag  LiveOS    repodata             RPM-GPG-KEY-CentOS-7
EFI   EULA   images    GPL   isolinux   Packages   RPM-GPG-KEY-CentOS-7   TRANS.TBL
```

上述操作的挂载目标是临时的,若要永久挂载,可以设置系统启动自动挂载,方法是在/etc/fstab 配置文件的最后新添加一行,表示自动挂载,添加内容如下:

```
/dev/sr0     /mnt/cdrom     iso9660 ro,relatime     0  0
```

2) YUM 配置本地安装源

YUM 的软件仓库配置文件都存在/etc/yum.repos.d/目录下,是以.repo 为扩展名的多个文件,这些文件是多个网上的映像站点文件。为了保留这些信息,可以把外网的软件仓库配置文件备份到其他目录,在软件仓库的配置文件夹下创建一个新的本地源的软件仓库文件,操作步骤如下。

(1) 创建软件仓库的 repo 配置文件。

```
[root@localhost ~]# mkdir /root/yum.repo                      #创建备份目录
[root@localhost ~]# mv /etc/yum.repos.d/* /root/yum.repo      #移动备份文件
[root@localhost ~]# vi /etc/yum.repos.d/local.repo            #创建新配置文件
```

(2) 编写 repo 文件并指向光盘映像文件的挂载目录。

在该新的配置文件 local.repo 内写入如下内容。

```
[local]
name = local
baseurl = file:///mnt/cdrom                                    #指向映像文件的挂载目录
enabled = 1                                                    #1 表示可用状态
gpgcheck = 0                                                   #不检验待安装的 RPM 包
```

(3) 清除缓存。

存盘后执行如下命令:

```
[root@localhost ~]# yum clean all                                  #清除缓存
已加载插件: fastestmirror, langpacks
Cleaning up everything
Cleaning up list of fastest mirrors
[root@localhost yum.repos.d]# yum makecache                        #把 YUM 源缓存到本地
已加载插件: fastestmirror, langpacks
local                                            | 3.6 kB  00:00:00
(1/4):local/group_gz                             | 156 kB  00:00:00
(2/4):local/filelists_db                         | 3.1 MB  00:00:00
(3/4):local/primary_db                           | 3.1 MB  00:00:00
(4/4):local/other_db                             | 1.2 MB  00:00:00
Determining fastest mirrors
元数据缓存已建立
```

3) 测试 yum 命令

完成以上操作步骤后,即可使用 yum 命令,该命令使用的软件仓库为本地源,即加载安装系统的映像 ISO 文件。测试如下:

```
[root@localhost ~]# yum repolist all                     #查看所有软件仓库
已加载插件: fastestmirror, langpacks
Loading mirror speeds from cached hostfile
源标识                          源名称                          状态
local                           local                           启用: 9,911
repolist: 9,911
```

3. YUM 的常用命令

yum 命令可以管理 RPM 软件包,进行软件的安装、查询、更新、删除等操作,但前提是接入网络的情况下,yum 命令可以从软件仓库中指定服务器上进行查找及下载软件包等相关操作。其命令格式为:

```
yum [options] [command] [package …]
```

其中,[options]是可选的,选项包括-h(帮助)、-y(当安装过程提示选择全部为"yes")、-q(不显示安装的过程)等;[command]为所要进行的操作;[package …]是操作的对象。

其常用的命令如下。

1）查询

YUM 常用查询主要有以下几个方式。

查看所有软件仓库：

```
yum repolist all
```

查看可用的软件仓库：

```
yum repolist enabled
```

查询指定的软件包安装情况：

```
yum list <软件包名>
```

查询指定的软件包详细信息：

```
yum info <软件包名>
```

2）安装

YUM 的安装命令为 install，安装过程中它会自动解决依赖关系，下载目标软件包及其依赖包，并进行安装。其语法格式为：

```
yum install <软件包名或程序组名>
```

例如，以本地源为软件仓库执行 yum 安装命令时的依赖关系处理示例如下。

```
[root@localhost ~]# yum -y install authconfig-gtk
已加载插件: fastestmirror, langpacks
Loading mirror speeds from cached hostfile
正在解决依赖关系
--> 正在检查事务
---> 软件包 authconfig-gtk.x86_64.0.6.2.8-30.el7 将被安装
--> 正在处理依赖关系 usermode-gtk,它被软件包 authconfig-gtk-6.2.8 需要
--> 正在检查事务
---> 软件包 usermode-gtk.x86_64.0.1.111-5.el7 将被安装
--> 解决依赖关系完成

依赖关系解决
===========================================================================
Package              架构            版本                  源              大小
===========================================================================
正在安装:
authconfig-gtk       x86_64          6.2.8-30.el7          local           109KB
为依赖而安装:
usermode-gtk         x86_64          1.111-5.el7           local           109KB
```

```
事务概要
================================================================================
安装  1 软件包 ( +1 依赖软件包)
总下载量: 219KB
安装大小: 475KB
Downloading packages:
--------------------------------------------------------------------------------
总计                                              644KB/s | 219KB  00:00:00
Running transaction check
Running transaction test
Transaction test succeeded
…
已安装:
  authconfig-gtk.x86_64 0:6.2.8-30.el7
作为依赖被安装:
  usermode-gtk.x86_64 0:1.111-5.el7
完毕!
```

3) 更新

YUM 的更新命令为 update,用于更新系统中一个或多个软件包,其包括可更新的软件包,并根据需要进行升级更新。常用操作如下。

查找可更新的程序:

```
yum check-update
```

更新指定的软件包:

```
yum update <软件包名>
```

4) 删除

YUM 的删除命令为 remove,用于删除系统中一个或多个软件包。执行删除时会自动处理依赖关系。清除软件包一般还需要 clean 命令清除其缓存信息。

删除指定的软件包:

```
yum remove <软件包名>
```

清除缓存目录下的软件包:

```
yum clean <软件包名>
```

注意:在安装软件包时,有时需要变更软件依赖关系或升级软件版本,从而需要删除相关软件,因为不删除软件可能导致安装失败,所以需要安装前先删除相关软件包。利用 rpm 命令往往删除不掉,而采用 yum 命令删除软件成功率要高。

5.2.4 TAR软件包的管理

1. TAR包概述

1) TAR包的含义

UNIX/Linux下最常用的包除了5.2.2节讲到的RPM外，就是TAR包了。TAR包有非常久远的历史，在各UNIX版本中受到了广泛的支持，现已成为UNIX下标准的文件打包格式。

TAR包最早的作用是用于磁带备份，方法是使用tar命令把系统中需要备份的数据打包归档到磁带中，在系统需要时，再使用tar命令把备份的数据从磁带中恢复回系统。

2) TAR包的名称格式

目前UNIX/Linux中经常使用tar命令进行TAR包的建立或恢复，TAR包文件的后缀通常为“.tar”或“.tar.gz”，前者表示普通的、非压缩的包，而后者表示压缩的文件包。

要注意的是，tar命令本身只进行打包而不进行压缩，要达到压缩的效果，通常的做法是使用tar命令配合其他的压缩命令对TAR包进行压缩或解压，tar命令也提供了相应的选项直接调用其他命令的压缩和解压功能，这与执行其他压缩gzip程序的效果是一样的。

3) TAR包的作用

TAR包在Red Hat Linux中主要用来安装第三方的程序，因为发行版本光盘中的软件毕竟有限，需要安装新的应用程序可以选择相应的RPM包进行快速的安装，但不是所有的软件都发布RPM安装包，但几乎所有的软件都有TAR包的发布，在这种情况下就需要使用TAR包进行安装了。

4) 获得TAR软件包

获得TAR软件包要比获得一个RPM包更方便，主要可以通过Google、Baidu等搜索引擎查找“tar”或“tar.gz”软件包。

总体来说，TAR包的安装和配置灵活，功能强大，用户可以自己编译安装源程序，但是相比RPM复杂些，它更适合有一定Linux使用经验的用户。下面就对TAR的常用命令操作进行介绍。

2. TAR包的命令

1) 建立TAR包

建立TAR包即把多个文件和目录打包成一个文件，它有两种方式：一种是建立普通的TAR包，只打包，不压缩，它的参数是cvf。其中，c(Create)指建立TAR包；v(Verify)表示执行命令时有更多提示信息；f(File)指定TAR包的文件名。其语法格式为：

```
tar cvf <TAR包名> <文件或目录名>
```

例如，对a用户的用户目录进行打包，打包命名为“a.tar”：

```
[root@Linux-CentOS-7 ~]# tar cvf a.tar /home/a
```

另一种是打包并压缩，即建立压缩的TAR包，它的参数是zcvf，其中，z代表使用gzip

程序进行文件的压缩。其语法格式为：

```
tar zcvf <TAR 包名> <文件或目录名>
```

例如，同样对 a 用户的用户目录进行压缩打包，打包命名为“a. tar. gz”：

```
[root@Linux-CentOS-7 ~]# tar zcvf a.tar.gz /home/a
```

2）查询 TAR 包

通过查询命令，可在释放 TAR 包之前，查看 TAR 包中的文件内容。其语法格式为：

```
tar ztf <TAR 包名>
```

查询的参数是 ztf，其中，z 同上，指查询压缩的 TAR 包，若无 z，则是普通的 TAR 包；t(Test)指查询 TAR 包；f 指定 TAR 包的文件名。

例如，查询如上压缩包的内容命令为：

```
[root@Linux-CentOS-7 ~]# tar ztf a.tar.gz
```

执行该命令后则显示该软件包所包含的文件清单。

3）释放 TAR 包

释放 TAR 包比较简单，它使用 zxvf 参数，其中，x 指释放(eXtract)。它也分为解非压缩和压缩包两种方式。其命令格式为(注意，默认释放的路径是当前文件的路径)：

```
tar zxvf <TAR 包名>
```

若释放 TAR 包为非压缩的 TAR 包，则无须使用参数 z。

5.2.5　SRC 源代码包的编译及安装

TAR 是 UNIX 下的通用软件包，UNIX 几十年来已经积累了大量的软件，许多经典的软件也是以源代码方式发布的。这类软件包是用 gzip/bzip2 压缩的，安装时先释放压缩包，然后需要用户自己编译成可执行的二进制代码 bin 并进行安装。其优点是配置灵活，可以随意去掉或保留某些功能/模块，适应多种硬件/操作系统平台及编译环境；缺点是难度较大，一般不适合初学者使用。

在 TAR 软件包释放后，需要查看包中是否包含了 src，源代码包中的文件往往会含有头文件 *.h、c 代码源文件 *.c、C++代码源文件 *.cc/*.cpp 等；而二进制包中的文件则会有可执行文件(与软件同名的往往是主执行文件)，标志是其所在路径含有名为 bin 的目录(仅有少数例外)。以下为包含了 src 源码文件的软件包的安装步骤。

(1) 释放 TAR 包。根据软件包的后缀扩展名来确定软件包的释放方法。

(2) 查看并阅读包内附带的软件安装说明。一般情况下 TAR 包中包含了 install 和 readme 的文件，提示该软件包的安装及编译的过程。

(3) 进行编译准备。通常执行“./configure”命令来设置编译器，并确定相关的参数。

(4) 进行编译。执行"./configure"命令后,将会产生用于编译的 MakeFile,这时运行 make 命令进行编译。

(5) 进行软件安装。执行"make install"命令后,将会把编译产生的可执行文件复制到正确的位置。一般可执行文件会被安装到"/usr/local/bin"目录下。

(6) 清除临时文件。编译安装后,需要清除编译过程中产生的临时文件,执行的命令为"make clean"。

安装 TAR 包,用户可以自己编译安装源程序,虽然能灵活配置,但会出现许多问题,因此适合有一定 Linux 使用经验的用户,一般不推荐初学者使用。

例如,Linux 下识别 NTFS 文件系统的第三方软件 NTFS-3G 的源码包编译安装过程示例如下:

```
[root@localhost ~]# tar zxvf ntfs-3g_ntfsprogs-2011.4.12.tgz     #释放压缩包
[root@localhost ~]# mv ntfs-3g_ntfsprogs-2011.4.12 ntfs-3g       #目录重命名
[root@localhost ~]# cd ntfs-3g                                    #进入目录
[root@localhost ~]#./configure                                    #编译准备
[root@localhost ~]# make                                          #进行编译
[root@localhost ~]# make install                                  #进行安装
```

5.3 网络通信管理

网络对于当今世界的作用是不言而喻的,它可以将一台计算机与其他多台计算机连接起来,共享资源,互相通信。在 Windows 中可以很方便地配置网络、构建局域网、访问 Internet。Linux 作为一个应用广泛的、成熟的操作系统,同样有着完善的网络和通信功能,配置也很方便。

5.3.1 网络的基本配置

1. 网络相关概念

使用网络前,需要对 Linux 主机进行基本的网络配置,配置后可以使该主机能够同其他主机进行正常的通信。在基本网络配置之前,需要先掌握几个与网络相关的概念。

1) IP 地址

在 Internet 上,如果一台主机想与其他主机进行正常通信,就需要有一个标识来为这台主机唯一编号,这个标识就称为"IP 地址"。

IP 地址用 32 位的二进制数字来表示,通常将其用 4 组 8 位二进制数表示,每组数字之间以"."间隔,即用形如 x.x.x.x 的格式表示。x 为由 8 位二进制数转换而来的十进制数,其值为 0~255,如 202.118.192.100。这种格式的地址常称为"点分十进制"。

一台主机要在网络中和其他主机进行通信,首先要具有一个 IP 地址。一般的主机只有一块网卡,设置一个 IP 地址即可。如果有多块网卡,可分别设置独立的 IP 地址。当然即使一块网卡,也可以设置多个 IP 地址。

IP 地址的设置通常包括一系列的设置项,除 IP 地址本身外还包括子网掩码、网络地址和广播地址,其中,IP 地址和子网掩码是必须提供的,网络地址和广播地址可以由 IP 地址和子网掩码进行计算得到。主机的 IP 地址正确设置后就可以和同网段的其他主机进行通信了,要注意,只能使用 IP 地址而不能使用主机名进行通信。

2）主机名

主机名用于标识一台主机的名称,通常该主机名在网络中是唯一的。如果该主机在 DNS 服务器上进行了域名的注册,主机名与该主机的域名通常也是相符的。

3）网关地址

主机的 IP 地址正确设置后可以和同网段的其他主机进行通信,但还不能与不同网段的主机进行通信。为了实现与不同网段的主机进行通信,需要设置网关地址,该网关地址一定是同网段主机的 IP 地址,任何与不同网段主机进行的通信都将通过网关进行。

正确设置网关地址后,主机就可以与其他网段的主机进行通信,也可以和接入互联网的任何主机进行通信,当然前提是作为网关的主机能够担负起网关的职责。

4）DNS 服务器地址

在正确设置了 IP 地址和网关地址后,还不能使用域名和其他主机进行通信。为了能够使用域名而不是 IP 地址来连接主机,需要指定至少一个 DNS 服务器的 IP 地址,所有的域名解析(域名与 IP 地址之间的相互转换)任务都将由该 DNS 服务器来完成。这样就可以使用域名和其他主机进行通信了。

2. Linux 下的网络配置文件

对于网络配置的全部内容都可以在系统中找到相关的配置文件,正是由于有这些配置文件对网络选项的设定,Linux 系统启动时才能正确启动网络和系统。

Linux 下的 CentOS 7 发行版本的网络配置文件如表 5-10 所示,其他发行版本的网络配置文件类似。

表 5-10　CentOS 7 下的网络配置文件

配置文件名	功　能
/etc/sysconfig/network-scripts/ifcfg-ens33	该文件是系统启动时用来初始化网络的信息
/etc/hostname	修改主机名称
/etc/hosts	完成主机名映射为 IP 地址的功能
/etc/host. conf	配置域名服务客户端的控制文件
/etc/resolv. conf	配置 DNS 相关信息,用于域名解析 IP 地址
/etc/protocols	设定主机使用的协议以及各个协议的协议号
/etc/services	设定主机的不同端口的网络服务

其中所有的网络接口配置文件均存放在"/etc/sysconfig/network-scripts/"目录下,例如,CentOS 7 示例系统的网卡名为 ens33 或 enoN(注意,这里的 N 代表一串数字,由于 CentOS 7 的版本不同,其网卡名有所不同,在 7 之前的版本网卡设备名为 eth0)。

3. 配置 IP 地址

CentOS 7 系统中可以采用字符终端的方式配置 IP 地址,也可以通过 X 窗口图形界面配置。配置 IP 地址是 root 用户特有的权限。

1）字符终端下的配置方法

首先在终端字符界面下利用 ifconfig 命令查看网络设备 IP 情况,然后利用 vi 编辑器配置网络接口设备文件。下面列出的是该网络接口配置文件的一个实例。

```
[root@Linux-CentOS-7 ~]# vi /etc/sysconfig/network-scripts/ifcfg-ens33
TYPE=Ethernet
PROXY_METHOD=none
BROWSER_ONLY=no
BOOTPROTO=static                                    #使用静态 IP 地址,默认为 dhcp
DEFROUTE=yes
IPV4_FAILURE_FATAL=no
IPV6INIT=yes
IPV6_AUTOCONF=yes
IPV6_DEFROUTE=yes
IPV6_PRIVACY=no
IPV6_FAILURE_FATAL=no
IPV6_ADDR_GEN_MODE=stable-privacy
NAME=ens33
UUID=28c10bf8-2d23-4bd4-af87-8b517aa8ec05
DEVICE=ens33                                        #接口设备名
ONBOOT=yes                                          #是否开机启用,默认为 no
IPADDR=192.168.1.200                                #网络设备的 IP 地址
PREFIX=24
GATEWAY=192.168.1.1                                 #网关地址
NETMASK=255.255.255.0                               #子网掩码
```

2）重新启动网络服务

使用 vi 只是修改了相应的网络配置文件，并没有使新设置的属性在当前系统中生效，所以需要重新启动网络服务，才能使新的配置在当前系统中永久生效。其执行的命令如下。

```
[root@Linux-CentOS-7 ~]# service network restart
Restarting network (via systemctl):                        [  确定  ]
[root@Linux-CentOS-7 ~]#
```

5.3.2 常用的网络管理命令

CentOS 7 中提供了丰富的网络命令，有些是用于配置网络的，有些是用于测试网络的。大多数的命令都有许多命令格式，熟练地掌握这些命令，对配置、使用网络是十分有必要的。下面对常用的配置命令和功能说明如下。

1. hostname

功能：显示及设置主机名。

（1）显示系统主机名。其语法格式为：

```
hostname
```

实例：

```
[root@Linux-CentOS-7 ~]# hostname                  #显示当前系统的主机名
Linux-CentOS-7
```

(2) 设置系统主机名,该命令必须由 root 用户执行。其语法格式为:

```
hostname  主机名
```

实例:

```
[root@Linux-CentOS-7 ~]# hostname CentOS-7        #设置当前系统的主机名为 CentOS-7
[root@Linux-CentOS-7 ~]# hostname
CentOS-7
```

2. ifconfig

功能:显示及设置当前活动的网卡。

(1) 显示当前活动的(或指定的)网卡设置。其语法格式为:

```
ifconfig [网卡设备名]
```

实例:

```
[root@Linux-CentOS-7 ~]# ifconfig
ens33: flags=4163<UP,BROADCAST,RUNNING,MULTICAST>  mtu 1500
        inet 192.168.1.200  netmask 255.255.255.0  broadcast 192.168.1.255
        inet6 fe80::20c:29ff:feea:1d0  prefixlen 64  scopeid 0x20<link>
        ether 00:0c:29:ea:01:d0  txqueuelen 1000  (Ethernet)
        RX packets 4821  bytes 445107 (434.6 KiB)
        RX errors 0  dropped 0  overruns 0  frame 0
        TX packets 466  bytes 49588 (48.4 KiB)
        TX errors 0  dropped 0 overruns 0  carrier 0  collisions 0

lo: flags=73<UP,LOOPBACK,RUNNING>  mtu 65536
        inet 127.0.0.1  netmask 255.0.0.0
        inet6 ::1  prefixlen 128  scopeid 0x10<host>
        loop  txqueuelen 1  (Local Loopback)
        RX packets 496  bytes 45192 (44.1 KiB)
        RX errors 0  dropped 0  overruns 0  frame 0
        TX packets 496  bytes 45192 (44.1 KiB)
        TX errors 0  dropped 0 overruns 0  carrier 0  collisions 0
```

其中,ens33 为系统中第一块活动的网络设备名;lo 为系统内部通信的网络设备名。

(2) 重新设置网卡的 IP 地址,一般由 root 用户进行设置。其语法格式为:

```
ifconfig  网卡设备名  IP 地址
```

实例:

```
[root@Linux-CentOS-7 ~]# ifconfig ens33 192.168.1.201        //设置网卡新的 IP 地址
[root@Linux-CentOS-7 ~]# ifconfig ens33
```

```
ens33: flags=4163<UP,BROADCAST,RUNNING,MULTICAST>  mtu 1500
        inet 192.168.1.201  netmask 255.255.255.0  broadcast 192.168.1.255
        inet6 fe80::20c:29ff:feea:1d0  prefixlen 64  scopeid 0x20<link>
        ether 00:0c:29:ea:01:d0  txqueuelen 1000  (Ethernet)
        RX packets 5197  bytes 483756 (472.4 KiB)
        RX errors 0  dropped 0  overruns 0  frame 0
        TX packets 552  bytes 66904 (65.3 KiB)
        TX errors 0  dropped 0 overruns 0  carrier 0  collisions 0
```

注意：如果用户是在远程终端进行IP地址更改，更改完之后就会失去和主机的连接，需以新的IP地址重新登录主机。利用ifconfig命令只能临时修改IP地址，并能立即生效，但系统重新启动后，重新读取网络接口设备的主配置文件，就会恢复配置文件中原来的IP地址。

(3) 把指定的一块网卡设为多个虚拟IP地址，如下格式中n为指定网卡的编号。其语法格式为：

```
ifconfig 网卡设备名:n IP
```

实例：

```
[root@Linux-CentOS-7 ~]# ifconfig  ens33:1 192.168.1.10
[root@Linux-CentOS-7 ~]# ifconfig  ens33:2 192.168.1.20
[root@Linux-CentOS-7 ~]# ifconfig
ens33: flags=4163<UP,BROADCAST,RUNNING,MULTICAST>  mtu 1500
        inet 192.168.1.201  netmask 255.255.255.0  broadcast 192.168.1.255
        inet6 fe80::20c:29ff:feea:1d0  prefixlen 64  scopeid 0x20<link>
        ether 00:0c:29:ea:01:d0  txqueuelen 1000  (Ethernet)
        RX packets 5406  bytes 504249 (492.4 KiB)
        RX errors 0  dropped 0  overruns 0  frame 0
        TX packets 650  bytes 79836 (77.9 KiB)
        TX errors 0  dropped 0 overruns 0  carrier 0  collisions 0

ens33:1: flags=4163<UP,BROADCAST,RUNNING,MULTICAST>  mtu 1500
        inet 192.168.1.10  netmask 255.255.255.0  broadcast 192.168.1.255
        ether 00:0c:29:ea:01:d0  txqueuelen 1000  (Ethernet)

ens33:2: flags=4163<UP,BROADCAST,RUNNING,MULTICAST>  mtu 1500
        inet 192.168.1.20  netmask 255.255.255.0  broadcast 192.168.1.255
        ether 00:0c:29:ea:01:d0  txqueuelen 1000  (Ethernet)
```

说明：ens33网卡由原来的一个IP设为多个虚拟IP，这样作为root用户可以设置新的IP地址让普通用户终端登录本主机，root用户通过启动和停止指定的新IP地址来控制其他用户的登录。

(4) 激活和停止指定的网卡。其语法格式为：

```
ifconfig 网卡设备名 up|down
```

在安装完Linux系统时，在字符界面下执行ifconfig命令时查不到ens33网卡，有可能是网卡没有激活，所以采用如上命令来激活网卡。

3. ping

ping命令是最常用的网络测试命令，该命令通过向被测试的目的主机地址发送ICMP报文并收取回应报文，来测试当前主机到目的主机的网络连接状态。ping命令默认会不间断地发送ICMP报文直到用户终止该命令。使用“-c”参数并指定相应的数目，可以控制ping命令发送报文的数量。其格式为：

```
ping [ -c 报文数]  目的主机地址
```

实例：

```
[root@Linux-CentOS-7 ~]# ping 192.168.1.100
PING 192.168.1.100 (192.168.1.100) 56(84) bytes of data.
64 bytes from 192.168.1.100: icmp_seq=1 ttl=128 time=0.475 ms
64 bytes from 192.168.1.100: icmp_seq=2 ttl=128 time=0.415 ms
64 bytes from 192.168.1.100: icmp_seq=3 ttl=128 time=0.382 ms
64 bytes from 192.168.1.100: icmp_seq=4 ttl=128 time=0.397 ms
64 bytes from 192.168.1.100: icmp_seq=5 ttl=128 time=0.378 ms
64 bytes from 192.168.1.100: icmp_seq=6 ttl=128 time=0.389 ms
64 bytes from 192.168.1.100: icmp_seq=7 ttl=128 time=0.412 ms
^C
--- 192.168.1.100 ping statistics ---
12 packets transmitted, 12 received, 0% packet loss, time 11003ms
rtt min/avg/max/mdev = 0.378/0.407/0.484/0.039 ms
```

使用Ctrl+C组合键可以中止该命令，回到提示符状态下。

5.3.3　常用的网络通信命令

Linux系统中提供了丰富的网络通信命令，对于多用户的操作系统，在一台主机上的不同终端用户之间可以方便地收发信息。Linux图形界面的通信程序请读者参考相关资料。下面对终端字符下的常用通信命令及其功能进行说明。

1. write

功能：用来实时给其他用户发送消息。其语法格式为：

```
$ write  username  [tty]
  Message
  …
  <ctrl>+d
```

其中，tty为终端号；<ctrl>+d为组合键，结束发送并回到提示符下。利用who命令可以查看当前在系统中的用户信息；利用终端号可以区分以相同用户名登录的用户。

【例5.1】　已知系统中有多个以a用户名登录的用户，b用户要向其中一个指定的a用户发送消息。

首先打开多个终端并以不同的用户名进行登录,并查看收发消息情况。具体的步骤如下。

```
[a@Linux - CentOS - 7 ~]# who                  #a 用户查看当前系统中的用户基本信息
root      :0          2018 - 11 - 02 21:07 (:0)
root      pts/0       2018 - 11 - 02 21:11 (:0)
root      pts/1       2018 - 11 - 02 21:13 (:0)
root      pts/2       2018 - 11 - 03 21:01 (192.168.1.100)
b         pts/3       2018 - 11 - 03 21:49 (192.168.1.100)
a         pts/4       2018 - 11 - 03 21:52 (192.168.1.100)
b         pts/5       2018 - 11 - 03 21:52 (192.168.1.100)

[a@Linux - CentOS - 7 ~]$ write a pts/3        #向端口号为 pts/3 的 b 用户发送消息
hello it's a test                              #消息内容
[a@Linux - CentOS - 7 ~]$                      #按 Ctrl + D 组合键结束发送并回到提示符下

[b@Linux - CentOS - 7 ~]$                      #端口号为 pts/3 的 b 用户所接收的消息
Message from a@Linux - CentOS - 7 on pts/4 at 21:56 ...
hello! it's a test
EOF                                            #消息结束标志
```

2. wall

功能:以广播方式向系统中的所有用户发送消息。其语法格式为:

```
wall message
```

其中,message 为消息内容。如果消息内容较多,建议以文件形式发送消息。

实例:

```
[a@Linux - CentOS - 7 ~]$ wall hello it is a test       #用户 a 以广播方式发送消息
Broadcast message from a@Linux - CentOS - 7 (pts/4) (Sat Nov  3 22:00:27 2018):
hello it is a test

[b@Linux - CentOS - 7 ~]$                               #用户 b 收到的消息
Broadcast message from a@Linux - CentOS - 7 (pts/4) (Sat Nov  3 22:00:06 2018):
hello it is a test
```

3. mesg

功能:设置消息的禁止和允许。其语法格式为:

```
mesg [y|n]
```

其中,括号中内容任选其一,设置 y 为可以接收消息,设置 n 为不可以,若无,则为查看当前的状态。

实例:

```
[b@ Linux - CentOS - 7 ~]$ mesg              #用户 b 查看当前消息的接收状态
is n
[b@ Linux - CentOS - 7 ~]$ mesg  n           #设置 b 用户为禁止接收状态
[a@ Linux - CentOS - 7 ~]$ write b           #用户 a 无法再给用户 b 发送消息
write: b has messages disabled on pts/0
```

一般情况下，消息禁止对于 root 及相同用户名之间无效。

4. mail

前面讲到的通信命令都要求双方同时在线，且各自在通信的时候都在前台进行工作。而有的时候双方用户不同时在线，这时用 mail 命令就更加方便了。它类似于日常使用的 E-mail，可以发送和接收消息。mail 命令允许用户登录后不打断对方工作，不要求同时在线。每个用户有固定的邮件文件目录，如用户名为 a，则该用户邮件文件的地址是“/var/spool/mail/a”。收发消息的操作如下。

1) 撰写和发送邮件

格式 1(一般邮件发送方式)：

```
$ mail username
Subject: topic                          #主题名
text                                    #正文
...
<ctrl>+d                                #组合键结束
Cc:username                             #转发的用户名，按 Enter 键即发送
```

实例 1：

```
[a@Linux-CentOS-7 ~]$ mail b
Subject: it's a mail
it's content
Cc: a
```

格式 2(以文件的内容作为邮件的正文发送方式)：

```
$ mail -s topic username < filename
```

实例 2：

```
[a@Linux-CentOS-7 ~]$ mail -s sendfile root < test.c      #把 test.c 文件发送给管理员
```

2) 接收和阅读邮件

当该用户有新邮件，系统会自动接收并有提示信息，如是管理员有 mail 邮件，则在系统中下一次回到提示符下或不在系统中登录后有如下提示：

```
[root@wdg-Linux-5 ~]# You have new mail in /var/spool/mail/root
```

当查看和阅读邮件时，则直接输入 mail 命令后会看到所有的邮件，最后一行会有“&”符号，此为邮件命令提示符，在其后可输入各种邮件命令。如想看哪一封邮件，则输入：

```
& n
```

其中，n 为 mail 的编号。

实例：

```
[root@Linux-CentOS-7 ~]# mail                    #查看所有邮件
Mail version 8.1 6/6/93.  Type ? for help.
"/var/spool/mail/root": 6 messages 3 new 3 unread
U  1 root@Linux-CentOS-7    Fri Nov 10 09:03  72/2030  "LogWatch for localhost"
U  2 root@Linux-CentOS-7    Sat May 19 09:41  67/1995  "LogWatch for localhost"
U  3 root@Linux-CentOS-7    Sun May 20 22:14  71/2022  "LogWatch for localhost"
>N  4 a@localhost.localdom  Sat Aug 18 10:20  17/615   "helloworld"
>N  5 b@localhost.localdom  Sat Aug 18 10:35  17/632   "have a nice day"
>N  6 b@localhost.localdom  Sat Aug 18 10:55  17/662   "Meeting"

&4                                    #输入 4 按 Enter 键,即可看到编号为 4 的 mail
Message 4
From a@ Linux-CentOS-7  Sat Aug 18 10:20:28 2018
Date: Sat, 18 Aug 2018 10:20:28 +0800
From: a@ Linux-CentOS-7
To: root@ Linux-CentOS-7
Subject: helloworld
Cc: a@ Linux-CentOS-7
hello world ,my friend!
```

注意:邮件列表中,最前面的"N"表示未读的 mail;"U"为读过标题,但没看过内容的 mail。

3) mail 命令的常用参数

在执行 mail 命令后,进入邮件系统中的"&"提示符下,常用的命令参数如表 5-11 所示。

表 5-11 mail 命令的常用参数

符　号	含　义	符　号	含　义
& n	阅读 n 编号的邮件	!command	调用 shell 命令
e	编辑刚浏览过的邮件	d n	删除该编号的邮件
r	回复刚浏览过的邮件	x 或 q	退出
h	浏览所有邮件	? 或 help	获取 mail 命令的帮助

以参数 r 为例,要回复刚才看过的邮件,输入如下:

```
& r
To: root@Linux-CentOS-7 b@Linux-CentOS-7
Subject: Re: have a nice day
It's a reply.                          #在此输入回复的正文
<ctrl>+d
Cc:
```

回复结束后,对方会自动接收。在 mail 命令的提示符"&"后,可以输入上面的命令来实现邮件的日常管理操作。mail 还有更多的命令参数,读者可使用 mail 的帮助来查看。

作为 root 用户,mail 邮件不只是用户之间发的邮件,还有系统本身发的,如非法操作、安全隐患及守护进程的执行情况等,这些情况往往以邮件的形式发送给 root 用户进行系统提示,这也是系统管理员监测维护系统正常运行的方法之一。

5.4 进程管理

进程是Linux/UNIX系统中非常重要的概念,在操作系统原理的课程中也进行了重点学习,主流操作系统中几乎无一例外地应用进程概念。Linux提供功能强大的进程管理命令,作为多用户的网络操作系统管理员来说,熟练掌握Linux下常用的进程管理,可以高效地进行系统的管理。

5.4.1 Linux系统的进程概述

1. 进程的概念

创建进程的目的,就是为了使多个程序可以并发地执行,从而提高系统的资源利用率和吞吐量。进程是指程序实体的运行过程,是系统进行资源分配和调度的独立单位,或者说是一个程序在处理机上的一次执行活动。要注意在不同操作系统原理教材中,进程的定义有多种,但原理都是一致的,只是角度不同。

进程和程序是两个容易混淆的概念,它们是不同的,下面是对这两个概念的比较。

① 程序只是一个静态的指令集合;而进程是一个程序的动态执行过程,它具有生命期,是动态产生和消亡的。程序不能申请系统资源,不能被系统调度,也不能作为独立运行的单位,因此,它不占用系统的运行资源。

② 程序和进程无一一对应的关系。一方面,一个程序可以由多个进程所共用,即一个程序在运行过程中可以产生多个进程;另一方面,一个进程在生命期内可以顺序地执行若干个程序。

2. Linux系统下的进程属性

与Windows一样,在Linux系统中也总是有很多进程在同时运行,每个进程都有一个识别号,称为PID(ProcessID),它是进程最重要的属性之一,PID用以区分不同的进程,正如班级的学号是用来区分学生的一样。除了PID外,进程的其他属性有所有者ID、进程名、进程状态、父进程(创建其他进程的进程为父进程,被创建的进程为子进程)ID及进程运行时间等。

从CentOS 7操作系统的启动过程看,系统启动后第一个运行的进程是systemd,它的PID是1,systemd是唯一一个由系统内核直接运行的进程。新的进程可以用系统调用(OS的核心中设置的一组用于实现各种系统功能的子程序称为系统调用)fork来产生,就是由一个已经存在的进程来创建新进程,已经存在的进程是新产生进程的父进程,新进程是产生它的进程的子进程。除了systemd之外,每一个进程都有父进程。当系统启动以后,systemd进程会创建login进程等待用户登录系统,login进程是systemd进程的子进程。当用户登录系统后,login进程就会为用户启动Shell——bash进程,bash进程就是login进程的子进程,而此后用户运行的进程都是由bash进程产生出来的,所以说bash进程是所有用户进程的父进程,而systemd是系统所有进程的父进程。

3. 进程的类型

可以将运行在Linux操作系统中的进程分为3种不同的类型。

(1) 系统进程:操作系统启动后,系统环境平台运行所加载的进程,它不与终端或用户关联。

(2) 用户进程:与终端相关联,使用一个用户 ID,是由用户所执行的进程。

(3) 守护进程:没有屏幕提示,只是在后台等待用户或系统的请求,网络多用户系统工作绝大多数是通过守护进程实现的。

以上3种进程各有各的特点、作用和不同的使用场合。

5.4.2 守护进程的管理

守护进程在网络多用户操作系统中有着重要的作用,作为系统管理员来说,使用好守护进程可以使日常烦琐的工作变得轻松简单,同样守护进程也是黑客攻击的对象,因为它在后台定期运行,使用户察觉不到。守护进程配合 Shell 编程,设计出适合用户自己的新功能,大大地提高了工作效率。

守护进程在后台执行,所以系统在执行守护进程后,都会给创建该守护进程的用户发送一个邮件,来说明该守护进程的执行情况。下面介绍几个常用的守护进程命令。

1. at 作业

如果用户指定系统在将来的某个时间执行作业,则使用 at 命令可以完成。要注意的是,因为守护进程是在后台执行的,所以到指定时间执行时当前用户察觉不到。

(1) 创建 at 作业。其语法格式为:

```
at sometime
command list                                    #作业列表
…
<ctrl>+d                                        #组合键操作,保存并结束
```

含义:将来某时间要执行的作业列表。创建 at 作业有如下几种实例格式。

① 在第二天该时刻执行:

```
[root@Linux-CentOS-7 ~]# at now +1 day
```

② 在5月1日凌晨1:00执行:

```
[root@Linux-CentOS-7 ~]# at 1:00am May 1
```

③ 在3天后下午2:10执行:

```
[root@Linux-CentOS-7 ~]# at 2:10pm +3 day
```

【例5.2】 让系统在第二天早上8:20删除临时文件并给a用户发送一个问候邮件。

```
[root@Linux-CentOS-7 ~]# at 8:20am +1 day
at> rm -rf /temp/*
at> mail -s "My friend: Happy Birthday" a
at> <EOT>                                       #按 Ctrl+D 组合键
job 5 at Sun Nov  4 08:20:00 2018               #显示作业的标识号及执行时间
```

(2) 显示 at 作业。如果创建了 at 作业且该作业并没有到期执行前,则使用 at 命令及相关参数,列出 at 作业列表。其语法格式为:

```
at -l
```

含义:显示 at 作业的标识号及执行时间。

例如,显示例 5.2 中的 at 作业。

```
[root@Linux-CentOS-7 ~]# at -l
5       Sun Nov  4 08:20:00 2018 a root
```

如果创建了多个 at 作业,并没有到期执行前,执行该命令则以列表的形式显示多个 at 作业清单。

(3) 删除 at 作业。如果创建了 at 作业并且该作业没有执行前,可以删除。其语法格式为:

```
at -d ID
```

含义:删除指定的 at 作业,其中,ID 为 at 作业的标识号。

例如,删除例 5.2 中的 at 作业。

```
[root@Linux-CentOS-7 ~]# at -l
5       Sun Nov  4 08:20:00 2018 a root
[root@Linux-CentOS-7 ~]# at -d 5
[root@Linux-CentOS-7 ~]# at -l
[root@Linux-CentOS-7 ~]#
```

2. cron 作业

利用多个 at 命令虽然可以创建多个作业,但它只是指定某一个固定时间去执行,要想实现以固定的间隔时间执行作业,并且能统一管理所有作业,at 命令就不能胜任了,可以利用强大的 crontab 命令来实现 cron 作业这一功能。

1) cron 作业的含义

cron 是一个守护进程,是一个标准的后台服务程序。使用 cron 作业服务必须安装 vixie-cron RPM 软件包,而且必须运行 crond 服务。要启动 crond 服务,使用如下命令。

```
# service crond restart
```

cron 的配置文件为"/etc/crontab",显示它的内容操作如下。

```
[root@Linux-CentOS-7 ~]# cat /etc/crontab
SHELL=/bin/bash
PATH=/sbin:/bin:/usr/sbin:/usr/bin
MAILTO=root

# For details see man 4 crontabs

# Example of job definition:
```

```
# .----------------- minute (0 - 59)
# |  .------------- hour (0 - 23)
# |  |  .----------- day of month (1 - 31)
# |  |  |  .------- month (1 - 12) OR jan,feb,mar,apr ...
# |  |  |  |  .---- day of week (0 - 6) (Sunday=0 or 7) OR sun,mon,tue,wed,thu,fri,sat
# |  |  |  |  |
# *  *  *  *  * user-name  command to be executed
```

其中,前 4 行为 cron 任务的环境变量,第 4 行的 MAILTO 为 cron 任务的输出被邮寄给变量定义的用户,如果 MAILTO 变量定义赋值为空白,则电子邮件就不会寄出。

使用 cron 作业常用 crontab 命令来实现,crontab 命令允许使用者以固定间隔时间执行例程作业,这个作业以列表形式保存在一个固定文件中,cron 作业是守护进程,一般可以分散在几个文件中,是系统管理员日常管理繁杂工作任务的常用方法,同时也常是黑客攻击的对象。

cron 作业列表文件是一个文本数据库文件,该文件内容中,每列以"<tab>键"的制表位分隔,共 6 列,每列固定含义如表 5-12 所示,每行是一个作业。

表 5-12 cron 作业列表文件每列含义说明表

表头含义	Min	Hour	Day of Mon	Mon	Day of Week	Command
取值范围	0～59	0～23	1～31	1～12	0～6	

2) 创建 cron 作业

利用 crontab 命令去执行一个已经创建好的 cron 作业列表文件名。创建 cron 作业的语法格式为:

```
crontab [ -u user] filename
```

其中,括号内指的是超级用户为指定的普通用户创建的 cron 作业,没有指定用户则是用户本身;filename 是已经编写好的 cron 作业列表文件。作业列表文件编写方法如例 5.3 所示。

【例 5.3】 某系统管理员每月的日常工作内容为:①每天上午 9 点和下午 5 点把当前在线人数存到 num 文件中;②周一至周五每 2 小时备份一次 pub 数据到 data 文件中;③每周五下午 5:30 删除临时文件;④每月 10 日晚上 11 点到第二天早晨 7 点之间每小时给用户 wdg 发送一个时间消息。要求利用 crontab 命令创建 cron 作业列表形式自动完成以上工作。

首先利用 vi 创建 cron 作业列表文件,文件命名为 cronfile1,内容如下。

```
0	9,17	*	*	*	who|wc -l>num
0	*/2	*	*	1-5	cp pub data
30	17	*	*	5	rm -rf /tmp
0	23-7/1	10	*	*	date|write wdg
```

然后利用 crontab 命令执行该列表文件:

```
[root@Linux-CentOS-7 ~]# crontab cronfile1
```

说明：cronfile1 文件内容各列含义对照表 5-12 的解释说明。

3) 管理 cron 作业

一个用户只能有一个 cron 作业，crontab 命令所创建的 cron 作业列表文件，根据用户名保存并写入"/var/spool/cron/username"文件中。当重新编辑 cron 作业时，则默认以"/tmp/crontab. *"文件名形式存在于内存中的临时文件副本中。其中，"*"是一个数值，指的是所创建的 cron 作业序号数，保存后该临时文件自动写入 cron 作业文件中。当删除 cron 作业后，该 cron 作业列表文件自动删除。当创建 cron 作业后，可以用以下命令进行管理。

```
crontab [ -u user] { -e | -l | -r }
```

其中，-e 为 edit user's crontab；-l 为 list user's crontab；-r 为 delete user's crontab。

管理 cron 作业就是对 cron 作业列表文件"/var/spool/cron/username"进行管理，例如，在例 5.3 中已创建执行 cron 作业后，编辑该作业就会自动进入 vi 编辑器中，操作如下。

```
[root@Linux - CentOS - 7 ~]# crontab -e
```

执行以上命令后进入 vi 编辑器的 cron 作业列表的编辑状态，如图 5-1 所示。

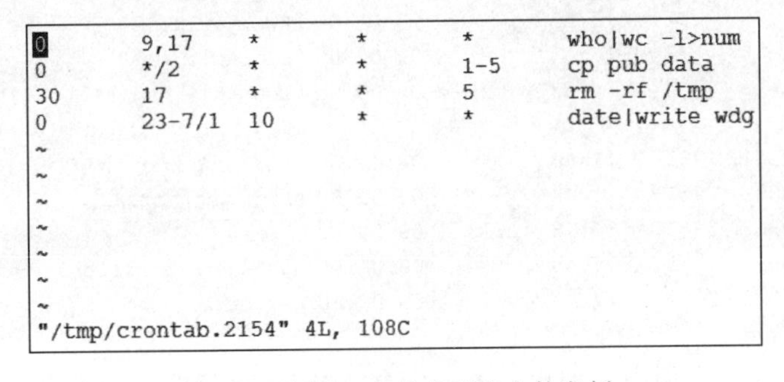
```
0	9,17	*	*	*	who|wc -l>num
0	*/2	*	*	1-5	cp pub data
30	17	*	*	5	rm -rf /tmp
0	23-7/1	10	*	*	date|write wdg
~
~
~
~
~
~
~
"/tmp/crontab.2154" 4L, 108C
```

图 5-1　编辑 cron 作业列表文件实例

图 5-1 中的下部提示" "/tmp/crontab. 2154" 4L, 108C"的含义为该作业文件的副本临时文件名、行数及字符数。

5.4.3 进程的控制命令

进程是程序的执行过程，在 UNIX/Linux 系统中，为区分每个进程，给它们分别指定唯一的号码，称为进程号(PID)，系统通过 PID 来标识每个进程，也是通过 PID 来管理控制进程。常用的进程管理命令介绍如下。

1. ps 命令

要对系统中的进程进行监测和控制，首先要了解进程的当前运行情况。普通用户和管理员都可以查看系统中正在运行的进程和这些进程的相关信息。在 UNIX/Linux 中，使用 ps 命令对进程进行查看。

ps 是一个功能强大的进程查看命令。使用该命令用户可以确定有哪些进程正在执行和执行的状态、进程是否结束、进程有没有停止、哪些进程占用了过多的系统资源等。其命令格式为：

```
ps [参数选项]
```

其中，常用的参数选项如表 5-13 所示。

表 5-13　ps 命令的常用选项

选　项	说　　明	选　项	说　　明
-a	显示所有用户进程	-f	显示进程的详细信息
-e	显示包括系统进程的所有进程	-x	显示没有控制终端的进程
-l	显示进程的详细列表	-u	显示用户名和启动时间等信息

下面是 ps 命令常用选项表中不同的参数选项组合示例。例如，查看子进程、父进程关系时常用如下命令。

```
[root@Linux-CentOS-7 ~]# ps -ef
UID        PID  PPID  C STIME TTY          TIME CMD
root         1     0  0 16:53 ?        00:00:03 /usr/lib/systemd/systemd
root         2     0  0 16:53 ?        00:00:00 [kthreadd]
root         3     2  0 16:53 ?        00:00:00 [ksoftirqd/0]
root         5     2  0 16:53 ?        00:00:00 [kworker/0:0H]
root         7     2  0 16:53 ?        00:00:00 [migration/0]
root         8     2  0 16:53 ?        00:00:00 [rcu_bh]
 ⋮
root      3961  1738  1 17:48 ?        00:00:00 sshd: wdg [priv]
wdg       3965  3961  0 17:48 ?        00:00:00 sshd: wdg@pts/1
wdg       3966  3965  1 17:48 pts/1    00:00:00 -bash
root      3988     1  0 17:48 ?        00:00:00 /usr/sbin/abrt-dbus -t133
root      4023  2082  5 17:48 pts/0    00:00:00 ps -ef
```

由于篇幅的关系，本例中只列出一部分信息，中间部分省略。查看进程的状态时常用如下命令。

```
[root@localhost ~]# ps -axu
USER       PID %CPU %MEM    VSZ   RSS TTY      STAT START   TIME COMMAND
root         1  0.1  0.4 193976  4168 ?        Ss   16:53   0:03 systemd
root         2  0.0  0.0      0     0 ?        S    16:53   0:00 [kthreadd]
root         3  0.0  0.0      0     0 ?        S    16:53   0:00 [ksoftirqd/0]
root         5  0.0  0.0      0     0 ?        S<   16:53   0:00 [kworker/0:0H]
root         7  0.0  0.0      0     0 ?        S    16:53   0:00 [migration/0] ⋮
 ⋮
root      3961  0.3  0.5 147784  5184 ?        Ss   17:48   0:00 sshd: wdg [priv]
wdg       3965  0.0  0.2 147784  2296 ?        S    17:48   0:00 sshd: wdg@pts/1
wdg       3966  0.1  0.3 116568  3088 pts/1    Ss+  17:48   0:00 -bash
root      4024  0.0  0.0      0     0 ?        S    17:48   0:00 [kworker/0:0]
root      4032  0.0  0.0 107904   612 ?        S    17:49   0:00 sleep 60
root      4033  0.0  0.1 151064  1812 pts/0    R+   17:49   0:00 ps -axu
```

其中，输出信息的含义如表 5-14 所示。

表 5-14 ps 输出信息的含义

选 项	说 明	选 项	说 明
UID	进程所有者的用户名	VSZ	进程占用的虚拟内存空间(KB)
C	占用的 CPU 时间与总时间的百分比	RSS	进程所占用的内存空间(KB)
USER	进程所有者的用户名	TIME	进程从启动以来占用的 CPU 的总时间
PID	进程号	USER	用户名
PPID	父进程的进程号	SIZE	进程代码大小＋数据大小＋栈空间大小(KB)
TTY	进程从哪个终端启动	CMD	进程的命令名
STAT	进程当前状态，详见表 5-15	%CPU	占用的 CPU 时间与总时间的百分比
STIME	进程开始执行的时间	NI	进程的优先级

表 5-15 进程状态的含义

符 号	含 义	符 号	含 义
S	睡眠状态	Z	僵尸状态
W	进程没有驻留页	D	不间断睡眠
R	运行或准备运行状态	T	停止或追踪
I	空闲	N	低优先级的任务

ps 搭配各种参数，系统管理员可以从中获得进程的运行信息。例如，当某个进程占用了过多 CPU 和 MEM 资源，系统管理员就应该检查该进程是否为一个合法的进程。

2. free 命令

free 命令用于显示系统内存的使用情况，包括内存总量、已经使用内存数量、空闲内存数量等信息。执行格式如下：

```
free
```

例如：

```
[root@Linux-CentOS-7 ~]# free
              total        used        free      shared  buff/cache   available
Mem:         999696      657808       76580        4596      265308      118668
Swap:       2097148       83820     2013328
```

3. top 命令

top 命令用于实时显示系统的进程状态，包括显示 CPU 利用率、进程状态、内存利用率等许多系统信息，并且 top 命令一旦运行就会持续不断地更新显示内容，这为系统管理员提供了实时监控系统进程的功能。其语法格式为：

```
top
```

例如，执行 top 命令后，系统出现实时显示系统进程状态信息的字符界面，如图 5-2

所示。

```
top - 22:34:12 up  6:39,  7 users,  load average: 0.00, 0.01, 0.05
Tasks: 194 total,   1 running, 193 sleeping,   0 stopped,   0 zombie
%Cpu(s):  0.0 us,  0.3 sy,  0.0 ni, 99.7 id,  0.0 wa,  0.0 hi,  0.0 si,  0.0 st
KiB Mem :   999696 total,    75960 free,   658140 used,   265596 buff/cache
KiB Swap:  2097148 total,  2013328 free,    83820 used.   118408 avail Mem

  PID USER      PR  NI    VIRT    RES    SHR S %CPU %MEM     TIME+ COMMAND
 2443 root      20   0  385732   6168   2104 S  0.3  0.6   1:06.20 vmtoolsd
 8809 root      20   0  147784   5256   3976 S  0.3  0.5   0:01.48 sshd
10360 root      20   0  157716   2252   1540 R  0.3  0.2   0:00.51 top
    1 root      20   0  193840   4568   2524 S  0.0  0.5   0:08.60 systemd
    2 root      20   0       0      0      0 S  0.0  0.0   0:00.03 kthreadd
    3 root      20   0       0      0      0 S  0.0  0.0   0:03.08 ksoftirqd/0
    5 root       0 -20       0      0      0 S  0.0  0.0   0:00.00 kworker/0:+
    7 root      rt   0       0      0      0 S  0.0  0.0   0:00.00 migration/0
    8 root      20   0       0      0      0 S  0.0  0.0   0:00.00 rcu_bh
    9 root      20   0       0      0      0 S  0.0  0.0   0:26.02 rcu_sched
   10 root      rt   0       0      0      0 S  0.0  0.0   2:01.95 watchdog/0
   12 root      20   0       0      0      0 S  0.0  0.0   0:00.00 kdevtmpfs
   13 root       0 -20       0      0      0 S  0.0  0.0   0:00.00 netns
```

图 5-2　top 命令实时显示进程状态的实例

在图 5-2 中,上部分是统计系统的资源使用情况,中下部是以列表形式并以固定间隔时间刷新实时显示的系统进程运行状态。使用 top 命令可以得知许多系统信息,例如,进程已启动的时间、目前登录的用户人数、进程的个数以及单个进程的数据等。

在 top 环境中常用的功能如下。

(1) 排序。在默认的情况下,top 会按照进程使用 CPU 时间来周期地刷新内容。但是,用户也可以按照内存使用率或执行时间进行排序。

① 按 P 键,根据 CPU 使用时间的多少来排序。

② 按 M 键,根据内存的使用量的多少来排序。

③ 按 T 键,根据进程的执行时间的多少来排序。

(2) 监视指定用户。因为 top 命令显示的数据很多,所以从中找出用户所需要的数据很不方便,top 命令提供了查看指定用户的进程功能。

在 top 画面中,按 U 键,在屏幕上部显示了“Which user (blank for all):”提示,输入要监视的用户名,则 top 只显示指定的用户进程信息。例如,实时监视 wdg 用户的操作进程状态如图 5-3 所示。

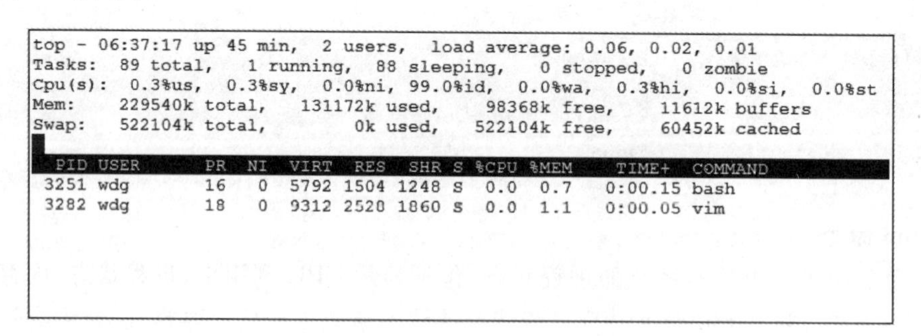
top - 06:37:17 up 45 min, 2 users, load average: 0.06, 0.02, 0.01
Tasks: 89 total,   1 running, 88 sleeping,   0 stopped,   0 zombie
Cpu(s): 0.3%us, 0.3%sy, 0.0%ni, 99.0%id, 0.0%wa, 0.3%hi, 0.0%si, 0.0%st
Mem: 229540k total,   131172k used,   98368k free,   11612k buffers
Swap: 522104k total,   0k used,   522104k free,   60452k cached
PID USER PR NI VIRT RES SHR S %CPU %MEM TIME+ COMMAND
3251 wdg 16 0 5792 1504 1248 S 0.0 0.7 0:00.15 bash
3282 wdg 18 0 9312 2520 1860 S 0.0 1.1 0:00.05 vim

图 5-3　top 命令实时显示 wdg 用户进程状态的实例

(3) 指定刷新时间。在 top 中使用“-d”参数,可以指定实时显示的刷新时间。例如,要将刷新时间设为 1 秒,则在进入 top 时执行如下命令。

```
[root@Linux-CentOS-7 ~]# top -d 1
```

(4) 删除指定的进程。作为管理员或者所有者的身份，可以在top中查找异常的进程(占系统太多的资源)，因而终止删除它，其操作步骤如下。

① 在top下，查看异常进程的PID(进程号)，然后按K键。

② 画面上部的提示符会出现“PID to kill:”，输入要删除的PID。

③ 输入要删除的PID后按Enter键后，则出现“Kill PID 3282 with signal [15]:”信息(其中，3282是用户要删除的进程号)，此时直接按Enter键或输入signal“15”后再按Enter键，则以默认kill的参数15进行删除。

④ 若无法删除则重新进行以上操作，输入signal“9”后按Enter键，则强制删除。

(5) 查阅帮助。在top环境下，可以直接按“?”或H键，系统会显示详细的帮助内容，按Ctrl+C组合键离开。

(6) 退出top环境。在top实时显示的状态下，按Q键退出top环境。

4. sleep

sleep命令用于使进程延迟一段时间再执行。其语法格式为：

```
sleep time; command
```

其中，time为延迟时间，时间单位为s；command为命令。

实例：

```
[root@Linux-CentOS-7 ~]# sleep 10; ps -ef                #在10秒后再执行
```

5. kill命令

通常情况下，可以通过停止一个程序运行的方法来结束程序产生的进程。但有时由于某些原因，程序停止响应，无法正常终止，这就需要用kill命令来终止程序产生的进程并结束程序的运行。要注意，kill命令不但能终止进程，而且能终止该进程的所有子进程。kill命令的语法格式如下。

格式1：

```
kill PID
```

格式2：

```
kill -9 PID
```

如kill不加任何参数，将显示关于kill的帮助信息。格式1是向指定的进程发送终止运行的信号，进程将自行结束并处理好相关事务，属于安全结束；格式2用于立即终止进程运行，参数“-9”为SIGKILL信号，另外还有参数“-15”为SIGTERM信号，属于强制结束。PID为要结束的进程ID号。

实例：

```
[root@Linux-CentOS-7 ~]# vi &                          #打开 vi 并转入后台运行
[root@Linux-CentOS-7 ~]# ps                            #列出所有进程
PID TTY          TIME CMD
1842 pts/0    00:00:00 bash
1880 pts/0    00:00:00 vim
1931 pts/0    00:00:00 ps
[root@Linux-CentOS-7 ~]# kill -9 1880                  #终止指定 PID 的进程
[root@Linux-CentOS-7 ~]# ps                            #再查看进程.该进程已被终止
PID TTY          TIME CMD
1842 pts/0    00:00:00 bash
1932 pts/0    00:00:00 ps
[1]+  已杀死                    vim
```

5.4.4 进程的前台与后台控制

系统执行的进程,按照执行方式划分,可分为前台和后台两种。引入后台工作方式,可以在命令行方式下同时执行多个程序,极大地提高了系统的工作效率。

1. 前台与后台运行含义

当输入一个命令并按下 Enter 键时,Shell 执行命令,然后返回并显示 Shell 提示符。当命令执行时无法访问 Shell,因而不能执行任何其他的命令,直到当前命令结束并且 Shell 返回。这种执行命令的方式称为在前台(foreground)执行。从技术的角度说,当命令在前台执行时,它就控制了键盘和显示器。

而有时,用户执行的 UNIX 命令需要很长的运行时间,并且希望在执行该命令的同时,还能进行其他的操作。如果命令是在前台运行,将无法做到这些,因为直到命令运行结束后 Shell 才返回。为解决此问题,系统允许这样运行命令,即当命令执行后,立即返回到 Shell 提示符,从而可以做其他工作。这种方式称为在后台运行。后台进程优先级较低。因此,只有当没有更高优先级的进程时,它们才能得到 CPU。

从适用性角度说,后台运行更适合那些需要很长时间来执行的命令,如大文件的排序(sort 命令)、编译(cc 或 make 命令),以及在文件系统中搜索文件(find)。而需要终端进行输入输出操作的命令,更适合在前台来运行,如 vi,当将这类命令切换到后台时,由于需要从键盘读取输入,它只能停止运行。

2. 前台与后台运行相关命令

在前台和后台执行命令的语法格式为:

```
command                        #前台执行
command &                      #后台执行
```

从以上语法格式可知,用户直接输入命令来执行,即为前台执行方式;在命令后加上"&",即为后台执行方式。例如,"#startx &"即可在进入 X-Window 时仍使用命令行控制台。

在命令和 & 之间不需要空格,但使用空格将会更加清晰。前台进程与后台进程的相关命令和快捷键说明如下。

1) jobs 命令

使用 jobs 命令可以查看挂起到后台的进程。其语法格式为:

```
jobs
```

实例：

```
[root@Linux-CentOS-7 ~]# top &                    #将top挂起到后台
[root@Linux-CentOS-7 ~]# vi test.c&               #将编辑文件test.c挂起到后台
[root@Linux-CentOS-7 ~]# jobs                     #查看在后台的进程,有两个
[1]-   Stopped                 top
[2]+   Stopped                 vim test.c
```

注意：进程前有"+"的，表示是最近在后台(有可能处于停止或运行状态)的进程；Stopped和Running表示后台进程运行的状态。一般来说，要切换在后台运行的进程，可使用后面讲到的bg命令。

2) fg命令

fg命令是将后台挂起的进程恢复到前台来运行。其语法格式为：

```
fg  后台进程编号
```

实例：

```
[root@Linux-CentOS-7 ~]# jobs                     #查看被挂起的进程的编号
[1]-   Stopped                 top
[2]+   Stopped                 vim test.c
[root@Linux-CentOS-7 ~]# fg 2                     #把指定序号的后台进程恢复到前台运行
```

注意：命令结果每行前的序号即为后台进程编号。

3) bg命令

bg命令是将后台挂起的进程恢复到后台来运行，即进行后台的进程切换。注意，它和直接在命令后加上"&"运行效果是相同的。其语法格式为：

```
bg  后台进程编号
```

实例：

```
[root@Linux-CentOS-7 ~]# jobs
[1]-   Stopped                 top
[2]+   Stopped                 vim test.c
[root@Linux-CentOS-7 ~]# bg 1
[1]- top &                                        #把指定序号的后台进程恢复到后台运行
```

4) Ctrl+Z组合键

Ctrl+Z组合键的功能为暂时把当前程序挂起到后台，挂起后的进程将不进行任何操作。操作格式为：

```
当前进程的前台运行下按"<Ctrl> + Z"
```

实例：

```
[root@Linux-CentOS-7 ~]# top
  PID USER      PRI  NI  SIZE  RSS SHARE STAT %CPU %MEM   TIME CPU COMMAND
 1631 root       15   0  1500 1500  1260 S     0.1  1.7   0:00   0 sshd
    1 root       15   0   472  472   424 S     0.0  0.5   0:03   0 init
    2 root       15   0     0    0     0 SW    0.0  0.0   0:00   0 keventd
    3 root       15   0     0    0     0 SW    0.0  0.0   0:00   0 kapmd
    4 root       34  19     0    0     0 SWN   0.0  0.0   0:00   0 ksoftirqd_CPU
   //按 Ctrl + Z组合键把当前进程转到后台挂起,系统回到前台提示符下
[root@Linux-CentOS-7 ~]#
```

5.5 系统的服务管理

作为网络操作系统,Linux/UNIX 中提供了许多服务,系统管理员可以根据需要来设置各种服务的启动和停止,所以掌握系统网络服务的相关知识和相应字符终端方式下的管理命令是十分必要的。

5.5.1 INIT 进程

INIT 进程原来是由 Linux 内核引导运行的初始化进程,是系统运行的第一个进程,也是所有服务进程的父进程。Linux 内核加载启动后,用户空间的第一个进程就是初始化进程,这个程序的物理文件约定位于/sbin/init,当然也可以通过传递内核参数来让内核启动指定的程序。这个进程的特点是进程号为 1,代表第一个运行的用户空间进程。Linux 系统的初始化进程在 CentOS 7/Red Had Enterprise 7 之后的版本发生重大变化,传统的 init 已经逐渐淡出历史舞台,越来越多的 Linux 发行版采纳了 systemd。每个 Linux 系统管理员和系统软件开发者都应该对其进行深入了解,以便更好地管理系统和开发应用。

在新版本 CentOS 7 系统中,systemd 进程取代了 init 进程,通过查看 init 命令属性可以看出 init 是一个链接文件,其链接源文件为 systemd。例如:

```
[root@localhost ~]# ls -l /sbin/init
lrwxrwxrwx. 1 root root 22 Oct 24 23:28 /sbin/init -> ../lib/systemd/systemd
```

它的进程号永远是"1",systemd 进程运行后将按照配置文件的内容来启动相应的服务程序。用户可用"ps -ef"命令来查看此进程。

```
[root@localhost ~]# ps -ef
UID        PID  PPID  C STIME TTY          TIME CMD
root         1     0  0 18:54 ?        00:00:02 /usr/lib/systemd/systemd --switch
root         2     0  0 18:54 ?        00:00:00 [kthreadd]
root         3     2  0 18:54 ?        00:00:00 [ksoftirqd/0]
root         5     2  0 18:54 ?        00:00:00 [kworker/0:0H]
root         6     2  0 18:54 ?        00:00:00 [kworker/u256:0]
…
```

```
root      2575  2571  0 19:53 pts/0    00:00:00 - bash
root      2688     2  0 19:55 ?        00:00:00 [kworker/0:1]
root      2711  1573  0 19:56 tty1     00:00:00 - bash
root      2844  1141  0 20:00 ?        00:00:00 sleep 60
root      2864  2575  0 20:01 pts/0    00:00:00 ps - ef
```

systemd 进程仍保留原 init 进程的配置文件"/etc/inittab",但内容发生了变化,原来的功能已经不再使用。查看配置文件 inittab 内容如下:

```
[root@localhost ~]# cat /etc/inittab
# inittab is no longer used when using systemd.
#
# ADDING CONFIGURATION HERE WILL HAVE NO EFFECT ON YOUR SYSTEM.
#
# Ctrl - Alt - Delete is handled by /usr/lib/systemd/system/ctrl - alt - del.target
#
# systemd uses 'targets' instead of runlevels. By default, there are two main targets:
#
# multi - user.target: analogous to runlevel 3          #提示新的3级别的运行方式
# graphical.target: analogous to runlevel 5             #提示新的5级别的运行方式
#
# To view current default target, run:
# systemctl get - default
#
# To set a default target, run:
# systemctl set - default TARGET.target                 #设置系统启动类型的命令格式
```

按照该文件所说的,runlevels 被 targets 所取代,即 CentOS 7 采用加载 target 的方式来替代之前的启动级别。其中有两个重要的提示——target: multi-user. target 和 graphical . target,它们分别表示运行级别中的3与5级别。通过 systemctl get-default 命令可获得默认启动的 target:

```
[root@localhost ~]# systemctl get - default
multi - user.target
```

通过 systemctl set-default 设置系统默认启动的 target,那么,想修改为多用户字符状态,只需执行:

```
[root@localhost ~]# systemctl set - default multi - user.target
```

修改为图形界面执行:

```
[root@localhost ~]# systemctl set - default graphical.target
```

通过执行以上命令,可以更改系统启动后自动进入的系统为字符界面(3级别)还是桌面图形界面(5级别)状态,CentOS 7 系统仍然保留使用静态的运行级别来构建不同的启动状态。各级别的含义如表 5-16 所示。

表 5-16　系统的运行级别

运行级别	说　明
0	停机，不要把系统默认运行级别设置为 0，否则系统将不能正常启动
1	单用户模式，用于 root 用户对系统进行维护，不允许其他用户使用主机
2	多用户模式，在该模式下不能使用 NFS
3	完全多用户模式，主机作为服务器时通常在该模式下
4	未分配使用
5	图形登录的多用户模式，用户在该模式下可以进行图形界面的登录
6	重新启动，不要把系统默认运行级别设置为 6，否则系统将不能正常启动

CentOS 7 系统的 systemd 可以创建不同的状态，这些状态提供了灵活的机制来设置启动时的配置项。这些状态是由多个 Unit 文件组成的，状态又称为启动目标（target）。启动目标有一个清晰的描述性命名，而不是像运行级别那样使用数字。Unit 文件可以控制服务、设备、套接字和挂载点。Unit 文件存放在下面的两个目录下。

（1）/etc/systemd/system/。

（2）/usr/lib/systemd/system/。

可以修改第一个目录中的文件来进行自定义配置，而第二个目录中的文件是系统安装时启动级别保存的备份。其配置文件的内容为：

```
[root@localhost ~]# cat /etc/systemd/system/default.target
#  This file is part of systemd.
#
#  systemd is free software; you can redistribute it and/or modify it
#  under the terms of the GNU Lesser General Public License as published by
#  the Free Software Foundation; either version 2.1 of the License, or
#  (at your option) any later version.

[Unit]
Description=Graphical Interface                    #系统当前的启动类型
Documentation=man:systemd.special(7)
Requires=multi-user.target
Wants=display-manager.service
Conflicts=rescue.service rescue.target
After=multi-user.target rescue.service rescue.target display-manager.service
AllowIsolate=yes
```

通过执行“systemctl set-default”命令来变更系统启动类型后，将自动更改其配置文件信息，下次系统启动时将自动读取该文件来启动进入其设置好的系统状态类型。

5.5.2　系统服务管理的常用命令

Linux 系统中提供了许多命令来进行系统服务的管理。相关的常用命令介绍如下。

1. runlevel 运行级别

功能：用于显示系统当前的和上一次的运行级别。如果系统不存在上一次的运行级别，用“N”来代替。其语法格式为：

```
runlevel
```

实例：

```
[root@Linux-CentOS-7 ~]# runlevel
N  3                                    #当前系统运行级别为 3,无上次运行级别
```

2. init 转换运行级别

功能：转换服务的运行级别。其语法格式为：

```
init [n]
```

其中，n 为 0～6 的级别，转换级别后系统立刻生效。

实例：

```
[root@Linux-CentOS-7 ~]# init 2              #切换到第 2 运行级别
[root@Linux-CentOS-7 ~]# runlevel
3    2                                       #查看运行级别,当前运行级别为 2,上次为 3
[root@Linux-CentOS-7 ~]# init 0              #该命令用于关机
[root@Linux-CentOS-7 ~]# init 6              #该命令用于重新启动
[root@Linux-CentOS-7 ~]# init 5              #系统进入图形界面
```

3. systemctl 系统服务管理

在 CentOS 7 系统中，系统服务管理使用 systemctl 命令代替了原来的 service 命令和 chkconfig 命令，service 命令和 chkconfig 命令依然可以使用，但是主要是出于兼容的原因，应该尽量避免使用。

(1) 查看系统服务启动状态：

```
systemctl list-unit-files --type service
```

实例 1：列出所有服务并且检查是否开机启动。

```
[root@localhost ~]# systemctl list-unit-files --type service
UNIT FILE                                 STATE
abrt-ccpp.service                         enabled
abrt-oops.service                         enabled
abrt-pstoreoops.service                   disabled
abrt-vmcore.service                       enabled
abrt-xorg.service                         enabled
abrtd.service                             enabled
accounts-daemon.service                   enabled
alsa-restore.service                      static
alsa-state.service                        static
alsa-store.service                        static
…
```

实例 2：搜索指定服务在系统中是否开机启动。

```
[root@localhost ~]# systemctl list-unit-files --type service | grep http
httpd.service                             disabled
```

(2) 列出所有处于激活状态的服务。其语法格式为:

```
systemctl list-units --type service --all
```

实例:

```
[root@localhost ~]# systemctl list-units --type service --all
  UNIT                       LOAD      ACTIVE    SUB       DESCRIPTION
  abrt-oops.service          loaded    active    running   ABRT kernel log watcher
  abrt-vmcore.service        loaded    inactive  dead      Harvest vmcores for ABRT
  abrt-xorg.service          loaded    active    running   ABRT Xorg log watcher
  accounts-daemon.service    loaded    inactive  dead      Accounts Service
  atd.service                loaded    active    running   Job spooling tools
  …
```

其中,UNIT 指服务名;LOAD 指服务是否已经被加载;ACTIVE 指服务活动状态;SUB 指服务进程状态;DESCRIPTION 是服务的描述。

(3) 服务状态控制。对于用户来说,最常用的是对服务的启动和停止控制操作,CentOS 7 系统的服务最常见的类型是 service(一般后缀为.service),可以通过 systemctl 命令来控制其状态。其语法格式为:

```
systemctl [status/start/stop/restart/reload] name.service
```

其中,参数依次为查看服务的状态、服务的启动、停止、重启、重新加载配置文件;name.service 为服务名,在执行相关命令时,其(.service)扩展名可以省略。

实例:

```
[root@localhost ~]# systemctl status httpd.service          #查看该服务状态
…
  Active: inactive (dead)                                    #停止状态
[root@localhost ~]# systemctl restart httpd.service         #启动该服务
[root@localhost ~]# systemctl status httpd.service
…
   Active: active (running)                                  #运行状态
```

(4) 服务开机自启控制。对于有些常用的服务,根据需要可以不用人工启动,设置其开机自动启动。其语法格式为:

```
systemctl [enable/disable] name.service
```

其中,参数依次为是否开机自动启动:允许、禁止。

实例:

```
[root@localhost ~]# systemctl enable httpd.service          #设置其开机自动启动
```

4. setup 系统自启动服务控制

setup 命令是 Linux 字符终端下用来配置网络、防火墙、系统服务等设置的图形小工具，使用起来非常方便简单。CentOS 7 系统中默认最小安装是没有 setup 命令的，也没有 setup 命令工具配套的组件。setup 工具及其配套工具命令组件可以随时安装，安装方法请查阅有关资料。setup 管理工具命令只有管理员才有权限执行此程序。

实例：

```
[root@localhost ~]# setup
```

进入如图 5-4 所示的界面后，根据用户安装配套组件的多少，该界面显示配置网络、防火墙、系统服务等系统管理的一些功能组件，用上下方向键将光标移动到所需要操作的管理组件，按 Enter 键则进入相应的管理组件功能中。在图 5-4 中选择 System services，进入系统服务自动启动管理工具，如图 5-5 所示。用上下方向键将光标移到需启动的服务上，选中此服务，这样再选择其他服务，选完后按 Tab 键，光标移到 OK 按钮上按 Enter 键，这样下次启动时就可以自动启动了。

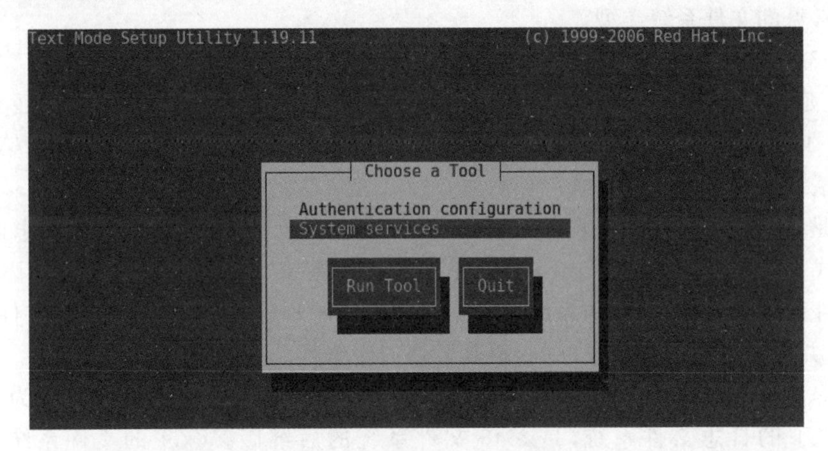

图 5-4 setup 程序主界面

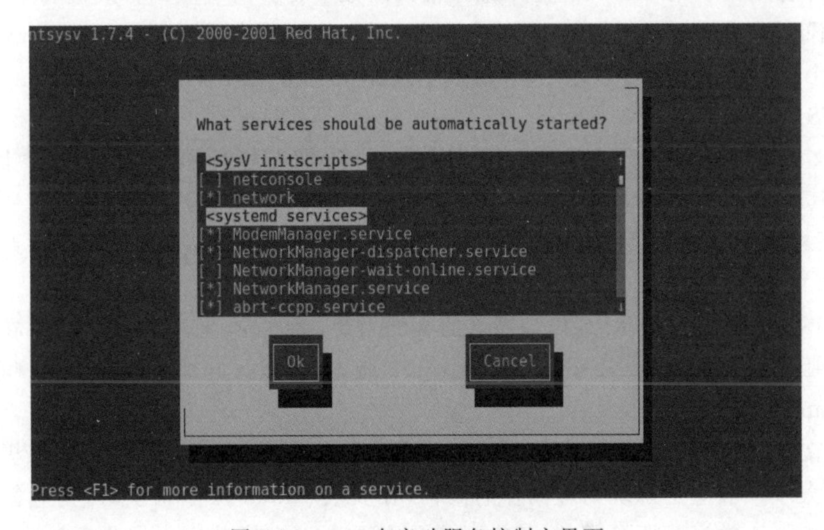

图 5-5 setup 自启动服务控制主界面

5.6 磁盘操作管理

文件系统是所有文件和文件夹的基础,是用户创建文件的最基本要求。磁盘是文件系统的基础,文件系统是逻辑概念,磁盘是物理概念,文件系统以磁盘为基础存储文件。磁盘操作管理中,如何掌握系统的磁盘使用情况、挂接新的磁盘文件系统、掌握系统的磁盘分区等,也是系统管理员的重要工作之一。

5.6.1 Linux 文件系统类型简介

不同的操作系统需要使用不同类型的文件系统,为了与其他操作系统兼容,来相互交换数据,通常操作系统都能支持多种类型的文件系统,如 Windows 7,系统默认或推荐采用的文件系统是 NTFS,但同时也支持 FAT32 文件系统。

在 Linux 操作系统中支持使用多种常见类型的文件系统,不仅可以很好地使用自带的文件系统,还可以支持 Windows 等其他平台操作系统的文件类型。下面分别介绍 Linux 操作系统下常见的文件系统类型。

1. ext3/ext4

ext 是延伸文件系统(英语为 Extended file system,缩写为 ext),也译为扩展文件系统,于 1992 年 4 月发表,是为 Linux 核心所做的第一个文件系统,它是在 Linux 上,第一个利用虚拟文件系统实现出的文件系统。

ext3 是 ext2 的升级版本,兼容 ext2,在 ext2 的基础上,增加了文件系统日志记录功能,称为日志式文件系统,是目前 Linux 默认采用的文件系统。日志式文件系统在因断电或其他异常事件而停机重启后,操作系统会根据文件系统的日志,快速检测并恢复文件系统到正常的状态,并可减少系统的恢复时间,提高数据的安全性。

ext4 是第四代扩展文件系统(英语为 fourth extended filesystem,缩写为 ext4),是 Linux 系统下的日志文件系统,是 ext3 文件系统的后继版。ext4 的文件系统容量达到 1EB,而文件容量则达到 16TB,这是一个非常大的数字了。对一般的台式机和服务器而言,这可能并不重要,但对于大型磁盘阵列的用户而言,这就非常重要了。对比 ext3 目前只支持 32 000 个子目录,而 ext4 取消了这一限制,理论上支持无限数量的子目录。

2. XFS

XFS 文件系统是 SGI 开发的高级日志文件系统,XFS 极具伸缩性,非常健壮。所幸的是 SGI 将其移植到了 Linux 系统中。XFS 的 Linux 版的到来是激动人心的,首先因为它为 Linux 社区提供了一种健壮的、优秀的以及功能丰富的文件系统,并且这种文件系统所具有的可伸缩性能够满足最苛刻的存储需求。

CentOS 7.0 开始选择 XFS 作为默认的文件系统,而 CentOS 6.0 是 ext4。在 Linux 环境下,目前版本可用的最新 XFS 文件系统为 1.2 版本,可以很好地工作在 2.4 核心下。

3. swap

swap 文件系统用于 Linux 的交换分区。在 Linux 中,使用整个交换分区来提供虚拟内存,其分区大小一般应是系统物理内存的两倍,在安装 Linux 操作系统时,就应创建交换分区,它是 Linux 正常运行所必需的,其类型必须是 swap,交换分区由操作系统自行管理,用户不需要对其进行过多的操作。

4. vfat

vfat 是 Linux 对 DOS、Windows 系统下的 FAT(包括 FAT16 和 FAT32)文件系统的一个统称。在 Linux 系统中既可以使用系统中已经存在的 FAT 分区,也可以自行建立新的 FAT 分区。

5. NFS

NFS 即网络文件系统,用于在 UNIX/Linux 系统间通过网络进行文件共享,用户可将网络中 NFS 服务器提供的共享目录挂载到本地的文件目录中,从而实现操作和访问 NFS 文件系统中的内容。

6. ISO9660

ISO9660 是光盘所使用的标准文件系统,Linux 对该文件系统也有很好的支持,不仅能读取光盘和光盘 ISO 映像文件,而且还支持在 Linux 环境中刻录光盘。

7. 日志文件系统

日志文件系统是目前 Linux 文件系统发展的方向,除了支持 ext3 文件系统外,reiserfs 是 Linux 内核 2.4.1 以后支持的一种全新的日志文件系统,jsf 是为面向事务的高性能系统而开发的日志文件系统,它们都是性能优越且应用广泛的日志文件系统,受到 Linux 用户的普遍认可。

8. proc

proc 是 Linux 系统中作为一种伪文件系统出现的,它用来作为连接内核数据结构的界面。

5.6.2 Linux 的虚拟文件系统

文件系统指文件存在的物理空间。在 Linux 系统中,每个分区都是一个文件系统,都有自己的目录层次结构。Linux 的最重要特征之一就是支持多种文件系统,这样它更加灵活,并可以和许多其他操作系统共存。虚拟文件系统(Virtual File System,VFS)使得 Linux 可以支持多个不同的文件系统。由于系统已将 Linux 文件系统的所有细节进行了转换,因此 Linux 核心的其他部分及系统中运行的程序将看到统一的文件系统。Linux 的虚拟文件系统允许用户能同时透明地安装许多不同的文件系统。虚拟文件系统是为 Linux 用户提供快速且高效的文件访问服务而设计的。

虚拟文件系统(VFS)是一种用于网络环境的分布式文件系统,允许和操作系统使用不同的文件系统实现的接口。虚拟文件系统是物理文件系统与服务之间的一个接口层,它对 Linux 的每个文件系统的所有细节进行抽象,使得不同的文件系统在 Linux 核心以及系统中运行的其他进程看来,都是相同的。严格说来,VFS 并不是一种实际的文件系统。它只存在于内存中,不存在于任何外存空间中。VFS 在系统启动时建立,在系统关闭时消亡。

例如,Linux 系统访问 FAT32 文件系统的 U 盘时,Linux 系统需要根据 VFAT 文件系统的格式读取 U 盘;当访问光盘时,Linux 系统需要根据 ISO9660 文件系统的格式读取光盘。如图 5-6 所示,虚拟文件系统相当于应用程序与各种存储设备及其文件系统之间的接口,用户在使用各种文件系统时不需要关心文件系统的真实特性,而是以统一的接口访问数据。

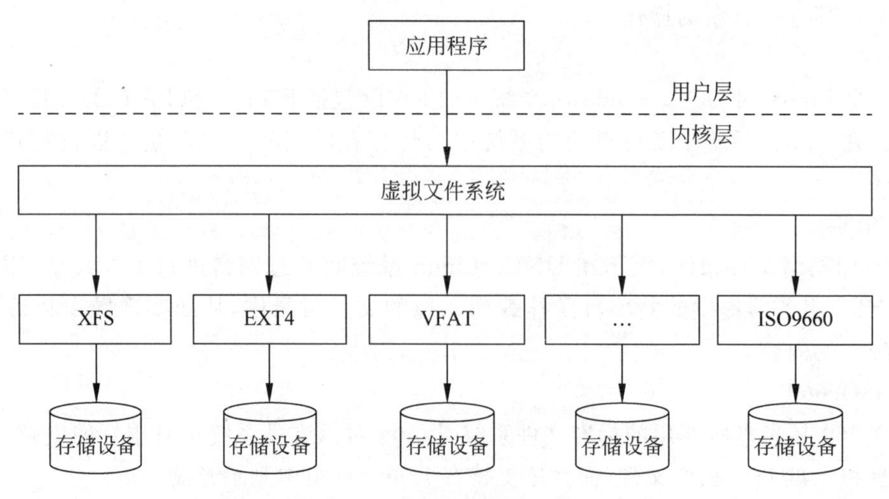

图 5-6 虚拟文件系统

5.6.3 存储设备的名称

在 2.3.1 节中,已经介绍了磁盘分区的相关内容,以及在 Linux 操作系统中,硬盘分区所对应的设备名称。Linux 系统下的磁盘设备有其命名规范,它们对应的目录名(挂载点)在“/mnt”下,对于系统管理员来说,掌握磁盘分区及其对应的设备名称,对系统管理维护来说有着重要的作用。

下面对 Linux 系统下常用的设备名称及其系统中对应的目录名进行介绍。

(1) 软盘。软盘设备被识别的名称为/dev/fd0,对应的目录名可以命名为/mnt/floppy。

(2) 光盘。光盘设备被识别的名称为/dev/cdrom,对应的目录名可以命名为/mnt/cdrom。

(3) 硬盘。一般 PC 的硬盘为 IDE 硬盘,被识别为/dev/hda,其设备名称参阅 2.3.1 节。

(4) 移动存储设备。如果使用 USB 移动存储设备,通常会被 Linux 系统识别为 SCSI 存储设备。例如,系统可能会使用/dev/sdal 这样的名称来标识用户的 USB 存储设备。如果系统上已经连接了其他的 SCSI 存储设备,则用户的 USB 存储设备会被标识为/dev/sdbl,以此类推。

一般情况下,Linux 系统挂载了其他存储设备或共用一个存储设备,系统会自动识别并对该设备进行命名,用户可以执行“fdisk -l”命令,查看系统所识别的存储设备的命名。

例如,某一个 Linux 系统独占一个磁盘,当它挂载一个新的磁盘后,系统启动时会自动识别,查看系统磁盘分区情况的命令如下:

```
[root@localhost ~]# fdisk -l
Disk /dev/sda: 21.5 GB, 21474836480 bytes, 41943040 sectors        #第一块磁盘
…

   Device Boot      Start         End      Blocks   Id  System
/dev/sda1   *        2048     2099199     1048576   83  Linux
/dev/sda2         2099200    41943039    19921920   8e  Linux LVM
…
```

```
Disk /dev/sdb: 63.4 GB, 63350767616 bytes, 123731968 sectors        #第二块物理磁盘
…

   Device Boot      Start         End      Blocks    Id  System
/dev/sdb1              63    52436159    26218048+  2d  Unknown
/dev/sdb2        52436160   123716564    35640202+   f  W95 Ext'd (LBA)
/dev/sdb5        52436223   123716564    35640171    7  HPFS/NTFS/exFAT
```

从本例中可以看出，Linux 系统所使用的是 SISC 存储设备，而新挂载的存储设备为 SATA 接口的，并且是 Windows 系统下进行分区的文件系统。用户根据以上识别的设备名称可以自行挂载。

5.6.4 磁盘文件系统的挂载与卸载

Linux 系统中，当一个物理存储设备安装在硬件接口上(如将 U 盘插入 USB 接口中)时，操作系统能够通过硬件检测程序发现该设备。用户在使用该存储设备之前，还必须将该设备中的文件系统接入 Linux 的虚拟文件系统中，这个过程称为挂载(mount)，文件系统所挂载到的目录称为挂载点。除磁盘分区外，其他存储设备(如光盘、U 盘等)的使用也需要进行挂载。释放所挂载的目录过程称为卸载(umount)。

对于一些常见的存储设备，Linux 系统能够按照默认方式自动挂载对应的文件系统，因此作为普通用户并不需要关心这个过程。然而在系统管理的许多场合，实际都需要涉及更为复杂和特定的文件系统挂载和卸载操作。因此并不能完全依靠系统自动挂载方式接入存储设备。文件系统可以在系统引导过程中自动挂载，也可以使用命令手动挂载。下面从这两个方面进行介绍。

1. 使用命令手动挂载

使用命令进行挂载，通常应该将文件系统挂载到某个可以存取的空目录下，而且该目录应该是专门为挂载某个文件系统而建立的。Linux 系统提供了一个专门的某些额外设备挂载点目录“/mnt”，而“/media”目录下为软盘和光盘的使用建立了专门的目录，当然也可以使用命令把光盘手动挂载到“/mnt”目录下。

挂载文件系统的命令为 mount，该命令的语法为：

```
mount [-t fs-type] [-o option] device mountpoint
```

其中，fs-type 为文件系统类型；device 为要挂载的文件系统所在的存储设备名；mountpoint 为文件系统挂载到的 Linux 目录树上的位置。option 用于指明挂载的某些具体选项，常用选项有：ro 以只读方式挂载；rw 以读写方式挂载；remount 重新挂载已挂载的文件系统。

例如，在 Linux 系统中读取一个 FAT32 文件系统的 U 盘。该 U 盘的设备名称可以通过“fdisk -l”命令查看，为“/dev/sda1”，然后在“/mnt”目录下创建一个 disk1 目录，将磁盘分区挂载到该目录下，可以使用如下命令。

```
[root@localhost ~]# mount -t vfat /dev/sda1 /mnt/disk1
```

若该 U 盘内有中文命名的文件或目录，为防止乱码，则需要进行编码转换，上面的命令可以修改为：

```
[root@localhost ~]# mount -t vfat -o iocharset=cp936 /dev/sda1 /mnt/disk1
```

在 Linux 系统中无须安装额外软件即可访问 ISO 映像文件，方法是使用带有-o loop 选项的 mount 命令挂载 ISO 映像文件。例如：

```
[root@localhost ~]# mount -t iso9660 -o loop linux1.iso /mnt/cdrom
```

这样就可以像访问光盘数据一样访问映像文件 linuxl.iso 的内容。

Linux 系统也可以访问 NTFS 类型的文件系统，但必须下载并编译安装第三方的软件包，"NTFS-3G"访问 NTFS 文件系统的驱动程序，其编译安装方法详见 5.2.5 节。通过执行"fdisk -l"命令读取 NTFS 设备文件名，然后加载到指定的挂接点，就可以读写 Windows 系统的 NTFS 分区文件了。

2. 系统启动时自动挂载

Linux 操作系统的文件系统信息都存储在/etc/fstab 文件中，在系统引导过程中自动读取并加载该文件内容中的文件系统。下面为某一个系统 fstab 文件内容。

```
[root@localhost ~]# cat /etc/fstab
LABEL=/             /              ext4      defaults      1 1
LABEL=/boot         /boot          ext4      defaults      1 2
LABEL=/home         /home          ext4      defaults      1 2
none                /proc          proc      defaults      0 0
LABEL=/tmp          /tmp           ext4      defaults      1 2
LABEL=/usr          /usr           ext4      defaults      1 2
LABEL=/var          /var           ext4      defaults      1 2
/dev/sda4           swap           swap      defaults      0 0
/dev/sda5           /mnt/disk1     ext4      defaults      0 0
/dev/sdb5           /mnt/win7      ntfs-3g   defaults      0 0
```

本例中文件系统的各列组成部分如下。

(1) 设备名称。所有存储文件内容的磁盘文件系统都具有此参数，如/dev/sda5 是实际的物理位置，其他文件系统(如设备文件系统)没有此项参数。

(2) 挂载目录。此文件系统所在 Linux 完全目录路径下的位置，如存储在根文件系统中的所有文件挂载点为/(根目录)，光盘所有内容的目录路径为/mnt/cdrom。

(3) 文件系统类型。此文件系统中的文件存储格式，如 vfat、ext4、swap 等。

(4) 参数。挂载特殊文件系统时需要加入相应的参数以支持对应的文件系统，例如，支持中文需要加入参数 iocharset=cp936、读写权限需要加入 rw 等。

(5) Dump。是否检查文件系统。此项仅两种取值：0 表示该文件系统不进行文件系统检查动作；1 则表示需要。因根文件系统类型为 ext4(需要检查)，因此如果系统错误关机，重新启动一般需要检测根文件系统。

(6) Pass。检查文件系统类型顺序。此项有 3 种取值：0 表示不进行文件系统检查；

1表示最先进行检查,根文件系统一般设置为1;2表示第2位。

在Linux系统启动时,会依次挂载相应的文件系统。对于非磁盘文件系统的功能,如驱动文件系统用以专门管理驱动,Proc文件系统可以直接对硬件进行操作,这些内容都是通过系统编程实现的。

如果系统中需要一直使用U盘,或其他多个文件系统,每次使用的时候一次次手动挂载就比较麻烦了。这时可以把它们添加到配置文件/etc/fstab中,系统在引导时会读取这个文件,并挂载该文件中列出的文件系统。例如,对于本例中的U盘,在/etc/fstab中添加如下一行就可以了。

```
/dev/sda1          /mnt/disk1          vfat     iocharset=cp936,rw 0 0
```

要使用光盘存储设备,可以在/etc/fstab中添加如下内容。

```
/dev/cdrom         /mnt/cdrom          iso9660 noauto,owner,ro 0 0
```

3. 卸载

文件系统使用完毕,需要进行卸载。对于光盘媒体,如果不卸载将无法从光盘驱动器中取出光盘。卸载的命令是umount。其语法格式为:

```
umount [device] [dir]
```

例如,要卸载已经挂载到/mnt/cdrom上的文件系统,可以使用以下两个命令中的任何一个。

```
[root@localhost ~]# umount /dev/cdrom
[root@localhost ~]# umount /mnt/cdrom
```

要卸载的文件系统不能处于使用状态。如果正在访问文件系统上的某个文件或者当前目录是要卸载的文件系统上的目录,应该关闭文件或者退出当前目录,然后再执行卸载。

5.6.5 常用的磁盘操作命令

前面已经介绍了系统挂载与卸载存储设备的命令,下面再介绍几个常用的磁盘操作命令。

1. fdisk磁盘分区

fdisk为磁盘分区命令,用来进行创建分区、删除分区、查看分区信息等基本操作,分区管理是一项比较危险的操作,即使是经验丰富的系统管理人员,仍建议在执行分区操作之前备份重要数据。所以对于Linux系统建议在安装操作系统时进行分区操作。下面只讨论如何使用fdisk工具执行查看现有分区信息,关于建立、删除分区用户自行参考其手册。

查看现有磁盘设备系统分区情况,主要使用fdisk命令。其语法格式为:

```
fdisk [-l] [device]
```

其中,l 为列出系统的分区类型,若不指定设备则列出系统所有已经识别的存储设备。其实例见 5.6.3 节。

2. du 磁盘统计

du 命令用于统计目录的磁盘使用情况。其语法格式为:

```
du [ - a] directoryname
```

例如,要查看目录/home/user1 的磁盘使用情况,可以使用 du 命令,具体过程如下。

```
[root@wdg - Linux - 5 ~]# du - a /home/user1
2       /home/user1/.bashrc
2       /home/user1/.bash_history
2       /home/user1/.emacs
2       /home/user1/.bash_profile
2       /home/user1/.zshrc
2       /home/user1/.bash_logout
14      /home/user1
…
```

其中,第一列显示每个子目录的磁盘空间占用情况;第二列显示子目录的名称。第一列显示的磁盘空间默认以 KB 为单位,其中选项 a 为同时显示目录和文件的磁盘使用情况。其他选项参见帮助。通过该命令对目录文件大小的统计,可以很容易发现各个文件所占用的空间情况。

3. df 磁盘空间统计

df 命令用于查看所有当前被挂载的文件系统的信息,包括所识别的文件系统的设备名称,该设备的磁盘空间大小,以及被挂载本地的挂接点。其常用的选项格式为:

```
df - [ahil]
```

常用选项的含义为:a 是显示所有文件系统的信息,包括 swap 和/proc;h 是以最适合的容量单位显示;i 为显示文件节点数 inode 的使用情况而不是文件块的使用情况;l 为只显示本地文件系统的使用情况。不加参数运行 df 时,会显示所有已挂载的文件系统的磁盘空间使用信息。例如,显示本地磁盘空间使用情况:

```
[root@localhost ~]# df - lh
Filesystem                Size  Used Avail  Use % Mounted on
/dev/mapper/centos - root  17G  7.3G  9.8G   43 % /
devtmpfs                  473M     0  473M    0 % /dev
tmpfs                     489M     0  489M    0 % /dev/shm
tmpfs                     489M  7.1M  482M    2 % /run
tmpfs                     489M     0  489M    0 % /sys/fs/cgroup
/dev/sda1                1014M  162M  853M   16 % /boot
tmpfs                      98M     0   98M    0 % /run/user/0
/dev/sdb5                  34G   31G  3.7G   90 % /mnt/win7      #系统后挂接的物理硬盘
/dev/sr0                  4.3G  4.3G     0  100 % /run/media/root/CentOS 7 x86_64
```

5.7 本章小结

本章主要介绍了Linux系统管理的主要内容。在用户管理中要熟练掌握用户和组的维护和管理工作；在软件包管理中要熟悉RPM包和TAR包的使用方法，网络上供下载的文件一般都有tar或tar.gz格式，如何安装软件是维护系统的基本操作；在网络通信管理中要了解在命令行下网络的基本配置方法，要熟练掌握网络和通信命令，如ping、ifconfig等；在进程控制中，要了解Linux中的前台和后台工作机制，并掌握常用进程管理命令；在系统的服务启动管理中，要学会查看配置文件和运行级别，并掌握使用管理服务的常用命令；在磁盘操作管理中要掌握磁盘的挂接方法，了解磁盘分区及使用情况。

本章介绍的内容都是系统管理员熟练操作Linux的必备基础，也为后面的网络服务架设和系统配置打下扎实的基础。

5.8 思考与实践

1. 简述Linux的4个账户系统文件及其各个字段的含义。
2. 举例说明使用RPM命令安装、升级、删除、查询、校验软件包的方法。
3. 查看"/bin/at"文件隶属哪个软件包，并查看该软件包的描述信息，以及该包中所包含的文件。
4. 网络通信有几种方式，都在什么情况下适用？
5. 对进程来说，前台和后台的含义是什么，如何进行切换？
6. 如何启动和停止各种网络服务？
7. 如何启动多个用户进程？
8. 利用vi及top命令分别创建两个后台进程后，再利用ps -au命令显示这两个后台进程的运行状态。用操作系统原理的进程运行状态转换图加以解释说明。
9. 已知系统有一个root用户及多个a用户同时在线，对于root用户来说如何指定其中的一个a用户，使它强行离线，并禁止该用户以原来登录的用户名及IP地址重新进行登录？
10. 如何发送文件信息的消息？
11. 查看系统中安装相关的http软件有哪些，以及查看该软件的信息说明，并把该服务在多用户模式下和X窗口模式下设为系统启动时自动加载。
12. 如何把2019年的日历信息以邮件的形式发送给一个指定的用户？
13. 如何快速查找系统自动识别并加载的设备(如光盘)的设备名称以及在本地挂接点的路径？
14. 利用VMware虚拟系统添加并加载新的物理硬盘NTFS分区，然后启动CentOS 7虚拟系统后，下载第三方驱动程序软件ntfs-3g并编译安装，在CentOS 7系统中识别NTFS分区并挂载访问它。

第6章

vi 编辑器的使用

用户无论是建立文本文件，还是编写程序、配置系统环境，都要用到文本编辑器。Linux 操作系统环境下提供了许多文本编辑器，本章对 Linux 环境下的编辑器进行简单介绍，重点讲解 vi 编辑器的启动、保存、退出和其工作模式等内容，并对利用 vi 编辑器建立、编辑、加工处理文本文件的操作方法进行详细介绍，其中包括文本的插入、修改、恢复、光标移动、字符串检索、全局替换、vi 编辑器的设置以及编辑多个文本文件和文本块的移动、复制等内容。

本章的学习目标

- 掌握 vi 编辑器的启动、保存和退出。
- 了解文本插入、移动光标、文本修改、屏幕命令和选项设置。
- 掌握字符串检索、替换命令。
- 掌握文本块的移动和编辑多个文件的操作方法。

6.1 认识 Linux 的文本编辑器

UNIX 提供了一系列的文本编辑器，包括 ex、edit 和 vi。vi 是 UNIX 世界中最为普遍的全屏幕文本编辑器，vim 是它的改进版本 vi improved 的简称。几乎可以说任何一台 UNIX/Linux 系统都会提供这套软件。vi 的原意是"visual"，它是一个立即反应的编辑程序，也就是说可以立刻看到操作结果。由于 vi 是全屏幕编辑器，因此它必须控制整个终端屏幕哪里该显示些什么。而终端机的种类有许多种，特性又不尽相同，所以 vi 有必要知道现在所使用的是哪一种终端机。这由 TERM 这个环境变量来设定，设定环境变量方面请查看所使用 Shell 的说明。

vi 作为标准的编辑器存在于 Linux 的几乎每一种发行版中。在很多系统中如 FreeBSD 和 Oracle Solaris 它作为一个便于安装的独立软件包，vi 在其他系统（MS-Windows、Macintosh、OS/2 等）上的源代码和已编译好的可执行程序在因特网上很多地方都可以下载。

vim 是一个类似于 vi 的文本编辑器，不过在 vi 的基础上增加了很多新的特性，vim 一个最大的优势在于，它最常用的命令都是简单的字符，这比起使用复杂的控制组合键要快得多，而且也解放了手指的大量工作。而 gVim 则是其 Windows 版。它的最大特色是完全使用键盘命令进行编辑，脱离了鼠标操作虽然使得入门变得困难，但上手之后键盘的各种巧妙组合操作却能带来大幅的效率提升。vim 拥有众多的特性：对 180 多种语言的语法高亮功能，对 C 语言的自动缩进，以及一个功能强大的内置脚本语言。

vim被普遍推崇为类vi编辑器中最好的一个,由于其强大灵活的可配置性,各种插件、语法高亮、代码补全、配色方案等资源极其丰富,很多程序员也将其打造成属于自己的首选代码编辑器,对于时下各种热门的编程语言,vim都支持得相当完美。

实际上现在的UNIX/Linux系统上默认安装的vi都已经是vim,由于其对传统vi全面兼容,人们还是习惯性地称之为vi。

6.2 vi编辑器的启动、保存和退出

vi编辑器是没有菜单的,所以它的启动、保存和退出是通过命令来实现的。

6.2.1 vi编辑器的启动

在系统提示符下输入命令vi和想要编辑(建立)的文件名,便可进入vi。例如:

```
[root@Linux-CentOS-7 ~]# vi filename
□
~
~
~
~
~
"filename" [New File]
```

其中,"filename"是一个新文件名,里面还没有任何内容;"[New File]"表示新建文件并没有以该文件名存盘,此时是在缓冲区中工作;"□"表示光标点默认停在屏幕的左上角;在每一行开头都有一个"~"符号,表示空行。

如果指定的文件已在系统中存在,那么输入上述形式的命令后,则在屏幕上显示出该文件的内容,光标停在第一行行首,在文件内容之后,最后显示出一行信息(状态行),包括正在编辑的文件的文件名、行数和字符个数。

对于系统中已存在的可见文件,启动后vi就把此文件的副本读入编辑缓冲区,所有编辑操作都是在这个副本上进行的,可以用以下几种方法启动vi来打开它们。

```
$ vi +n filename          #打开以filename命名的文件,光标停在第n行行首
$ vi + filename           #打开filename文件,光标停在最末行行首
$ vi -r filename          #系统瘫痪后恢复filename文件
$ vi +/词 filename        #从文件中找出"词"第一次出现位置,光标停在该行的行首
```

6.2.2 存盘及退出

在命令模式下,输入冒号":"进行存盘以及退出命令操作,如果不确定vi当前是否处于命令模式,就多按几次Esc键。以下是vi中存盘及退出常用的命令。

```
:w <回车>                  #把编辑缓冲区的内容写到编辑的文件中
:w filename <回车>         #把编辑缓冲区的内容另存为一个名为filename的文件
:q <回车>                  #退出,如果没有任何修改可以直接退出
```

```
: wq &lt;回车&gt;          # 存盘后退出
: q! &lt;回车&gt;          # 强行无条件退出,丢弃缓冲区内容
```

6.3 vi 编辑器的 3 种工作模式

vi 编辑器的 3 种工作模式是命令模式、插入模式和底行命令模式。

6.3.1 命令模式

当输入 vi 命令进入编辑器时,就处于命令模式。此时,从键盘上输入的任何字符都被当作编辑命令来解释,例如,a(英文含义 append)表示附加命令,i(英文含义 insert)表示插入命令,x 表示删除字符命令等。如果输入的字符不是 vi 的合法命令,则机器发出"报警声",光标不移动。另外在命令模式下输入的字符(即命令)并不在屏幕上显示出来,如输入"i",屏幕上并无什么变化,但通过执行 i 命令,编辑器的工作模式却发生变化:由命令模式变为插入模式。

命令模式可以通过命令完成光标定位、字符串检索、文本恢复、修改、替换、标记及文本位移等功能。

6.3.2 插入模式

插入模式也称为输入模式,可以通过输入 vi 的插入命令"i"、附加命令"a"、打开命令"o"、替换命令"s"、修改命令"e"或取代命令"r"从命令模式进入插入模式。在插入模式下,从键盘上输入的所有字符都被插入正在编辑的缓冲区中,被当作该文件的正文。所以,进入插入模式后输入的可见字符都在屏幕上显示出来,而编辑命令不再起作用,仅作为普通字母出现。

例如,利用"vi filename"命令新建一个 filename 文件,此时屏幕状态如图 6-1 所示,初始状态为命令模式。

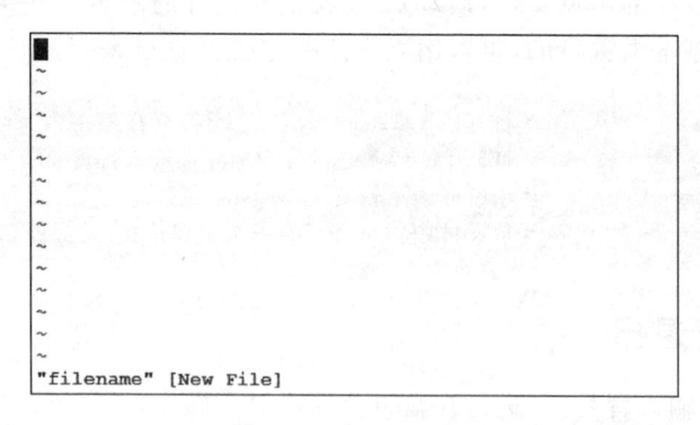

图 6-1 利用 vi 新建 filename 文件的初始命令模式状态图

在命令模式下输入字母 i,进到插入模式,然后再输入 i,就在屏幕上相应光标处加上一个字母 i,如图 6-2 所示。

由插入模式回到命令模式的方法是按下 Esc 键(通常在键盘的左上角)。如果已在命令

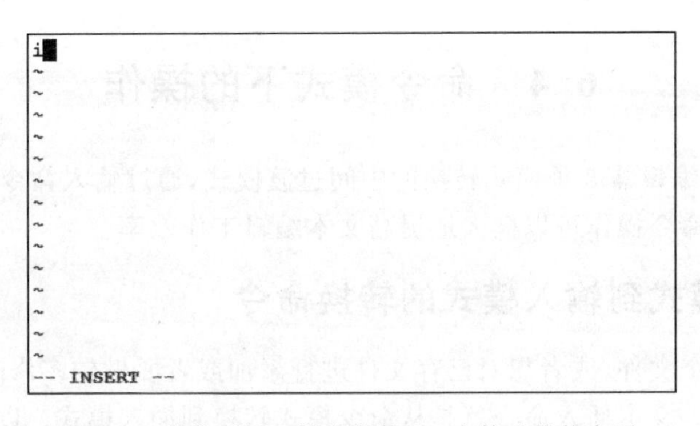

图 6-2　转换到插入模式并输入 i 字符后的状态图

模式下，那么按下 Esc 键会发出“嘟嘟”声。为了确保是在命令模式下输入命令字母，不妨多按几下 Esc 键，听到嘟声后再输入命令。

插入模式主要完成文本的输入，在主机控制台或 SSH 终端的 vi 编辑器下，插入模式下如同 Windows 下的“记事本”，可以完成文本的输入、修改和光标的移动等工作。

6.3.3　底行命令模式

要执行底行命令模式，必须在命令模式下输入一个冒号“:”，在 vi 编辑器的底行出现冒号后接着输入命令按 Enter 键则完成一个底行命令，冒号作为底行命令提示符出现在状态行(通常在屏幕最下一行)。按下中断键(通常是 Del 键)可中止正在执行的底行命令。多数文件管理命令都是在底行命令模式下执行的，例如，读取文件，把编辑缓冲区的内容写到文件中。底行命令执行后，自动回到命令模式。

底行命令模式下主要完成文本的全局替换、文本中插入 shell 命令、vi 编辑器的设置、文本的存盘退出、文本块的复制、多个文本间的转换及缓冲区的操作等工作。

6.3.4　3 种模式间的转换

vi 编辑器的 3 种工作模式完成不同的功能：只有在输入模式下完成文本的输入工作；只有在命令模式下完成效率较高的文本修改、恢复及检索定位等工作；只有在底行命令模式下才能进行编辑器的设置、字符串的全局替换、文本的存储及退出等工作。在进行文本编辑操作时要经常进行模式转换来完成相应的操作，熟练掌握模式之间的转换对提高文本的编写效率是非常重要的。vi 编辑器的 3 种模式之间的转换操作如图 6-3 所示。

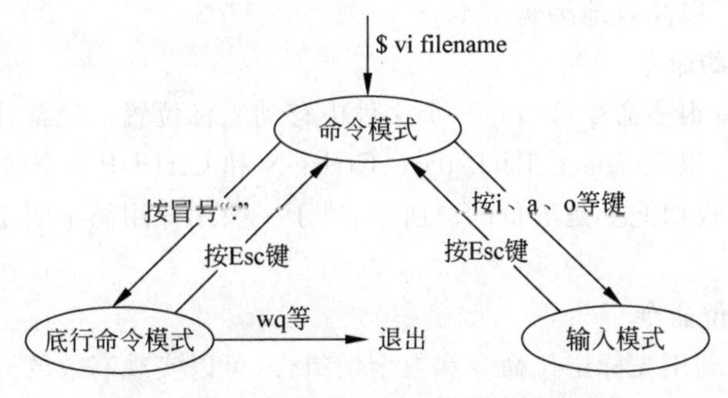

图 6-3　vi 编辑器的 3 种工作模式转换操作

6.4 命令模式下的操作

命令模式是 vi 编辑器 3 种模式转换的中间过渡模式,通过输入命令来完成对文本的编辑、修改工作,通过命令操作可以极大地提高文本编辑工作效率。

6.4.1 命令模式到输入模式的转换命令

如果想新建一个文件,或者想对已存文件进行添加或者要做较多修改,那么就要在插入模式输入新的文本。文本插入命令就是从命令模式转换到插入模式。以下命令是纯粹的插入命令,使用时不会删除文本。

1. 插入命令

在命令模式下的插入命令有以下两个。

(1) 按 i 键,在光标之前插入,使随后输入的文本插在光标位置之前,光标后的文本相应向右移动。如按下 Enter 键,就插入新的一行或者换行。

(2) 按 I 键,在光标所在行的行首插入新增文本,行首是该行的第一个非空白字符。当输入 I 命令时,光标就移到行首。

2. 附加命令

在命令模式下的附加命令有以下两个。

(1) 按 a 键,在光标之后插入,光标可在一行的任何位置。当输入 a 命令时,光标就会在所停留字符后进入输入模式状态。

(2) 按 A 键,在光标所在行的行尾添加文本。当输入 A 命令后,光标自动移动到该行的行尾。

3. 打开新行命令

在命令模式下的打开新行命令有以下两个。

(1) 按小写 o 键,在光标所在行的下面插入一行。

(2) 按大写 O 键,在光标所在行的上面插入一行。

在新行被打开之后,光标停在空行的行首,等待输入文本。

6.4.2 命令模式下的光标移动

在命令模式下,利用光标移动命令,可以快速地定位光标。并且通过 vi 命令与光标移动命令及数字配合可以高效地编辑文本。

1. 基本光标移动命令

在命令模式下有很多命令可以在一个文件中移动光标位置。通常,除 4 个方向键外,还有 h、j、k、l 4 个命令,以及 Space、Backspace、Ctrl+N 和 Ctrl+P 4 个键(组合键)可以移动光标,这三组键在实现功能上是等价的。所以,对于一般用户用简单明了的 4 个方向键移动光标即可。

2. 快速光标定位命令

在命令模式下,利用光标定位命令和数字键组合,可以实现高效的光标定位功能。以下是常用的光标定位命令。

(1) 移至行首。

命令(键)："^"及"0"(零)

这两个命令都是将光标移到当前光标所在行的开头。但二者有些差别：命令"0"总是将光标移到当前行的第一个字符,不管它是否为空白符；而命令"^"将光标移到当前行的第一个非空白符(非制表符或非空格符)。

(2) 移至行尾。

命令(键)："$"

它将光标移至当前光标所在行的行尾,停在最后一个字符上。如果在它前面先输入一个数字 n,则光标移到下面 n－1 行的行尾。

(3) 移至指定行。

命令(键)："[行号]G"

将光标移至由行号所指定的行的开头。如果没有给出行号,则光标移至该文件最后一行开头。例如,"4G"则光标移至文本的第 4 行的开头。

(4) 移至指定列。

命令(键)："[列号]|"

将光标移至当前行中指定的列上。如果没有指定列号,则移至当前行的第一列上。例如,"5|"则移至第 5 列上。

如图 6-4 所示为命令模式下基本移动光标及翻页命令示意图。

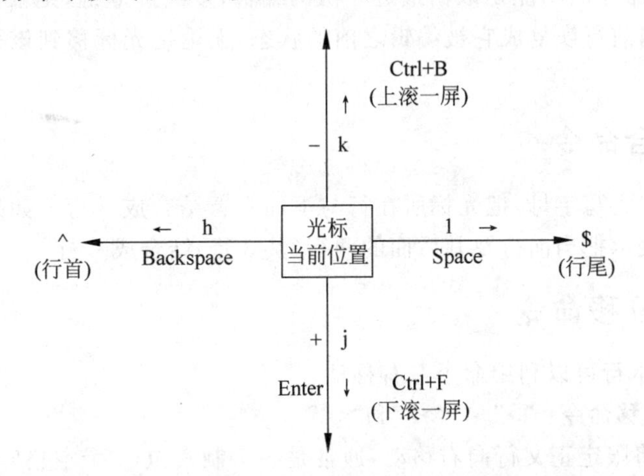

图 6-4　基本光标移动及翻页命令示意图

6.4.3　文本删除命令

在命令模式下可以使用有关命令对文本进行修改,用另外的文本取代当前文本。这意味着某些文本必须被删除。而删除的文本还可以复原。

1. 删除字符

命令(键)："x"及"X"

这两个命令都能够删除一个字符。命令 x(小写字母)删除光标所在的字符。如果前面给出一个数值 n,则由光标所在字符开始,向右删除 n 个字符。这是删除少量字符的快捷方法。命令 X(大写字母)删除光标前面的那个字符。如果前面给出数值 n,则由光标之前的那个字符开始、向左删除 n 个字符。

2. 删除文本对象

命令(键):"dd""D"及"d 与光标移动命令的组合"

其中,命令 dd 删除光标所在的整行;命令 D 从光标位置开始删除到行尾。而字母 d 与光标移动命令组合而成的命令就从光标位置开始删到由光标移动限定的文本对象的末尾。向前,删除光标所在字符;而向后,删除并不包括光标所在字符。如果光标移动命令涉及多行,则删除操作从当前行开始至光标移动所限定的行为止。

例如:

```
d0 <回车>                    #从光标位置(不包括光标位)删至行首
d5l <回车>                   #从光标位置(包括光标位)向右删 5 个字符
d$ <回车>                    #从光标位置(包括光标位)删至行尾,与 D 相同
d3G <回车>                   #将光标所在行(包括该行)至第 3 行(不包括它)删除
```

6.4.4 复原命令

复原命令(英文 undo)是很有用的命令,它取消前面刚输入的命令。

命令(键):"u"及"U"

这两个命令都能取消刚才输入、插入或删除的命令,恢复到原来的状态。但二者在功能上又有所区别:u 命令的功能是取消最近一次的编辑,多次按 u 键,则依次取消前几次的操作;而 U 命令把当前行恢复成它被编辑之前的状态,无论把光标移到该行后对它编辑了多少次。

6.4.5 行结合命令

行结合命令 J(大写字母)把光标所在行与下面一行结合成一行。如果在 J 之前给出一个数字,如 3J,则表示把当前行及其后面的两行(共 3 行)结合成一行。

6.4.6 文本位移命令

根据需要,文本行可以利用命令左右移动。

有 4 个文本位移命令:">""<"">>"和"<<"

(1) ">"命令将限定正文行向右移动,通常是一个制表位(8 个空格)。移动正文行的范围由光标所在行和随后输入的光标移动命令所限定。例如,假设当前光标在第 1 行,输入"> 4G"后,则从第 1 行到第 4 行整体向右移动 8 个空格。

(2) "<"命令将限定正文行向左移动。其使用模式与">"命令相同,只是移动方向相反。如"< 1G",将当前行和第 1 行之间的各行都左移 8 个空格。

(3) ">>"命令将光标所在行右移 8 个空格。如果在">>"之前给出一个数字,如"5 >>",则当前行及其下面的 4 行(共 5 行)都右移 8 个空格。

(4) "<<"命令将光标所在行左移 8 个空格。其使用与"<<"命令相同,只是移动方向相反。

6.4.7 字符串检索命令

对内容较多的文本文件进行编辑修改时,要找到指定的字符串,利用字符串检索命令可

以快速正确地定位，这样可以极大地提高编辑效率。

字符串检索既可以向前检索，也可以向后检索。

1. 向前检索

命令的格式为：

```
/字符串 <回车>
```

第一种形式是基本的检索模式：在斜线之后给出要查找的字符串，然后按 Enter 键。系统从光标所在行开始向前（向下）查找，找到第一个相匹配的字符串后，光标就停在该模式的第一个字符上。例如，/good <回车>，找到则将光标移到 good 的“g”上。如果不存在与给定模式（如本例为 good）相匹配的字符串，则在状态行显示：“找不到模式 good”。

2. 向后检索

命令的格式为：

```
?字符串 <回车>
```

该命令与“向前检索”命令类似，只是检索方向是从光标所在行开始向后（向上）查找给定的字符串。例如，“? this <回车>”，则从光标所在行开始向后查找 this 字符串，找到后，光标停在匹配字符串的第一个字符上。

3. 检索下一个字符串

命令 n 和 N 可以重复上一个检索命令。命令 n 重复检索的方向与上一个检索命令相同，而命令 N 重复检索的方向与上一个检索命令相反。

例如，上一个检索命令为：

```
/this <回车>
```

执行后输入命令“n”，则向前查找，找到下一个匹配字符串，光标停在 this 的“t”上，再输入“n”命令，则光标停留在下一个匹配的字符串上。接着输入“N”则向后查找，找到上一个匹配点，光标停在 this 的“t”上。

4. 检索特殊字符

如果检索的字符串包含特殊字符 *、^、$、[、/、\、|，需要使用转义形式，即在这些字符前面加上反斜线“\”，使其失去特殊的含义，作为一般字符对待，例如，向前检索字符串“/ * this $”，则使用命令“/\/\ * this\ $<回车>”。

6.5 底行命令模式下的操作

进入底行命令模式的方法是在命令模式下输入冒号“:”，在状态行上出现的冒号提示符下输入命令并按 Enter 键，则完成一次所执行的底行命令。通常底行命令用来写文件或读文件，每执行完一次底行命令，则光标切换到命令模式下的文本文件中，要执行下一个底行命令，还需要重新输入冒号及底行命令并按 Enter 键来实现。

6.5.1 命令定位

底行命令模式是面向行的编辑器。经常要将光标移到指定行,除了用命令模式下的相应命令外,底行命令也可以进行更简洁的定位操作。

(1) 在底行命令模式下指定行号,例如,光标移到第 20 行的行首。

```
: 20 <回车>
```

(2) 给定检索字符串的模式,向前或向后查找。例如,从光标所在行向前查找给定模式 this,光标停在第一个与 this 匹配的行的行首。

```
: /this/ <回车>
```

又如,从光标所在行向后查找给定模式 this,光标停在首先找到的匹配行的行首。

```
: ?this? <回车>
```

6.5.2 全局替换命令

全局(global)替换命令是一种在底行模式下的组合命令,可以对文件进行复杂修改。这种命令的一般格式为:

```
:g/模式/命令表
```

下面是一些常用的全局命令(g 命令——global)。

(1) :g/字符串 1/p: 屏幕输出(p 命令——print)包含字符串 1 的所有行。例如,输入"g/example/p <回车>",将在屏幕上显示当前所编辑文件中所有包含字符串 example 的行。

(2) :g/字符串 1/s//字符串 2/: 在包含字符串 1 的所有行中用字符串 2 替换(s 命令——substitute)字符串 1 的首次出现。例如,"g/IF/s//if/"将把当前编辑文件中所有含 IF 行的首次出现用小写的 if 替换。应注意,如果在当前行中包含两个(或更多)IF,例如:

```
/* IF a>0,then OK! IF a<0,then false */
```

那么输入上面命令后,只有头一个 IF 被小写的 if 替换,而第二个 IF 保留原样。

(3) :g/字符串 1/s//字符串 2/g: 用字符串 2 替换字符串 1 的所有出现,包括在一行中字符串 1 出现多次。

(4) :g/字符串 1/s//字符串 2/gp: 它的功能与本例相同,此外,它还将所有修改过的行显示在屏幕上。

(5) :g/字符串 1/s//字符串 2/gc: 确认(c 命令——confirm)替换。字符串 1 每出现一次,就询问用户是否用字符串 2 替换。如果回答是,则输入 Y 进行替换; 否则,不做替换。

(6) :g/字符串 0/s/字符串 1/字符串 2/g: 对包含字符串 0 的所有行做上标记,然后只对有标记的行进行替换,用字符串 2 替换字符串 1。例如,": g/printf/s/nl/value/g"对所有包含 printf 的行如果其中含有字符串 n1，则用字符串 value 替换。

(7) :g! /模式/命令表：其功能是对所有不匹配给定模式的文本行执行给出的命令表。

例如，":g! /IS/s/this/That/gp"将把不包含字符串 IS 的所有行中的字符串 this 用字符串 That 替换，然后把所有修改行显示出来(p 命令)。

(8) :g/^/s//   /g：在文件的每一行的开头插入给定的空格。例如，":g/^/s//   /g"在每一行开头插入 4 个空格(在//和/g 之间有 4 个空格)。

(9) :s/模式/替代文本/选项：对于每一指定的行，与正则表达式"模式"匹配的第一个字符串用"替代文本"取代。如果"选项"是全局指示符 g，则该行上的所有匹配模式的字符串全部被替换；如果"选项"是 c(表示确认)，就在替换之前提示用户进行确认：输入"y"，就做替换；否则，不做替换，保持原样。例如，":s/is/are"则光标所在行上出现的第一个"is"用"are"替代。如果加上选项 g，即":s/is/are/g"，则当前行上所有"is"都用"are"替代。如果加上选项 c，即":s/is/are/gc"，则对当前行上每一个 is 的出现都提示用户进行确认。

6.5.3 插入 Shell 命令

vi 在编辑某个文件时，可以随时调用 Shell 命令，也可以在 vi 所编写的文件光标的当前位置插入 Shell 命令的输出结果。在常用的 vi 编辑器中执行 Shell 命令有以下两种情况。

(1) 执行 Shell 的 command 命令格式为：

```
:!command
```

例如，":! ls"，在 vi 编辑器中显示当前目录文件列表，使用回车键返回 vi 原状态，所显示的 Shell 命令输出不会影响 vi 所编写的当前文件内容。

(2) 读取 command 命令的输入并插入，命令格式为：

```
:r !command
```

例如，":r ! ls"，会在 vi 所编写的当前文件光标位置插入所执行 ls 的输出内容。

6.5.4 恢复文件

vi 在编辑某个文件时，会另外生成一个临时文件，这个文件的名称通常以"."开头，并以".swp"结尾。vi 在正常退出时，该文件被删除；若意外退出，而没有保存文件的最新修改内容，则可以使用恢复命令：

```
:recover
```

也可以在启动 vi 时利用-r 选项来恢复文件。例如，"vi -r filename"。

6.5.5 vi 的选项设置

为控制不同的编辑功能，vi 提供了很多内部选项。利用":set"命令可以设置选项。基本语法为：

```
:set option
```

常见的设置如下。

```
: set all              #显示所有设置列表,以 no 开头表示未被设置,现处于关闭状态
: set lines = 24       #设置默认缓冲显示行
: set number           #设置该选项,则在屏幕左边显示正文行号
: set autoindent       #设置该选项,则正文自动缩进
: set list             #设置该选项,则行结尾符显示"$"
```

6.6 文本移动和编辑多个文件

6.6.1 缓冲区方式的文本移动

1. 编辑缓冲区

vi 并不在用户创建的文件上完成任何编辑操作。相反,它是在"编辑缓冲区"中的文件副本上进行工作的。当用单一文件名参数调用 vi 时,就把命名的文件复制到临时编辑缓冲区中。编辑器记住指定的文件名,所以它以后能把缓冲区的内容复制回命名文件。在复制回原来文件之前即存盘前,该文件所新编辑操作的内容临时存在编辑缓冲区中,没有对原文件进行任何改写。

2. 命名缓冲区

命名缓冲区由字母 a～z 命名,即 vi 可以拥有 26 个字母命名的不同缓冲区。可以使用不同的字母表示临时存储的不同缓冲区,文本附加到不同命名的缓冲区中,使得先前内容不被覆盖或破坏。

(1) 从编辑缓冲区到命名缓冲区(复制或剪切)。

命令格式为:

```
"字母名 + 行号 + 操作命令(Y,dd)
```

其中,字母名为 a～z 任意字母命名的缓冲区;操作命令大写 Y 为复制命令,小写 dd 为删除(剪切)命令。

例如,包括光标所在位置往下 3 行复制到缓冲区 a 中,命令如下:

```
"a3Y
```

又如,包括光标所在位置往下 5 行剪切到缓冲区 b 中,命令如下:

```
"b5dd
```

(2) 从命名缓冲区到编辑缓冲区(粘贴)

命令格式为:

```
"字母名 + 操作命令(P,p)
```

其中，字母名为已操作完的命名缓冲区字母名；操作命令大写 P 为在光标位置上一行粘贴，小写 p 为在光标位置下一行粘贴。

例如，在(1)中的操作完成了 a、b 两个缓冲区的创建，光标移到要粘贴的位置后操作命令如下：

```
"ap
"bP
```

3. 删除缓冲区

删除缓冲区可以由数字 1～9 指定。例如，可以指定把包括光标所在行的下 5 行删除并放到 2 的删除缓冲区，命令如下：

```
"25dd
```

如果想再粘贴回去，则可以用命令：

```
"2p
```

6.6.2 按行操作的文本移动

可以采取底行命令方式进行文本移动，该方式简单明了。

(1) 按行复制(co 命令)。

例如，把 1～3 行文本复制到当前光标所在位置，命令如下：

```
:1, 3  co  .
```

又如，把 1～3 行文本复制到第 7 行位置，命令如下：

```
:1, 3  co  7
```

(2) 文本块移动(m 命令)。

例如，把 1～3 行文本移动到第 7 行位置，命令如下：

```
:1, 3  m  7
```

(3) 文件间的文本移动。

例如，把 2～5 行文本块写到另一个新的 filename 文件中，命令如下：

```
:2, 5  w  filename
```

又如，把 2～5 行文本块附加到指定 filename 文件中，命令如下：

```
: 2, 5 w >> filename
```

6.6.3 编辑多个文件

可以同时调入多个文件,依次对它们进行编辑。其语法格式为:

```
vi 文件1  文件2 …
```

例如:

```
vi m1.c  m2.c  m3.c
```

屏幕首先显示第一个文件(m1.c)的内容,在屏幕的状态行上显示出第一个文件的信息。当完成对第一个文件的编辑及存盘(用:w 命令)后,输入命令:

```
: n
```

就进入第二个文件(注意,冒号后的 n 不是指具体的数,这个命令就是冒号和字母 n)。照此方法,依次编辑各个给定文件。

如果想随意指定下面要编辑的文件,例如,想跳过第二个文件 m2.c 去编辑文件 m3.c,可输入命令:

```
: e  m3.c
```

按 Enter 键后,屏幕上显示文件 m3.c 的内容。返回刚才编辑的文件用:

```
: e #
```

其中,e 命令是一个 ex 命令。利用 e 命令可以在编辑当前文件之时编辑另外的文件。e 命令的常用形式如下。

(1) 在 vi 编辑器中,再打开并进入另一个文件编辑状态。其语法格式为:

```
:e 文件名
```

编辑由文件名指定的文件,它不同于前面正编辑的文件。编辑器首先检查自上次执行写(w)命令以来编辑缓冲区内容是否被修改过。如果修改过,则发出警告信息,并终止该命令,所以使用该命令时,建议先对原来的编辑文件进行保存(:w),再打开新的文件。如果未修改过,那么该命令就删除缓冲区中的全部内容,把指定的文件当作当前文件,并加以显示。确定该文件是可见文件之后(即它不是二进制、目录或设备文件),编辑器就把它读入缓冲区中。如果读文件过程中没有错误,就在状态行上显示所读的行数和字符数,然后就可以对这个文件进行编辑。光标停在文件的第一行。

(2) 对当前 vi 状态下的文件所进行的修改不存盘,而直接打开并进入另一个文件编辑状态。其语法格式为:

```
:e!文件名
```

不把修改过的当前文件从编辑缓冲区中写出去,从而忽略在编辑新文件之前所做的全部修改。

以上两个命令中,vi打开新的文件时,首先对前一个编写文件的编辑缓冲区进行清除,而命名缓冲区则进行保留,这样就实现了文件之间的复制粘贴。

(3) 定位打开的语法格式为:

```
:e +n文件名
```

从第n行开始编辑指定的文件。参数n也可以是不包含空格的编辑命令,例如,+/模式。

(4) 返回上一个编辑文件的先前位置。其语法格式为:

```
:e #
```

例如,正在编辑文件ex1.c,需要把另一个文件max.c的6行文本插入ex1.c的指定位置。具体操作步骤如下。

① 对正在编辑的文件ex1.c使用":w"命令保存到文件中,但不退出vi。然后输入命令:

```
: e max.c
```

② 编辑另一个文件(max.c)。文件max.c取代ex1.c出现在屏幕上。将光标移动到要复制内容的第一行,输入命令:

```
"a6dd
```

③ 对光标所在行开始向下6行进行剪切,然后输入命令:

```
: e #
```

④ 回到先前正编辑的文件ex1.c。在ex1.c的显示文本上将光标移到想插入文本行的地方,输入命令:

```
"ap
```

这个命令把缓冲区a的内容插入到当前行之后,再把光标停在刚插入文本的第一行行首。

6.7 本章小结

本章主要介绍了vi编辑器的基本操作,包括vi编辑器的启动、保存和退出、工作模式转换、文本插入、移动光标、字符串检索、文本修改编辑的各种命令和vi选项设置等内容。通过本章的学习,读者可以掌握 vi 编辑器的基本使用方法,为以后进行系统配置及 Shell 编程等高效的编辑工作打下坚实的基础。

6.8 思考与实践

1. 进入和退出 vi 编辑器的方法有哪些?

2. vi 编辑器的工作方式有哪些?相互之间如何转换?

3. 打开 vi 编辑器,进行如下操作。

(1) 插入 2019 年日历,并把该文件命名为 2019.txt。

(2) 把 4、5、6 月的日历整体向右移动一个制表位。

(3) 把该日历的标题“2019”改为“2019 年全年日历”。

(4) 删除 1、2、3 月的日历,然后予以恢复。

(5) 把 7、8、9 月的日历整体移到日历的最后面。

(6) 依次检索字符串“30”,如果每个月的最后一天为“30”,则删除该字符串“30”。

(7) 显示行号。

(8) 在该 vi 编辑器中统计该文件的大小。

4. 已知有两个文本文件 f1 和 f2,把 f1 文件中的第 5～9 行剪切并粘贴到 f2 文件的第 3 行,再把 f2 文件中的所有 read 字符串全部改写成 reading,最后在 f1 文件后附加上当前时间。利用 vi 编辑器写出以上操作步骤及其相关命令。

第7章

Shell程序设计

Shell是UNIX/Linux系统中的用户与系统交互的接口，它除了作为命令解释器以外，还是一种高级程序设计语言。利用Shell程序设计语言可以把命令有机地组合在一起，形成功能强大、使用灵活、交互能力强，但代码简单的新命令。它充分利用了UNIX/Linux的开放性，设计出适合用户自己的新功能，这样极大地提高了用户使用UNIX/Linux系统的工作效率。

本章以Bourne Again Shell为例介绍Shell脚本程序设计中的语法结构、变量定义及赋值、特殊符号、控制语句等内容。

本章的学习目标

- 了解Shell的地位和作用、Shell各主要版本。
- 熟练掌握Shell脚本的建立与执行方法。
- 掌握Shell的变量及特殊字符。
- 掌握Shell的输入输出命令。
- 掌握常用Shell程序逻辑结构语句。

7.1 Shell概述

大家学习过C、Java等高级语言，也接触过ASP、JSP、JavaScript等脚本语言，对于Shell，它更像后者，相比C，它不是格式十分规范的语言，它是一种脚本，但能够用更简洁、更高效的语句完成相对复杂的功能，这给使用者带来很大的方便。

7.1.1 Shell简介

1. Shell的功能

在前面介绍的Linux命令中，Shell都作为命令解释器出现，具体的功能为：它接收用户输入的命令，进行分析，创建子进程，由子进程实现命令所规定的功能，等子进程终止后，发出提示符。这是Shell最常见的使用方式。

事实上，Shell的功能主要有两个：一个作为命令解释程序；另一个作为一种高级程序设计语言。它几乎有高级语言所需的所有元素，包括变量、关键字、各种控制语句等，并有自己的语法结构。利用Shell程序设计语言可以编写出代码简洁、功能强大的程序，Shell还允许把相关的Linux命令有机地组合在一起，极大地提高编程的效率，设计出适合用户所需特别功能的命令。

Shell 程序设计可以简单地理解成 DOS/Windows 下的批处理,但是它远比批处理要强大,Shell 编程有很多的 C 语言和其他编程语言的特性,然而又没有编程语言那么复杂。

2. Shell 的主要版本

目前,Shell 是 UNIX/Linux 系统的标准组成部分,正如 UNIX 的版本众多一样,Shell 也产生了多个版本,经过多年的发展和完善,现在流行的主要有 3 种不同的 Shell,即 Bourne Shell(简称 sh)、C-Shell(简称 csh)、Korn Shell(简称 ksh)。

Bourne Shell 是 AT&T Bell 实验室的 Stephen Bourne 为 AT&T 的 UNIX 开发的,它是其他 Shell 的开发基础,也是各种 UNIX 系统上最常用、最基本的 Shell。C-Shell 是加州伯克利大学的 Bill Joy 为 BSD UNIX 开发的,它与 sh 不同,主要模拟 C 语言。Korn Shell 是 AT&T 实验室的 David Korn 开发的,它与 sh 兼容,但功能更强大。

在 Linux 系统中使用的主流 Shell 是 Bash,它是 Bourne Again Shell 的缩写,Bash 是由 Bourne Shell 发展而来的,但 Bash 与 sh 稍有不同,它还包含了 csh 和 ksh 的特色,但大多数脚本都可以不加修改地在 Bash 上运行。本书介绍的 Shell 为 Bash 版本的 Shell,其他 Shell 与之类似,读者可以举一反三,根据需要自学其他的 Shell。

查看当前系统支持的 Shell,使用 cat、head、more 等命令查看/etc/shells 的内容即可。例如:

```
[root@Linux-CentOS-7 ~]# cat /etc/shells
/bin/sh
/bin/bash
/sbin/nologin
/usr/bin/sh
/usr/bin/bash
/usr/sbin/nologin
/bin/tcsh
/bin/csh
```

查看各个 Shell 的版本,每个 Shell 基本都带有--version 参数,用于显示 Shell 的版本号,例如:

```
[root@Linux-CentOS-7 ~]# tcsh --version
tcsh 6.18.01 (Astron) 2012-02-14 (x86_64-unknown-linux) options wide, nls, dl, al, kan,
sm, rh, color, filec
```

3. 第一个 Shell 程序

通过前面的学习知道,用户可以从键盘上输入命令来使用 Shell,例如:

```
ls -l
```

系统会完成该命令所对应的功能。而通常所说的 Shell 程序,需要编写更复杂的内容存放到文件中,由系统解释执行此文件来得到需要的结果。此文件通常也称为 Shell 脚本(Script)。下面来看一个 Shell 程序实例。

【例 7.1】　由三条简单命令组成的 Shell 程序，文件名为 test7-1。

```
ls -l
cal
who
```

执行这个程序时，依次执行其中各条命令，即先显示出当前目录下的详细内容，接着列出当前月份的日历，最后显示系统当前在线的用户信息。

以上三条命令形成一个 Shell 脚本程序，文件名为 test7-1，这样文件 test7-1 就可以完成以上三条命令组合的一个新命令，即显示当前目录文件、显示日历及当前在线用户清单的新功能命令。执行该命令方法之一为：

```
[root@Linux-CentOS-7 ~]# sh test7-1
```

7.1.2　Shell 脚本的建立与执行

1. Shell 脚本的建立

建立 Shell 脚本的方法同建立普通文本文件的方式相同，可利用编辑器 vi 或 cat 命令，进行程序输入和编辑加工。例如，要建立一个名为 test 的 Shell 脚本，以使用 vi 为例，可在提示符后输入命令：

```
[root@Linux-CentOS-7 ~]# vi test
```

进入 vi 的插入方式后，就可输入程序行。完成编辑之后，将编辑缓冲区内容写入文件中，返回到 Shell 命令状态即可。

2. Shell 脚本的执行

执行 Shell 脚本的方式常用的有以下 3 种。

(1) 输入定向的执行方式。这种方式是用输入重定向方式让 Shell 从给定文件中读入命令行并进行相应处理。其语法格式为：

```
sh < 脚本名
```

例如，执行上一个已经建立的 Shell 脚本 test，执行方式如下：

```
[root@Linux-CentOS-7 ~]# sh < test
```

Shell 从文件 test 中读取命令行，并执行它们。当 Shell 执行到文件末尾时，就终止执行并返回到 Shell 命令状态。

(2) 以脚本名作为 Shell 参数的执行方式。这种方式是脚本名作为 Shell 命令的参数。执行结果与第一种相同，此种方式的好处是能将参数值传递给程序中的命令，从而使一个 Shell 脚本可以处理多种情况，正如函数调用可以根据具体的问题给定相应的实参。其语法格式为：

```
sh  脚本名  [参数]
```

同样执行上一个已经建立的 Shell 脚本 test,另一种执行方式如下:

```
[root@Linux-CentOS-7 ~]# sh test
```

(3) 修改执行权限后直接执行方式。前面讲到的 Shell 脚本都需要执行 Shell 命令以使脚本执行,而事实上脚本也可以直接执行,但需要先将文件的属性改为可执行。而由文本编辑器(如 vi)建立的 Shell 脚本通常对用户是没有设定执行权限的,这就需要利用命令 chmod 将它改为有执行权限。例如,将上一个已经建立的 Shell 脚本 test 文件改为可执行权限,方法如下:

```
[root@Linux-CentOS-7 ~]# chmod a+x test
```

此时就把 Shell 脚本 test 改成对所有用户都有执行权限。执行该脚本可以使用如下方法。

```
[root@Linux-CentOS-7 ~]# ./test
```

如果用户想让编写的 Shell 脚本像 Shell 提供的命令一样(直接输入命令)为每个用户使用,也就是开发出系统的新命令,可以在编写好的脚本上为所有用户加上执行权限后,将其放在命令搜索路径的目录之下(通常是"/bin"或"/usr/bin"等),这样就像普通命令一样可以反复使用,十分方便。方法如下:

```
[root@Linux-CentOS-7 ~]# cp test /bin
```

复制 Shell 脚本文件 test 到命令目录"/bin"中,然后在提示符后输入脚本名,就可以直接解释执行该文件,实例如下:

```
[root@Linux-CentOS-7 ~]# test
```

Shell 接收用户输入的 Shell 命令和脚本名进行分析。如果文件被标记有执行权限,但不是被编译过的程序,就认为它是一个 Shell 脚本。Shell 将读取其中的内容,并加以解释执行。从用户的观点看,执行 Shell 脚本的方式与执行一般的可执行文件的方式相同。

7.2 Shell 的变量

在学习各种高级语言时,都接触过变量,它是一种标识,可以代表数值、字符串等信息。从系统角度看,变量是一个被赋予了名称的主存单元,可以通过变量名来引用一块内存空间。Shell 变量的名称可以由数字、字母和下画线组成。在 Bash 中,Shell 变量的值总是字符串。在理论上,变量的值是没有长度限制的。

Shell 变量有两种类型,即 Shell 环境变量(shell environment variable)和 Shell 用户自

定义变量(user define variable)。下面逐一介绍。

7.2.1　Shell 环境变量

Shell 环境变量的作用是定制 Shell 的运行环境,并保证 Shell 命令的正确执行。它又分为可写和只读两大类。

1. 可写的 Shell 环境变量

可写的 Shell 环境变量可以对它们进行赋值,大部分可写的 Shell 环境变量都在登录过程中执行"/etc/profile"文件时进行初始化。该文件由系统管理员设置,用于为系统上的所有用户建立一个公共环境。

用户也可以通过修改自己的启动文件". bash_profile"(在 Linux 中为"/home/username",其中,username 为登录用的名字)中的部分或所有变量的值来定制自己的运行环境,新建用户账号时,系统为每个用户都建立一个". bash_profile"文件,每次用户登录时都要执行它。表 7-1 列出了大部分用户可以修改的 Shell 环境变量,其中的一些在前面的章节中已介绍。

表 7-1　部分重要的可写环境变量

环境变量	含　义
CDPATH	包含一系列目录名;如果该变量未设置,cd 命令将搜索当前目录
ENV	UNIX/Linux 查找配置文件的路径
HOME	用户初次登录时的起始目录名
MAIL	用户的系统邮箱文件的名称
MAILCHECK	Shell 检查用户邮箱是否有新邮件并通知用户的间隔时间(以秒为单位)
PATH	包含了用户的搜索路径的变量,即 Shell 用来搜索外部命令或程序的目录
PPID	父进程的进程 ID
PS1	在命令行上出现的 Shell 提示符,普通用户通常是"$"
PS2	如果 Shell 认为一个命令尚未结束,例如,当命令以作为转义字符的反斜杠(\)终止时,则在命令的第二行显示第二个 Shell 提示符
PWD	当前工作目录的名称
TERM	用户控制终端的类型

环境变量一般都是大写的,系统启动后自动加载,用户可以对可写的环境变量随时进行修改。例如系统提示符为:

```
[a@Linux-CentOS-7 ~]$
```

执行显示系统提示符环境变量 PS1 的值,命令及结果如下:

```
[a@Linux-CentOS-7 ~]$ echo $PS1
[\u@\h \W]\$
```

其中,u 表示当前用户名;h 为计算机名;W 为当前目录名;$ 为提示符,若用户更改其值,则当前用户提示符就发生改变,例如执行如下操作:

```
[a@Linux-CentOS-7 ~]$ PS1="[\u@@@\h]****"
[a@@@Linux-CentOS-7]****
```

以上为把用户提示符的环境变量 PS1 重新赋值的结果，执行 Bash 命令就会恢复原来的环境。

2. 只读的 Shell 环境变量

只读的 Shell 环境变量意味着用户能使用和读取它们的值，而不能对它们进行更改。只读的 Shell 环境变量有两种：一种是特殊的环境变量；另一种是位置参数。

1）特殊的环境变量

特殊的环境变量值是系统预先定义好的，用户不能重新设置。常见的特殊的环境变量如表 7-2 所示。

表 7-2　部分特殊的环境变量

环境变量	含义
$0	Shell 程序名
$1-$9	第 1 个至第 9 个命令行参数的值
$*	所有命令行参数的值
$#	命令行参数的总数
$$	当前进程的进程 ID(PID)
$?	最后执行的一条命令的退出状态，返回值为 0 则成功，非 0 则失败
$!	在后台运行的最后一个进程的进程 ID

2）位置参数

位置参数(position argument)用于处理命令行参数(command lines argument)，是出现在命令行上的位置确定的参数，也就是在命令行传递给 Shell 脚本的参数。

在 Bash 中总共有 10 个位置参数，其对应的名称依次是 $0，$1，$2，…，$9。其中，$0 始终表示命令名或 Shell 脚本名，对于一个命令行，必然有命令名，也就必有 $0；而其他位置参数依据实际需求，可有可无。

对位置参数可以进行以下操作。

(1) 输出位置参数。可以用 echo 命令输出位置参数。

【例 7.2】 利用屏幕复制的方式建立 test7-2 脚本文件并携带位置参数执行它。

```
[a@Linux-CentOS-7 ~]$ cat > test7-2          #利用屏幕复制的方式建立 test7-2 脚本文件
echo $1 $2 $3 $4 $5 $6 $7 $8 $9 $0           #test7-2 脚本文件内容,输出位置参数
<ctrl>+d                                     #按 Ctrl+D 组合键,保存并结束
[a@Linux-CentOS-7 ~]$ sh test7-2 a b c d e f g   #携带 a~g 位置参数执行
a b c d e f g test7-2                        #运行的结果
```

本例中 test7-2 脚本文件内容是输出 $1，$2，…，$9 及 $0 10 个位置参数，执行 test7-2 脚本时携带了 a～g 共 7 个位置参数，从执行结果可以看出依次输出了 $1，$2，…，$7 及 $0 共 8 个位置参数，因为携带了 7 个位置参数，所以输出结果中没有 $8 和 $9 的值。

(2) 用 set 命令给位置参数赋值。在 Shell 程序中可以利用 set 命令为位置参数赋值，

例如：

```
[a@Linux-CentOS-7 ~]$ set a b c
```

执行结果就是把字符串 a 赋值给 $1，字符串 b 赋值给 $2，字符串 c 赋值给 $3。但 $0 不能利用 set 命令赋值，因为它的值始终是命令名。

【例 7.3】 已知建立好 test7-3 脚本文件内容并执行它。

```
[a@Linux-CentOS-7 ~]$ cat test7-3                #显示 test7-3 脚本文件内容
echo $1 $2 $3
set m1 m2 m3
echo $1 $2 $3
[a@Linux-CentOS-7 ~]$ sh test7-3 a1 a2 a3        #执行 test7-3 脚本
a1 a2 a3
m1 m2 m3
```

从本例中可以看出，执行 test7-3 程序时携带的位置参数变量值经过 set 命令后被重新赋值了。

(3) 移动位置参数。在 Shell 中规定，位置参数最多不能超过 9 个，即 $1～$9。如果实际给定的命令行参数多于 9 个，就需要用 shift 命令移动位置参数。每执行一次 shift 命令，就把位置参数整体向左移一位，即原 $1 的值被移走，新 $1 的值是原 $2 的值，新 $2 的值是原 $3 的值，以此类推。shift 命令不能将 $0 移走，所以经 shift 左移参数后，$1 不会取代 $0 的值。

shift 命令可以带有一个整数作为参数，例如：

```
shift 3
```

其功能是每次把位置参数左移 3 位。如果未带参数，则默认值为 1。

【例 7.4】 建立名为 test7-4 的文件，并携带位置参数执行它。

```
[a@Linux-CentOS-7 ~]$ cat test7-4                              #显示 test7-4 脚本内容
echo $0 $1 $2 $3 $4 $5 $6 $7 $8 $9 $#
shift
echo $0 $1 $2 $3 $4 $5 $6 $7 $8 $9 $#
shift 4
echo $0 $1 $2 $3 $4 $5 $6 $7 $8 $9 $#
[a@Linux-CentOS-7 ~]$ sh test7-4 a b c d e f g h i j k     #携带位置参数执行
test7-4 a b c d e f g h i 11
test7-4 b c d e f g h i j 10
test7-4 f g h i j k 6
```

7.2.2 Shell 的用户自定义变量

用户自定义变量在 Shell 脚本中使用，它们拥有临时的存储空间，在程序执行过程中其值可以改变，这些变量可以被设置为只读，也可以被传递给定义它们的 Shell 脚本中的命令。不同于其他的大多数编程语言的是,在 Shell 编程语言中无须声明和初始化 Shell 变量,一个未初始化的 Shell 变量,其默认的初始化值为空字符串。

用户定义的 Shell 变量名是由字母或下画线开头的字母、数字和下画线序列,并且大小写字母意义不同。这与 C 语言中标识符的定义相同。变量名的长度不受限制。定义变量并赋值的形式有以下几种。

(1) 字符串赋值,这是最常见的形式。其语法格式为:

```
变量名 = 字符串
```

例如:

```
mydir = /home/a
```

其中,"mydir"是变量名;"="是赋值号;字符串"/home/a"是赋予的值。变量的值可以改变,只需利用赋值语句重新给它赋值即可。注意,在赋值语句中,赋值号的两边没有空格,否则在执行时会引起错误。

在程序中使用变量值时,要在变量名前面加上一个符号"$"。这个符号告诉 Shell,要取出其后变量的值。

【例 7.5】 用 echo 命令显示变量值。

```
[a@Linux - CentOS - 7 ~] $ mydir = /home/a
[a@Linux - CentOS - 7 ~] $ echo $ mydir                    #使用 $ 来引用变量
mydir = /home/a
[a@Linux - CentOS - 7 ~] $ echo mydir                      #不加 $ 只显示变量名
Mydir
```

可以看出,echo $ mydir 执行时,将变量 mydir 的值显示出来;而命令 echo mydir 执行时,因 mydir 之前没有符号 $,故认为 mydir 不是变量,而只是一般的字符串常量。

(2) 如果在赋给变量的值中要含有空格、制表符或换行符,那么就应该用双引号把这个字符串引起来。例如:

```
myname = "Zhang san"
```

以后引用 $ myname 时就是所赋予的整个字符串。如果没有用双引号引起来,那么 myname 的值就是 Zhang。

(3) 在一个赋值语句中可以出现多个赋值,变量赋值可以迭代进行。但必须注意,各赋值动作是从右向左实现的。例如:

```
A = $ B  B = $ C  C = hello
```

将使变量 A 和 B 的值均为字符串"hello"。注意,对 A 和 B 分别赋予 B 的值($B)和 C 的值($C),必须有符号 $。如果没有 $,那么 A=B 就是把字符 B 赋予变量 A。

(4) 变量值可以作为某个长字符串中的一部分。如果它在长字符串的末尾,就可以利用直接引用形式。例如：

```
[a@Linux-CentOS-7 ~]$ s1=ing
[a@Linux-CentOS-7 ~]$ echo walk$s1 or read$s1 or sleep$s1
walking or reading or sleeping
```

变量名出现在开头或中间的长字符串，应该用“{ }”括起来。例如：

```
[a@Linux-CentOS-7 ~]$ dir=/home/user1/
[a@Linux-CentOS-7 ~]$ echo ${dir}m1.c
/home/user1/m1.c
```

使用不带参数的 env 命令可以显示所有 Shell 变量（包括用户自定义变量）名以及它们的当前值。下面是在 Linux 主机上运行 env 命令的实例。为了便于读者阅读，这里只列出了一部分结果。

```
[a@Linux-CentOS-7 ~]$ env
XDG_SESSION_ID=14
HOSTNAME=Linux-CentOS-7
SELINUX_ROLE_REQUESTED=
SHELL=/bin/bash
TERM=vt100
HISTSIZE=1000
SSH_CLIENT=192.168.1.100 50171 22
PERL5LIB=/home/a/perl5/lib/perl5:
SSH_TTY=/dev/pts/1
USER=a
MAIL=/var/spool/mail/a
PWD=/home/a
LANG=zh_CN
…
```

7.3　Shell 中的特殊字符

Shell 中除使用普通字符外，还使用了一些特殊字符，它们有特定的含义，也有着重要的作用，如通配符、单引号和双引号、管道线等。在使用时应注意它们表示的意义和作用范围。

7.3.1　Shell 的通配符

通配符用于模式匹配，如文件名匹配、路径名搜索、字符串查找等。常用的通配符有以下几种。

1. 星号（*）

星号匹配任意个字符串，在搜索文件时经常使用。这与传统的 DOS 命令也是一致的。例如，f* 可以匹配以 f 开头的任意字符串。但应注意，文件名前面的圆点（.）和路径名中的斜线（/）不能匹配，所以应用中必须显示。例如，模式“*file”不能和“.profile”匹配，而需要用“. * file”才可匹配。

2. 问号(?)

问号匹配任意一个字符。例如 f? 可以匹配 f1、fa 等。

3. 一对方括号([ ])

方括号中有一个字符组。其作用是匹配该字符组所限定的任何一个字符。例如,f[abcd]可以匹配 fa、fb、fc、fd,但不能匹配 fab、fabcd 等。方括号中的字符可以由直接给出的字符组成,也可以由表示限定范围的起始字符、终止字符及中间一个连字符(-)组成。例如,f[a-d]与 f[abcd]作用相同。很明显,前者表示方式更简洁。

4. 感叹号(!)

如果感叹号紧跟在一对方括号的左方括号之后,则表示不在一对方括号中列出的字符。例如,f[!a-d]. c 表示以 f 开头、第二个字符不是字符 a 至 d 的. c 文件名。

在一个表达式中,也可以同时使用上述符号,来提高工作效率。

7.3.2 Shell 的引号

在 Shell 中引号分为 3 种:双引号、单引号和倒引号。具体介绍如下。

1. 双引号("")

由双引号引起来的字符,除 $ 、倒引号和反斜线(\)仍保留其特殊功能外,其余字符通常作为普通字符对待。实例如下:

```
[a@Linux - CentOS - 7 ~] $  echo "My current directory is `pwd` "
My current directory is /home/a
[a@Linux - CentOS - 7 ~] $  echo "My home the directory is  $ HOME"
My home the directory is /home/a
```

注意:双引号一定为英文双引号("")而不能为中文双引号(“”),同样以下各符号都为英文符号。

2. 单引号('')

由单引号引起来的所有字符或字符串都作为普通字符出现。实例如下:

```
[a@Linux - CentOS - 7 ~] $  echo 'My directory is `pwd` and the file is  $ HOME '
My directory is `pwd` and the file is  $ HOME            //没有执行 pwd 等命令
```

在本例中,pwd 以及 $ HOME 都作为普通字符,失去原有的特殊意义。

可总结为,命令行中被单引号引起来的所有字符都照原样显示出来,特殊字符也失去原有的特殊意义。

3. 倒引号(``)

倒引号引起来的字符串被 Shell 解释为命令行,在执行时,Shell 会先执行该命令行,并以它的标准输出结果取代整个倒引号部分。常用的方式有以下几种。

(1) Shell 解释执行,实例如下:

```
[a@Linux - CentOS - 7 ~] $  echo current directory is `pwd`
current directory is /home/a
```

由上可见，Shell 在执行此命令时，先执行`pwd`中的命令 pwd，用执行结果的真实目录取代 pwd 部分，最后输出替换后的结果。

(2) 利用倒引号的 Shell 解释功能可以进行命令替换，即把倒引号中的命令的结果赋给指定变量。实例如下：

```
[a@Linux-CentOS-7 ~]$ mypath=`pwd`
[a@Linux-CentOS-7 ~]$ echo My directory is $mypath
My directory is /home/a
```

(3) 倒引号的嵌套应用，倒引号嵌套时必须将内层的一组倒引号用反斜线(\)转义。实例如下：

```
[a@Linux-CentOS-7 ~]$ mypath=`echo My directory is \`pwd\``
[a@Linux-CentOS-7 ~]$ echo $mypath
My directory is /home/a
```

7.3.3 Shell 的命令执行顺序操作符

在前面学习的 Shell 命令中，执行方式大都是每行执行一个命令，而事实上，多条命令可以在一行中出现，顺序执行；相邻命令之间也能存在逻辑关系，即逻辑“与”和逻辑“或”，依次介绍如下。

1. 顺序执行

1) 顺序分隔符(;)

多条命令可以在多行中输入，也可以将这些命令在一行中输入，但各条命令应以分号(;)隔开，如下所示：

```
[a@Linux-CentOS-7 ~]$ cd /home/a; ls -l; cat a.txt
```

2) 管道线(|)

前面已经介绍了管道线，它们的执行也是顺序执行，例如：

```
[a@Linux-CentOS-7 ~]$ who | wc -l | write username1
```

本例的含义是统计在线人数，并把结果以消息形式发送给 username1 用户，它们的执行方式也是顺序执行，只不过是管道方式，即把前面命令的输出当成后面执行命令的输入。

2. 逻辑与(&&)

逻辑与操作符“&&”可把两个或两个以上命令联系在一起。其语法格式为：

```
command1 & command2 & … & commandN
```

功能：先运行 command1，如果运行成功，才运行 command2；否则，若 command1 运行不成功，则不运行 command2。以此类推，只有前 n－1 个命令都正确运行后，第 n 个命令才能运行。实例如下：

```
[a@Linux-CentOS-7 ~]$ cp test1 /home/wdg && cat /home/wdg/test1
```

如果成功复制到要求路径,查看 test1 的内容。应该注意,若命令执行成功,其返回值为 0;若执行不成功,则返回非 0 值。

3. 逻辑或(||)

逻辑或操作符“||”可把两个或两个以上命令联系起来。其语法格式为:

```
command1 || command2 || … || commandN
```

功能:先运行 command1,如果运行不成功,则运行 command2;否则,若 command1 运行成功,则不运行 command2。实例如下:

```
[a@Linux-CentOS-7 ~]$ cp test1 /home/wdg || ls -l
```

如果没有成功复制到要求路径,则查看当前路径内容。

操作符“&&”和“||”实际上可视为管道线上的条件运算符,它们的优先级相同,但都低于“&”(后台操作)和“|”(管道线)。

7.3.4 Shell 中的注释符、反斜线及后台操作符

1. 注释符(#)

与其他编程语言一样,为了让编程者编写的程序或脚本更容易让他人理解,应该养成在程序中添加注释的好习惯,注释用于描述一组特定命令的用途。在 UNIX/Linux 中,使用“#”来进行注释。另外在很多时候,需要简要地说明某个变量或赋值语句的作用,还应该在每个脚本中使用程序头。

这些都是软件工程的实践经验。程序头和注释能帮助将来修改和增强代码的程序员更快地理解这些代码,也有助于程序员理解自己所编写的代码,特别是经过很长一段时间后再重新阅读这些代码的时候。如果没有养成在代码中添加注释,以及为程序分别建立文档的习惯,那么将很难理解和修改在很久以前编写的代码。

注释行(包括程序头的每一行)应该以“#”开头,例如:

```
# This is a comment line.
```

然而,注释很多时候都不是从新行开始,它们可以跟在命令之后。例如:

```
[a@Linux-CentOS-7 ~]$ echo $mypath          #mypath 为已经定义的变量
```

2. 反斜线(\)

反斜线(\)是转义符,它能把特殊字符变成普通字符。例如:

```
[a@Linux-CentOS-7 ~]$ echo "Filename is No\$\*n1"
Filename is No$*n1
```

如果想在字符串中使用反斜线本身，则必须采用“\\”的形式，其中第一个反斜线作为转义符，从而把第二个反斜线变为普通字符。

另外，反斜线还作为续行符使用。如果把它放在一行的行首，那么这一行就和前面的一行被视为同一行，可用于表示长的输入行。

3. 后台操作符(&)

前面的章节已经介绍了进程的后台运行含义，它的格式为命令后加上操作符(&)。例如，有些程序运行需要较长时间，如调用 C 编译 C 语言程序时，如果想在编译的同时做点别的事情，那么就输入命令：

```
[a@Linux - CentOS - 7 ~] $ gc file1.c &
```

即在一条命令后输入“&”，Shell 就在后台启动该程序，并且马上显示主提示符，提醒用户输入新的命令。

利用前后台进程轮流在 CPU 上执行，可以提高工作效率，并且充分地利用了系统资源。

7.4　Shell 编程中的输入输出命令

大家知道，所有的计算机都会执行输入、处理和输出的基本操作过程，而 UNIX/Linux 下的典型命令则包含执行输入输出的基本操作。

7.4.1　Shell 中输入输出的标准文件

Linux/UNIX 中每个命令是以进程的方式运行的，而每个进程运行时自动打开 3 个文件，这些文件称为命令的标准文件，分别用于命令读取输入、输出结果以及输出错误消息，即标准输入文件(stdin)、标准输出文件(stdout)、标准错误输出文件(stderr)。这些文件与执行命令的终端相关联。更明确地说，键盘是标准输入，显示屏是标准输出和标准错误输出。因此，在默认的情况下，每条命令都是从键盘读取输入，并将输出和错误消息发送到显示屏上。通过使用 Linux/UNIX 中文件重定向命令，可以将命令的输入、输出以及错误消息重定向到其他文件中。这就可以将多个命令结合在一起，以完成单个命令不能完成的复杂任务。

7.4.2　Shell 的输入输出重定向命令

1. Shell 的输入重定向命令

输入重定向是通过使用小于号“<”来完成的。它的作用是用解除键盘作为命令“command”的标准输入，并将文件“input-file”作为命令的输入源。这样，如果命令“command”读取的输入来自文件“input-file”，而不是与命令运行终端相连接的键盘，命令被 Shell 解释执行后，就输出到显示器“monitor”上。该命令的语法如下所示，语义如图 7-1 所示。

```
command < input - file
```

实例：Shell 脚本文件 testfile 的解释方法之一。

```
[a@Linux - CentOS - 7 ~] $ sh < testfile
```

以上命令就将 Shell 脚本文件 testfile 的内容作为标准输入，利用 Shell 的解释器解释执行。

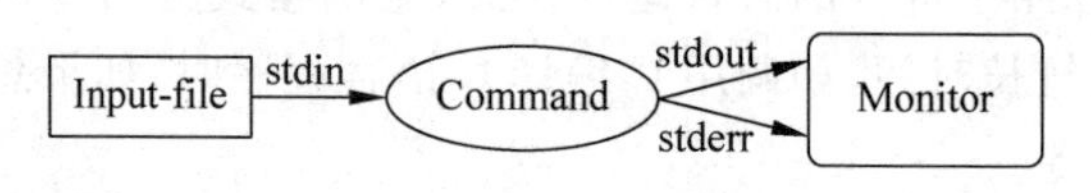

图 7-1 输入重定向的语义说明

图 7-1 中的“stdin”表示标准输入，“stdout”和“stderr”分别表示标准输出和标准错误输出。

2. Shell 的输出重定向命令

输出重定向通过使用大于号“>”来实现。该语法用于将命令“command”输出到文件“output-file”上以取代显示屏。该命令语法的执行语义如图 7-2 所示。

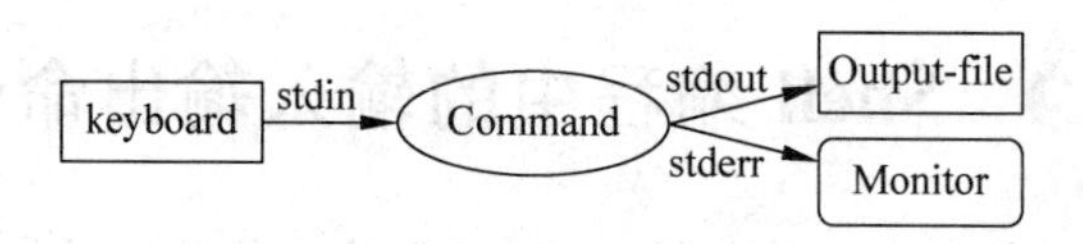

图 7-2 输出重定向的语义说明

其语法格式为：

```
command > output - file
```

实例 1：生成一个 2019 年的日历文件。

```
[a@Linux - CentOS - 7 ~] $ cal 2019 > calendar - file
```

这个命令将命令执行后的输出内容重定向到指定文件中。

实例 2：

```
[a@Linux - CentOS - 7 ~] $ cat > testfile
```

cat 的作用是将其结果发送到标准输出设备上(默认是显示屏)。但对于这条命令，是将命令 cat 的输出送到文件 testfile，以此替代显示屏。因此，执行该命令时，它创建一个名为 testfile 的文件，其内容是用户通过键盘输入信息，直到用户在新行的第一列按 Ctrl+D 组合键以结束输入。如果 testfile 已存在，在默认情况下它将被覆盖。

3. 输出附加定向命令

输出附加定向命令通过使用两个大于号“>>”来实现。它的作用是把命令(或可执行程序)的输出附加到指定文件的后面，文件原有内容不被破坏。其语法格式为：

```
command >> output - file
```

实例：

```
[a@Linux-CentOS-7 ~]$ ls -l >> listfile
```

这个命令的输出附加到文件 listfile 的结尾处。利用“cat listfile”就可看到文件的全部信息，包括原有内容和新添内容。使用输出附加定向符时，如果指定的文件名原来不存在，就创建一个新文件。

4. 标准错误重定向命令

标准错误重定向使用操作符“2 >”，对命令的错误进行重定向。将产生的错误消息发送到文件 error-file 中(不是发送到默认的监视屏)，该命令的语义如图 7-3 所示。命令的输入也可以是命令行参数所指定的文件。

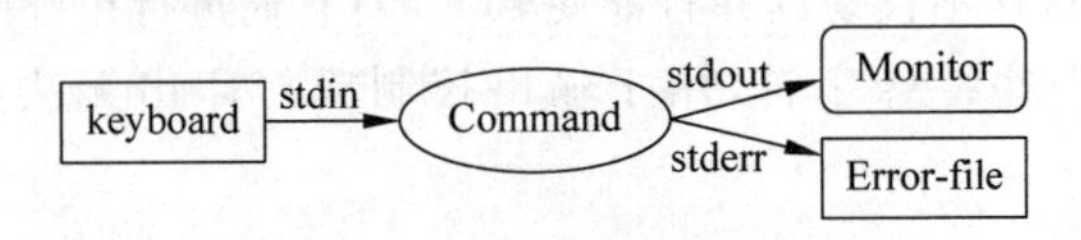

图 7-3 错误重定向的语义说明

其语法格式为：

```
command 2 > error-file
```

实例：

```
[a@Linux-CentOS-7 ~]$ ls -l ./work | grep ex*.c | print 2 > errfile
```

本例的命令是将命令执行后的出错信息重定向到指定文件中，如果没有错误则输出结果在屏幕上显示。

上面几种输入输出重定向可以组合使用，实现一些特定的复杂功能。

7.4.3 Shell 的输入输出命令

Shell 的输入输出命令最常用的有两个，即 read 和 echo，其中，echo 在前面例子中已经多次使用过，下面进行简要说明。

1. read 命令

read 命令是标准的输入命令，可以利用 read 命令由标准输入读取数据，然后赋给指定的变量。其语法格式为：

```
read  变量1 [变量2] …
```

利用 read 命令可交互式地为变量赋值。输入数据时，数据之间以空格或制表符作为分隔符。若变量个数与给定数据个数相同，则依次对应赋值。例如：

```
[a@Linux-CentOS-7 ~]$ read n1 n2
a b <回车>
```

本例中 n1 和 n2 分别赋值为 a 和 b，若变量数少于数据个数，例如：

```
[a@Linux - CentOS - 7 ~] $  read n1 n2
First Second Third <回车>
```

则将“First”赋予 n1，将“Second Third”(即当前字符至换行符之间的所有字符)赋予 n2。若变量个数多于给定数据个数，例如，read n1 n2 n3，用户输入“1 2 <回车>”，则 n1 取值 1，n2 取值 2，而没有输入值与之对应的变量 n3 取空串。

2. echo 命令

echo 命令是将其后的参数在标准输出上输出。各参数之间以空格隔开，以换行符终止。如果数据之间保留多个空格，则要用单引号或双引号把它们引起来。通常，最好用双引号把所有参数引起来，这样不仅易读并且能使 Shell 对它们进行正确的解释。

echo 的参数中有一些特殊字符，用于输出控制或打印出无法显示的字符，如表 7-3 所示。

表 7-3　echo 命令使用的特殊字符

字　　符	含　　义	字　　符	含　　义
\b	退格	\t	水平制表符
\c	不将光标移到下行	\	垂直制表符
\f	换页	\\	反斜线(转义“\”的特殊含义)
\n	换行(光标移到下一行)	\ON	ASCII 码为八进制 N 的字符
\r	回车		

注意：表 7-3 中的特殊符号的转义符功能 echo 命令输出，必须加上“-e”参数。

下面为一个 read 与 echo 的综合例子。

【例 7.6】 建立并执行名为 test7-6 的文件，进行输入输出练习。

```
[a@Linux - CentOS - 7 ~] $  cat test7 - 6                    # 显示文件内容
echo  - e "Enter input:\c"
read line
echo "You entered:  $ line"
echo  - e "Enter another line:\c"
read word1 word2 word3
echo "the first word is: $ word1"
echo "the second word is: $ word2"
echo "the rest words is: $ word3"
exit 0
```

执行结果如下：

```
[a@Linux - CentOS - 7 ~] $  sh test7 - 6
Enter input: Hello welcome to linux world!                   # 加粗部分为键盘输入,下同
You entered: Hello welcome to linux world!
Enter another line: Hello welcome to linux world!
The first word is: Hello                                     # 输出第一个单词
```

```
The second word is: welcome
The rest word is: to linux world!                  # 输出其余的单词
```

读者可对照结果和注释进行理解。

7.5　Shell 程序控制结构语句

Shell 程序类似于其他高级语言，同样具有控制结构。程序的控制结构语句用于决定 Shell 脚本中语句的执行顺序。脚本的控制结构语句有 3 种基本的类型：两路分支、多路分支以及一个或多个命令的循环执行。Linux 的 Bash 中的两路分支语句是 if 语句，多路分支语句是 if 和 case 语句；代码的循环执行语句是 for、while 和 until 语句。

7.5.1　if 语句

Shell 提供了功能丰富的 if 语句，它类似于 C 语言和其他高级语言，是最常用的条件控制语句。if 语句一般是用于两路分支，但也可以用于多路分支。

1. 两路分支的 if 语句

if 语句的最基本形式一般用于两路分支。其语法格式为：

```
if     判断条件
then   命令 1
else   命令 2
fi
```

其中，if、then、else 和 fi 是关键字，若没有 else 行则变为"一路分支"单纯的 if 语句。判断条件包括命令语句和测试语句两种方式。

1）命令语句形式的判断条件

一般命令执行成功与否的判断是：如果命令正常结束，则表示执行成功，其返回值为 0，判断条件为真；如果命令执行不成功，其返回值不等于 0，判断条件为假。如果命令语句形式的判断条件由多条命令组成，那么判断条件以最后一条命令是否执行成功为准。

【例 7.7】 编写一个 Shell 脚本，查找给定的某用户是否在系统中工作。如果在系统中，就发一个问候给他。

```
[a@Linux-CentOS-7 ~]$ cat test7-7                          # 显示该脚本内容
echo "type in the user name"
read user
if who|grep $user
then echo "hello! $user!"|write $user
else echo " $user has not logged in the system"
fi
```

2）测试语句形式的判断条件

测试语句是 Shell 程序最常用的判断条件，它包括字符串测试、文件测试和数值测试。7.5.2 节将详细介绍。下面是一个文件测试的例子。

【例 7.8】 编写一个 Shell 脚本,利用位置参数携带一个文件名,判断该文件在当前目录下是否存在且是一个普通文件。

```
[a@Linux-CentOS-7 ~]$ cat test7-8                    #显示该脚本文件内容
if test -f "$1"
then echo " $1 is an ordinary file"
else echo " $1 is not an ordinary file"
fi
[a@Linux-CentOS-7 ~]$ sh test7-8 aa                  #携带 aa 位置参数执行该脚本文件
aa is an ordinary file
```

本例中的执行结果说明,在当前目录下,aa 文件存在并且是一个普通文件。

2. 多路条件判断分支的 if 语句

在上述的 if 语句两路分支中,再嵌套一组 if 语句两路分支,则可以变成多路条件分支。它可以简写为以下格式。

```
if    判断条件 1
then  命令 1
elif  判断条件 2
then  命令 2
…
else  命令 n
fi
```

其中,elif 是 else if 的缩写。

【例 7.9】 编写一个 Shell 脚本,输入 1~10 之间的一个数,并判断它是否小于 5。

```
[a@Linux-CentOS-7 ~]$ cat test7-9                #显示该脚本内容
echo 'key in a number (1 - 10 ) :'
read a
if [ "$a" -lt 1 -o "$a" -gt 10 ]
then echo " Error Number . "
     exit
elif [ ! "$a" -lt 5 ]
then echo " It's not less 5 . "
else echo " It's less 5 . "
fi
[a@Linux-CentOS-7 ~]$ sh test7-9                 #执行该脚本方式一
key in a number (1 - 10) : 20
Error Number .
[a@Linux-CentOS-7 ~]$ sh test7-9                 #执行该脚本方式二
key in a number (1 - 10) : 6
It's not less 5 .
```

7.5.2 测试语句

测试语句是 Shell 的特有功能,它往往是和各种条件语句结合使用的,如与 if、case、

while 搭配，它在 Shell 编程中起着重要作用，使用频率很高。

大家知道 if 语句，即 if 后加判断条件。在大部分情况下，在 Shell 中使用测试语句来计算判断条件的值。测试语句计算一个表达式的值并返回"真"或"假"。该语句有两种语法格式：一种是使用关键字 test；另一种是使用方括号。其语法格式如下。

格式 1：

```
test expression
```

格式 2：

```
[ expression ]
```

例如，测试位置参数携带的文件名是否在当前目录下已存在并且为普通文件，可写为：

```
test -f "$1"                  #格式 1 写法
[ -f "$1" ]                   #格式 2 写法
```

二者是等效的。同时要注意以下几点。

(1) 如果在 test 语句中使用 Shell 变量，为表示完整，避免造成歧义，最好用双引号将变量引起来。

(2) 在任何一个运算符、圆括号或方括号等操作符的前后至少需要留有一个空格。

(3) 如果需要在下一行继续测试表达式，应该在按下 Enter 键之前加上反斜线(\)，这样 Shell 就会将下一行当作和上一行的接续。

测试语句支持很多运算符，它们用于 3 种形式的测试：文件测试、字符串测试和数值测试，也可以在逻辑上将两个或更多的测试语句连接成更复杂的表达式，大多数 UNIX/Linux 系统上的测试语句都支持运算符的含义。

1. 文件测试

文件测试是判断当前路径下的文件属性及类型，所指的文件一般用变量所代表的文件名表示。文件测试的各个参数及功能如表 7-4 所示。文件测试的实例见例 7.6。

表 7-4　文件测试参数

参　　数	功　　能
-r file	若文件存在并且是用户可读的，则测试条件为真
-w file	若文件存在并且是用户可写的，则测试条件为真
-x file	若文件存在并且是用户可执行的，则测试条件为真
-f file	若文件存在并且是普通文件，则测试条件为真
-d file	若文件存在并且是目录文件，则测试条件为真
-p file	若文件存在并且是 FIFO 文件，则测试条件为真
-s file	若文件存在并且不是空文件，则测试条件为真

2. 字符串测试

有关字符串的测试参数及功能如表 7-5 所示。

表 7-5　字符串测试参数

参　数	功　能
str	如果字符串 str 不是空字符串,则测试条件为真
str1 = str2	如果 str1 等于 str 2,则测试条件为真(注意,"="前后须有空格)
str1 != str2	如果 str1 不等于 str2,则测试条件为真
-n str	如果字符串 str 的长度不为 0,则测试条件为真
-z str	如果字符串 str 的长度为 0,则测试条件为真

实例 1：判断两个变量 s1 和 s2 所代表的字符串是否相等,可以写为：

```
[ "$s1" = "$s2" ]
```

或

```
test "$s1" = "$s2"
```

在引用变量及字符串中,要求用双引号引上。

实例 2：判断变量 s1 是否等于字符串"yes",可以写为：

```
[ "$s1" = "yes" ]
```

或

```
test "$s1" = "yes"
```

3. 数值测试

有关数值的测试参数及功能如表 7-6 所示。

表 7-6　数值测试参数

参　数	功　能
n1 -eq n2	如果整数 n1 等于 n2(n1 = n2),则测试条件为真
n1 -ne n2	如果整数 n1 不等于 n2(n1 <> n2),则测试条件为真
n1 -lt n2	如果 n1 小于 n2(n1 < n2),则测试条件为真
n1 -le n2	如果 n1 小于等于 n2(n1 <= n2),则测试条件为真
n1 -gt n2	如果 n1 大于 n2(n1 > n2),则测试条件为真
n1 -ge n2	如果 n1 大于等于 n2(n1 >= n2),则测试条件为真

实例：判断变量 s1 所代表的数值是否大于 10,可以写为：

```
[ "$s1" -gt 10 ]
```

或

```
test "$s1" -gt 10
```

4. 用逻辑操作符进行组合的测试语句

事实上，判断条件既可以在 if 语句或循环语句中单个使用，也可以通过逻辑操作符组合使用，形成更复杂的表达式。可以在测试语句中使用的逻辑操作符有逻辑与、逻辑或、逻辑非。它们的参数和功能如表 7-7 所示。

表 7-7　构成复杂表达式的运算符

参　数	功　能
!	逻辑非，放在任意逻辑表达式之前，原来真的表达式变为假，原来假的变为真
-a	逻辑与，放在两个逻辑表达式之间，仅当两个逻辑表达式都为真时，结果才为真
-o	逻辑或，放在两个逻辑表达式之间，其中只要有一个逻辑表达式为真时，结果就为真
( )	圆括号，用于将表达式分组，优先得到结果。括号前后应有空格并用转义符“\(”和“\)”

用逻辑操作符进行组合的测试语句实例如下。

(1) 逻辑非。判断变量 s1 所携带的数值不小于等于 0，则其测试语句可以写成以下两种方式。

```
[ ! "$s1" -le 0 ]
! test "$s1" -le 0
```

要求“!”和其他符号之间留有空格。

(2) 逻辑与。判断变量 s1 所代表的文件是普通文件并且具有写的权限，则其测试语句可以写成以下两种方式。

```
[ -f "$s1" -a -w "$s1" ]
test -f "$s1" -a -w "$s1"
```

(3) 逻辑或。判断变量 s1 所代表的数值大于 0 或变量 s2 所代表的数值小于 10，则其测试语句可以写成以下两种方式。

```
[ "$s1" -gt 0 -o "$s2" -lt 10 ]
test "$s1" -gt 0 -o "$s2" -lt 10
```

(4) 圆括号。进行如下数学表达式的测试：0<a<10 且 a<>5，则其测试语句可以写成以下两种方式。

```
[ \( "$a" -gt 0 -a "$a" -lt 10 \) -a "$a" -ne 5 ]
test \( "$a" -gt 0 -a "$a" -lt 10 \) -a "$a" -ne 5
```

要求括号使用转义符“\(”和“\)”并且前后之间留有空格。

实际应用中，测试参数除了与 if 搭配外，还可以和很多控制语句一起结合使用，如 case、while 等。读者根据例子格式可与其他参数进行搭配。

7.5.3　case 语句

在 Shell 编程时，人们往往需要对同一变量进行多次的测试。通过对 7.5.1 节的学习，知道这种情况可以用多个 elif 语句来实现，但是，可以使用一种更简单、简洁的方法，就是用 case 语句。

case 语句允许从几种情况中选择一种情况执行,而且 case 语句不但取代了多个 elif 和 then 语句,还可以用变量值对多个模式进行匹配,当某个模式与变量值匹配后,其后的一系列命令将被执行。Shell 中的 case 语句的功能要比 PASCAL 或 C 语言的 case 或 switch 语句的功能稍强。这是因为在 Shell 中,可以使用 case 语句比较带有通配符的字符串,而在 C 语言中只能比较枚举类型和整数类型的值。Bash 的 case 格式如下。

```
case string1 in
str1)
     commands - list1;;
str2)
     commands - list2;;
...
strn)
     commands - listn;;
esac
```

作用:将 string1 和 str1...strn 比较。如果 str1 和 strn 中的任何一个和 string1 相符合,则执行其后的命令一直到两个分号(;;)结束;如果 str1 和 strn 中没有和 string1 相符合的,则其后的语句不被执行。

其中,str1 和 strn 也称为正则表达式。"..."是默认的 case 条件。case 的实例如下。

【例 7.10】 用 case 语句判断输入的位置参数所携带的字符串是否为匹配一个文件名的字符串。

```
[a@Linux - CentOS - 7 ~]$ cat test7 - 10                    #显示该脚本内容
case $1 in
file) echo "it is a file";;
dir) echo "current directory is `pwd`"
     ls -l;;
*) echo " it is not a filename ";;
esac
[a@Linux - CentOS - 7 ~]$ sh test7 - 10 file                #执行该脚本方式一
it is a file
[a@Linux - CentOS - 7 ~]$ sh test7 - 10 aaa                 #执行该脚本方式二
it is not a filename
```

在使用 case 语句时应注意以下几点。

(1) 每个正则表达式后面可有一条或多条命令,其最后一条命令必须以两个分号(;;)结束。

(2) 正则表达式中可以使用通配符。

(3) 如果一个正则表达式是由多个模式组成的,那么各模式之间应以竖线"|"隔开,表示各模式是"或"关系,即只要给定字符串与其中一个模式相配,就会执行其后的命令表。

【例 7.11】 case 语句的通配符及多个模式组合实例。

```
[a@Linux - CentOS - 7 ~]$ cat test7 - 11                    #显示该脚本内容
case $1 in
[dD]ate) echo "the date is `date`";;
dir|path) echo "current directory is `pwd`";;
```

```
*) echo "bad argument";;
esac
[a@Linux-CentOS-7 ~]$ sh test7-11 Date          #执行该脚本方式一
the date is 2018 年 11 月 16 日 星期五 21:02:58 CST
[a@Linux-CentOS-7 ~]$ sh test7-11 path          #执行该脚本方式二
current directory is /home/a
```

本例“执行该脚本方式一”中携带的位置参数字符串使用了通配符，“执行该脚本方式二”中使用了后面匹配的模式。

(4) 各正则表达式是唯一的，不应重复出现。

(5) case 语句以关键字 case 开头，以关键字 esac 结束。

(6) case 的退出(返回)值是整个结构中最后执行的那个命令的退出值。若没有执行任何命令，则退出值为零。

7.5.4 for 语句

for 语句是程序设计语言循环语句中最常用的一个，但 for 语句在 Bash 中和 C 语言中有所不同。下面是 Bash 中 for 语句的格式。

```
for variable [inargument-list]
do
   command-list
done
```

作用：重复执行 command-list 中的命令，执行次数与 inargument-list 中的单词个数相同。

其中的[inargument-list]部分为可选项，由于它的不同又可有 3 种形式。

(1) [argument-list]为变量值表。

其执行过程为：变量 variable 依次取值表中各字符串，举例如下。

【例 7.12】 将指定的人名用 for 循环依次输出。

```
[a@Linux-CentOS-7 ~]$ cat test7-12                          #显示该脚本内容
for people in Debbie Tom John Kitty Kuhn                    #给出人名
do
   echo " $people"
done
[a@Linux-CentOS-7 ~]$ sh test7-10                           #执行该脚本
Debbie                                                      #循环依次输出
Tom
John
Kitty
Kuhn
```

上面程序的执行过程为：变量 people 依次取值表中各字符串，即第一次将“Debbie”赋给 people 变量，然后进入循环体，执行其中的命令，即显示出 Debbie；第二次将“Tom”赋给 people 变量，然后执行循环体中的命令，显示出 Tom。依次处理，当 in 把值表中各字符串都取过一次之后，下面 people 的值就变为空串，从而结束 for 循环。因此，值表中字符串的个数就决定了 for 循环执行的次数。

(2) [argument-list]为文件的表达式。

其执行过程为:变量的值依次取当前目录(或指定目录)下与文件表达式相匹配的文件名,每取值一次,就进入循环体执行命令表,直到所有匹配的文件名取完为止。举例如下。

【例 7.13】 将当前目录下的所有 *.c 文件用 for 循环依次输出。

```
[a@Linux-CentOS-7 ~]$ cat test7-13
for i in *.c
do
   cat $i | pr
done
```

(3) [argument-list]为空。此种形式中,[argument-list]也可以用 $* 来代替,二者是等价的。执行过程是变量依次取位置参数的值,然后执行循环体中的命令表,直至所有位置参数取完为止。

【例 7.14】 编写 Shell 脚本,第一个位置参数为指定的目录,其后指定的位置参数为第一个位置参数指定目录下的文件,显示这些文件的内容。

```
[a@Linux-CentOS-7 ~]$ cat test7-14
dir=$1;shift
if [ -d $dir ]
then cd $dir
     for name
     do
       if [ -f $name ]
       then cat $name
            echo "End of ${dir}/$name"
       else echo "Invalid file name : ${dir}/$name"
       fi
     done
else echo "Bad directory name: $dir"
fi
```

其中,“for name”语句是“for name in $*”语句的简写,二者是等价的。

7.5.5 while 语句

while 语句又称为 while 循环。根据一个表达式的条件重复执行代码块。while 语句的语法格式为:

```
while expression
do
    command-list
done
```

作用:只要 expression 的值为真,则进入循环体,执行 command-list 中的命令,然后再做条件测试,直到测试条件为假时才终止 while 语句的执行。

根据上面的格式,可以容易地编写出相应的 Shell 程序。举例如下。

【例 7.15】 编写程序，这段程序对各个给定的位置参数，首先判断其是否为普通文件，若是，则显示其内容；否则，显示它不是文件名的信息。每次循环处理一个位置参数 $1，利用 shift 命令可把后续位置参数左移。

```
[a@Linux-CentOS-7 ~]$ cat test7-15
while [ $1 ]
do
        if [ -f $1 ]
        then echo " display : $1 "
                cat $1
        else echo " $1 is not a file name . "
        fi
        shift
done
```

测试条件部分除了使用 test 命令或等价的方括号外，还可以是一组命令，根据其最后一个命令的退出值决定是否进入循环体执行。

【例 7.16】 利用 while 循环输出 1～10 的整数。

```
[a@Linux-CentOS-7 ~]$ cat test7-16                    #显示该脚本的内容
x=1
while [ $x -le 10 ]
do
    echo $x
    x=`expr $x + 1`
done
```

本例中，在循环体中 x 赋值两边是倒引号，expr 是数值运算。

7.5.6　until 语句

until 语句是另一种循环，它的语法类似于 while 语句，但在语义上有所不同。在 while 语句中，只有表达式的值为真时才执行循环体；而在 until 语句中，只在表达式为假时才执行循环体。其语法格式为：

```
until expression
do
    command-list
done
```

作用：只要 expression 的值为假，就执行 command-list 命令。

【例 7.17】 用 until 完成与例 7.16 相同的任务。

```
[a@Linux-CentOS-7 ~]$ cat test7-17                    #显示该脚本的内容
x=1
until [ $x -gt 10 ]
do
    echo $x
    x=`expr $x + 1`
done
```

7.5.7 break 和 continue 语句

break 和 continue 命令用于中断循环体的顺序执行。其中,break 命令将控制转移到 done 后面的命令,因此循环提前结束;continue 命令将控制转移到 done,接着再次计算条件的值,以决定是否继续循环。

1. break 语句

break 命令可以从循环体中退出来。其语法格式为:

```
break [n]
```

其中,n 表示要跳出几层循环。默认值是 1,表示只跳出一层循环。如果 n 为 3,则表示一次跳出 3 层循环。执行 break 时,是从包含它的那个循环体中向外跳出。实例如下。

【例 7.18】 用 while 和 break 语句完成与例 7.16 相同的任务。

```
[a@Linux-CentOS-7 ~]$ cat test7-18                    #显示该脚本的内容
x=1
while true
do
   echo $x
   x=`expr $x + 1`
   if [ "$x" -gt 10 ]
   then break
   fi
done
```

2. continue 语句

continue 命令跳过循环体中在它之后的语句,回到本层循环的开头,进行下一次循环。其语法格式为:

```
continue [n]
```

其中,n 是表示从 continue 语句的最内层循环向外跳出第 n 层循环,默认值为 1。

【例 7.19】 输入一组数,打印除了值为 3 的所有数。

```
[a@Linux-CentOS-7 ~]$ cat test7-19                    #显示该脚本的内容
for i in 1 2 3 4 5 6
do
      if [ "$i" -eq 3 ]
      then continue
      else echo "$i"
      fi
done
[a@Linux-CentOS-7 ~]$ sh test7-19                     #执行该脚本
```

```
1
2
4
5
6
```

7.5.8　算术表达式和退出脚本程序命令

与其他编程语言一样，Shell 也提供了丰富的算术表达式，分述如下。

1. 算术表达式

Shell 提供 5 种基本的算术运算：＋(加)、－(减)、*(乘)、/(除)和%(取模)。Shell 只提供整数的运算。其语法格式为：

```
expr n1 运算符 n2
```

例如：

```
[a@Linux-CentOS-7 ~]$ expr 20 - 10
10
[a@Linux-CentOS-7 ~]$ expr 15 \* 15
225
[a@Linux-CentOS-7 ~]$ expr 15 % 4
3
```

注意：在运算符的前后都留有空格，否则 expr 不对表达式进行计算，而直接输出它们。表示"乘"的运算符前应加一个转义符"*"，并非只是一个"*"。

2. 退出脚本程序命令

在 Shell 脚本中，exit 命令用于立即退出正在运行的 Shell 脚本，并设有退出值。其语法格式为：

```
exit [n]
```

其中，n 为设定的退出值，如果未给定 n 的值，则退出值为最后一个命令的执行状态。

7.5.9　自定义函数

在 Shell 脚本中可以定义并使用函数。其语法格式为：

```
Function()
{
  command-list
}
```

函数应先定义，后使用。调用函数时，直接利用函数名调用。举例如下。

【例 7.20】 自定义一个函数,再进行调用。

```
[a@Linux-CentOS-7 ~]$ cat test7-20                        #显示该脚本的内容
testfile()
{
    if [ -d "$1" ]
      then echo " $1 is a directory . "
      else echo " $1 is not a directory . "
      fi
      echo " End of the function. "
}
testfile /usr/a                                           #把"/usr/a"当成位置参数
[a@Linux-CentOS-7 ~]$ sh test7-20
/usr/a is a directory .                                   #目录"/usr/a"必须先存在
```

注意:函数定义后,在文件中调用此函数时,直接利用函数名,如 testfile,不必带圆括号,就像一般命令那样使用。Shell 脚本与函数之间的参数传递可利用位置参数和变量直接传递。变量的值可以由 Shell 脚本传递给被调用的函数,而函数中所用的位置参数 \$1、\$2 等对应于函数调用语句中的实参,这一点是与普通命令不同的。

通常函数的最后一个命令执行之后就会退出被调用的函数。也可以利用 return 命令立即退出函数,其语法格式为:

```
return [n]
```

其中,n 值是退出函数时的退出值(退出状态),即 \$? 的值。当 n 值默认时,则退出值是最后一个命令执行后的退出值。

7.6 本章小结

本章主要介绍了 Shell 命令和编程中的相关内容,它是前面 Linux 常用命令的延续,如 Shell 输入输出命令,同时通过 Shell 命令及其特有语法规则,可以组织完成较复杂功能的 Shell 程序。

首先要了解 Shell 的主要版本和异同,因为本书以 Linux 讲授,所以 Shell 为 Bash,它与 Conure Shell 非常接近,事实上绝大多数命令都是一致的。要重点掌握 Shell 的语法结构和控制语句等,它与其他高级语言很类似,它与高级语言很不同的特点是 Shell 有测试语句,通过这些基本元素,结合书中实例,读者可自行编写 Shell 脚本来实践。

7.7 思考与实践

1. Shell 脚本的执行都有哪些方法,有何不同?
2. 环境变量与用户自定义变量有何区别?练习定制个人的环境变量。
3. 什么是管道?如何在命令行下使用管道?
4. 什么是重定向?有哪几种重定向方式?

5. 编写一个只供a用户使用的一个新命令hello,除了root用户外,其他用户没有使用这个命令的权限,该命令的功能描述为:查找给定的某用户是否在线,如果在线就发一个问候给他。

6. 编写一个Shell脚本,利用for循环把当前目录下的所有*.c文件复制到指定的目录中,并显示复制后该目录内按文件大小排序的目录文件清单。

7. 编写一个Shell脚本,它把第二个位置参数及其以后的各个位置参数指定的文件复制到第一个位置参数指定的目录中。

8. 编写一个Shell脚本,根据键盘可以循环输入学生成绩(百分制),并显示对应的成绩标准(及格和不及格),按Q键退出,按其他键提示重新输入。

9. 编写一个Shell脚本,完成如下字符图形的输出。

```
0
1 0
2 1 0
3 2 1 0
4 3 2 1 0
5 4 3 2 1 0
6 5 4 3 2 1 0
7 6 5 4 3 2 1 0
8 7 6 5 4 3 2 1 0
9 8 7 6 5 4 3 2 1 0
```

10. 编写一个Shell脚本的安装文件Setup.sh,功能描述为:显示当前目录内的文件,如果有phpMyAdmin.tar.gz文件,则接受键盘提示输入"y/n",输入"y"则把该文件复制到默认站点主目录下解压缩并修改解压缩后的目录名为admin,并提示用户以http://localhost/admin方式访问。

第 8 章 Linux 的网络服务

Linux 作为网络操作系统有着强大的网络服务功能。网络服务器是一台高性能计算机，具有网络管理、运行应用程序、处理网络工作站各成员的信息请示等功能，并连接相应外部设备等。Linux 系统的网络服务的搭建与配置是运维人员必须掌握的重要技能。本章主要介绍 Linux 的网络服务器配置及架设方法。

本章的学习目标

➢ 了解 NFS 网络文件系统，掌握 NFS 网络文件系统架设及挂载方法。

➢ 掌握 Web 服务器的架设方法。

➢ 掌握 FTP 服务器的架设方法及访问方法。

➢ 掌握 Samba 服务器的架设方法。

8.1 网络文件系统

网络文件系统(Network File System，NFS)由 Sun 公司开发，多用于 UNIX 操作系统中，它是连接在网络上的计算机之间共享文件的一种方法。在这种系统上的文件就如同在本地计算机上的硬盘驱动器上一样，类似于 Windows 系统上的“网上邻居”，但 NFS 文件系统更适合以字符命令方式完成网络之间的文件共享。

8.1.1 NFS 概述

NFS 通常在局域网中使用，它的设计是为了在不同的系统之间实现文件的共享。当主机系统把所共享文件进行权限指定后，远程的客户机就可以利用 mount 命令把 remote 所共享的文件系统挂载在自己的文件系统下，在使用远程文件时如同使用本地文件一样方便。

提供文件进行共享的系统称为主机，共享这些文件的计算机称为客户机。一个客户机可以从服务器上挂载一个文件或目录，然而事实上任何计算机都可以作为 NFS 服务器或 NFS 客户机，甚至可以同时作为 NFS 服务器和 NFS 客户机。

1. NFS 的特点

(1) 不占本地工作站的磁盘空间，因为数据通常存放在另一台计算机上，所以可以通过网络访问。

(2) 通过同步写磁盘可以实现分布式处理功能。

(3) 利用字符命令方式，高性能，灵活配置，即可实现远程计算机文件系统的共享。

(4) 扩充新的资源或环境时不需要改变现有的工作环境。

(5) CDROM 和 USB 等存储设备可以在网络上被其他计算机使用,这样减少了整个网络上的可移动介质设备的数量。

(6) 用户不必在每个计算机中都有一个 home 目录,home 目录可以放在 NFS 服务器上,并且在网络上处处可用。

2. 建立 NFS 的工作步骤

(1) CentOS 7 系统实现 NFS 服务功能必须安装 nfs-utils、rpcbind 软件包,系统安装软件包,并启动该服务。

(2) 主机对所提供的共享文件下放权限。

(3) 客户机针对主机下放的权限把远程文件挂载到本地目录上。

8.1.2 NFS 的主机服务器配置及启动

NFS 服务器的配置相对比较简单,只需在相应的配置文件中提供共享文件列表,然后启动 NFS 服务即可。

1. NFS 服务器的配置文件

NFS 服务器的配置文件"/etc/exports",用于配置服务器所提供的共享目录,默认设置为空。如果需要在 NFS 服务器中输出某个目录进行共享,需要在 exports 文件中进行相应的设置。

2. exports 文件配置格式

在 exports 文件中,每行提供一个共享目录的设置,下面是一个设置的实例,内容如下。

```
/home/share  192.168.1.1/200(sync,ro) 192.168.1.210(sync,rw)
/home/public  * (sync,ro)
/home/ftp    192.168.1.11(sync,rw)
```

在 exports 文件的设置中,共享目录和分配给客户机的地址之间用 Tab 键进行分隔,客户机的多个地址之间用空格分隔。

(1) 共享目录。

共享目录设置系统中需要输出作为共享的目录路径,必须使用绝对路径。

(2) 指定客户机的地址。

在 exports 文件中,指定客户机的地址非常灵活,可以是单个客户机的 IP 地址或域名,也可以是指定网段中的客户机,如表 8-1 所示。

表 8-1　指定客户机的地址列表

指定客户机地址	说　明	指定客户机地址	说　明
192.168.1.10	指定 IP 地址的客户机	nfs.wdg.com	指定域名的客户机
192.168.1.10/20	指定网段中的所有客户机	*	所有客户机

(3) 设置选项。

在 exports 文件中的设置选项较多,如表 8-2 所示为常用的设置选项。

表 8-2 exports 文件中常用的设置选项

设置选项	说明
sync	用户之间同步写磁盘,这样不会丢数据,NFS 服务建议使用该选项
ro	输出的共享目录只读,不能与 rw 共同使用
rw	输出的共享目录可读写,不能与 ro 共同使用

3. NFS 服务的启动

无论客户端还是服务端,需要使用 NFS,必须安装 RPC 服务。NFS 的 RPC 服务,在 CentOS 5 版本下名为 portmap,在 CentOS 6 之后版本下名为 rpcbind。启动 NFS 服务必须先启动 rpcbind 服务,再启动 NFS 服务,才能使 NFS 服务正常工作。在对 exports 文件进行设置后,就可以启动 NFS 服务了,如下所示。

```
[root@localhost ~]# systemctl start rpcbind
[root@localhost ~]# systemctl start nfs
```

4. 开放 NFS 服务的端口

CentOS 7 系统的防火墙默认没有开放 NFS 服务的端口号,所以使用 NFS 服务对外进行文件共享,必须开放 NFS 服务相关的端口号,通过执行 rpcinfo 命令可查询到。示例如下。

```
[root@localhost ~]# rpcinfo -p 192.168.1.200
   program vers proto   port  service
    100000    4   tcp    111  portmapper
    100000    3   tcp    111  portmapper
    100000    2   tcp    111  portmapper
    100000    4   udp    111  portmapper
    100000    3   udp    111  portmapper
    100000    2   udp    111  portmapper
    100005    1   udp  20048  mountd
    100005    1   tcp  20048  mountd
     …
    100003    4   tcp   2049  nfs
    100003    4   udp   2049  nfs
    100227    3   udp   2049  nfs_acl
     …
```

从示例中可以看到,NFS 服务的主要端口有以下几种。

(1) portmapper 端口(udp/tcp):111。

(2) nfs 端口(udp/tcp):2049。

(3) mountd 端口(udp/tcp):20048。

其中,mountd 端口号是随机的。

若客户端访问主机的 NFS 服务的共享文件,则必须使主机开放相应的 NFS 服务的端口。示例如下。

```
[root@localhost public]# firewall-cmd --permanent --add-port=111/tcp
success
[root@localhost public]# firewall-cmd --permanent --add-port=2049/udp
success
…
[root@localhost public]# firewall-cmd --reload                    #重新引导防火墙
success
```

注意：在CentOS 7系统中的NFS服务，有的是随机端口号，且每次使用NFS服务的多个端口开放比较麻烦，可以把mountd等随机端口号指定为固定端口号。若用户使用NFS服务不考虑端口号，那么最简单的办法就是使防火墙暂时开放NFS服务。

```
[root@localhost a]# firewall-cmd --add-service=nfs
success
```

5. 显示共享目录状态

在设置了NFS共享目录并正确启动NFS服务后，可以利用showmount命令查看NFS共享目录状态。

```
showmount [-ae] hostname
```

参数说明如下。

-a：在屏幕上显示目前主机与Client所连上的使用目录状态。

-e：显示hostname这台机器的/etc/exports文件中的共享目录。

例如：

```
[root@localhost ~]# showmount -e                    #显示当前本地主机的共享目录
Export list for localhost.localdomain:
/home/public *
/home/ftp     192.168.1.11
/home/share   192.168.1.210
```

8.1.3 客户端挂载NFS文件系统

客户机要想挂载网络中的NFS文件系统，必须查看是否提供给该客户机访问权限，即客户机是否满足NFS主机指定的客户机IP地址范围。如果满足，方可挂载使用。

1. 查看NFS服务输出的共享目录状态

当要扫描某一主机所提供的NFS共享的目录时，使用showmount -e IP(或主机名称hostname)即可。

如果提供NFS服务的主机IP为192.168.1.200，客户机为192.168.1.210，则查看主机NFS所提供的服务信息命令为：

```
[root@localhost ~]# showmount -e 192.168.1.200
Export list for 192.168.1.200:
```

```
/home/public *
/home/ftp     192.168.1.11
/home/share   192.168.1.210
```

从上述内容可以看出,NFS 主机为该客户机提供了两个可共享挂载的目录,即/home/share 和/home/public。

2. 挂载 NFS 服务器中的共享目录

在 NFS 主机指定的客户机上使用 mount 命令挂载 NFS 服务器的共享目录到本地目录上。其语法格式为:

```
mount  NFS服务器地址:共享目录  本地挂载点目录
```

实例:

```
[root@localhost ~]# mount 192.168.1.200:/home/public /mnt/share
```

其中,/mnt/share 是本地的挂载点目录。该目录必须为已建好的空目录,也可以使用其他空目录,挂载后就可以进入该目录来访问共享的网络文件系统了。

另外,还可以使用/etc/fstab 及 autofs 方式来挂载 NFS 文件系统,这里就不做介绍了。

3. 查看及卸载已挂载的目录

NFS 目录正确挂载到本地之后,可以用 mount 命令查看目录的挂载情况。

```
[root@localhost ~]# mount | grep nfs
192.168.1.200:/home/public on /mnt/share type nfs (rw,addr = 192.168.1.200)
```

在不需要使用 NFS 共享目录时,使用 umount 命令卸载已挂载的目录。

```
[root@localhost ~]# umount /mnt/share
```

8.2 Web 服务

Internet 上最热门的服务之一就是 WWW(World Wide Web)服务,Web 服务已经成为很多人在网上查找、浏览信息的主要手段,它是一种交互式图形界面的服务,具有强大的连接信息功能。因为 Web 系统是客户/服务器模式的,所以应该由服务器程序和客户端程序两个部分组成。常用的 Web 服务器有 Apache 及 Microsoft IIS 等,常用的客户端程序有 IE 及 Netscape 等。

Web 服务具有如下特点。

(1) 图形化的,易于导航。

(2) 与平台无关。

(3) 分布式的。

(4) 动态的、交互的。

8.2.1 Apache服务器简介

Apache HTTP Server(简称Apache)是Apache软件基金会的一个开放源码的网页服务器,可以在大多数计算机操作系统中运行,由于其多平台和安全性被广泛使用,因此是最流行的Web服务器端软件之一。它快速、可靠并且可通过简单的API扩展,将Perl/Python等解释器编译到服务器中。它的图标为一个红色的羽毛,如图8-1所示。

图8-1 Apache标志

Apache音译为阿帕奇,在不同的领域有不同的解释。在种族名称上,是北美印第安人的一个部落,叫阿帕奇族;在军事名称上,Apache是一种火力强大的攻击型直升机名称;在信息领域中,Apache是世界使用排名第一的Web服务器,可以运行在几乎所有广泛使用的计算机平台上。

Apache源于NCSAhttpd服务器,经过多次修改,成为世界上最流行的Web服务器软件之一。Apache取自"a patchy server"的读音,意思是充满补丁的服务器,因为它是自由软件,所以不断有人来为它开发新的功能、新的特性,修改原来的缺陷。Apache的特点是简单、速度快、性能稳定。Apache本来只用于小型或试验Internet网络,后来逐步扩充到各种UNIX系统中,尤其对Linux的支持相当完美。Apache有多种产品,可以支持SSL技术,支持多个虚拟主机。它的成功之处主要在于它的源代码开放、有一支开放的开发队伍、支持跨平台的应用(可以运行在几乎所有的UNIX、Windows、Linux系统平台上)及它的可移植性等方面。如果要创建一个每天有数百万人访问的Web服务器,Apache是最佳选择。

8.2.2 Apache服务器的安装及启动

1. 检测与安装Apache

首先检查Linux主机Apache的安装情况,如果已经安装,则出现如下信息。

```
[root@localhost ~]# rpm -qa | grep httpd
httpd-2.4.6-67.el7.centos.x86_64                    #Apache服务器程序
httpd-manual-2.4.6-67.el7.centos.noarch             #Apache用户手册
httpd-devel-2.4.6-67.el7.centos.x86_64              #Apache的开发包
httpd-tools-2.4.6-67.el7.centos.x86_64              #Apache的工具包
```

如果没有检测到软件包,则需要进行安装。一般将CentOS 7安装光盘放入光驱中并挂接加载,或者把安装包下载到本地进行安装,httpd软件包分为rpm版和tar版。如果为tar版,一般都是源码包,需要解压后再进行编译安装,该安装方法参见5.2.4节;rpm版安装执行如下命令。

```
[root@localhost ~]# rpm -ivh httpd-2.4.6-67.i386.rpm
```

也可以利用yum命令直接从网上软件仓库中查询并进行安装,执行如下命令。

```
[root@localhost ~]# yum list httpd                  #查找httpd服务软件
[root@localhost ~]# yum install httpd.x86_64        #查找到后进行安装
```

2. Apache 服务的启动与停止

当安装完 Apache 服务器后,可以使用如下命令查看 Apache 服务"httpd. service"的运行状态。

```
[root@localhost ~]# systemctl status httpd
```

也可以直接重新启动 Apache 服务。

```
[root@localhost ~]# systemctl restart httpd.service
```

注意:执行服务有关命令时其服务的扩展名可以省略。

3. 测试 Apache 服务器运行状态

在终端字符界面下测试,执行如下命令(192.168.1.200 为 Linux 主机的 IP 地址)。

```
[root@wdg-linux-5 ~]# lynx http://192.168.1.200
```

说明:lynx 是 Linux 下的一个终端字符界面下的浏览器,该界面下只能显示字符,该软件包 CentOS 7 系统定制安装时可以选择安装此包。

在异地网络中的 Windows 操作系统下的 IE 浏览器中输入 Linux 操作系统中 Apache 服务器的 IP 地址(需要防火墙开放 80 端口号,详见 11.3.3 小节),连接成功则出现如图 8-2 所示的界面。也可以在本地进入桌面图形环境用 Mozilla Firefox 浏览器进行访问。

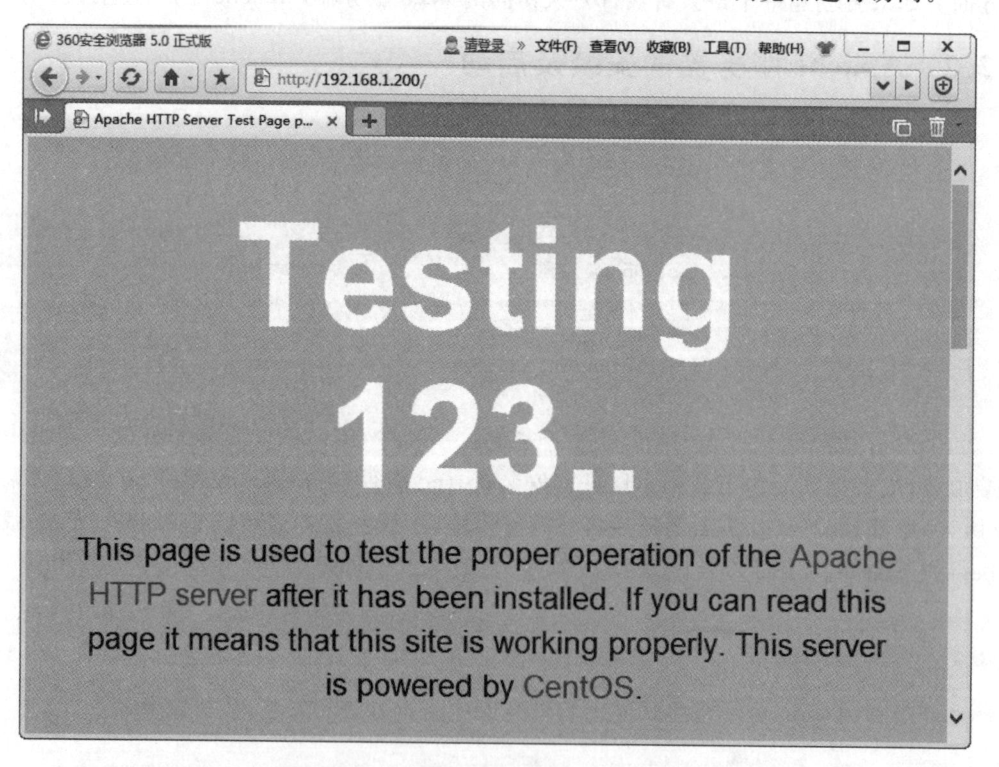

图 8-2 在 Windows 下用 360 浏览器访问 Linux 下 Web 服务器测试页面

8.2.3 Apache服务器的配置

Apache主配置文件为httpd.conf，存储在/etc/httpd/conf目录下，Apache服务器的配置可以直接修改httpd.conf文件，也可以在X窗口中用CentOS 7系统自带的图形化HTTP配置工具来进行配置。

配置文件httpd.conf，所提供的默认配置已经为用户提供了一个良好的模板，基本配置几乎不需要进行修改，但用户应该了解基本配置信息。该文件内容中不区分大小写，“#”为注释，其他为指令及伪HTML标记，除了/etc/httpd/conf/httpd.conf主配置文件外，还有/etc/httpd/conf.d/*.conf等很多附属配置文件。这些附属配置文件功能与主配置文件功能相同。可以用vi编辑器打开配置文件进行配置修改。

1. 默认基本指令配置

下面将CentOS 7系统中的Apache服务在配置文件/etc/httpd/conf/httpd.conf中默认的基本信息汇总，如表8-3所示。

表8-3 Apache默认配置基本信息

配置信息	指令关键字	默认参数	备注说明
服务器的根目录	ServerRoot	/etc/httpd	
管理员邮箱地址	ServerAdmin	root@localhost	
标识服务器名	ServerName	www.example.com:80	禁用则为hostname
根文档目录	DocumentRoot	/var/www/html	
站点主页检索名	DirectoryIndex	index.html	
访问日志文件		logs/access_log	
错误日志文件		logs/error_log	
HTTP端口号	Listen	80	
网页编码设置	AddDefaultCharset	UTF-8	配置中文支持
日志记录等级	LogLevel	warn	默认为警告等级
错误页面导引信息	ErrorDocument	404 /missing.html	常用500、402、404
模块存放路径		modules	
附属配置文件功能	IncludeOptional	conf.d/*.conf	与主配置文件功能等同

2. 默认成组容器器配置

在httpd服务的主配置文件/etc/httpd/conf/httpd.conf中，除了关键字指令配置信息外，还有类似于伪HTML的成组容器器配置信息。常用的有以下几种。

(1) 设置httpd服务的网站目录访问权限。

```
<Directory "/var/www/html">
    Options Indexes FollowSymLinks        #找不到主页时以目录方式呈现，并允许链接
    AllowOverride None                    #none不使用.htaccess控制，all允许
    Require all granted                   #granted表示运行所有访问，denied拒绝
</Directory>
```

(2) 防止用户看到以“.ht”开头的预设文件，如保护“.htaccess”“.htpasswd”等文件设置的用户名及密码等内容。

```
<Files ".ht*">
    Require all denied                          #denied 表示拒绝所有访问
</Files>
```

(3) 设置站点全局的索引页,包括虚拟目录、用户站点及其子目录等。

```
<IfModule dir_module>
    DirectoryIndex index.html                   #设置站点全局的索引页
</IfModule>
```

3. 使用基本指令配置

(1) Web 站点主目录。

在配置文件/etc/httpd/conf/httpd.conf 中,检索指令关键字 DocumentRoot,可以看到如下信息。

```
DocumentRoot "/var/www/html"
```

Apache 配置文件默认的 Web 站点主目录在/var/www/html 中,在该目录中建立 Web 站点,如访问该目录下的站点子目录 teach 下的网页 default.html,则在浏览器中访问地址为 http://192.168.1.200/teach/default.html(其中,192.168.1.200 为 Web 站点服务器主机 IP 地址)。

(2) Web 站点主页检索列表设置。

站点主页就是访问站点默认的起始页,一般情况下,访问站点只输入站点域名或 IP 地址即可,如访问“网易”站点,输入“http://www.163.com”即可浏览。实际上访问的页面可能是 http://www.163.com/index.html,而用户不用输入主页名即可浏览。浏览该站的第一个页面即为主页或起始页,Web 服务器一般已经设置好网站访问的主页检索列表。

在配置文件 httpd.conf 中,检索指令关键字 DirectoryIndex,可以看到如下信息。

```
DirectoryIndex index.html
```

默认站点主页检索文件列表为一个 index.html 文件,若多个文件则用空格隔开,检索顺序依次从左到右,当然用户可以重新设置修改,如添加对 index.php、index.htm、default.htm 3 个文件的检索可以把该行信息更改如下。

```
DirectoryIndex index.html index.php index.htm default.htm
```

更改完后保存该配置文件,若要立即生效则必须重新启动 httpd 服务,如执行如下命令。

```
[root@localhost ~]# systemctl restart httpd.service
```

例如,当某用户请求网页 http://192.168.1.200/student/时,会得到服务器中设置的目录主页检索列表所提供的检索文件信息，服务器会试图寻找 DirectoryIndex 指令中列出的文件，并提供它所找到的第一个文件。如果没有找到列表提供的任何文件，服务器默认就会生成并返回一个 HTML 格式的站点目录列表，列出该目录下的子目录和文件，如图 8-3 所示。

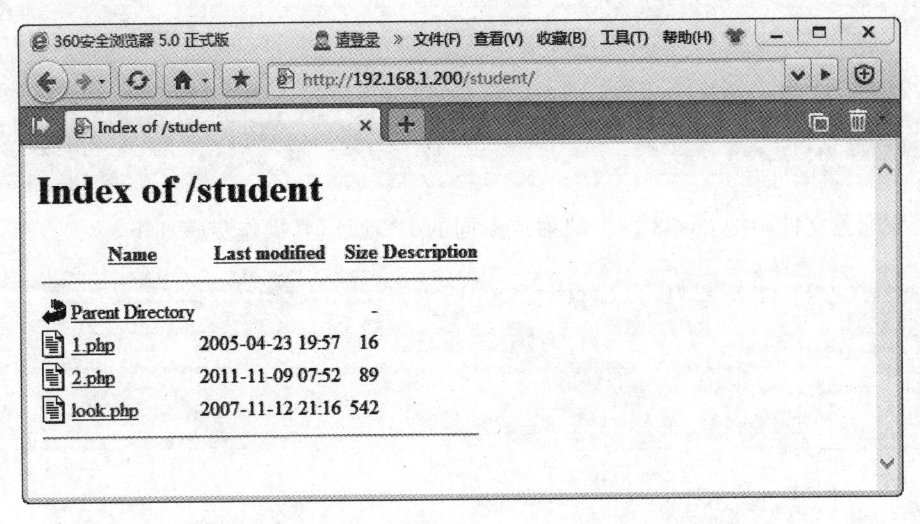

图 8-3 无默认检索的主页时列出的 Web 站点目录及文件列表

8.2.4 搭建虚拟主机

虚拟主机，也称“网站空间”，就是把一台运行的 Web 服务器划分为多个“虚拟”服务器，一台物理服务器通过不同的访问地址，访问不同的 Web 空间，使用户感觉有多个对外的 Web 服务器。虚拟主机一般有以下 3 种类型。

（1）基于 IP 的虚拟主机：要求主机配有多个 IP 地址，并为每个 Web 站点分配唯一的 IP 地址，对外用户通过不同的 IP 访问不同的 Web 站点。

（2）基于端口号的虚拟主机：要求不同的 Web 站点通过不同的端口号监听，这些端口号不能和系统其他端口号重复，以免发生冲突。对外用户通过不同的端口号访问不同的 Web 站点。

（3）基于主机名的虚拟主机：要求主机配有多个主机名，并为每个 Web 站点分配一个主机名。对外用户通过不同的主机名访问不同的 Web 站点。

1. 基于 IP 的虚拟主机配置

基于 IP 的虚拟主机，是先把一块网卡映射成多个 IP 地址，然后在配置文件中配置其不同的 IP 对应不同的主机本地地址。其操作步骤如下。

（1）设置多个 IP。

使用 ifconfig 命令可以为一块网卡绑定多个不同的虚拟 IP 地址，详见 5.3.2 节中的 ifconfig 命令。但是该方法所绑定的不同 IP 只是临时的，下次服务器重新启动则该虚拟 IP 失效，所以采用永久方式来设定给一块网卡分配多个 IP 地址。首先查看网卡的 IP 配置信息。

```
[root@localhost ~]# cat /etc/sysconfig/network-scripts/ifcfg-ens33
…
BOOTPROTO=static
NAME=ens33
UUID=28c10bf8-2d23-4bd4-af87-8b517aa8ec05
DEVICE=ens33
ONBOOT=yes
IPADDR=192.168.1.200                              #ens33 网卡的 IP
GATEWAY=192.168.1.1
NETMASK=255.255.255.0
```

在该配置文件中把 ens33 网卡映射成不同的 IP 地址,其操作步骤如下。

```
[root@localhost ~]# vi /etc/sysconfig/network-scripts/ifcfg-ens33
…
BOOTPROTO=static
NAME=ens33
UUID=28c10bf8-2d23-4bd4-af87-8b517aa8ec05
DEVICE=ens33
ONBOOT=yes
IPADDR=192.168.1.200
IPADDR1=192.168.1.201                      #添加 IP1
IPADDR2=192.168.1.202                      #添加 IP2
GATEWAY=192.168.1.1
NETMASK=255.255.255.0
```

更改完后存盘,重新启动网卡并检查 IP。

```
[root@localhost ~]# systemctl restart network
[root@localhost ~]# ip addr                              #查看 IP 地址
…
2: ens33: <BROADCAST,MULTICAST,UP,LOWER_UP> mtu 1500 qdisc pfifo_fast state UP
    link/ether 00:0c:29:ea:01:d0 brd ff:ff:ff:ff:ff:ff
    inet 192.168.1.200/24 brd 192.168.1.255 scope global ens33
       valid_lft forever preferred_lft forever
    inet 192.168.1.201/24 brd 192.168.1.255 scope global secondary ens33
       valid_lft forever preferred_lft forever
    inet 192.168.1.202/24 brd 192.168.1.255 scope global secondary ens33
       valid_lft forever preferred_lft forever
    inet6 fe80::e6da:18bc:a93d:f6c6/64 scope link
       valid_lft forever preferred_lft forever
```

测试新 IP 是否生效:

```
[root@localhost ~]# ping -c 4 192.168.1.201
PING 192.168.1.201 (192.168.1.201) 56(84) bytes of data.
64 bytes from 192.168.1.201: icmp_seq=1 ttl=64 time=8.17 ms
64 bytes from 192.168.1.201: icmp_seq=2 ttl=64 time=0.058 ms
64 bytes from 192.168.1.201: icmp_seq=3 ttl=64 time=0.058 ms
```

```
64 bytes from 192.168.1.201: icmp_seq = 4 ttl = 64 time = 0.057 ms

--- 192.168.1.201 ping statistics ---
4 packets transmitted, 4 received, 0 % packet loss, time 3003ms
rtt min/avg/max/mdev = 0.057/2.086/8.172/3.513 ms
```

(2) 建立基于 IP 方式的虚拟主机存放站点的根目录，并创建首页 index. html 文件。

```
[root@localhost ~]# cd /var/www
[root@localhost www]# mkdir 201
[root@localhost www]# mkdir 202
[root@localhost www]# echo "192.168.1.201's Web Site." > 201/index.html
[root@localhost www]# echo "192.168.1.202's Web Site." > 202/index.html
```

(3) 编辑每个 IP 的不同配置文件。

在服务器的根目录/etc/httpd/下，创建一个虚拟主机配置文件目录 vhost，在该目录下分别创建 201. conf、202. conf 两个虚拟主机 IP 配置文件，再在主配置 httpd. conf 文件中包含这两个虚拟主机 IP 配置文件即可。其操作步骤如下。

```
[root@localhost ~]# cd /etc/httpd
[root@localhost httpd]# mkdir vhost
[root@localhost httpd]# vi vhost/201.conf            #配置 192.168.1.201 虚拟主机
<VirtualHost 192.168.1.201>
    DocumentRoot "/var/www/201"                      #指定其对应的主机本地目录地址
    DirectoryIndex index.html
    <Directory "/var/www/201/">
        Options Indexes FollowSymLinks
        AllowOverride None
        Require all granted
    </Directory>
</VirtualHost>
[root@localhost httpd]# vi vhost/202.conf            #配置 192.168.1.202 虚拟主机
<VirtualHost 192.168.1.202>
    DocumentRoot "/var/www/202"
    DirectoryIndex index.html
    <Directory "/var/www/202/">
        Options Indexes FollowSymLinks
        AllowOverride None
        Require all granted
    </Directory>
</VirtualHost>
```

编辑完以上两个配置文件后，再利用 vi 编辑器打开主配置 httpd. conf 文件，在结尾处添加如下信息。

```
[root@localhost httpd]# vi conf/httpd.conf
…
IncludeOptional vhost/*.conf                         #包含虚拟主机 IP 方式的配置文件
[root@localhost httpd]# systemctl restart httpd      #重新启动服务使配置生效
```

(4) 测试虚拟主机主页。

完成以上操作后,就可以测试基于 IP 方式的虚拟主机了,在异地的客户机打开浏览器输入新的 IP 地址 192.168.1.201,测试结果如图 8-4 所示。同样,另一个虚拟主机测试地址为 192.168.1.202。

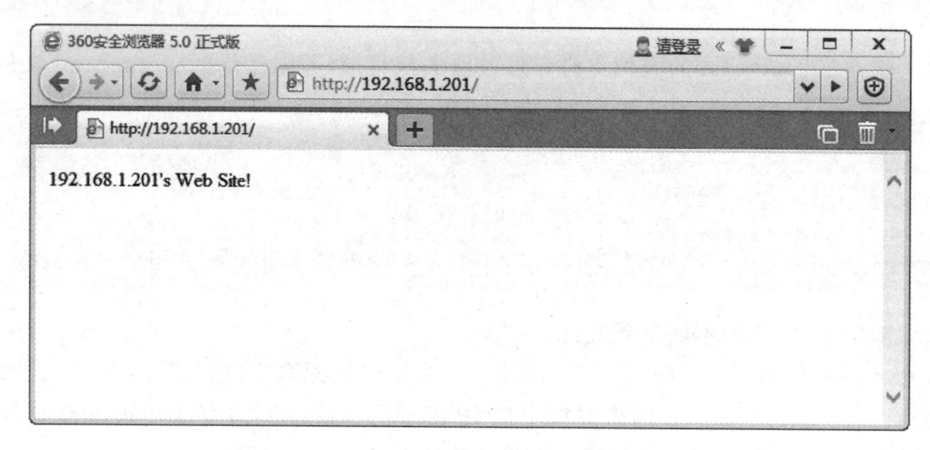

图 8-4　基于 IP 方式的虚拟主机测试页面

2. 基于端口号的虚拟主机配置

基于端口号的虚拟主机,系统只有一个 IP 地址,通过其不同的端口号映射成不同的主机本地地址。假设主机的 IP 为 192.168.1.200,需要配置的虚拟主机端口号分别为 8081 和 8082。其操作步骤如下。

(1) 在主配置文件中加入不同监听端口号。

在主配置 httpd.conf 文件中的结尾处加入如下内容。

```
Listen 192.168.1.200:8081                    #新加入 8081 端口配置信息
Listen 192.168.1.200:8082                    #新加入 8082 端口配置信息
IncludeOptional vhost/*.conf                 #原先包含配置文件保留
```

(2) 建立基于端口号方式的虚拟主机存放站点的根目录,并创建首页 index.html 文件。

```
[root@localhost ~]# cd /var/www
[root@localhost www]# mkdir 8081
[root@localhost www]# mkdir 8082
[root@localhost www]# echo "port 8081's Web Site." > 8081/index.html
[root@localhost www]# echo "port 8082's Web Site." > 8082/index.html
```

(3) 编辑每个端口号的不同配置文件。

同样在服务器的根目录/etc/httpd/下,创建一个虚拟主机配置文件目录 vhost,并在该目录下分别创建 8081.conf 和 8082.conf 两个虚拟主机基于不同端口号的配置文件。因为在上一个基于 IP 方式的配置文件也在 vhost 目录下,且在主配置 httpd.conf 文件中包含该虚拟主机目录的配置文件,所以这部分不用配置。其操作步骤如下:

```
[root@localhost ~]# cd /etc/httpd
[root@localhost httpd]# vi vhost/8081.conf                    #配置 8081 端口号的虚拟主机
<VirtualHost 192.168.1.200:8081>
    DocumentRoot "/var/www/8081"                              #指定其对应的主机本地目录地址
    DirectoryIndex index.html
    <Directory "/var/www/8081/">
       Options Indexes FollowSymLinks
       AllowOverride None
       Require all granted
    </Directory>
</VirtualHost>
[root@localhost httpd]# vi vhost/8082.conf                    #配置 8082 端口号的虚拟主机
<VirtualHost 192.168.1.200:8082>
    DocumentRoot "/var/www/8082"
    DirectoryIndex index.html
    <Directory "/var/www/8082/">
       Options Indexes FollowSymLinks
       AllowOverride None
       Require all granted
    </Directory>
</VirtualHost>
```

(4) 测试虚拟主机主页。

完成以上操作,需要防火墙开放新的端口号,以及重新启动 httpd 服务,就可以测试基于端口号方式的虚拟主机了。

```
[root@localhost ~]# firewall-cmd --permanent --add-port=8081/tcp  #开放 8081 端口
Success
[root@localhost ~]# firewall-cmd --permanent --add-port=8082/tcp  #开放 8082 端口
success
[root@localhost ~]# systemctl restart firewalld               #修改配置后要重启防火墙
[root@localhost ~]# systemctl restart httpd.service           #再重新启动 httpd 服务
```

在异地的客户机打开浏览器输入新的 IP 地址 192.168.1.200:8081,测试结果如图 8-5 所示。

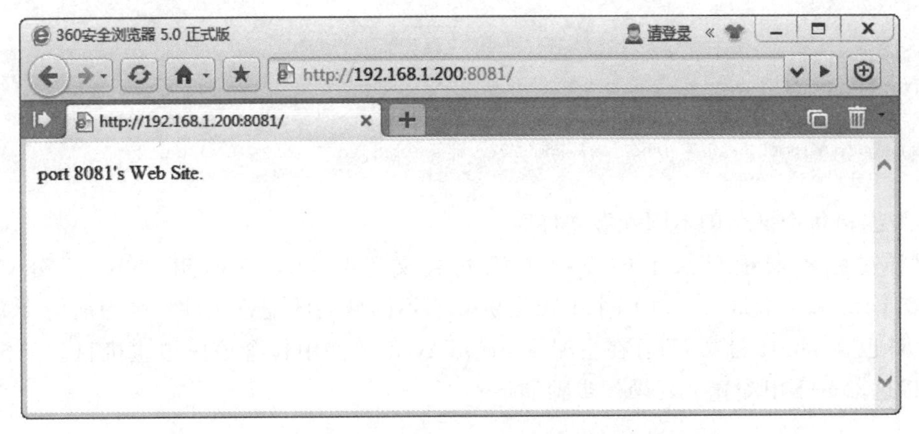

图 8-5　基于端口号方式的虚拟主机测试页面

3. 基于域名方式的虚拟主机配置

基于域名方式的虚拟主机也称为基于不同主机名的虚拟主机,其方法是在本地主机上的 hosts 文件中同一个 IP 注册对应不同的域名,并在 Apache 的配置文件中不同的域名映射成其对应不同的主机本地地址。假设主机的 IP 为 192.168.1.200,其操作步骤如下。

(1) 在网卡上设置成新的虚拟网卡地址。

```
[root@localhost ~]# ifconfig ens33:5 192.168.1.205/24          #建立新的虚拟 IP
[root@localhost ~]# ip addr                                    #查看 IP
…
2: ens33: <BROADCAST,MULTICAST,UP,LOWER_UP> mtu 1500 qdisc pfifo_fast state UP
    link/ether 00:0c:29:ea:01:d0 brd ff:ff:ff:ff:ff:ff
    inet 192.168.1.200/24 brd 192.168.1.255 scope global ens33
       valid_lft forever preferred_lft forever
    inet 192.168.1.201/24 brd 192.168.1.255 scope global secondary ens33
       valid_lft forever preferred_lft forever
    inet 192.168.1.202/24 brd 192.168.1.255 scope global secondary ens33
       valid_lft forever preferred_lft forever
    inet 192.168.1.205/24 brd 192.168.1.255 scope global secondary ens33:5
       valid_lft forever preferred_lft forever
    …
```

此方法建立的新的虚拟 IP 地址为 192.168.1.205,是临时的 IP,若要建立永久 IP,参照本节中的“基于 IP 的虚拟主机配置”中“设置多个 IP”的方法。

(2) 同一个 IP 映射成多个不同的主机名。

用 vi 编辑/etc/hosts 文件,添加如下信息。

```
[root@localhost ~]# vi /etc/hosts
192.168.1.205   www.wdg201.com
192.168.1.205   www.wdg202.com
```

(3) 建立基于域名方式的虚拟主机存放站点的根目录,并创建首页 index.html 文件。

```
[root@localhost ~]# cd /var/www
[root@localhost www]# mkdir wdg201
[root@localhost www]# mkdir wdg202
[root@localhost www]# echo "www.wdg201.com's Web Site." > wdg201/index.html
[root@localhost www]# echo "www.wdg202.com's Web Site." > wdg202/index.html
```

(4) 编辑每个域名的不同配置文件。

同样在服务器根目录下的虚拟主机配置文件目录/etc/httpd/vhost 下分别创建 wdg201.conf 和 wdg202.conf 两个虚拟主机基于不同域名的配置文件。因为前两个方式的配置文件也在 vhost 目录下,且在主配置 httpd.conf 文件中包含该虚拟主机目录的配置文件,所以这部分不用配置。其操作步骤如下。

```
[root@localhost ~]# cd /etc/httpd
[root@localhost httpd]# vi vhost/wdg201.conf              #配置 www.wdg201.com 的虚拟主机
<VirtualHost 192.168.1.205>
    ServerName www.wdg201.com                              #指定主机名
    DocumentRoot "/var/www/wdg201"                         #指定其对应的主机本地目录地址
    DirectoryIndex index.html
    <Directory "/var/www/wdg201/">
        Options Indexes FollowSymLinks
        AllowOverride None
        Require all granted
    </Directory>
</VirtualHost>
[root@localhost httpd]# vi vhost/wdg202.conf              #配置 www.wdg.202.com 的虚拟主机
<VirtualHost 192.168.1.205>
    ServerName www.wdg202.com
    DocumentRoot "/var/www/wdg202"
    DirectoryIndex index.html
    <Directory "/var/www/wdg202/">
        Options Indexes FollowSymLinks
        AllowOverride None
        Require all granted
    </Directory>
</VirtualHost>
```

(5) 测试虚拟主机主页。

完成以上操作，需要重新启动 httpd 服务，就可以测试基于域名方式的虚拟主机了，但是虚拟主机域名 www.wdg201.com 和 www.wdg202.com 这两个域名并没有注册，所以在异地 Windows 下不能直接使用这两个域名。但可以通过 IP 地址访问，以及通过 SSH 终端使用 curl 命令访问，测试结果如下。

```
[root@localhost ~]# systemctl restart httpd.service         #再重新启动 httpd 服务
[root@localhost ~]# curl www.wdg201.com
www.wdg201.com's Web Site.
```

以上是 3 种方式的虚拟主机建立方法示例，建立的这 3 种方式的虚拟主机并不冲突，可以按照这 3 种方式同时访问不同的虚拟主机。

8.2.5 个人 Web 站点的发布

Apache HTTP 服务器允许 Linux 用户发布个人站点，用户对自己的个人 Web 站点拥有全部权限。默认情况下，服务器没有开通个人网站功能。要开通个人网站功能，需要 root 用户进行配置。其操作步骤如下。

1. 配置文件

用 vi 编辑器编辑用户配置文件/etc/httpd/conf.d/userdir.conf，修改如下配置信息。

```
<IfModule mod_userdir.c>
    UserDir disable root                    #基于安全考虑,禁止 root 用户使用自己的站点
    UserDir public_html                     #去掉前面的"#"符号,设置每个用户的 Web 站点目录
</IfModule>
//设置每个用户的 Web 站点目录的访问权限,将下面配置行前的"#"去掉
<Directory "/home/*/public_html">
    AllowOverride None                      #修改为 None,不使用.htaccess 控制
    Options None                            #修改为 None,不使用访问控制 Options 参数定义的选项
    Require method GET POST OPTIONS
</Directory>
```

配置完成后存盘退出,重新启动 httpd:

```
[root@localhost ~]# systemctl restart httpd
```

2. 用户创建个人 Web 站点

下面以 wdg 用户为例,创建个人 Web 站点。其执行步骤如下:

```
//回到 wdg 用户环境目录下
[root@localhost ~]# su - wdg
//创建个人站点目录 public_html
[wdg@localhost ~]$ mkdir public_html
//退到 wdg 目录外,修改 wdg 目录的权限
[wdg@localhost ~]$ cd ..
[wdg@localhost ~]$ chmod 711 wdg
//进入个人 Web 站点
[wdg@localhost ~]$ cd ~/public_html
//用 vi 编辑器创建站点主页内容为"User1's Web Site." 的 index.html 文件
[wdg@localhost ~]$ vi index.html
```

3. 测试发布的个人站点

使用客户端浏览器访问自己的主页,如图 8-6 所示。若主机 IP 地址为 192.168.1.200,用户名为 wdg,访问以上所创建的 index.html 主页文件,则地址栏中输入的地址为 http://192.168.1.200/~wdg/。

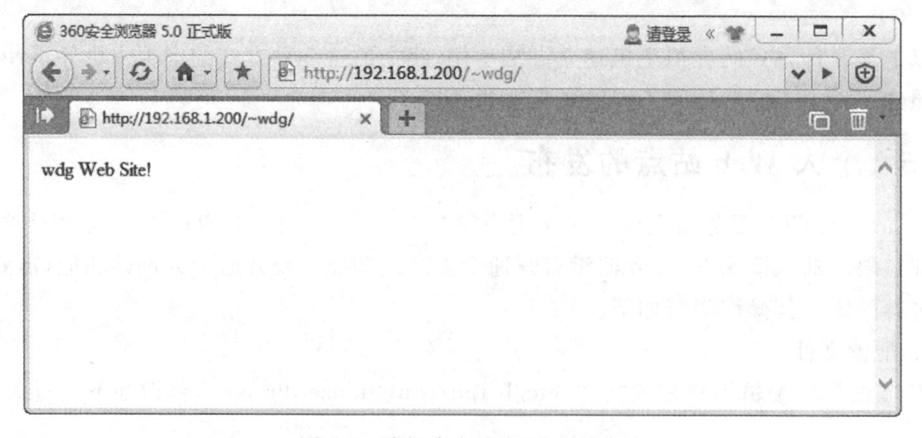

图 8-6 访问个人用户 Web 站点

注意：若以上访问被拒绝，则需要把 SELinux 的访问控制放开，执行如下命令。

```
[root@localhost vhost]# setenforce 0          #放开 SELinux 访问控制
[root@localhost vhost]# getenforce            #查看 SELinux 状态
Permissive                                     #许可状态
```

8.3 FTP 服务

通过网络来传输文件一直是一项很重要的工作，不但可以实现文件的下载上传，而且可以设置不同的用户访问权限，并支持大文件的断点续传功能。例如，把在本地计算机上设计的网站文件上传到远程的 Web 服务器主机上，就可以使用 FTP 服务，根据用户名及密码访问远程主机所提供的 FTP 目录。采用这种方法，用户不需要使用 Telnet 登录到远程主机进行工作，这样就使 Web 服务器上的文件更新工作变得非常轻松。

8.3.1 FTP 简介

1. FTP 服务

文件传输协议(File Transfer Protocol，FTP)是 Internet 上用来传送文件的协议，并且是 TCP/IP 协议组中的协议之一。它是为了能够在 Internet 上互相传送文件而制定的文件传送标准，规定了在 Internet 上文件如何传送。该协议是 Internet 文件传送的基础，它由一系列规格说明文档组成，目标是提高文件的共享性，提供非直接使用远程计算机，使存储介质对用户透明和可靠高效地传送数据。也就是说，通过 FTP 协议，就可以完成两台计算机之间的复制。从远程计算机复制文件至自己的计算机上，称为“下载(download)”文件；若将文件从自己计算机中复制至远程计算机上，则称为“上传(upload)”文件。在 TCP/IP 协议中，FTP 标准命令 TCP 端口号为 21，Port 方式数据端口号为 20。

2. FTP 服务器和客户端

同大多数 Internet 服务一样，FTP 也是一个客户/服务器系统。用户通过一个客户机程序连接至在远程计算机上运行的服务器程序。依照 FTP 提供服务，进行文件传送的计算机就是 FTP 服务器；而连接 FTP 服务器，遵循 FTP 与服务器传送文件的计算机就是 FTP 客户端。

以下载文件为例，当用户启动 FTP 从远程计算机复制文件时，实际上启动了两个程序：一个是本地机上的 FTP 客户程序，它向 FTP 服务器提出复制文件的请求；另一个是启动在远程计算机上的 FTP 服务器程序，它响应用户的请求把其指定的文件传送到用户的计算机中。用户端要在自己的本地计算机上安装 FTP 客户程序。FTP 客户程序有字符界面和图形界面两种。字符界面的 FTP 的命令复杂、繁多；图形界面的 FTP 客户程序，操作上要简洁方便得多。

3. FTP 用户授权

一般来说，要使用 FTP 服务器，必须经过 FTP 服务器的授权认证后，才能登录 FTP 服务器进行传输文件。根据 FTP 服务器提供的服务对象不同，可以将 FTP 服务的使用者分成以下 3 类。

(1) 本地用户。如果用户在远程 FTP 服务器上拥有账号,用户为本地用户。本地用户可以通过输入自己的账号和密码进行登录。当登录成功后,其登录目录为系统提供给该用户的根目录($ HOME),如/home/user1,用户利用 FTP 访问该目录如同在本地一样,可以下载及上传文件。

(2) Guest 用户。当 FTP 服务器为某些特定用户提供公共账号和密码,且此账号只能用于文件传输服务时,其登录的目录为指定的目录,此用户类别为 Guest 用户。通常情况下,为该用户群提供文件下载及上传功能。

(3) 匿名用户。如果用户在远程的 FTP 服务器上没有自己的账号,则称此用户为匿名用户。若 FTP 服务器提供匿名访问功能,则匿名用户可以通过输入 anonymous 用户名和空的口令来进行登录。一般情况下,匿名登录的 FTP 服务器只提供文件下载功能。匿名 FTP 一直是 Internet 上获取信息资源的最主要方式。

4. FTP 的传输模式

FTP 的传输模式有两种:ASCII 传输模式和二进制数据传输模式。

(1) ASCII 传输模式。假定用户正在复制的文件包含简单 ASCII 码文本,如果在远程机器上运行的不是 UNIX,当文件传输时 FTP 通常会自动地调整文件的内容以便把文件解释成另外那台计算机存储文本文件的格式。但是常常有这样的情况,用户正在传输的文件包含的不是文本文件,它们可能是程序、数据库、字处理文件或压缩文件(尽管字处理文件包含的大部分是文本,但是也包含有指示页尺寸、字库等信息的非打印字符)。在复制任何非文本文件之前,用 binary 命令告诉 FTP 逐字复制,不要对这些文件进行处理,这也是下面要讲的二进制数据传输。

(2) 二进制数据传输模式。在二进制数据传输中,保存文件的位序,以便原文件和复制文件是逐位一一对应的。如果用户在 ASCII 方式下传输二进制文件,即使不需要仍会转译。这会使传输稍微变慢,也会损坏数据,使文件变得不能用。在大多数计算机上,ASCII 传输模式一般假设每一字符的第一有效位无意义,因为 ASCII 字符组合不使用它。如果用户传输二进制文件,所有的位都是重要的。如果用户知道这两台机器是同样的,则二进制数据传输模式对文本文件和数据文件都是有效的。

8.3.2 Linux 下的 FTP 服务器

1. Wu-ftpd

Wu-ftpd 是大多数的 Linux 操作系统选用最多的 FTP 服务器端软件,它是一个著名的、历史最久的、使用最广泛的非商业 FTP 服务器软件之一,遵守 GPL 条款,全称为 Washington University FTP,简称 Wu-ftpd。它功能强大,能够很好地运行在众多的 UNIX 操作系统中。Wu-ftpd 具有以下主要特点。

(1) 可以对不同网络上的计算机做不同的存取限制。

(2) 可以在文件的上传、下载的同时对文件做自动压缩及解压缩操作。

(3) 可以动态监测文件传输的相关信息,并记录文件上传、下载时间。

(4) 可以设置最大连接数,提高了效率,有效地控制负载。

2. Proftpd

Proftpd是在自由软件基金会的版权声明(GPL)下开发的免费软件,它设计的初衷是实现一个安全易于设定的FTP服务软件,是对Wu-ftpd的漏洞改进开发的,并增加了很多功能。但很快就发现必须对Wu-ftpd全部重新写代码才能弥补欠缺,所以现在的Proftpd是完全独立并且功能完整的FTP服务器软件。它具有以下主要特点。

(1) 具有单一的主配置文件,容易设定配置。

(2) 可以对每个目录都进行特殊的权限设定。

(3) 可以设定多个虚拟的FTP服务器。

(4) 可以根据负载将每个用户设定为独立进程。

(5) 系统可以对用户上传的文件进行权限设定,自动阻止外部程序在FTP服务器上执行,以免造成安全漏洞。

3. vsftpd

vsftpd是一个基于GPL发布的类UNIX系统上使用的FTP服务器软件,其中,vs是"very secure"的缩写,是基于文件安全、稳定传输而设计的。使用ASCII传输模式下载数据时,vsftpd的速度是Wu-ftp的两倍,且vsftpd可以支持15 000个并发用户。vsftpd具有以下主要特点。

(1) 它是一个安全、稳定、高速的FTP服务器。

(2) 可以设定多个基于不同IP的虚拟FTP服务器。

(3) 不执行任何外部程序,相对降低了安全隐患。

(4) 支持虚拟用户,并且每个虚拟用户具有独立的配置。

(5) 支持宽带限制等。

8.3.3 FTP服务器的配置

因为vsftpd是CentOS 7自带的FTP服务器程序,所以本节以vsftpd为例讲解FTP服务器的配置方法。

1. vsftpd服务的安装与启动

(1) 安装。

首先检查vsftpd服务的安装情况,可以使用如下命令。

```
[root@localhost ~]# rpm -qa | grep ftp
vsftpd-3.0.2-22.el7.x86_64
```

如果系统没有安装,可以利用yum命令从网上的软件仓库上安装。

```
[root@localhost ~]# yum -y install vsftpd
```

或者在网上下载vsftpd的tar包或rpm包,也可以把CentOS 7安装光盘放入光驱中,找到vsftpd的rpm包,然后执行如下命令。

```
[root@localhost ~]# rpm -ivh vsftpd-3.0.2-22.el7.x86_64.rpm
```

(2) 启动。

可以用以下命令进行 vsftpd 服务器的启动、停止与重新启动:

```
[root@localhost ~]# systemctl start vsftpd
[root@localhost ~]# systemctl stop vsftpd
[root@localhost ~]# systemctl restart vsftpd
```

也可以设置系统启动时自动加载 vsftpd 服务器的启动:

```
[root@localhost ~]# systemctl enable vsftpd
```

2. vsftpd 服务的默认配置信息

(1) 配置文件。

CentOS 7 系统中的 vsftpd 服务的默认配置文件有以下 3 个。

① /etc/vsftpd/vsftpd.conf:主要配置文件。

② /etc/vsftpd/ftpusers:指定了哪些本地用户不能访问 FTP 服务。

③ /etc/vsftpd/user_list:主配置文件中设定的允许访问 FTP 服务的本地用户。

(2) 默认配置信息。

在/etc/vsftpd/vsftpd.conf 主配置文件中默认设置的主要配置参数及含义如下:

```
# 允许匿名访问
anonymous_enable = YES
# 允许本地用户访问
local_enable = YES
# 开放本地用户的写权限
write_enable = YES
# 出于安全考虑,设置本地用户文件生成掩码为 022,默认值为 077,若本地文件具有执行权限,则上
# 传到服务器后为 777 - 022 = 755,若本地文件不具有执行权限,则上传后权限为 644
local_umask = 022
# 允许匿名用户上传,该条默认注释了,就是禁止,下同
#anon_upload_enable = YES
# 允许匿名用户创建目录及写入
#anon_mkdir_write_enable = YES
# 当切换目录时,显示该目录下的.message 隐含文件内容
dirmessage_enable = YES
# 激活上传和下载日志
xferlog_enable = YES
# 启用 FTP 数据端口的连接请求
connect_from_port_20 = YES
# 使用标准的 ftpd_xferlog 日志格式
xferlog_std_format = YES
# 设置 PAM 认证服务的配置文件名称
pam_service_name = vsftpd
# 激活 vsftpd 检查 userlist_file 指定的用户是否可以访问 vsftpd 服务器
userlist_enable = YES
# 使 vsftpd 处于独立启动模式
```

```
listen = YES
# 使用 tcp_wrappers 作为主机访问控制方式
tcp_wrappers = YES
```

3. 测试 vsftpd 服务默认配置

(1) 匿名用户访问。

① 默认路径。默认情况下 vsftpd 服务是允许匿名访问的,匿名访问默认的下载文件目录地址为/var/ftp/pub,该目录为空。

② 测试登录。在异地登录 FTP 主机需要开放 FTP 服务的端口号,另外为了便于测试,先在 FTP 服务器上的/var/ftp/pub 目录下建立一个 calendar.txt 文件。

```
[root@localhost ~]# firewall-cmd --permanent --add-port=21/tcp      //开放 21 端口号
[root@localhost ~]# cal 2019 > /var/ftp/pub/calendar.txt
```

然后在异地计算机上用 FTP 命令访问 FTP 服务器。例如,Windows 系统中默认自带 FTP 客户端命令工具,因此可以在 Windows 7 的命令提示符下访问 vsftpd 服务主机,其中,192.168.1.200 为 FTP 服务器的 IP。其测试结果如下:

```
C:\Users\Administrator>ftp 192.168.1.200            #Windows 命令提示符下进行 ftp 登录
连接到 192.168.1.200
220 (vsFTPd 3.0.2)                                  #220 为消息代号,不同代号表示不同含义
用户(192.168.1.200:(none)): anonymous               #使用匿名账号 anonymous 登录
331 Please specify the password.
密码:                                               #密码为空,直接按 Enter 键
230 Login successful.
ftp> ls                                             #列表显示匿名 FTP 服务目录
200 PORT command successful. Consider using PASV.
150 Here comes the directory listing.
pub
226 Directory send OK.
ftp: 收到 5 字节,用时 0.00 秒 5000.00 千字节/秒
ftp> cd pub                                         #进入匿名 FTP 服务匿名下载目录
250 Directory successfully changed.
ftp> ls
200 PORT command successful. Consider using PASV.
150 Here comes the directory listing.
calendar.txt
226 Directory send OK.
ftp: 收到 14 字节,用时 0.00 秒 4.67 千字节/秒
ftp> mget calendar.txt                              #利用 mget 命令下载 calendar.txt 文件
200 Switching to ASCII mode.
mget calendar.txt? y
200 PORT command successful. Consider using PASV.
150 Opening BINARY mode data connection for calendar.txt (2018 bytes).
226 Transfer complete.
ftp: 收到 2018 字节,用时 0.00 秒 2018000.00 千字节/秒
ftp> !dir calendar.txt                              #本地命令显示本地已下载的文件列表
```

```
    驱动器 C 中的卷是 HHD - 2
    卷的序列号是 A24F - E981
    C:\Users\Administrator 的目录
    2018/12/10   14:33             2018 calendar.txt
                1 个文件           2018 字节
                0 个目录 18632421376 可用字节
ftp> bye                                       #退出 ftp 登录
221 Goodbye.
C:\Users\Administrator>                        #回到本地 Windows 命令提示符
```

一般情况下,匿名用户不能离开匿名服务目录/var/ftp,并且只能下载不能上传文件。

(2) 本地用户访问。

① 默认路径。若 FTP 服务器系统中已建立了本地用户 wdg,则 vsftpd 服务不需要配置即可使用本地账号 wdg 进行登录,登录后访问的 FTP 服务目录地址为该用户账号默认路径/home/wdg。

② 测试登录及上传文件。

```
C:\Users\1>ftp 192.168.1.200                 #当前在 Windows 系统的 C:\Users\1>目录下登录 ftp
连接到 192.168.1.200
220 (vsFTPd 3.0.2)
用户(192.168.1.200:(none)): wdg              #Linux 系统下的本地账号登录
331 Please specify the password.
密码:                                         #密码为建立本地账号 wdg 时的密码
230 Login successful.
ftp> mkdir up                                 #创建一个 up 目录
257 "/home/wdg/up" created
ftp> cd up
250 Directory successfully changed.
ftp> !dir *.gz                                #显示 Windows 系统当前目录下的 gz 文件
    驱动器 C 中的卷是 HHD - 2
    卷的序列号是 A24F - E981
    C:\Users\1 的目录
    2005/04/13   16:00          995350 proftpd-1.2.9.tar.gz
                1 个文件        995350 字节
                0 个目录 18625118208 可用字节
ftp> pu proftpd-1.2.9.tar.gz                  #上传文件
200 PORT command successful. Consider using PASV.
150 Ok to send data.
226 Transfer complete.
ftp: 发送 995350 字节,用时 0.08 秒 12926.62 千字节/秒
ftp> ls                                       #列清单查看上传的文件
200 PORT command successful. Consider using PASV.
150 Here comes the directory listing.
proftpd-1.2.9.tar.gz
226 Directory send OK.
ftp: 收到 22 字节,用时 0.00 秒 7.33 千字节/秒
ftp> bye
221 Goodbye.
C:\Users\1>
```

本地用户可以离开当前目录并切换到有权访问的其他目录，并在权限允许的情况下进行文件的上传与下载。

4. 修改默认配置

(1) 允许匿名访问上传文件。

允许匿名访问上传文件，其操作步骤如下。

① 修改配置文件，激活以下两项，即将原文件以下两行前的"#"去掉。

```
anon_upload_enable = YES              #允许匿名用户上传
anon_mkdir_write_enable = YES         #允许匿名创建新目录
```

② 在原配置文件中添加下面两行。

```
anon_world_readable_only = NO         #开放匿名用户的浏览权限
write_enable = YES                    #开放匿名用户的写权限
```

③ 修改配置文件后，存盘退出，重新启动 vsftpd 服务，立刻生效。

```
[root@localhost ~]# systemctl restart vsftpd
```

④ 修改匿名用户上传目录的权限。

```
# chmod 777 /var/ftp/pub
```

修改配置完重新运行 vsftpd 服务后，可以参照前面所述的测试方法，匿名登录并进行上传文件测试。

(2) 限制本地用户的访问。

限制指定的本地用户不能访问 FTP 服务，而其他本地用户可以访问，需要在主配置文件中进行如下设置。

```
userlist_enable = YES                       #允许装入用户列表文件清单
userlist_deny = YES                         #读取的文件清单用户是否拒绝访问 FTP 服务
userlist_file = /etc/vsftpd/user_list       #指定用户清单文件
```

以上设置的/etc/vsftpd.user_list 文件列出的用户清单指定的本地用户不可以访问 FTP 服务器，而其他用户可以访问。/etc/vsftpd/user_list 用户清单文件格式要求每个用户名各占一行。

(3) 修改端口号。

一般 FTP 默认的端口号为 21，为了安全，且不与其他冲突，应该把端口号改大一些，如 61121。更改 vsftpd 服务的端口号，可以在主配置文件中添加一行，信息如下。

```
Listen_port = 61121
```

更改后保存，并重新启动 vsftpd 服务，还必须对新的端口号在防火墙中开放许可后方可生效。

5. 设置用户连接 FTP 服务器后的欢迎语

用户连接服务器后显示提示信息或对来访用户的欢迎词,统称为欢迎语,vsftpd 服务提供了两种方式的用户访问欢迎语。

(1) 登录前的欢迎语。

在 vsftpd 服务主配置文件/etc/vsftpd/vsftpd.conf 中,有如下默认选项。

```
# ftpd_banner = Welcome to blah FTP service.
```

去掉前面的注释符"#"生效后,用户在执行 FTP 命令连接 FTP 服务时显示如下信息。

```
Welcome to blah FTP service.
```

或者在配置文件上再加上如下信息。

```
banner_file = /etc/vsftpd_banner_file
```

则用户连接 FTP 服务器后显示的欢迎信息为/etc/vsftpd_banner_file 文件所包含的内容,而代替了 ftpd_banner 所赋给的信息。

(2) 登录后的欢迎语。

用户登录后,在各自的目录内新建.message 文件,该文件内容即为用户连接 FTP 服务并登录后或跳转目录所显示的欢迎语。在每个目录内因.message 文件内容不同,可以建立个性化的欢迎语。图 8-7 所示为在 Windows 7 的命令符下用 FTP 命令方式连接服务的本地用户 wdg 登录窗口内容。

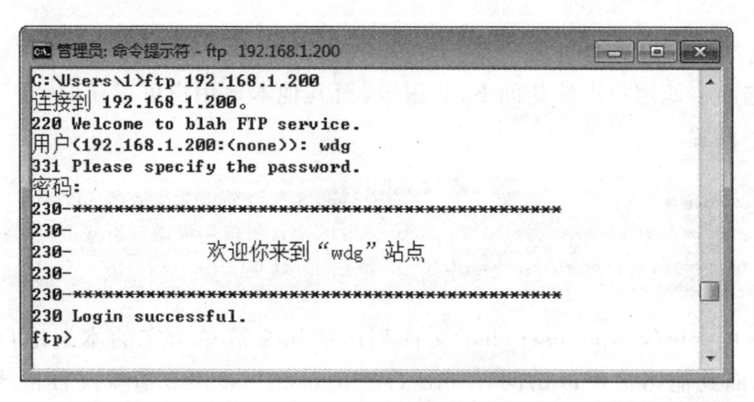

图 8-7 在 Windows 7 的命令符下用 FTP 命令方式连接服务的登录窗口内容

图 8-7 中"220""230"等数字为 FTP 中定义好的消息代号。"220"所在行是连接 FTP 服务后所显示的欢迎语;"230"所在行是登录后所显示.message 文件内容中的欢迎语。该欢迎语一般在用户 FTP 客户端命令连接服务器时显示,登录后的欢迎语也可以在客户端软件访问方式中显示。

8.3.4 FTP 服务的客户端访问

FTP 采用"客户机/服务器"方式,FTP 服务器端程序启动生效后,客户端程序访问服务器端不受操作系统限制,可以采用3种形式访问:FTP客户端命令方式、万维网浏览器访问及客户端专用软件方式访问。

1. FTP客户端命令方式访问

(1) FTP客户端命令软件的安装。

Windows操作系统一般都集成了FTP客户端命令程序访问工具,CentOS 7系统默认没有安装,可以在网上通过yum命令从软件仓库进行安装,也可以在系统的安装光盘上找到FTP客户端命令程序进行安装。其安装方法详见3.6.6节。

(2) 连接登录。

无论什么样的操作系统,FTP客户端命令几乎是相同的。FTP客户端命令方式访问首先要登录服务器,登录FTP服务器所使用的命令格式如下。

```
ftp 主机名或主机IP 端口号
```

如果FTP服务器端口号是默认的21,以上连接可省略输入端口号。如图8-7所示,如果网络连通,此时服务器会提示输入用户名和密码,正确输入后就可以使用FTP客户端的命令进行相应的上传、下载操作了。

(3) 常用FTP命令。

在前面的测试登录中,已经举例进行FTP命令操作了。表8-4列出了一些FTP客户端常用命令。

表8-4 FTP客户端常用命令

FTP命令	命令含义	举例	举例说明
ls	列出远程机的当前目录	ls -l	列出详细目录清单
cd	在远程机上改变工作目录	cd ..	退出当前目录
lcd	在本地机上改变工作目录	lcd d1	改变本地机工作目录到d1中
get	从远程机传送指定单个文件到本地机	get f1	下载f1到本地工作目录中
mget	从远程机传送多个文件到本地机	mget *	下载所有文件到本地
put	从本地机传送指定单个文件到远程机	put f2	把本地f2上传到远程机上
mput	从本地机传送多个文件到远程机	mput *.c	上传所有c文件到远程机
quit	断开与远程机的连接并退出FTP	quit	退出FTP命令环境
!command	在本地机上执行的命令	!dir	本地DOS环境下执行列目录
?	显示帮助信息	?	显示帮助信息

2. 浏览器访问

在客户端浏览器中,常使用HTTP进行网页浏览,也可以用它进行FTP文件传输。FTP地址格式如下。

```
ftp://登录用户名:密码@FTP服务器域名或IP:端口号
```

上述如果是匿名,并且端口号是默认的21,则可以简写,如ftp://192.168.1.200。在地址栏中输入FTP地址,如果该站支持匿名访问,则出现如图8-8所示窗口。

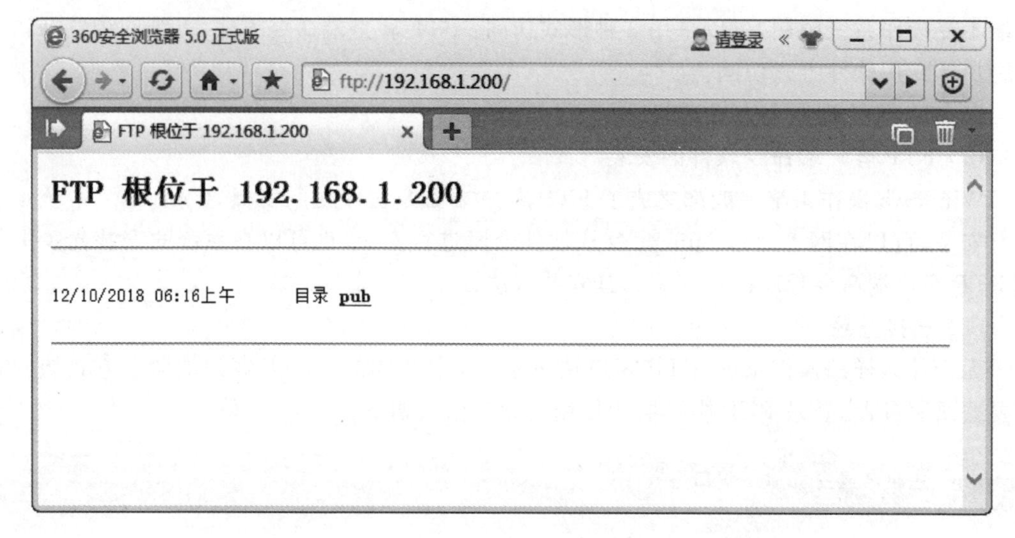

图 8-8 Windows 下 360 浏览器匿名访问 FTP 服务窗口

注意：上述功能的实现，是基于 HTTP 的 FTP 服务器的服务，需要先运行 httpd 服务，并且开放 httpd、vsftpd 服务的防火墙端口号。例如，有关 FTP 服务的防火墙临时放行，执行如下命令。

```
[root@localhost conf]# firewall-cmd --add-service=ftp
success
```

有关 FTP 服务器的防火墙临时放行，在下次重新启动防火墙服务后开放的 FTP 服务就会失效，若要永久生效，则执行如下命令。

```
[root@localhost wdg]# firewall-cmd --permanent --add-service=ftp
success
```

如果 FTP 服务器不允许匿名访问，在浏览器地址栏中输入“ftp://192.168.1.200”，则会弹出如图 8-9 所示窗口，需要输入登录 FTP 服务器的账号及密码，如输入 Linux 本地账户 wdg 及密码，则进入 wdg 用户的宿主根目录，如图 8-10 所示。

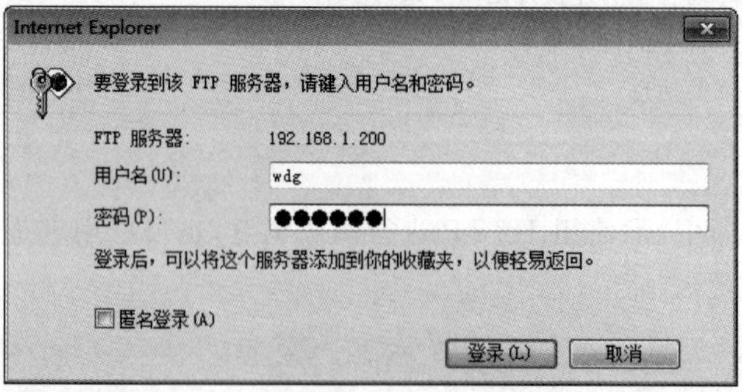

图 8-9 浏览器访问 FTP 服务器的登录窗口

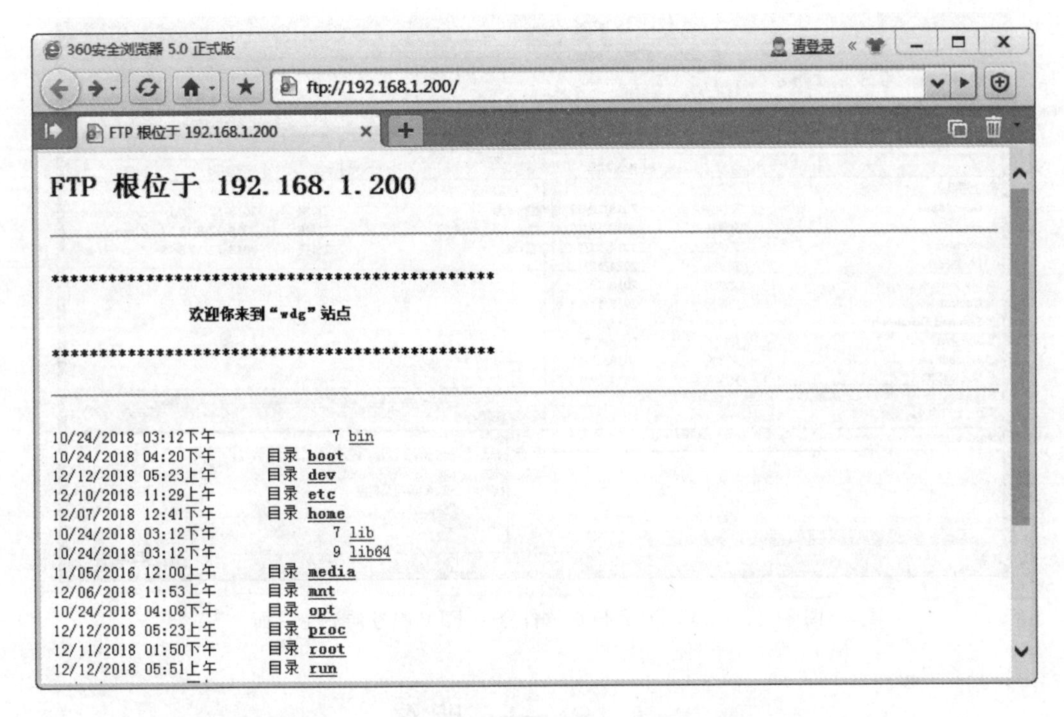

图 8-10　浏览器访问 FTP 服务器本地用户登录后的窗口

如果不是匿名，可以在地址栏中输入登录账号和密码及 FTP 服务器的端口号进行访问，如 ftp://wdg:123456@192.168.1.200:21。

在客户端浏览器中进行 FTP 操作属于图形界面操作，简单方便，但不支持断点续传功能。要进行文件传输，还可以使用专用的 FTP 客户端软件。

3. FTP 客户端专用软件方式访问

专用的 FTP 客户端软件，功能强大、用户使用简单方便，是用户远程管理更新自己的网站的主要方式之一。作为客户端的 Windows 操作系统下的 FTP 软件较多，这里主要介绍常用的 CuteFTP。

CuteFTP 是一款简单易用的 FTP 管理器。功能特点有：下载文件支持续传，可下载或上传整个目录，不会因闲置过久而被服务器踢出，可以上传、下载队列，上传断点续传，整个目录覆盖和删除等。CuteFTP 软件可以在"华军软件园"等站点免费下载使用。

CuteFTP 安装成功打开界面后，可以在菜单栏中输入远程 FTP 服务器的域名或 IP 地址及用户名、密码，其他按默认选项即可连接。

当指定站点远程服务器连接成功后，出现如图 8-11 所示主界面，左侧窗口会自动切换到"本地驱动器"标签，并且定位到设置的本地文件夹，右侧窗口中则显示已连接的远程目录，下部窗口为消息队列传输状态。在 CuteFTP 中上传、下载是件很轻松的事情，同系统资源管理器中一样，采用了拖曳的方式复制文件。简单地说，选择文件后，用鼠标将左侧本地文件拖到右侧远程目录中即为上传；反之，则是下载文件。

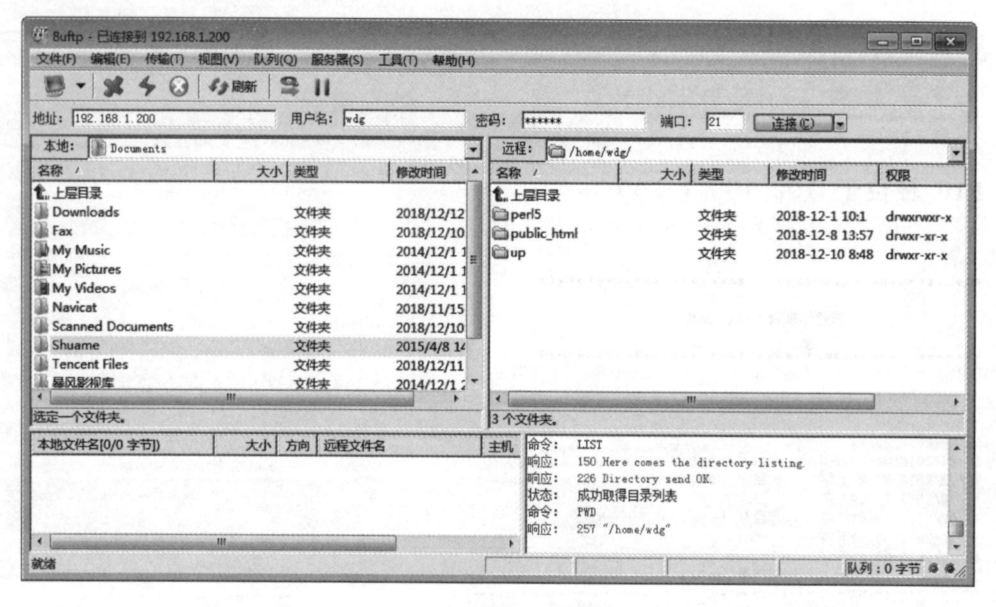

图 8-11 CuteFTP 客户端软件登录 FTP 服务器后主界面

8.4 Samba 服务

一台 Linux 主机和其他 Linux 或 UNIX 主机实现共享,可以采用如 NFS、FTP 等方式,但对于大多数 PC 上运行的 Windows 操作系统,让 Linux 和 Windows 操作系统之间实现文件共享的方法就是使用 Samba 服务。

8.4.1 Samba 简介

1. SMB

SMB(Server Message Block)是一个高层协议,这个协议用于共享文件、共享打印机、共享串口等。之所以能够在 Windows 的网络邻居下访问一个域内的其他机器,就是通过这个协议实现的。

SMB 是一个很重要的协议,目前绝大多数的 PC 上都在运行这一协议,Windows 系统都充当着 SMB 的客户端和服务器,所以 SMB 是一个遵循客户机/服务器模式的协议。SMB 服务器负责通过网络提供可用的共享资源给 SMB 客户机,服务器和客户机之间通过 TCP/IP、IPX 及 NetBEUI 进行连接。一旦服务器和客户机之间建立了一个连接,客户机就可以通过向服务器发送命令完成共享操作,如读、写、检索等。1992 年,SMB 成为 Open Group 的国际标准。

2. Samba 基础知识

Samba 是一组软件包,也是一套让 UNIX 系统能够应用 Microsoft 网络通信协议的软件。它使运行 UNIX 系统的计算机能与运行 Windows 系统的计算机分享驱动器与打印机。Samba 属于 GNU Public License(简称 GPL)的软件。SMB 通信协议是微软(Microsoft)和英特尔(Intel)在 1987 年制定的协议,主要是作为 Microsoft 网络的通信协议,而 Samba 则是将 SMB 搬到 UNIX 上来应用，Samba 的核心是 SMB。

Samba 是由 smbd 和 nmbd 两个守护进程组成的。它们使用的全部配置信息都保存在 smb. conf 文件中，smb. conf 向这两个守护进程说明输出内容、共享资源等信息。smbd 进程的作用是 Samba 的 SMB 服务器，它使用 SMB 与客户连接，完成事实上的用户认证、权限管理和文件共享认证，该软件包的资源与 Linux 进行协商；nmbd 提供 NetBIOS 名字服务的守护进程，可以帮助客户定位服务器和域，如同 Windows NT 上的 WINS 服务器。另外，Samba 软件包还包括命令行工具。

Samba 的主要功能如下。

(1) 提供 Windows 操作系统风格的文件和打印机共享，Windows 操作系统通过它使用共享 UNIX 等其他操作系统的资源，外表看起来和共享的 Windows 操作系统资源没有区别。

(2) 提供 SMB 客户功能，利用 Samba 提供的 smbclint 程序可以从 UNIX 下以类似于 FTP 的方式访问 Windows 的资源。

(3) 备份 PC 上的资源，利用一个名为 smbtar 的 Shell 脚本，可以使用 tar 格式备份和恢复一台远程 Windows 上的共享文件。

(4) 提供一个命令行工具，在其上可以有限制地支持 Windows 操作系统的某些管理功能。

8.4.2　安装与启动 Smb 服务

1. 安装 Samba 服务器

在 CentOS 7 系统中查看是否安装 Samba 相关软件，可以执行如下命令。

```
[root@localhost ~]# rpm -qa | grep samba
samba-libs-4.6.2-8.el7.x86_64
samba-common-4.6.2-8.el7.noarch
samba-4.6.2-8.el7.x86_64
samba-client-4.6.2-8.el7.x86_64
samba-common-tools-4.6.2-8.el7.x86_64
samba-common-libs-4.6.2-8.el7.x86_64
samba-client-libs-4.6.2-8.el7.x86_64
```

Linux 系统中提供了 Samba 服务器的 RPM 包，主要有以下几个。

(1) samba：Samba 服务器软件。

(2) samba-libs：Smb 服务所需要的库文件。

(3) samba-common：Samba 服务器及客户端均需要的文件及工具软件。

(4) samba-client：Samba 客户端软件。

如果通过搜索检测到系统没安装 Samba 软件，可以利用 yum 命令在网上软件仓库下进行安装，也可以对 CentOS 7 安装光盘进行加载，找到 Samba 的 rpm 包然后进行安装。利用安装光盘安装指定软件包参照本书的 3.6.6 节内容。得到 Samba 服务器软件后，在字符终端下安装该软件包执行如下命令。

```
[root@localhost ~]# rpm -ivh samba-4.6.2-8.el7.x86_64.rpm
```

2. 启动 Smb 服务

Samba 服务器的服务名为 smb,它的查看状态、启动、停止与重新启动命令为:

```
[root@localhost ~]# systemctl status smb
[root@localhost ~]# systemctl start smb
[root@localhost ~]# systemctl stop smb
[root@localhost ~]# systemctl restart smb
```

也可以设置系统启动时自动加载 smb 服务器的启动,执行如下命令设置启动模式自动加载。

```
[root@localhost ~]# systemctl enable smb.service
```

8.4.3 Smb 服务的配置

1. 配置信息

(1) 配置文件。

CentOS 7 系统中的 smb 服务的默认配置文件为:

```
/etc/samba/smb.conf
```

(2) 默认配置信息。

可以使用如下命令查看 Samba 服务的默认配置信息(配置文件中以"#"和";"开头的注释语句行被忽略掉了)。

```
[root@localhost ~]# grep -v "#" /etc/samba/smb.conf | grep -v ";"
[global]                                      #全局的参数设置
        workgroup = SAMBA                     #共享局域网中的工作组名称
        security = user                       #安全级别为 Samba 用户的身份验证
        passdb backend = tdbsam               #用户后台使用 tdbsam 数据库用户方式
        printing = cups                       #设置 Samba 共享打印机的类型
        printcap name = cups                  #设置共享打印机的配置文件
        load printers = yes
        cups options = raw                    #共享的打印机属性为原来的
[homes]                                       #每个用户身份验证的参数设置
        comment = Home Directories            #每个用户共享的宿主目录
        valid users = %S, %D%w%S              #允许访问该共享的用户
        browseable = No                       #共享的目录是否可以浏览
        read only = No                        #共享的目录是否可以读
        inherit acls = Yes
[printers]                                    #提供打印机共享的参数设置
        comment = All Printers
        path = /var/tmp                       #共享的目录
        printable = Yes
        create mask = 0600
        browseable = No
```

```
[print$]                                      #共享打印机的驱动参数设置
        comment = Printer Drivers
        path = /var/lib/samba/drivers
        write list = root
        create mask = 0664
        directory mask = 0775
```

2. 自定义共享信息的配置

原来的 Samba 配置文件/etc/samba/smb. conf 默认配置信息中可以添加自定义配置共享信息，如只允许指定的 IP 地址段访问指定的共享目录，共享目录通过以用户名和密码认证的方式访问。其主配置文件 smb. conf 的原配置信息不变，增加内容示例如下：

```
[SambaShare]                                  #共享资源的标识名
        comment = share directory
        path = /sharedata                     #指定共享的目录
        browseable = Yes
        read only = No
        hosts allow = 192.168.1 127.0.0.1     #指定访问的 IP 段之间以空格隔开
        Valid users = wdg,root                #只允许这两个用户访问
        create mask = 0666
        directory mask = 0775
```

添加如上配置内容后，保存并进行测试验证，可以使用 testparm 命令来进行测试，测试结果如下：

```
[root@localhost ~]# testparm
Load smb config files from /etc/samba/smb.conf
rlimit_max: increasing rlimit_max (1024) to minimum Windows limit (16384)
Processing section "[homes]"
Processing section "[printers]"
Processing section "[print$]"
Processing section "[SambaShare]"
Loaded services file OK.                                #验证没有错误
Server role: ROLE_STANDALONE

Press enter to see a dump of your service definitions
```

完成如上配置内容并测试验证后，需要创建指定的共享目录/sharedata。为了提供 wdg 用户的访问权限，且该目录在根目录下，只有 root 才能创建，之后授权给其他用户读写操作。其命令如下：

```
[root@localhost ~]# mkdir /sharedata
[root@localhost ~]# chmod 757 /sharedata
```

至此完成了自定义共享目录的创建及其权限配置的工作。

3. 设置 Samba 访问密码

Samba 资源共享后，访问需要口令权限的认证，而口令保存在一个 Samba 口令文件中，该文件由 smbpasswd file 参数指定，默认为/etc/samba/smbpasswd 文件。初始情况下，该

文件不存在,在添加 Samba 访问账户后,自动生成该文件。添加 Samba 访问的账户必须是本地系统已经存在的账户。添加 Samba 访问的账户命令如下:

```
[root@localhost ~]# smbpasswd -a wdg
New SMB password:
Retype new SMB password:
Added user wdg.
```

其中,参数 a 是添加新用户;wdg 是用户名。去掉参数 a 则是修改账户口令。也可以用成批添加 Samba 访问账户,这里就不做介绍了。

8.4.4 在 Windows 系统中访问 Linux 系统的 Samba 共享

在 Linux 主机启动 Smb 服务并添加访问账户后,若要实现在 Windows 系统中访问 Linux 系统的 Smb 服务的共享,需要进行如下操作。

(1) 防火墙放行 Smb 服务及控制模式放开。

首先必须对 Linux 系统主机防火墙进行设置,进行 Smb 服务,执行如下操作。

```
[root@localhost ~]# firewall-cmd --add-service=smb
success
```

另外,还需把 SELinux 的访问控制临时关闭,其操作如下:

```
[root@localhost ~]# getenforce                    #查看 SELinux 的状态
Enforcing                                         #强制模式
[root@localhost ~]# setenforce 0                  #设置 SELinux 的状态
[root@localhost ~]# getenforce
Permissive                                        #宽容模式
```

(2) 在 Windows 下连接 Smb 服务的登录认证。

以下是 Smb 服务默认配置下,在 Windows 7 下进行 Smb 服务的连接方法:首先在"开始"菜单中的"运行"处输入连接异地 Samba 服务的地址"\\192.168.1.200",则弹出如图 8-12 所示的用户登录认证窗口。

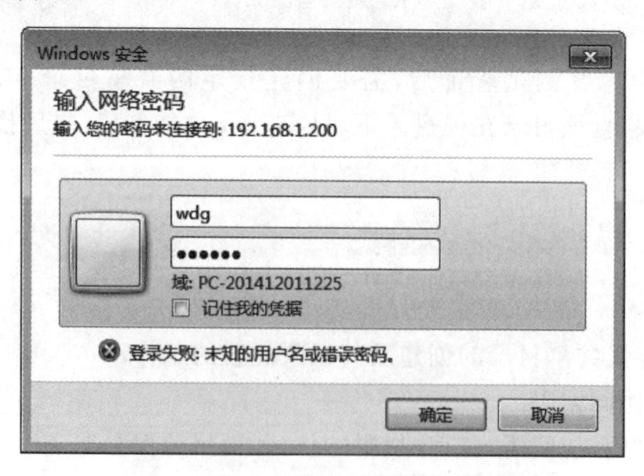

图 8-12 用户登录 Samba 服务的认证窗口

(3) 在图8-12中,输入前面所建立的wdg用户名和密码,单击"确定"按钮,就能看到Samba服务器所提供的资源了,如图8-13所示。

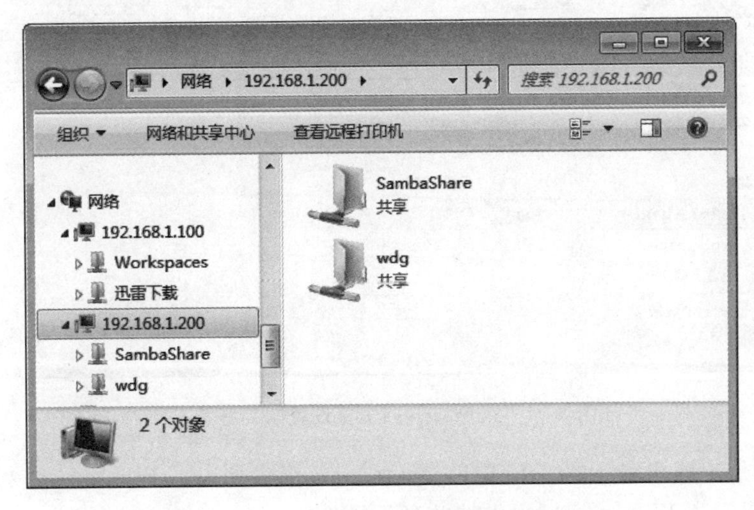

图8-13　Samba服务器所提供的用户资源

在图8-13中可以看到Linux提供的Smb服务的共享资源,其中,wdg为用户登录的本地账户资源,SambaShare为自定义的共享资源(因其在配置中指定了访问IP段及用户读写权限,所以提供了对wdg用户及其在192.168.1.200段的访问权限),双击其中一个文件夹就可以如同在Windows系统下访问本地资源一样进行操作了。

8.4.5　Samba服务的客户端访问Windows的共享信息

在Linux下可以用Smb服务的客户端软件进行共享管理,在8.4.2节中的samba-client即为Samba客户端软件。它提供了类似FTP客户程序的Samba客户端软件smbclient,用以访问Windows主机或Linux主机提供的Samba共享。

(1) 查看共享资源。其格式为:

```
smbclient  -L  //hostname或IP地址  -U  username
```

其中,hostname为提供Samba服务的计算机主机名。当访问Windows时,username是访问Windows计算机中的用户账号,验证口令为该账号的口令;当访问Linux所提供的Samba共享时,username是Linux主机中的Samba用户账号,验证口令为该账号的口令。

例如,通过Linux的Samba客户端软件访问Windows的共享方法如下。

首先创建Windows下的一个用户如wdg;然后设置所要共享的文件夹及其访问的用户名wdg,这里不再赘述。图8-14所示为在Windows 7下设置的共享状态。

然后在Linux终端下执行命令来访问Windows所提供的共享信息。如图8-15所示,图中的示例命令为:

```
[root@localhost ~]# smbclient -L 192.168.1.100 -U wdg
```

上述命令中,"192.168.1.100"为Windows 7系统主机IP地址;"wdg"为Windows主

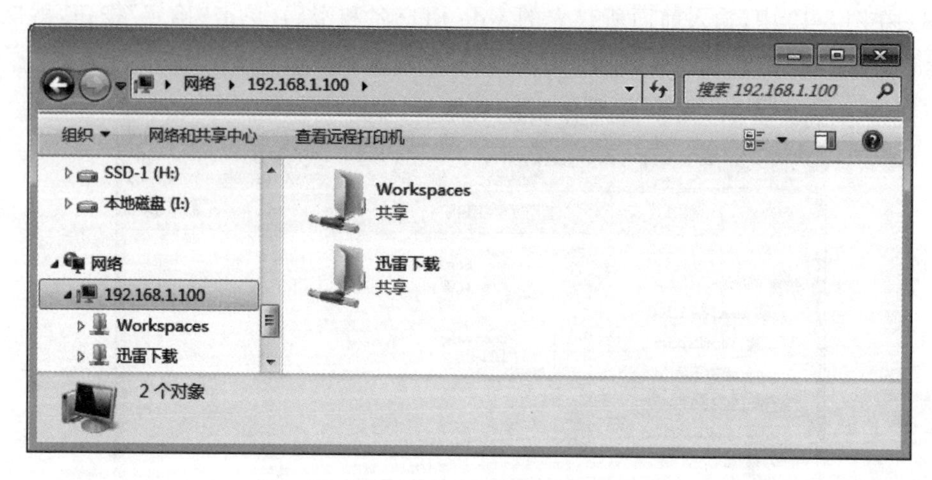

图 8-14 在 Windows 7 下设置的共享状态

机提供访问的用户账户名。图 8-15 中的 Sharename 列表列出了 Windows 主机提供的共享清单，从中可以看到 Windows 所提供的共享目录。

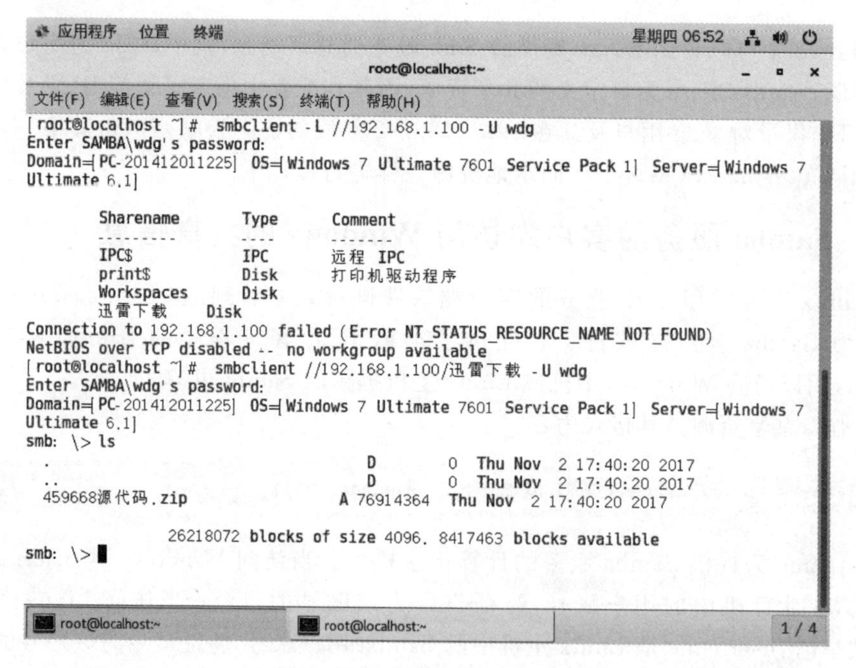

图 8-15 Linux 下 Samba 客户端命令方式访问 Windows 的共享资源

(2) 访问指定主机所提供的共享信息。其语法格式为：

```
smbclient  //hostname 或 IP 地址/sharename  -U  username
```

在图 8-15 中所列出的共享清单列表中我们可以访问其中的“迅雷下载”共享名。其执行的命令结果为：

```
[root@localhost ~]#   smbclient //192.168.1.100/迅雷下载  -U wdg
Enter SAMBA\wdg's password:
Domain=[PC-201412011225] OS=[Windows 7 Ultimate 7601 Service Pack 1] Server=[Windows 7
Ultimate 6.1]
smb: \> ls                         #列出Windows共享文件夹“迅雷下载”下的文件清单
  .                                          D         0  Thu Nov  2 17:40:20 2017
  ..                                         D         0  Thu Nov  2 17:40:20 2017
  459668源代码.zip                       A 76914364  Thu Nov  2 17:40:20 2017

        26218072 blocks of size 4096. 8417463 blocks available
smb: \>
```

其中，“192.168.1.100”为Windows系统的IP地址，登录后的提示符可以像使用FTP客户命令方式一样使用smbclient。

8.5　本章小结

本章主要介绍了Linux操作系统下网络服务器的配置方法，这些服务包括NFS服务、Web服务、FTP服务及Smb服务。

其中，首先介绍了NFS服务的定义、特点及工作步骤，设置共享目录的方法，客户端挂载的工作过程。Web服务介绍了Apache的安装、启动及客户端测试访问，以及Apache的简单配置、虚拟主机的建立、个人Web站点的建立及访问等内容。在FTP服务中介绍了FTP、授权及传输模式，并对FTP服务的配置设定、测试登录及对FTP的客户端访问方式进行了讲解。在Smb服务中，介绍了Smb服务的基础知识、使用场所，Samba服务的配置过程及在Windows和Linux中Smb服务的客户端配置访问方法。

通过本章的学习，读者应能熟练掌握这几种服务的安装、启动、架设方法及客户端的访问方式。

8.6　思考与实践

1. 什么是NFS、SMB？它们之间的区别是什么？

2. 说出建立NFS的工作步骤及相关命令。

3. 如何建立个人Web站点？

4. FTP服务器的远程访问有哪几种方式，它们的各自特点是什么？

5. Smb和Samba的区别是什么？简述在Windows中访问Linux中的共享信息实现的方式及操作步骤。

6. 已知同一台计算机中一块硬盘安装了两个操作系统，即Linux和Windows，它们资源共享的方法有几种？举例说明并写出相关的命令操作。

7. 在Windows下利用远程终端的SSH方式登录Linux系统并建立基于IP、端口号和域名3种方式的虚拟主机，对外发布站点，站点的文件在Windows系统下制作完成，然后使用FTP客户端软件方式上传到Linux系统虚拟主机本地路径的站点目录中，并在Windows下的浏览器访问虚拟主机进行测试。

第9章

Linux 系统下的数据库应用

本章主要介绍 Linux 操作系统下的数据库应用，以 Linux 下的开源、免费的，支持多线程、多用户的 MySQL 数据库为例，介绍 MySQL 数据库的基本操作和远程的管理方法，以及 PHP 访问数据库的环境构建和网络编程的基本方法。

本章的学习目标

- 了解 Linux 下的常用数据库的种类及其特点。
- 掌握 MySQL 数据库的基本操作方法。
- 掌握 MySQL 数据库的远程管理方法。
- 掌握基于 Web 方式下的 PHP 访问 MySQL 数据库的环境构建方法。
- 了解 PHP 访问 MySQL 数据库的基本编程方法。

9.1 Linux 系统下的常用数据库

Linux 操作系统作为网络操作系统除了完成各种网络服务之外，还有很重要的功能是作为数据库服务器，Linux 下的数据库在实际网络上有着广泛的应用。

9.1.1 数据库简介

1. 数据库相关概念

(1) 数据。数据(data)实际上就是描述事物的符号记录。在计算机中为了存储和处理事物，就要将事物的特性抽象出来组成一个记录来描述。例如，一个同学的信息，需要对其姓名、性别、出生日期、家庭住址和特长等信息进行描述，这样就可以成为一条记录数据信息。

(2) 数据库。数据库(Database，DB)是数据的集合，它具有统一的结构形式并存放于统一的存储介质中，是多种应用数据的集成，并可被各个应用程序所共享。

数据库中的数据是按数据所提供的数据模式存放的，它能构造复杂的数据结构以建立数据间的内在联系和复杂的关系，从而构成数据的全局结构模式。

数据库中的数据具有“集成”和“共享”的特点，即数据库集中了各种应用的数据，进行统一的构造和存储，使它们可被不同的应用程序所使用。

(3) 数据库管理系统。数据库管理系统(Database Management System，DBMS)是数据库的机构，它是一种系统软件，负责数据库中的数据组织、数据操纵、数据维护、控制及保护和数据服务等。数据库中的数据具有海量级的存储能力，并且其结构复杂，因此需要提供管理工具。

(4) SQL语句。SQL(Structured Query Language,结构化查询语言)是一种综合、通用、功能极强且简洁易用的关系数据库语言,其功能包括查询、操纵、定义和控制4个方面,使得用户能够更加容易地对数据进行存储、更新和查询等操作。目前,SQL已经成为关系型数据库的标准语言,几乎所有的数据库均实现了SQL语言。

2. 数据库类型

(1) 纯文本数据库。纯文本数据库是用空格符、制表符或换行符来分隔信息的文本文件,如在Linux系统中的Linux口令的数据库文件、Crontab守护进程的作业列表文件Cronfile、磁盘自动挂接的配置文件/etc/fstab及NFS文件系统的共享目录文件/etc/exports等。

纯文本文件数据库只适合小型应用,它的缺点有以下几点。

① 只能顺序访问,不能随机访问。

② 查找数据和数据关系时非常困难。

③ 多用户操作时非常困难。

(2) 关系型数据库。由于纯文本数据库存在诸多的缺点,因此人们开始研究数据库模型,设计出各种使用方便的数据库。其中,关系型数据库是目前应用最广泛和最有前途的一种数据库模型,其数据结构简单,当今主流的数据库系统几乎都采用关系模型。

常用的企业级关系型数据库系统有Oracle、Sybase、SQL Server、DB2和Informix等;常用的中小型关系型数据库有PostgreSQL、MySQL、Access、dBASE和Paradox等。

3. 数据库管理员的职责

由于数据库的共享性,因此对数据库的规划、设计、维护、监视等需要有专人管理,称为数据库管理员(Database Administrator,DBA)。其主要工作如下。

(1) 数据库设计(database design)。DBA的主要任务之一是做数据库设计,具体地说,就是进行数据模式的设计。由于数据库的集成与共享性,因此需要有专门人员(即DBA)对多个应用的数据需求做全面的规划、设计和集成。

(2) 数据库维护。DBA必须对数据库中的数据安全性、完整性、并发控制及系统恢复、数据定期转存、备份等进行管理和维护。

(3) 改善系统性能,提高系统效率。DBA必须随时监视数据库的运行状态,不断地调整内部结构,使系统保持最佳状态和最高效率。当效率下降时,DBA需采取适当的措施,如进行数据库的重组、重构等。

9.1.2 Linux下的主要自由软件数据库

数据库是Linux应用中的主要部分。Linux下的主要关系型数据库有两大类:商业数据库,包括Oracle、Sybase、DB2、Informix;自由软件数据库,包括MySQL、PostgreSQL、mSQL等。本节重点介绍Linux下的两种免费的关系型数据库。

1. PostgreSQL数据库

PostgreSQL是属于"对象-关联"式的数据库管理系统,也是目前功能最强大、特性最丰富和最复杂的自由软件数据库系统。无论是支持的特性还是性能上,PostgreSQL都可以和商业数据库一比高低。由于PostgreSQL是用C语言写成的,因此在不同的UNIX平台上移植非常方便。PostgreSQL可以在Linux、FreeBSD、SCO UNIX、HP UNIX、Solaris、AIX

等平台上运行。目前在商业系统及 Internet 上应用非常广泛。

PostgreSQL 的前身是 Ingres,是 1977—1985 年间由著名的柏克莱大学所发展出来的。目前,PostgreSQL 的最新版本是 9.3,PostgreSQL 的网址为 http://www.postgresql.org,PostgreSQL 的标志是一个大象,如图 9-1 所示。

图 9-1　PostgreSQL 标志

PostgreSQL 的主要特点如下。

(1) PostgreSQL 具有目前最丰富的数据库类型支持。其中,有些关系型数据库概念是最早提出的,有些特性连商业数据库都不具备。

(2) PostgreSQL 是全功能的自由软件数据库,是目前支持平台最多的数据库管理系统,所支持的平台多达十几种,包括不同的系统和不同的硬件。

(3) 拥有非常强大的扩展能力,可以很容易地扩展数据库类型、内部函数、聚集和操作等。

(4) 从技术角度来说,PostgreSQL 采用比较经典的 C/S 结构,是一个守护进程,为了便于客户端程序的编写,数据库服务器提供了统一的客户端端口,如 ODBC、JDBC、Python、Perl、C/C++和 ESQL 等,几乎支持所有类型的数据库客户端的接口。

(5) 因为 PostgreSQL 是自由软件,所以拥有一只人数众多、非常活跃的开发队伍,集思广益,PostgreSQL 的性能日益提高。

2. MySQL 数据库

MySQL 是一个真正的多用户、多线程 SQL 数据库服务器。MySQL 是以客户机/服务器结构实现其功能的,它由一个服务器守护程序 mysqld 和很多不同的客户程序和库组成。SQL 是一种标准化的语言,它使得存储、更新和存取信息更容易。MySQL 的主要特点是快速、健壮和易用。构建“Linux+Apache+PHP+MySQL”平台是目前公认的电子商务网站的黄金组合。MySQL 不是开放源代码产品,但在某些情况下是可以自由使用的。由于它的强大功能、灵活性、丰富的应用编程接口及精巧的系统结构,因此受到了广大自由软件爱好者甚至商业软件用户的青睐。

图 9-2　MySQL 标志

MySQL 是瑞典的 T.c.X 公司负责开发和维护的,最早始建于 1979 年,目前属于 Oracle 旗下产品。MySQL 的版本从 5.7 之后变更为 8.0,MySQL 的官方访问网址为 http://www.mysql.com,MySQL 的标志是一个小海豚,如图 9-2 所示。

MySQL 的主要特点如下。

(1) MySQL 使用的核心线程是完全多线程,支持多处理器。

(2) MySQL 有多种编程接口(API),如 C、C++、Java、Perl、PHP、Python 和 TCL API。

(3) 它通过一个高度优化的类库实现 SQL 函数库且速度较快,通常在查询初始化后不再有任何内存分配,没有内存漏洞。

(4) 可以运行在不同的平台上,如 Windows、Linux 和 UNIX 等。

(5) 支持 ANSI SQL 的 LEFT OUTER JOIN 和 ODBC。

(6) 提供了一个非常灵活安全的权限和口令系统。

Linux 下的自由软件数据库还有 mSQL、dbm、Gadfly、BeagleSQL、Berkely DB、GNU SQL 等。读者可以到 http://www.linux.org 网站上查看更多的相关内容。下面以

MySQL数据库为例讲解它的应用操作。

9.2 MySQL数据库管理

MySQL是一个小巧玲珑的数据库服务器软件,对于中小型应用系统是非常理想的。除了支持标准的ANSI SQL语句外,还支持多种平台,而在UNIX系统上该软件支持多线程运行方式,从而能获得相当好的性能。对于不使用UNIX的用户,它可以在Windows NT系统上以系统服务方式运行,或者在Windows 7系统上以普通进程方式运行。以下是以Linux操作系统为平台的MySQL数据库管理操作。

9.2.1 MySQL数据库的安装

MySQL数据库因版本的不同及所在的Linux系统的发行版本的不同,安装MySQL数据库的方式也有较大差别,有的Linux系统已经默认安装,有的可以在系统安装的光盘中选择安装,有的需要在网上下载安装。

1. MySQL数据库的安装方式

CentOS 7系统中,首先检查Linux主机MySQL的安装情况:

```
[root@localhost ~]# rpm -qa | grep mysql
qt5-qtbase-mysql-5.6.2-1.el7.x86_64
mysql-community-devel-8.0.13-1.el7.x86_64
qt-mysql-4.8.5-13.el7.x86_64
mysql-community-client-8.0.13-1.el7.x86_64              #MySQL客户端程序
mysql-community-libs-8.0.13-1.el7.x86_64
mysql-community-libs-compat-8.0.13-1.el7.x86_64
mysql-community-server-8.0.13-1.el7.x86_64              #MySQL服务器端程序
mysql-community-common-8.0.13-1.el7.x86_64
```

以上检测是CentOS 7系统成功安装MySQL之后的检索结果,CentOS 7系统默认没有安装MySQL数据库,在其安装映像ISO文件中也没有提供该软件包,所以需要从其他渠道获得安装源进行安装。

CentOS 7系统下安装MySQL主要有以下3种方式。

(1) 通过yum命令在线下载安装。

(2) 下载离线rpm安装包安装。

(3) 下载源码编译安装。

其中,"下载离线rpm安装包安装"及"下载源码编译安装"这两种方法安装成功率都不高,因为安装MySQL数据库需要很多其他相关软件的相互支持,它们之间与操作系统版本的兼容程度,以及MySQL在安装过程中与其他软件之间的相互依赖、版本差异、安装顺序等都有关系,所以这些安装方法非常烦琐,成功率不高。因此,通过yum命令方式在线下载安装是最佳方法。

2. MySQL数据库安装源的获得

在MySQL的官网上查询到MySQL的最新版为8.0,它适合在Red Hat Enterprise

Linux 7 平台下安装运行。基于 CentOS 7 和 Red Hat Enterprise Linux 7 有相同的内核版本,且是商业版 Red Hat Enterprise Linux 7 重新编译的社区版,系统类型非常接近,所以我们也以 CentOS 7 系统下安装 MySQL 的最新版 8.0 为例,来讲述 MySQL 数据库的安装及应用。

首先在 MySQL 官网中下载 MySQL 数据库 8.0 版 yum 源的 rpm 安装包,示例为:

```
# mget https://dev.mysql.com/get/mysql80-community-release-el7-1.noarch.rpm
```

下载完后,可以查看该软件包所包含的软件:

```
[root@localhost ~]# rpm -qpl mysql80-community-release-el7-1.noarch.rpm
/etc/pki/rpm-gpg/RPM-GPG-KEY-mysql                    #安装密钥
/etc/yum.repos.d/mysql-community-source.repo          #yum 数据源源码文件
/etc/yum.repos.d/mysql-community.repo                 #yum 数据源文件
```

安装数据源:

```
[root@localhost ~]# rpm -ivh mysql80-community-release-el7-1.noarch.rpm
```

安装完数据源文件后,数据源内的文件就会解压到相应的路径中。这样就配置好了 MySQL 数据库的 yum 数据源。yum 数据源的有关内容详见本书的 5.2.3 小节。

3. MySQL 数据库的安装

在配置好 yum 数据源后,就可以通过数据源指定的外网上的软件仓库下载并安装 MySQL 数据库了。

通过 yum 数据源安装 MySQL 数据库,首先在外网的数据源软件仓库中查询一下有关 MySQL 数据库的信息。

```
[root@localhost ~]# yum list mysql*          #从 yum 数据源中查询有关 mysql 的软件包
```

从查询有关的 MySQL 软件包的结果中可以看到,与关键字"mysql"相关的软件包很多,从中我们找到"mysql-community-server"软件包,即 MySQL 数据库的服务器平台软件包,对它进行安装。

```
[root@localhost ~]# yum -y install mysql-community-server
已加载插件:fastestmirror, langpacks
Loading mirror speeds from cached hostfile
正在解决依赖关系
--> 正在检查事务
---> 软件包 mariadb-server.x86_64.1.5.5.56-2.el7 将被取代
---> 软件包 mysql-community-server.x86_64.0.8.0.13-1.el7 将被舍弃
--> 正在处理依赖关系 mysql-community-common(x86-64) = 8.0.13-1.el7,它被软件包 mysql-community-server-8.0.13-1.el7.x86_64 需要
--> 正在处理依赖关系 mysql-community-client(x86-64) >= 8.0.0,它被软件包 mysql-community-server-8.0.13-1.el7.x86_64 需要
```

```
--> 正在检查事务
---> 软件包 mariadb.x86_64.1.5.5.56-2.el7 将被取代
---> 软件包 mysql-community-client.x86_64.0.8.0.13-1.el7 将被舍弃
--> 正在处理依赖关系 mysql-community-libs(x86-64) >= 8.0.0,它被软件包 mysql-community-client-8.0.13-1.el7.x86_64 需要
---> 软件包 mysql-community-common.x86_64.0.8.0.13-1.el7 将被安装
--> 正在检查事务
---> 软件包 mariadb-libs.x86_64.1.5.5.56-2.el7 将被取代
...
已安装:
  mysql-community-client.x86_64 0:8.0.13-1.el7
  mysql-community-devel.x86_64 0:8.0.13-1.el7
  mysql-community-libs.x86_64 0:8.0.13-1.el7
  mysql-community-libs-compat.x86_64 0:8.0.13-1.el7
  mysql-community-server.x86_64 0:8.0.13-1.el7
作为依赖被安装:
  mysql-community-common.x86_64 0:8.0.13-1.el7
替代:
  mariadb.x86_64 1:5.5.56-2.el7          mariadb-devel.x86_64 1:5.5.56-2.el7
  mariadb-libs.x86_64 1:5.5.56-2.el7 mariadb-server.x86_64 1:5.5.56-2.el7
完毕!
```

通过yum数据源，我们只需安装MySQL的Server版即可，从上面的安装例子中可以看到与该软件有依赖关系的相关软件一并被安装，共安装了6个软件包。其安装过程大概需要30分钟左右，至此，CentOS 7系统下安装8.0版的MySQL数据库全部安装完毕。

9.2.2 MySQL数据库的初始化操作

1. 初次登录MySQL

成功安装完8.0版的MySQL数据库后，首先查看一下MySQL数据库的版本号，然后进行登录。

```
[root@localhost ~]# mysql -V                        #查看版本号
mysql Ver 8.0.13 for Linux on x86_64 (MySQL Community Server - GPL)
[root@localhost ~]# mysql -u root                   #登录MySQL
ERROR 1045 (28000): Access denied for user 'root'@'localhost' (using password: NO)
[root@localhost ~]# mysql -u root -p
Enter password:                                     #密码为空错误
ERROR 1045 (28000): Access denied for user 'root'@'localhost' (using password: YES)
```

首次登录MySQL需要root用户密码，这是MySQL数据库5.7版本之后的安装的新要求，初次登录的密码在安装系统后，已经在MySQL数据库的日志文件中给出，我们可以通过查看日志文件给出的密码进行首次登录。

```
[root@localhost ~]# grep "password" /var/log/mysqld.log
2018-12-19T14:11:35.198646Z 5 [Note] [MY-010454] [Server] A temporary password is
generated for root@localhost: s#ep1:w=ifyQ           #给出的初始密码为s#ep1:w=ifyQ
```

从本例中可以看出，给出的是安装系统随机生成的临时登录初始密码，我们用给出的初始密码成功登录 MySQL 后，系统提示不能进行数据库操作，要求必须先重新设定 root 用户的密码，如下所示：

```
[root@localhost ~]# mysql -u root -ps#ep1:w=ifyQ              # 携带着初始密码登录
Welcome to the MySQL monitor. Commands end with ; or \g.
Your MySQL connection id is 8
Server version: 8.0.13                                        # 显示的版本号
Copyright (c) 2000, 2018, Oracle and/or its affiliates. All rights reserved.
Oracle is a registered trademark of Oracle Corporation and/or its
affiliates. Other names may be trademarks of their respective
owners.
Type 'help;' or '\h' for help. Type '\c' to clear the current input statement.
mysql>                                                        # 成功登录
mysql> ALTER USER 'root'@'localhost' IDENTIFIED BY '123456';  # 设定简单密码提示错误
ERROR 1819 (HY000): Your password does not satisfy the current policy requirements
mysql> ALTER USER 'root'@'localhost' IDENTIFIED BY 'Wdg@123456';
Query OK, 0 rows affected (0.06 sec)                          # 按要求设置密码成功
mysql>
```

注意：MySQL 5.7 版本之后默认安装了密码安全检查插件(validate_password)，默认密码检查策略要求密码必须包含大小写字母、数字和特殊符号，并且长度不能少于 8 位，否则提示修改密码错误。至此，我们就可以用新设定的密码登录 MySQL 数据库来操作使用数据库了。

2. 启动 MySQL

使用 MySQL 数据库前必须启动 MySQL 服务，可以通过如下命令进行操作。

(1) 查看状态。

```
[root@localhost ~]# systemctl status mysqld
```

(2) 启动服务。

① 通过执行命令启动：

```
[root@localhost ~]# systemctl start mysqld
```

② 系统自动启动：

```
[root@localhost ~]# systemctl enable mysqld
```

如果安装了服务管理工具，也可以执行 ntsysv 命令，选中 mysqld 设置系统启动时自动加载启动。

(3) 停止服务。

```
[root@localhost ~]# systemctl stop mysqld
```

3. 连接与断开 MySQL 服务器

(1) 连接 MySQL 数据库。

① 匿名登录连接。

在 MySQL 5.7 版本之前初次连接 MySQL 数据库,可以使用匿名用户(anonymous)登录,直接调用 MySQL 命令与该服务器连接。命令及执行结果如下:

```
[root@wdg-linux-5 ~]# mysql
Welcome to the MySQL monitor. Commands end with ; or \g.
Your MySQL connection id is 2 to server version: 5.0.22
Type 'help;' or '\h' for help. Type '\c' to clear the buffer.
mysql>
```

② 用设定好的账户登录。

如果 MySQL 已经设定了用户账户和密码,则连接 MySQL 数据库的命令格式为:

```
# mysql -h hostname -u username -p
Enter password: ******
```

其中,hostname 为 MySQL 数据库主机名或 IP 地址; username 为 MySQL 数据库已经设定好的一个用户名。以 root 用户为例连接远程 MySQL 服务器主机 192.168.1.200 时的状态如下:

```
[root@localhost ~]# mysql -h 192.168.1.200 -u root -p
Enter password:                              # 输入密码屏幕没有提示
Welcome to the MySQL monitor. Commands end with ; or \g.
Your MySQL connection id is 8
Server version: 8.0.13                       # 显示的版本号
Copyright (c) 2000, 2018, Oracle and/or its affiliates. All rights reserved.
Oracle is a registered trademark of Oracle Corporation and/or its
affiliates. Other names may be trademarks of their respective
owners.
Type 'help;' or '\h' for help. Type '\c' to clear the current input statement.
mysql>
```

(2) 断开 MySQL 数据库。

如果连接 MySQL 数据库成功,用户可以在"mysql>"提示符下输入"quit"命令断开连接。

```
mysql> quit
Bye
```

9.2.3 MySQL 数据库的维护

1. MySQL 数据库的用户创建及其授权

MySQL 默认超级用户为 root,但是 root 用户权限太大,一般只在管理数据库时才用。如果在项目中要连接 MySQL 数据库,则建议新建一个权限较小的用户来连接。

(1) 创建一个新用户并授予全部权限。在 MySQL 命令行模式下输入如下命令可以为

MySQL 创建一个新用户 wangwei,该用户的远程访问的 IP 地址没有约束,密码为 Ww@123456。

```
mysql > CREATE USER 'wangwei'@' % ' IDENTIFIED BY 'Ww@123456';
Query OK, 0 rows affected (0.97 sec)
```

新用户创建完成后,虽然有用户名及密码,但是如果以此用户登录,会报错,因为还没有为这个用户分配相应权限。分配权限的命令如下:

```
mysql > GRANT ALL ON * . * TO 'wangwei'@' % ' WITH GRANT OPTION;
Query OK, 0 rows affected (0.20 sec)
```

以上是创建一个 wangwei 新用户,并分配所有权限,其中,"* . *"为"数据库名.表名"。

(2) 创建一个普通用户并授予部分权限。创建一个普通用户 wanghong,仅授予"查询"权限,并限定 192.168.31 段的 IP 访问,而且指定访问的数据库为 student 库中的 user 表。

```
mysql > CREATE USER 'wanghong'@'192.168.31. % ' IDENTIFIED BY 'Wh@123456';
Query OK, 0 rows affected (0.04 sec)
mysql > GRANT USAGE,SELECT ON student.user TO 'wanghong'@'192.168.31. % ' WITH GRANT OPTION;
Query OK, 0 rows affected (0.12 sec)
```

(3) 创建一个普通用户并指定有效期限。创建一个普通用户 wangli,仅授予 7 天有效期的权限,并限定 127.0.0.1 内部 IP 访问。

```
mysql > CREATE USER 'wangli'@'127.0.0.1' IDENTIFIED BY 'Wl@123456' PASSWORD EXPIRE INTERVAL 7
DAY;
Query OK, 0 rows affected (0.11 sec)
mysql > GRANT ALL ON *.* TO 'wangli'@'127.0.0.1' WITH GRANT OPTION;
Query OK, 0 rows affected (0.14 sec)
```

创建以上的新用户后必须刷新才可以使用。

```
mysql > FLUSH PRIVILEGES;              #刷新
Query OK, 0 rows affected (0.12 sec)
```

(4) 删除用户。创建新用户后,也可以删除该用户。

```
mysql > select user,host from mysql.user ;           #查看用户
+------------------+---------------+
| user             | host          |
+------------------+---------------+
| root             | %             |
| wdg              | %             |
| wangli           | 127.0.0.1     |
| wanghong         | 192.168.31. % |
| wangwei          | %             |
+------------------+---------------+
5 rows in set (0.06 sec)
```

```
mysql > DROP USER wangli@127.0.0.1;                    #删除指定的用户
Query OK, 0 rows affected (0.16 sec)
mysql > select user,host from mysql.user ;
+------------------+--------------+
| user             | host         |
+------------------+--------------+
| root             | %            |
| wdg              | %            |
| wanghong         | 192.168.31.% |
| wangwei          | %            |
+------------------+--------------+
4 rows in set (0.01 sec)
```

注意：以上授权命令为 MySQL 8.0 版本的授权操作，和之前的版本有所区别，它们并不兼容。

以上是对 MySQL 8.0 数据库的简单维护，若想实现更多功能的授权及角色分配，请查阅有关资料。

2. 修改 root 用户的远程访问权限

远程管理 MySQL 数据库是数据库管理的基本方法，首先在 MySQL 数据库的 user 表中查看当前 root 用户的相关信息。

```
mysql > select host, user from mysql.user;
+-----------+------------------+
| host      | user             |
+-----------+------------------+
| localhost | root             |
| localhost | mysql.infoschema |
| localhost | mysql.session    |
| localhost | mysql.sys        |
+-----------+------------------+
5 rows in set (0.01 sec)
```

从查询结果可以看出，CentOS 7 系统下 MySQL 数据库的 root 用户默认 host 值是 localhost，即只允许本地操作，若要实现远程访问，必须把该值改为"%"。

```
mysql > update user set host = '%' where user = 'root';
Query OK, 1 row affected (0.01 sec)
Rows matched: 1  Changed: 1  Warnings: 0
mysql > flush privileges;
Query OK, 0 rows affected (0.00 sec)
mysql > select host, user from mysql.user;
+-----------+------------------+
| host      | user             |
+-----------+------------------+
| %         | root             |
| localhost | mysql.infoschema |
| localhost | mysql.session    |
| localhost | mysql.sys        |
+-----------+------------------+
5 rows in set (0.01 sec)
```

CentOS 7 系统下的 MySQL 数据库的远程访问还需要防火墙开放 MySQL 数据库的 3306 端口号。

```
[root@localhost ~]# firewall-cmd --permanent --add-port=3306/tcp   #开放 3306 端口
success
[root@localhost ~]# firewall-cmd --reload                    #修改配置后要重启防火墙
success
[root@localhost ~]# systemctl restart mysqld                 #再重新启动 mysqld 服务
```

3. MySQL 数据库的备份与恢复

在数据库表丢失或损坏的情况下，备份数据库是很重要的。如果发生系统崩溃，肯定希望尽可能丢失最少的数据，并恢复到崩溃发生时的状态。

备份数据库有两个主要方法：使用 mysqldump 程序；直接复制数据库文件（如用 cp、cpio 或 tar 等）。

mysqldump 与 MySQL 服务器协同操作。直接复制方法在服务器外部进行，并且必须采取措施保证没有客户正在修改将要复制的表。

(1) 使用 mysqldump 命令备份数据库。

① 备份数据库。

当使用 mysqldump 程序产生数据库备份文件时，默认的文件内容包含创建正在备份的表的 CREATE 语句和包含表中行数据的 INSERT 语句。换句话说，mysqldump 产生的输出是一个通用的 SQL 脚本文件。可以利用它进行数据库的移植和恢复等操作。其语法格式为：

```
mysqldump [OPTIONS] database [tables]
```

其中，OPTIONS 代表一些选项；database 代表将要备份的数据库；tables 代表将要备份的表，如果不指定任何表则代表备份整个数据库。例如，把远程的 192.168.1.200 主机中的 wdg 数据库备份到/home/wdg 目录下命名为 wdg.sql，可以使用如下命令。

```
# mysqldump -h 192.168.1.200 -u root -p123456 wdg >/home/wdg/wdg.sql
```

其中，123456 为 root 用户的密码。备份成功后，再使用 cat 命令进行查看。

```
[root@localhost ~]# cat /home/wdg/wdg.sql
```

② 恢复数据库。

恢复数据库首先对原数据库进行删除，然后重新创建该库，最后利用备份的 SQL 脚本文件恢复该库的表及记录数据。执行的命令如下：

```
[root@localhost ~]# mysql -u root -p123456 wdg < /home/wdg/wdg.sql
```

(2) 使用直接复制数据库文件的方法备份数据库。

使用一种直接复制数据库文件的备份方法时，必须保证表不再被使用。如果服务器在正在复制一个表时改变它，复制就失去了意义。保证你的复制完整性的最好方法是关闭服务器，复制文件，然后重启服务器。例如，用 cp 命令方式复制如下（如果数据库过大，也可以用 tar 命令进行压缩备份）。

```
[root@localhost ~]# cd /var/lib/mysql
[root@localhost ~]# cp -r wdg /home/wdg
```

其中，“/var/lib/mysql”是 MySQL 数据库默认存储路径，wdg 为 MySQL 数据库下的一个库，是以目录形式存在的。

可以以复制方式备份数据库，当然也可以以复制方式恢复数据库，即把备份的数据库再复制到 MySQL 数据库默认的存储路径中。

9.2.4　MySQL 数据库的客户端命令操作

1. MySQL 数据库的客户端命令

MySQL 数据库安装完成后，可以在/usr/bin 下找到 MySQL 的实用程序，如同 shell 命令一样，可以执行 MySQL 数据库的管理操作，如 mysqladmin 等命令，这里就不做介绍了。另外，我们也可以用 mysql 的客户端程序进行 MySQL 数据库的管理操作，它可以执行 MySQL 支持的所有 SQL 语句，在执行 SQL 语句时必须以分号“;”结尾，以表明语句结束并向 MySQL 数据库系统提交。其语法格式为：

```
mysql> SQL 语句;
```

此外，mysql 的客户端程序还提供了一些子命令，使用“help”或“\h”子命令可以查看 mysql 支持的所有子命令及功能。

2. 查看数据库数据

在 MySQL 数据库初始情况下，我们以 root 身份登录，在客户端程序 mysql 下，使用 SQL 语句进行如下操作：“show databases;”显示数据库；“use mysql;”操作 MySQL 数据库；“show tables;”显示针对 use 操作的数据库中的各表；“select host, user, password from user;”显示 user 表中的 host、user 和 password 3 个字段的记录信息。使用以上数据库的命令操作结果如下：

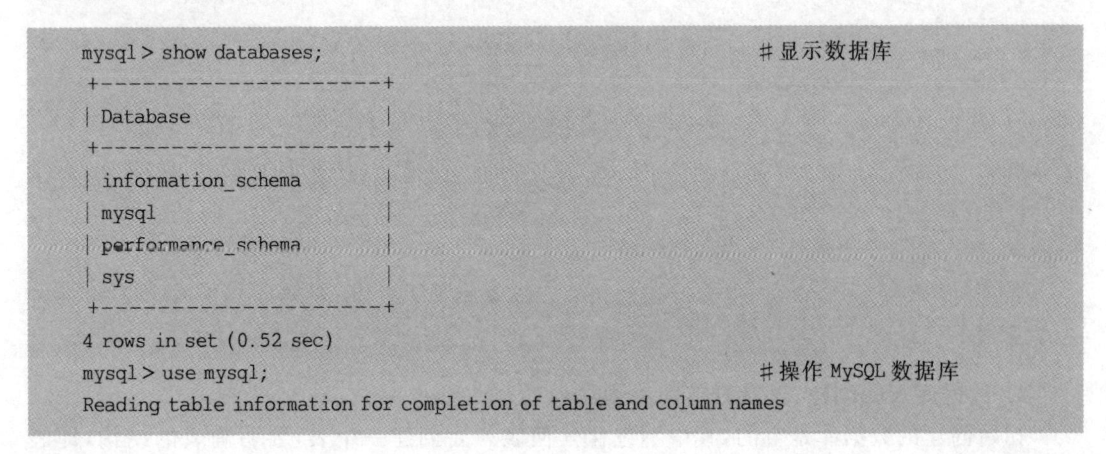

```
mysql> show databases;                                          #显示数据库
+--------------------+
| Database           |
+--------------------+
| information_schema |
| mysql              |
| performance_schema |
| sys                |
+--------------------+
4 rows in set (0.52 sec)
mysql> use mysql;                                               #操作 MySQL 数据库
Reading table information for completion of table and column names
```

```
You can turn off this feature to get a quicker startup with -A

Database changed
mysql> show tables;                                        #显示所有表
+---------------------------+
| Tables_in_mysql           |
+---------------------------+
| columns_priv              |
| component                 |
…                                                          #省略显示
| time_zone_transition_type |
| user                      |
+---------------------------+
33 rows in set (0.00 sec)
mysql> select host,user,authentication_string from user;  #查看 user 表
+-----------+------------------+-------------------------------------+
| Host      | User             | authentication_string               |
+-----------+------------------+-------------------------------------+
| %         | root             | *02CED07C71142D94F3E259C8308E6B6BE… |
| %         | wdg              | $A$005$n3=sRg;E\T?(lof7xtEF.e87cMp… |
| localhost | mysql.infoschema | $A$005$THISISACOMBINATIONOFINVALID… |
| localhost | mysql.session    | $A$005$THISISACOMBINATIONOFINVALID… |
| localhost | mysql.sys        | $A$005$THISISACOMBINATIONOFINVALID… |
+-----------+------------------+-------------------------------------+
```

注意：MySQL 5.7 版本之后，用户表 mysql.user 没有 password 字段，改成了 authentication_string。

3. 数据库的创建与删除

在客户端程序 mysql 下，使用 SQL 语句“create database wdg;”创建一个名为 wdg 的数据库，“drop database wdg;”删除 wdg 数据库。执行以上命令在终端显示的结果如下：

```
mysql> create database wdg;                     #创建一个名为 wdg 的数据库
Query OK, 1 row affected (0.19 sec)
mysql> show databases;
+--------------------+
| Database           |
+--------------------+
| information_schema |
| mysql              |
| performance_schema |
| sys                |
| wdg                |
+--------------------+
5 rows in set (0.19 sec)
mysql> drop database wdg;                       #删除名为 wdg 的数据库
Query OK, 0 rows affected (0.48 sec)
```

4. 数据库表的创建、查看表结构及删除表

初始创建的数据库是空的，其中不包含任何表。要创建一个表，要明确表的结构，即表

字段名称、字段类型、长度及主键等信息。下面以创建一个user用户表为例，包含ID为主键、用户名不为空、密码和电子邮件4个字段信息，使用下面的SQL语句来创建。

```
mysql > use wdg;                                    #定位 wdg 数据库
Database changed
mysql > create table user (id int primary key,
     -> username varchar(20) not null,
     -> passwd varchar(20),
     -> email varchar(30));
Query OK, 0 rows affected (0.13 sec)
```

创建一个表首先用use语句来定位在哪一个数据库下操作，查看表的结构用"describe user;"(user为表名)命令，删除表用"drop table user;"命令。

5. 数据记录的增加、删除与修改

当用户新创建一个表后，该表为一个空表，可以用insert语句来添加记录，该语句添加的数据的顺序、类型及数目要和表的结构相同。下面的命令是用insert、update和delete语句分别增加一条新记录、修改和删除记录。

```
mysql > insert into user values('1','wdg','666999','lisi@163.com');     #增加记录
Query OK, 1 row affected (0.10 sec)
mysql > update user set passwd = '2018' where id = 1;                 #修改记录
Query OK, 0 rows affected (0.00 sec)
mysql > select * from user;
+----+----------+--------+--------------+
| id | username | passwd | email        |
+----+----------+--------+--------------+
|  1 | wdg      | 2018   | lisi@163.com |
+----+----------+--------+--------------+
1 row in set (0.00 sec)
mysql > delete from user where id = 1;                                #删除记录
Query OK, 1 row affected (0.38 sec)
```

9.2.5 MySQL数据库基于GUI方式的远程管理

基于GUI(Graphical User Interface)客户端程序界面友好且操作方面，是远程管理MySQL数据库的最佳途径之一，使用GUI客户端连接远程MySQL数据库的客户端工具有很多，如常用的Navicat for MySQL、EMS MySQL Manager、MySQL Control Center等。这里介绍在Windows 7系统下使用GUI客户端程序Navicat for MySQL连接远程Linux系统下MySQL数据库的过程。

1. Navicat for MySQL简介

Navicat for MySQL是一个功能齐全的基于GUI的MySQL数据库客户端程序，可以跨平台操作，它提供了多种风格的用户界面，并且支持简体中文，非常容易操作。一些界面与SQL Server数据库系统的客户端工具"企业管理器"非常相似，无论从功能上还是在界面上，Navicat for MySQL都可以同商业数据库系统所提供的GUI客户端相媲美。

2. Navicat for MySQL 的安装

Navicat for MySQL 简体中文版可以在网上下载,当前的最新版本为 Navicat for MySQL 11。其安装过程非常简单,安装之后打开 Navicat for MySQL 的初始界面如图 9-3 所示。

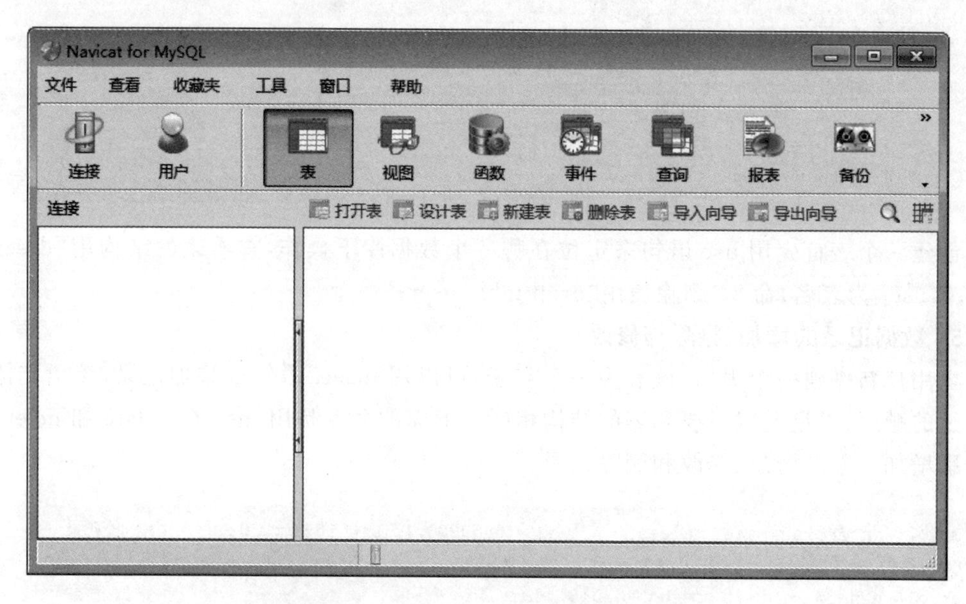

图 9-3　Navicat for MySQL 的初始界面

3. Navicat for MySQL 远程连接 MySQL 数据库

在图 9-3 中的“文件”菜单中,选择“新建连接”选项,弹出如图 9-4 所示窗口,在“常规”选项卡中为设置连接 MySQL 数据库服务器的一些基本选项,其中主要设置项的含义如下。

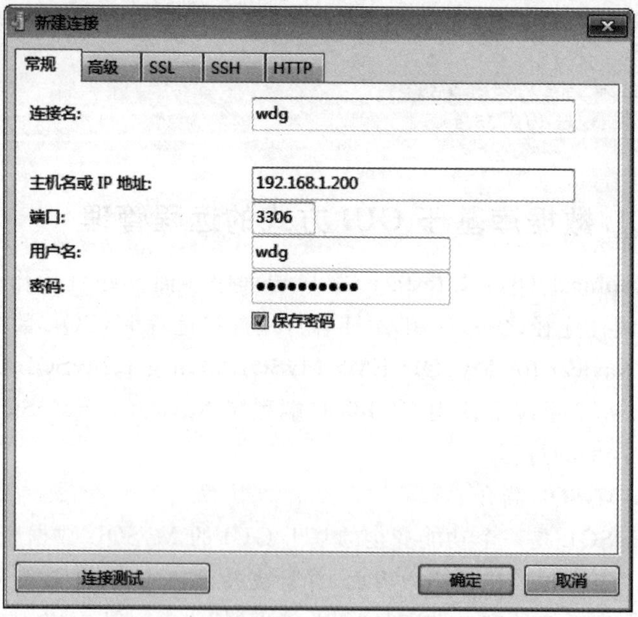

图 9-4　在建立的新连接中连接 MySQL 服务器窗口

连接名：给此连接设置一个名称，如给本次连接命名为 wdg。

主机名或 IP 地址：连接 MySQL 数据库服务器的主机名或 IP 地址，这里建议使用远程 MySQL 服务器的 IP 地址。

端口：3306，为 MySQL 数据库默认的端口号，不要更改。

用户名：连接所使用的用户名。这里首先要求该用户支持异地访问的权限，参照 9.2.2 节中的“用户权限”设置要求（即在 MySQL 数据库的 user 表中不能为“localhost”，应该改为“%”，且要防火墙开放 3306 端口号），否则连接失败。

密码：为所使用的用户相匹配的口令。

在图 9-4 中，单击“连接测试”按钮，如果出现如图 9-5 所示的“1251”错误，则是因为 MySQL 8.0 版本和 5.0 版本的加密规则不一样，而现在的可视化工具 Navicat for MySQL 只支持旧的加密方式。

图 9-5　连接 MySQL 服务器错误提示窗口

我们需要将 MySQL 8.0 版本的用户登录加密规则修改为旧版本的 mysql_native_password，在本地操作如下。

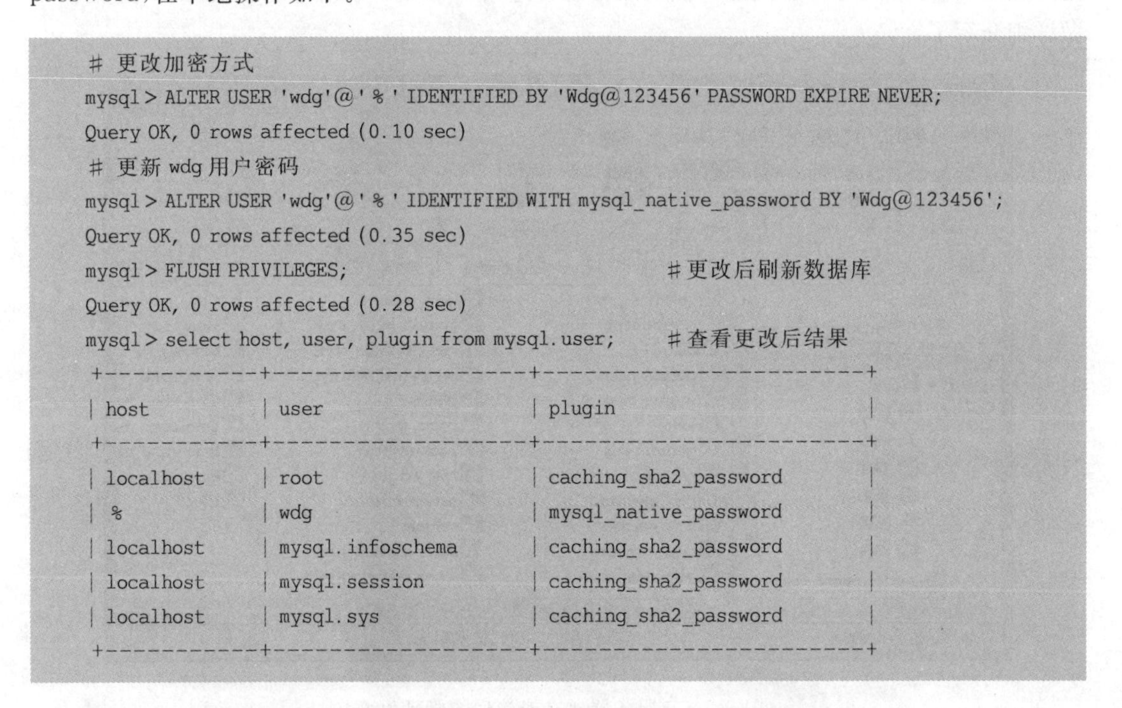

```
# 更改加密方式
mysql > ALTER USER 'wdg'@'%' IDENTIFIED BY 'Wdg@123456' PASSWORD EXPIRE NEVER;
Query OK, 0 rows affected (0.10 sec)
# 更新 wdg 用户密码
mysql > ALTER USER 'wdg'@'%' IDENTIFIED WITH mysql_native_password BY 'Wdg@123456';
Query OK, 0 rows affected (0.35 sec)
mysql > FLUSH PRIVILEGES;                          #更改后刷新数据库
Query OK, 0 rows affected (0.28 sec)
mysql > select host, user, plugin from mysql.user;     #查看更改后结果
+-----------+------------------+-----------------------+
| host      | user             | plugin                |
+-----------+------------------+-----------------------+
| localhost | root             | caching_sha2_password |
| %         | wdg              | mysql_native_password |
| localhost | mysql.infoschema | caching_sha2_password |
| localhost | mysql.session    | caching_sha2_password |
| localhost | mysql.sys        | caching_sha2_password |
+-----------+------------------+-----------------------+
```

完成以上设置后，再进行“连接测试”，则出现如图 9-6 所示连接成功界面。

在图 9-6 中，连接成功后单击“确定”按钮，则新建的连接名称 wdg 被添加到连接列表

图 9-6　与服务器建立连接测试成功界面

中,如图 9-7 所示。双击连接名 wdg 则激活进行连接远程的 MySQL 数据库,在连接后的界面中,根据连接者的权限,很轻松地进行数据库、表及记录的创建、删除、插入及修改操作。用户熟悉数据库知识后,在图形界面下非常容易进行 MySQL 数据库的管理操作,这里就不做详细介绍了。

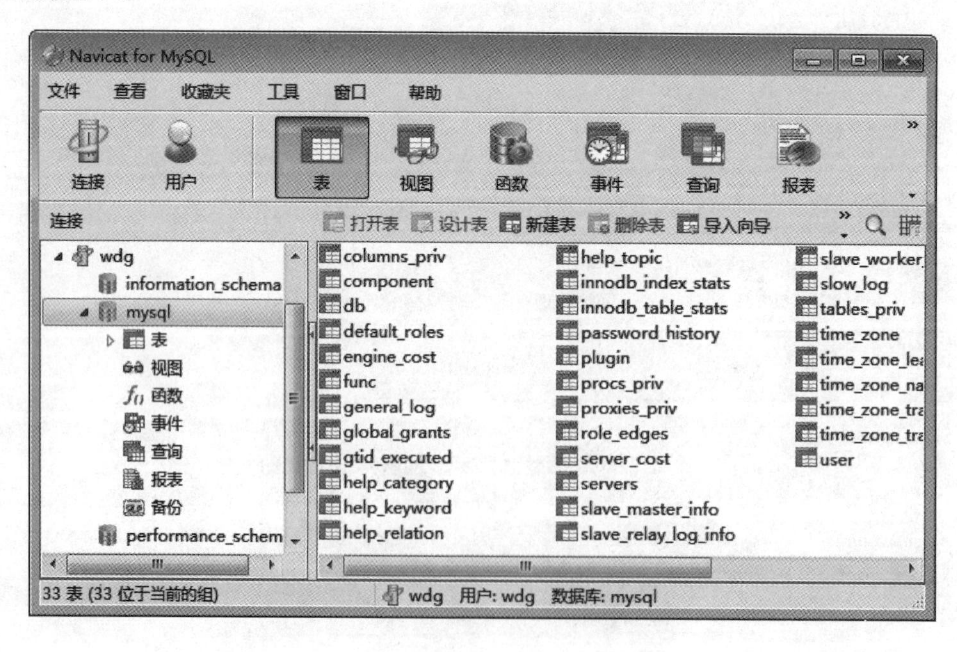

图 9-7　与服务器建立连接后的管理界面

9.3 PHP访问数据库

9.3.1 PHP简介及运行环境

1. PHP简介

超文本预处理器(Hypertext Preprocessor,PHP)是一种嵌入在HTML并由服务器解释的脚本语言。语法吸收了C语言、Java和Perl的特点,利于学习,使用广泛,主要适用于Web开发领域。PHP独特的语法混合了C语言、Java、Perl及PHP自创的语法。它可以比CGI或者Perl更快速地执行动态网页。用PHP做出的动态页面与其他的编程语言相比,PHP是将程序嵌入HTML(标准通用标记语言下的一个应用)文档中去执行,执行效率比完全生成HTML标记的CGI要高许多;PHP还可以执行编译后代码,编译可以达到加密和优化代码运行,使代码运行更快。它可以用于管理动态内容、支持数据库、处理会话跟踪,甚至构建整个电子商务站点。它支持许多流行的数据库,包括MySQL、PostgreSQL、Oracle、Sybase、Informix和Microsoft SQL Server。

PHP非常适合Web上的工作,但它并不是唯一的方法,如Perl、Java、JavaScript、ASP、Python、Tcl、CGI及其他许多方法都可以生成动态的内容。但是,PHP的优点是:它是专为基于Web的问题而设计的且PHP是完全免费的,用户可以从PHP官方网站(http://www.php.net)自由下载。PHP遵守GNU公共许可(GPL),用户可以不受限制地获得源码,甚至可以从中加进用户自己需要的特色。PHP在大多数UNIX平台,以及GUN/Linux和微软Windows平台上均可以运行。

PHP是作为一个小型开放源码软件,随着越来越多的人意识到它的实用性从而逐渐发展起来的。Rasmus Lerdorf在1994年发布了PHP的第一个版本。从那时起它就飞速发展,并在原始发行版上经过无数次的改进和完善,现在已经发展到了7.3.0版本。PHP标志如图9-8所示。

图9-8 PHP标志

2. PHP的安装及配置

(1) 查看PHP软件包的安装情况。

Linux下的PHP运行是在Apache的Web服务器下PHP解释器解释执行的,需要Apache对PHP的支持,以及PHP访问相关数据库的支持,所以需要在Linux下安装相关PHP软件。

在CentOS 7系统中选择安装时,可以安装PHP 5.4版本的软件包。下面的命令是搜索系统PHP软件安装情况。

```
[root@localhost ~]# rpm -qa | grep php
php-pdo-5.4.16-42.el7.x86_64
php-5.4.16-42.el7.x86_64                    #Apache服务器对PHP的支持
php-xml-5.4.16-42.el7.x86_64
php-pear-1.9.4-21.el7.noarch
php-common-5.4.16-42.el7.x86_64
```

```
php-process-5.4.16-42.el7.x86_64
php-cli-5.4.16-42.el7.x86_64
php-gd-5.4.16-42.el7.x86_64
```

如果没有安装 PHP 软件包,可以通过 Linux 的安装光盘进行安装,但是该状态下没有 PHP 对 MySQL 数据库支持的相关软件包,且安装新版 PHP 会因版本不同产生冲突,所以我们选择统一升级安装 PHP 7 版本的相关软件包的方法。

(2) PHP 软件包的安装。

PHP 软件包的安装涉及很多其依赖的软件,所以采用 yum 源的方式从外网安装,首先安装 yum 源的 rpm 包。安装地址如下:

```
rpm -Uvh https://dl.fedoraproject.org/pub/epel/epel-release-latest-7.noarch.rpm
rpm -Uvh https://mirror.webtatic.com/yum/el7/webtatic-release.rpm
```

以上安装后就会生成相关的 yum 源的 repo 外网的软件仓库文件,然后执行如下命令来搜索所要的 PHP 版本文件。

```
[root@localhost ~]# yum list php*
```

从搜索的结果来看,该软件仓库包含 PHP 软件包的多个版本,我们选择 PHP 7 版本的相关软件进行安装。

```
[root@localhost ~]# yum -y install php70w
```

php72w 只是安装了 php 最小的库,一些应用还未安装,因此安装一些扩展包:

```
[root@localhost ~]# yum -y install php72w-cli php72w-common php72w-devel php72w
-mysql
```

基于 PHP 的 Web 数据库开发还应该安装其他扩展包:

```
[root@localhost ~]# yum -y install php72w-gd php72w-imap php72w-ldap php72w-odbc
```

安装完后,查找一下本地 PHP 7 软件包安装情况。

```
[root@localhost ~]# rpm -qa | grep php
php70w-7.0.32-1.w7.x86_64                #Apache 服务器对 PHP 的支持
php70w-devel-7.0.32-1.w7.x86_64          #PHP 扩展的支持
php70w-process-7.0.32-1.w7.x86_64
php70w-xmlrpc-7.0.32-1.w7.x86_64
php70w-pear-1.10.4-1.w7.noarch
php70w-cli-7.0.32-1.w7.x86_64
php70w-gd-7.0.32-1.w7.x86_64
php70w-common-7.0.32-1.w7.x86_64
php70w-imap-7.0.32-1.w7.x86_64           #PHP 对 IMAP(互联网消息访问协议)支持
```

```
php70w-mbstring-7.0.32-1.w7.x86_64
php70w-pdo-7.0.32-1.w7.x86_64
php70w-ldap-7.0.32-1.w7.x86_64                #PHP 对轻型目录访问协议(LDAP)的支持
php70w-tidy-7.0.32-1.w7.x86_64
php70w-odbc-7.0.32-1.w7.x86_64                #PHP 程序对 ODBC 的支持
php70w-xml-7.0.32-1.w7.x86_64
php70w-mysql-7.0.32-1.w7.x86_64               #PHP 对 MySQL 数据库的支持
```

(3) PHP 的配置文件。

安装完成后，查看一下系统的 PHP 版本信息：

```
[root@localhost ~]# php -v
PHP 7.0.32 (cli) (built: Sep 15 2018 07:54:46) ( NTS )
Copyright (c) 1997-2017 The PHP Group
Zend Engine v3.0.0, Copyright (c) 1998-2017 Zend Technologies
```

Linux 系统中的 PHP 软件包安装后具备了在 Apache 下所需的 mod_php 模块，默认情况下即可正常工作。但是升级安装还需要进行如下配置。

首先，找到 PHP 的配置文件 php.ini，利用 find 命令查找。

```
[root@localhost ~]# find / -name php.ini
/etc/php.ini
```

然后查找 Apache 的配置文件 httpd.conf。

```
[root@localhost ~]# find / -name httpd.conf
/etc/httpd/conf/httpd.conf                    #主配置文件
/usr/lib/tmpfiles.d/httpd.conf
```

最后在配置文件/etc/httpd/conf/httpd.conf 中修改文件，在该文件最后一行加上：

```
PHPIniDir /etc/php.ini
```

表示告诉 Apache 了 PHP 的配置信息文件，在 Apache 中调用该文件即可，保存退出。以上我们完全升级安装了 PHP 7 版本的软件包任务，可以使用 PHP 了。

3. 测试 Apache 下对 PHP 的支持

测试系统对 PHP 的支持情况，需要启动 Web 服务，并且在 Web 站点下建立一个 PHP 文件，且写上一个测试脚本，再在浏览器下进行运行测试。整个操作步骤如下：

```
[root@localhost ~]# systemctl restart httpd       #启动 Web 服务
[root@localhost ~]# cd /var/www/html              #进入默认的 Web 站点目录
[root@localhost html]# vi phpinfo.php
<?php
    phpinfo();                                    #输出的 PHP 函数信息
?>
```

然后打开异地访问的浏览器如 360，输入 Web 服务器的地址，浏览刚才建立的 PHP 脚本文件，输入的访问地址如“http://192.168.1.200/phpinfo.php”，运行结果如图 9-9 所示，表示 Apache 与 PHP 7 关联成功。

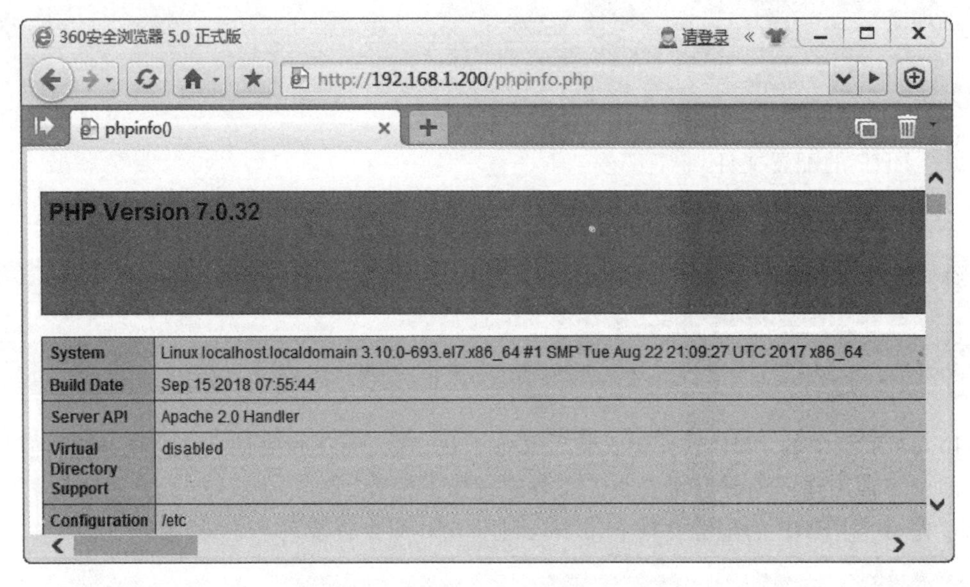

图 9-9　测试 Apache 下对 PHP 的支持

9.3.2　PHP 网络编程

1. PHP 语法简介

PHP 是一种嵌入在 HTML 标识内的脚本语言。在服务器端由 PHP 解释器解释执行，生成 HTML 并传送到客户端，再由浏览器解释成网页供用户浏览。PHP 的语法混合了 C、Java、Perl 及 PHP 方式的新语法，它可以比 C 或者 Perl 更快地执行动态网页。

PHP 脚本嵌入到 HTML 标识中，和 HTML 标识之间可以嵌套但不能交叉，嵌入了 PHP 脚本的网页文件必须以.php 为扩展名进行命名。PHP 在网页中的起始和结束标志为：

```
<?php
    此处写 PHP 程序
?>
```

［**例 9-1**］　编写一个 PHP 文件，并在浏览器中显示该文件的解释输出结果。

解答：在网站的根目录下编写一个 1.php 网页文件，其源码内容为：

```
<html><head><title>第一个 PHP 程序</title></head>
    <body>
        <?php
            echo " hello world ";
        ?>
    </body>
</html>
```

在异地浏览器下观看以上 PHP 脚本显示内容如图 9-10 所示。

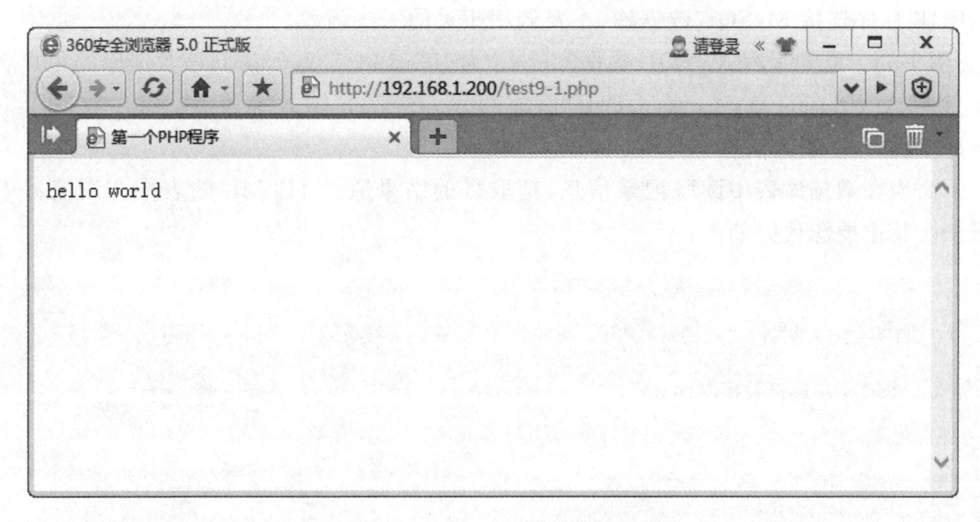

图 9-10　PHP 的一个简单程序

2. 一个 PHP 的流程控制程序示例

［**例 9-2**］　编写 PHP 脚本程序，利用 for 循环语句输出信息：

```
<html><head><title>第二个 PHP: for 循环程序</title></head>
    <body>
        <?php
            for( $i = 1; $i <= 10; $i++)
            {
               echo " $i";
               echo " 黑龙江科技大学!<br> ";
            }
         ?>
    </body>
</html>
```

运行结果如图 9-11 所示。

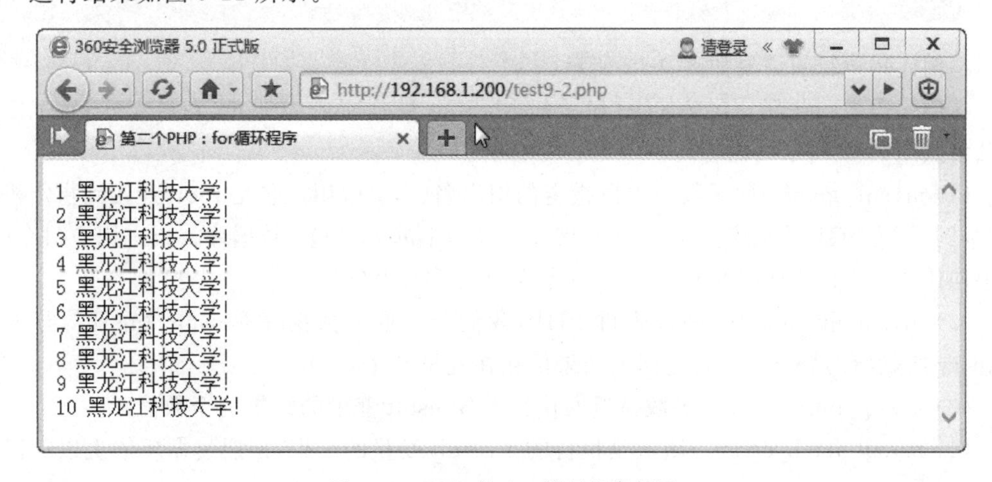

图 9-11　PHP 的 for 循环程序例子

3. PHP 连接 MySQL 数据库

PHP 程序连接 MySQL 数据库,主要调用相关的一些函数。

[**例 9-3**] 已知远程 MySQL 数据库的 IP 为 192.168.1.200,访问该数据库的用户名为 root,密码为 Wdg@123456,编写 PHP 脚本程序,在 Web 端显示该 MySQL 数据库下的 wdg 库中的 user 表的信息。

下面为在数据库表中读取记录信息,把取得的结果通过 HTML 的表格在浏览器中显示出来。其主要源代码如下:

```
<?php
if (!mysql_connect("192.168.1.200", "root", "Wdg@123456"))
{
    echo "无法连接数据库!<p>";
    exit();
}
$query = "select * from uesr";
$result = mysql_db_query("wdg", $query);
if (mysql_num_rows( $result)!= 0)
    echo "用户信息的结果如下:<br>";
?>
<table border = "1" width = "80 %"><tr><td>姓名</td><td>班级</td></tr>
<?php
while ( $r = mysql_fetch_array( $result))
     {
          echo "<tr><td>";
          $username = $r["姓名"];
          echo " $username;";
          echo "</td><td>";
          $host = $r["班级"];
          echo " $host;<br>";
          echo "</td></tr>";
     }
?></table>
<?php
  mysql_free_result( $result);
  mysql_close();
?>
```

本例代码执行的结果如图 9-12 所示。

本例代码中的各部分含义如下(显示的 MySQL 数据库名为 wdg,表名为 user,字段名信息参照图 9-12 所示的内容)。

(1) mysql_connect()函数负责以指定的用户名(本例中用户名是 root)连接到指定机器(在本例中 MySQL 数据库主机是 192.168.1.200)上的 MySQL 数据库。指定用户口令(本例中连接 MySQL 数据库的 root 用户口令为 Wdg@123456)。

(2) mysql_db_query()函数告诉 PHP,我们要读取的数据库是 wdg。并且执行变量 $query 所赋给的 SQL 语句,返回的结果保存在变量 $result 中。

(3) mysql_num_rows()函数是返回执行的 $result 变量的结果的个数值。

(4) mysql_fetch_array()函数是执行的 $result 变量的结果,是通过循环依次以字段名

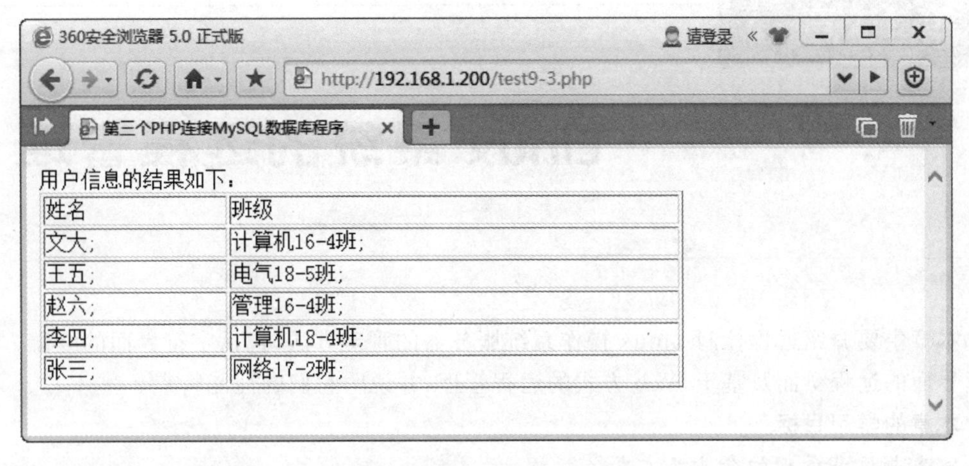

图 9-12 PHP 读取 MySQL 数据库的例子

返回该记录的值，$r["姓名"]中的“姓名”为字段名。

(5) 其他 mysql_free_result()是释放变量 $result，mysql_close()是关闭数据库的连接。

9.4 本章小结

本章主要讲解了 Linux 系统下的数据库应用，首先介绍了 Linux 系统下的数据库类型、特点，并介绍了两个应用广泛的免费数据库，重点介绍了 MySQL 数据库的安装、启动、连接、操作命令、权限设置、备份恢复等基本操作，以及基于 Web 和 GUI 模式下的客户端程序管理操作方法，最后介绍了 PHP 脚本语言的特点、安装、测试、基本语法要求及访问 MySQL 数据库编程应用。

9.5 思考与实践

1. 如何实现 MySQL 数据库的异地访问？写出实现的办法、操作步骤及相关的 MySQL 客户端程序命令。

2. 如何实现 MySQL 数据库的定期备份？

3. 如何实现 Windows 下的 MySQL 数据库移植到 Linux 下的 MySQL 数据库中？

4. MySQL 数据库的客户端管理的模式方法主要有哪些？比较它们的性能，应用的客户端软件有哪些？

5. 利用 MySQL 数据库的客户端管理软件，建立一个数据库、表、字段及插入记录信息，再利用 PHP 脚本语言把自己建立的数据库记录信息在浏览器中读出来。

第10章

Linux 系统的远程管理

本章主要介绍远程控制 Linux 操作系统服务器的管理方法，包括字符界面的终端方式、图形界面的远程桌面及基于 Web 方式的远程管理，并说明它们的性能特点。

本章的学习目标

- 掌握远程管理的含义及方式。
- 掌握终端方式的字符界面远程管理方法。
- 了解 B/S 方式的远程管理方法。
- 了解 C/S 方式的远程桌面管理方法。
- 了解远程管理各种方式、方法的性能特点。

10.1 远程管理简介

随着 Internet 网络的飞速发展，Linux 操作系统的强大的网络服务功能正受到众多用户的青睐，它是教育科研和企事业单位理想的网络服务器管理平台。作为系统管理员，要管理位于不同的建筑、不同的区域乃至不同的城市的 Linux 服务器时，到服务器本地控制台去执行各种调试和管理，显然不太现实，因此要实现“运筹帷幄之中，决胜千里之外”的效果，利用网络对服务器进行远程管理和维护可以说是必不可少的方法和途径。

10.1.1 远程管理的含义

远程管理是在网络上由一台计算机（主控端 Remote/客户端）远距离去控制另一台计算机（被控端 Host/服务器端）的技术，这里的远程不是字面意思的远距离，一般是指通过网络控制远端计算机，以往，远程控制往往是指在局域网中的远程控制或者是通过命令的字符方式的远程控制，而现在随着网络技术的发展、网络速度的提升，远程控制也可以实现图形界面方法的远程访问。当操作者使用主控端计算机控制被控端计算机时，就如同坐在被控端计算机的屏幕前一样，可以启动被控端计算机的应用程序，也可以使用被控端计算机的文件资料，甚至可以利用被控端计算机的外部打印设备和通信设备来进行打印和访问互联网。

远程管理的原理就是主控端计算机只是将键盘和鼠标的指令传送给远程计算机，同时将被控端计算机的屏幕画面通过通信线路回传过来。也就是说，我们控制被控端计算机进行操作似乎是在眼前的计算机上进行的，实质是在远程的计算机中实现的，不论打开文件，还是上网浏览、下载等，都是存储在远程的被控端计算机中的。

10.1.2 远程管理的方式

远程管理的方式是采取什么样的软件体系结构进行远程管理，就像管理软件技术的主流技术与管理思想一样，也经历了 3 个发展时期：从字符界面到图形界面 Client 客户端/Server 服务器端(或图形用户界面 GUI)，直至浏览器界面 Browser/Server。

管理员管理远程计算机的方法主要有 3 种方式：终端字符界面的远程管理、C/S 方式的远程桌面管理和基于 Web 的 B/S 方式远程管理。下面介绍在这 3 种远程控制管理方式下典型的软件使用方法。

10.2 终端方式的字符界面远程管理

Linux/UNIX 操作系统的字符界面的命令操作，以其高效率、占用服务器资源少、响应快、适用于并发用户操作、远程访问控制等特点，一直在 Linux/UNIX 操作系统中占据主导地位。

采取字符界面的命令操作的远程管理方式主要有 Telnet、SSH。

10.2.1 Telnet 方式

Telnet 是 TCP/IP 协议网络的登录和仿真程序，现在它主要用于 Internet 会话。它的基本功能是允许用户登录远程主机系统，并且为用户提供了在本地计算机上完成远程主机工作的能力。Telnet 服务是一种"客户端/服务器"(Client/Server)架构，Telnet 协议是 TCP/IP 协议族中的一员，也是 Internet 远程登录服务的标准协议。应用 Telnet 协议能够把本地用户所使用的计算机变成远程主机系统的一个终端。Telnet 服务器软件是最常用的远程登录服务器软件。

1. 安装 Telnet 程序

首先检查 CentOS 7 系统主机 Telnet 的安装情况：

```
[root@localhost ~]# rpm -qa | grep telnet
telnet-server.x86_64                                  #Telnet 服务器端程序
telnet.x86_64                                         #Telnet 客户端程序
```

如果没有检测到软件包，需要进行安装，我们采用 yum 命令从本地源的软件仓库中进行安装，本地源的配置详见 5.2.3 节的内容。采用 yum 命令安装方法如下：

```
[root@localhost ~]# yum list | grep telnet            #查找 Telnet 程序
telnet.x86_64                  1:0.17-64.el7             local
telnet-server.x86_64           1:0.17-64.el7             local
[root@localhost ~]# yum install telnet                #安装 Telnet 客户端程序
[root@localhost ~]# yum install telnet-server         #安装 Telnet 服务器端程序
```

在 CentOS 7 系统中不能单独启动 Telnet 服务，Telnet 服务需要依赖于 xinetd 这个超级守护进程运行，因此管理 Telnet 进程就要安装 xinetd 服务组件。

```
[root@localhost ~]# rpm -qa | grep xinetd              #查找 xinetd 程序
[root@localhost ~]# yum list | grep xinetd
xinetd.x86_64              2:2.3.15-13.el7              local
[root@localhost ~]# yum install xinetd                 #安装 xinetd 程序
```

2. 在 Linux 主机中启动 Telnet 服务

Telnet 相关软件安装完后,就可以启动 Telnet 服务了,执行如下命令。

```
[root@localhost ~]# systemctl start telnet.socket
[root@localhost ~]# systemctl start xinetd
```

也可以让 Telnet 服务开机自行启动,执行如下命令。

```
[root@localhost ~]# systemctl enable xinetd.service
[root@localhost ~]# systemctl enable telnet.socket
```

Telnet 服务所使用的默认端口号为 23,需要防火墙放行,执行如下命令。

```
[root@localhost ~]# firewall-cmd --zone=public --add-port=23/tcp --permanent
Success
[root@localhost ~]# systemctl restart firewalld      #重启防火墙变更生效
```

3. 在远程的 Telnet 客户端登录

在 Windows 7 等操作系统中,Telnet 客户端命令没有激活,若要使用 Telnet 功能,需要进行如下设置。

在 Windows 的"控制面板"中打开"所有面板项",然后在其中打开"程序和功能",在弹出的窗口左侧栏中单击"打开或关闭 Windows 功能",则出现如图 10-1 所示窗口。在窗口中选中"Telnet 客户端"复选框,之后单击"确定"按钮即可激活 Telnet 功能。

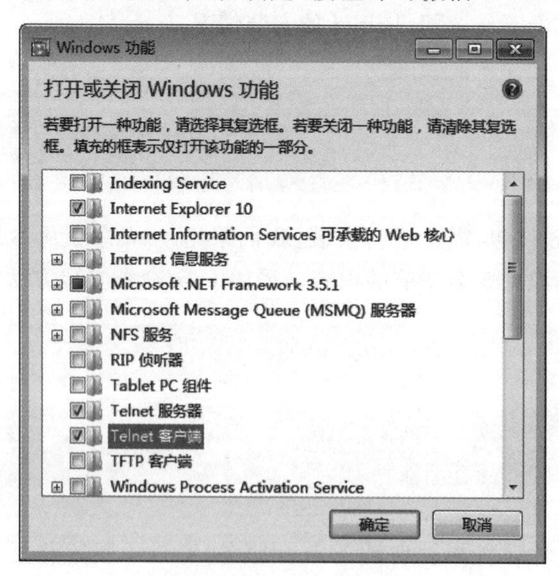

图 10-1　在 Windows 系统中激活 Telnet 功能

激活 Telnet 功能后，在 Windows 系统中“开始”菜单下的“运行”中(或 Windows 下的 DOS 提示符)输入 Telnet 登录的命令格式为：

```
telnet remote - computer - name(or IP)
```

如图 10-2 所示，输入“telnet 192.168.1.200”后单击“确定”按钮，查找 Telnet 方式登录的远程主机，在找到远程计算机后，已登录的用户计算机就成为远程 Linux/UNIX 服务器操作系统的一个终端。这时屏幕出现的对话与用户在本地主机上连接的终端一样，如图 10-3 所示。

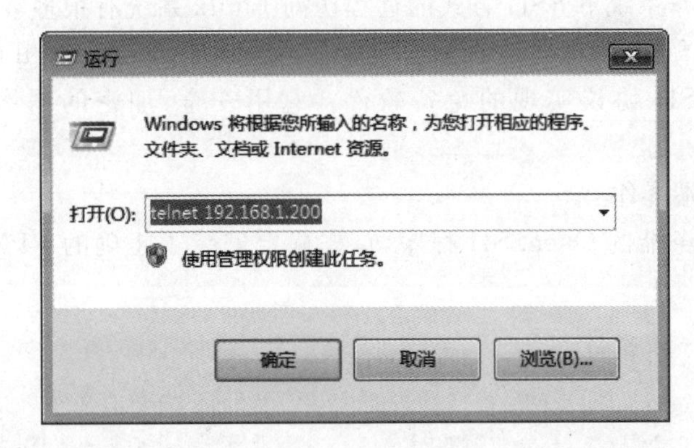

图 10-2　在 Windows 系统中使用 Telnet 登录窗口

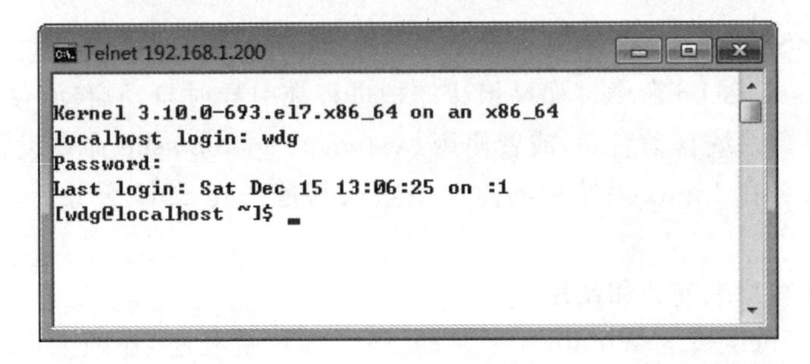

图 10-3　Windows 下 Telnet 连接到远程 Linux 系统的界面

Telnet 方式登录时是不允许 root 用户登录的，可以用“su -”命令转换成 root 用户，如图 10-4 所示。

```
Telnet 192.168.1.200
Kernel 3.10.0-693.el7.x86_64 on an x86_64
localhost login: wdg
Password:
Last login: Sat Dec 15 13:06:25 on :1
[wdg@localhost ~]$ su - root
密码:
上一次登录: 六 12月 15 18:49:09 CST 2018从 192.168.1.114pts/0 上
[root@localhost ~]#
```

图 10-4　Telnet 登录到远程 Linux 系统的界面

使用 Telnet 命令登录到服务器时,用户名、密码等在网络上是以明文方式进行传送的,系统存在极大的安全隐患,所以 SSH 就是在这种背景下应运而生的。

10.2.2 SSH 方式

SSH(Secure Shell)安全的 Shell 字符命令操作,实现了与 Telnet 服务类似的功能,可以实现字符界面的远程管理。SSH 采用了密文的形式在网络中传输数据,并使用了现代的安全加密算法,足以胜任大型公司的任务和繁重的应用程序的要求,因此可以实现更高的安全级别。

在 Windows 操作系统下 SSH 方式的远程访问 Linux 系统有很多客户端软件,如 SSH Secure Shell、PuTTY 和 SecureCRT 等。下面只介绍 SSH Secure Shell 的使用方法。

OpenSSH 是 SSH 协议实现的免费软件。它用安全、加密的网络连接工具代替了 Telnet、FTP 工具。

1. SSH 服务器端操作

要运行 SSH 服务器的 OpenSSH 程序,首先确定安装了正确的 RPM 软件包 openssh-server。命令如下:

```
[root@localhost ~]# rpm -qa | grep openssh
openssh-7.4p1-11.el7.x86_64                    #OpenSSH 核心文件
openssh-clients-7.4p1-11.el7.x86_64            #OpenSSH 基于 Linux 的客户端程序
openssh-server-7.4p1-11.el7.x86_64             #OpenSSH 服务器端程序
```

要启动 OpenSSH 服务,则使用 systemctl start sshd 命令;要停止 OpenSSH 服务器,则使用 ystemctl stop sshd 命令。如果想让守护进程在引导时自动启动,使用 ntsysv 命令,选择 sshd 选项进行系统自动启动,或者使用 systemctl enable sshd 命令设置执行启动。

OpenSSH 服务在 Linux 系统中的防火墙默认都是开放 SSH 服务的,并且其服务默认也是自行启动的。

2. OpenSSH 客户端安装和使用

SSH Secure Shell 基于 Windows 平台的 SSH 客户端程序,在网上(如华军软件园)下载安装之后,生成两个文件,即 SSH Secure Shell Client 和 SSH Secure File Transfer Client。

SSH Secure Shell Client 文件用于以 SSH 方式登录 Linux 服务器之后,对所登录 Linux 服务器进行调试、管理、远程控制;SSH Secure File Transfer Client 文件用于以 SSH 方式登录 Linux 或 UNIX 服务器之后,进行文件的上传、下载。

运行 SSH Secure Shell Client 程序,出现 SSH Secure Shell Client 主界面,单击 Quick Connect 按钮,出现如图 10-5 所示的窗口,在 Connect to Remote Host 界面中分别填写远程主机 IP、登录的用户名、SSH 的端口号(默认是 22)和验证方式(选择默认的 Profile Settings 方式),单击 Connect 按钮,连接远程主机成功后出现如图 10-6 所示的输入密码对话框。

输入密码成功后,则出现连入远程主机的终端窗口,如图 10-7 所示,用户就可以通过字符命令方式对远程 Linux 主机进行管理。

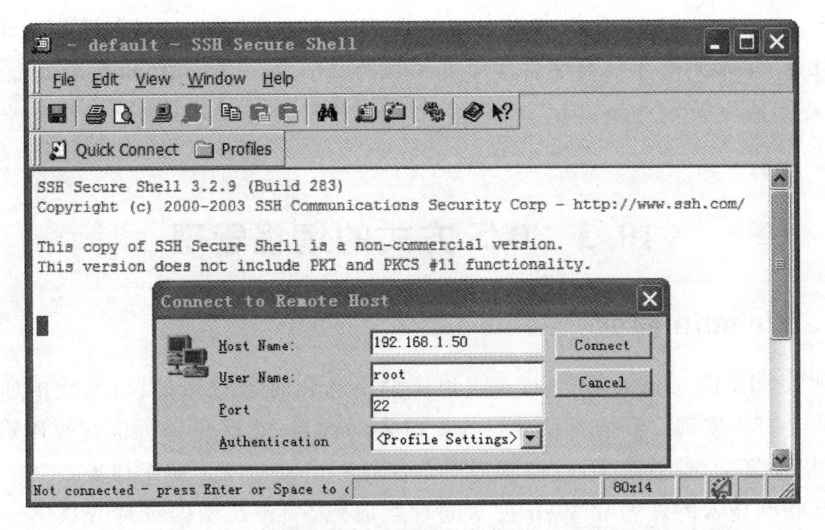

图 10-5 SSH 的客户端 Windows 系统下的登录主界面

Enter Password
Password: ******
OK
Cancel

图 10-6 连接远程 Linux 主机后的输入密码对话框

192.168.1.50 - default - SSH Secure Shell
File Edit View Window Help
Quick Connect Profiles

```
SSH Secure Shell 3.2.9 (Build 283)
Copyright (c) 2000-2003 SSH Communications Security Corp - http://www.ssh.com/

This copy of SSH Secure Shell is a non-commercial version.
This version does not include PKI and PKCS #11 functionality.


Last login: Sat May 16 06:23:51 2009 from 192.168.1.1
[root@wdg-linux-5 ~]#
```

Connected to 192.168.1.50 SSH2 - aes128-cbc - hmac-md5 - 79x12

图 10-7 登录远程 Linux 主机终端窗口

注意：采用 CentOS 7 简体中文版时，在终端字符界面中对简体中文显示会出现乱码，修改的办法有两种。一种是临时修改，即下次系统重新启动后就会失效。执行的命令如下。

```
[root@Linux - CentOS - 7 ～]# date
2018 骞?11?14 好 骀涓 20:18:46 CST                  #修改前乱码状态
[root@Linux - CentOS - 7 ～]# export LANG = zh_CN    #设置新的编码环境变量
[root@Linux - CentOS - 7 ～]# date
2018 年 11 月 14 日 星期三 20:19:32 CST              #修改后正常
```

另一种是永久修改，即修改字符编码配置，将配置文件/etc/locale.conf 中的 LANG=

"XXXX"改为 LANG="zh_CN",因为使用原来默认值的 UTF-8 编码打开这些文件时会出现乱码。注意 CentOS 7 系统的字符集配置文件为/etc/locale.conf,如果是 7 之前的版本,应修改配置文件为/etc/sysconfig/i18n,修改存盘并重新启动后,就会使简体中文正常显示了。

10.3 B/S 方式的远程管理

10.3.1 Webmin 简介

在各种 UNIX 或 Linux 系统中,一直以来命令行占据着统治地位,系统的所有功能都可以通过命令行来实现。高效是命令行与生俱来的优点,然而命令行也有使用难度大的缺点,命令行格式复杂、参数繁多,使得许多初学者对 Linux/UNIX 望而却步。

随着互联网技术的发展和 Web 技术的日益成熟,一种新型的管理方式——Web 界面管理渐渐出现,此种方式融合了命令行的高效和图形界面的直观方便,受到了普遍的关注和认可。在诸多的 Web 界面管理工具中,Webmin 可谓一枝独秀,被大多数 UNIX 用户所接受认可。

Webmin 采用 B/S 模式,即采用 Perl 语言编写的 CGI 程序,服务器端运行于受管理的 Linux/UNIX 主机,客户端使用 Web 浏览器登录到 Webmin 服务器。相对于其他 GUI 管理工具而言,Webmin 具有的显著优点是:基于 B/S 模式的访问方式,客户端不需要额外配置,访问方便,易于导航操作、管理维护方便,同时具有本地和远程管理的能力;插件式结构使得 Webmin 具有很强的扩展性和伸缩性。

Webmin 是目前功能最强大的基于 Web 的 UNIX 系统管理工具。管理员通过浏览器访问 Webmin 的各种管理功能并完成相应的管理动作。目前 Webmin 支持绝大多数的 UNIX 系统,这些系统除了各种版本的 Linux 以外,还包括 AIX、HPUX、Solaris、Unixware、Irix 和 FreeBSD 等,而且第三方的管理模块也不断地被开发出来。

10.3.2 Webmin 的安装与设置

Linux 系统中没有集成 Webmin 软件,在网上有很多网址可以免费下载,如 http://www.webmin.com/download.html。

可以下载较新的版本 webmin-1.830。Webmin 现有 rpm 包、tar.gz 包和 zip 包类型,下面以 webmin-1.760.zip 文档为例进行解压缩及安装,解压缩命令如下:

```
[root@localhost ~]# unzip webmin-1.760.zip
```

Webmin 软件提供了由 Shell 脚本编写的安装向导,解压后,就可以进行安装了。先进入该解压后产生的目录,然后执行安装文件 setup.sh,命令如下:

```
[root@localhost ~]# cd webmin                    #进入 Webmin 目录中
[root@localhost webmin]# ./setup.sh              #执行 setup.sh 安装 Webmin
```

安装过程会询问 Webmin 安装目录(/etc/webmin)、Log 目录(/var/webmin)、Perl 解释器路径(/usr/bin/perl)、系统的监听端口(默认是 10000)和卸载 Webmin 系统文件(/etc/webmin/uninstall.sh),按默认提示"回车"即可,还会提示设置登录的管理员用户名和密码,该系统和 Linux 系统的用户不是同一个。安装脚本还会把 Webmin 安装成系统的守护进程,询问在开启系统时是否自动启动"Start Webmin at boot time (y/n)";另外,还询问是否采用 SSL 加密套接字协议层进行访问"Use SSL (y/n)",如果采用则按 Y 键。

安装完后,运行 Webmin,需要启动服务器端的 Apache 服务支持,在客户端浏览器中输入"http://服务器端 IP:10000",其中,10000 是默认的访问端口号,如果选择了 SSL,则访问时采用 https 方式访问。

在 CentOS 7 系统版本中,如果启用了防火墙功能,需要在防火墙管理中添加信任的端口服务(tcp:10000 和 udp:10000),需执行如下命令。

```
[root@localhost webmin]# systemctl restart httpd          #启动 Web 服务
# 开放防火墙指定的端口号
[root@localhost webmin]# firewall-cmd --permanent --add-port=10000/tcp
success
[root@localhost webmin]# firewall-cmd --permanent --add-port=10000/udp
success
[root@localhost webmin]# systemctl restart firewalld      #重新启动防火墙
```

之后在 Web 浏览器中访问出现了 Webmin 的登录界面,就说明安装成功了。

10.3.3 Webmin 的自身配置与组成

1. Webmin 的登录

在本地或远程的其他系统的浏览器中输入主机名(或 Linux 主机 IP 地址)及端口号,如在本地的 Windows 操作系统中,打开 IE 浏览器输入远程的 Linux 主机的地址及端口号 http://192.168.1.200:10000,如图 10-8 所示。

在 Webmin 的登录界面中,输入用户名和密码(安装 Webmin 时所设置好的),单击 Login 按钮,正确后系统进入 Webmin 主界面,如图 10-9 所示。

2. 语言及主题样式设置

Webmin-1.330 版本的主题界面风格和以前的版本有所区别,系统登录后的主界面如图 10-9 所示,单击左侧的 Webmin,在出现的文本链接中单击 Change Language and Theme 链接。如图 10-10 所示,在右侧的框架中出现的信息中,选中 Webmin UI language 中的 Personal choice 单选按钮,在下拉菜单中选择 Simplified Chinese (ZH CN)选项,表明要用简体中文显示;在 Webmin UI theme 中的 Personal choice 下拉菜单中选择 Old Webmin Theme,表明要选择以前版本的 Webmin 主题样式。设定好后,单击 Make Changes 按钮,这时浏览器中的 Webmin 系统出现了中文老版样式的界面,如图 10-11 所示。

3. Webmin 的用户管理

在 Webmin 主界面上单击 Webmin 图标,打开 Webmin 的自身配置界面,再单击"Webmin 用户管理"图标,则打开"Webmin 用户管理"窗口,如图 10-12 所示。这里可以添加 Webmin 的使用用户,并且为每个访问用户进行单独的功能模块使用权限设定,以及登录

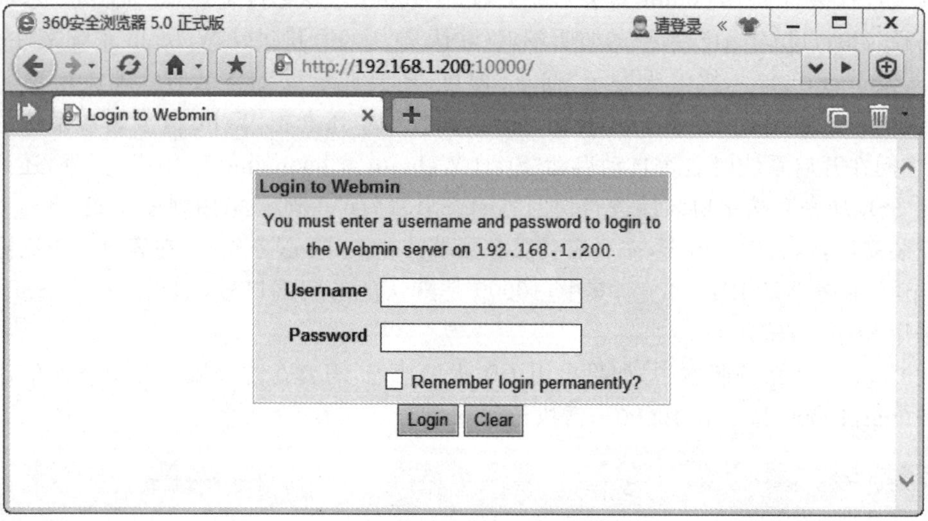

图 10-8　在 Windows 系统中访问 Linux 系统的 Webmin 登录界面

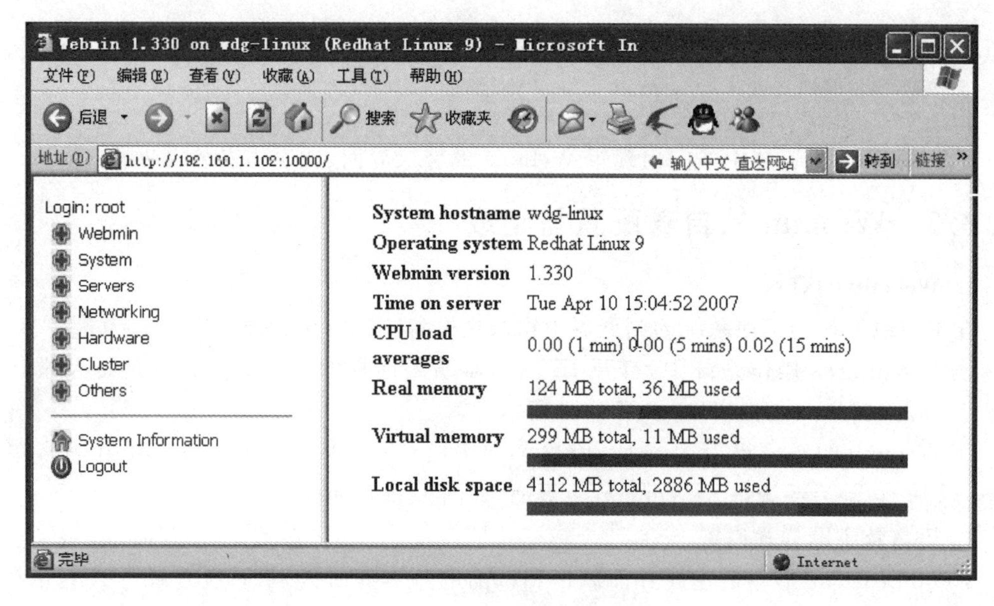

图 10-9　Webmin 主界面

的时间 IP 范围控制等,极大地方便了各类权限的用户访问。

4. Webmin 的系统组成

在 Webmin 主界面上可以看到,Webmin 主要包括 Webmin、系统(System)、服务器(Servers)、网络(Networking)、硬件(Hardware)、群集(Cluster)和其他(Others)共计 7 个组成部分,其中主要部分是 Webmin、系统、服务器、硬件和其他。

10.3.4　Webmin 的标准管理模块

Webmin 的标准管理模块根据版本不同有所区别,下面介绍 Webmin-1.330 版本中各个类别提供的标准管理模块。

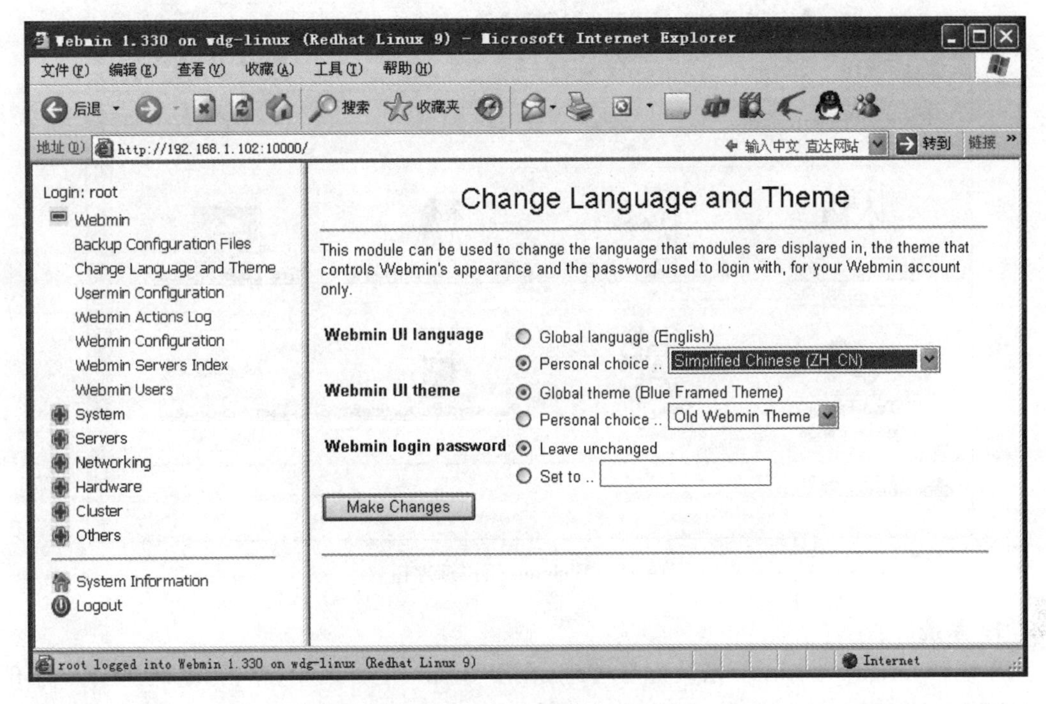

图 10-10 Language 及 Theme 配置窗口

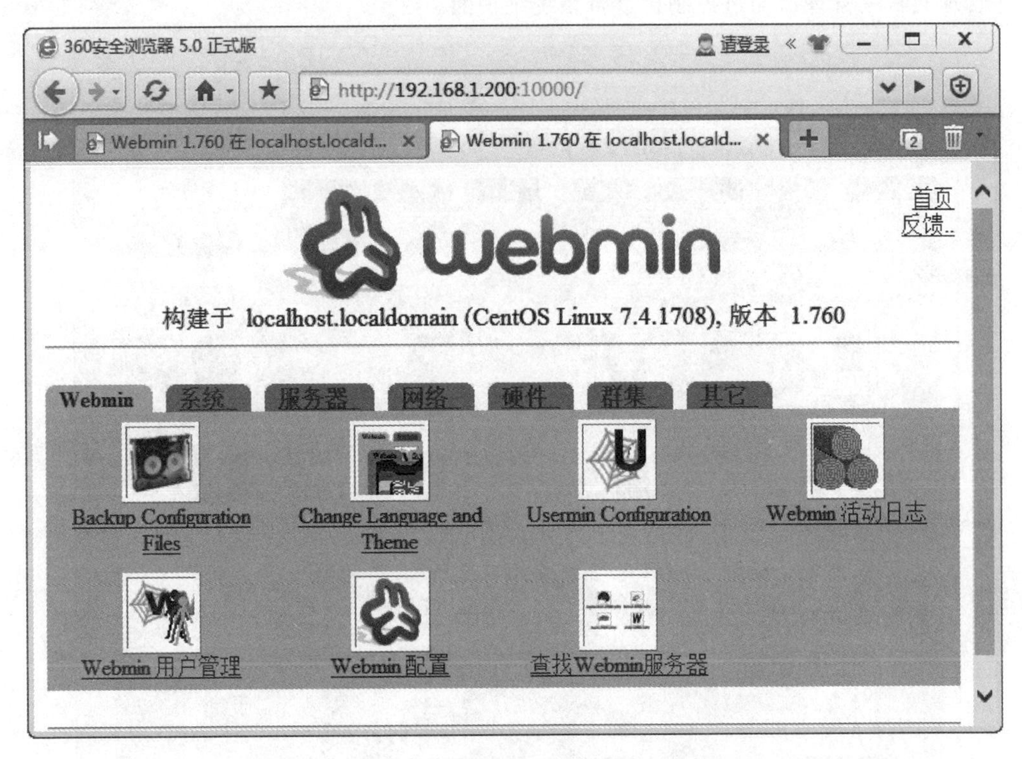

图 10-11 设置样式及语言后的主界面

图 10-12　Webmin 用户管理窗口

1. 系统

系统(System)为 Linux 系统配置管理,在 Webmin 主界面中,单击“系统”图标,打开“系统”界面,如图 10-13 所示。它主要包括系统日志、用户与群组和 Cron 任务调度等管理。这些管理通常是管理员通过控制台进行系统维护的。

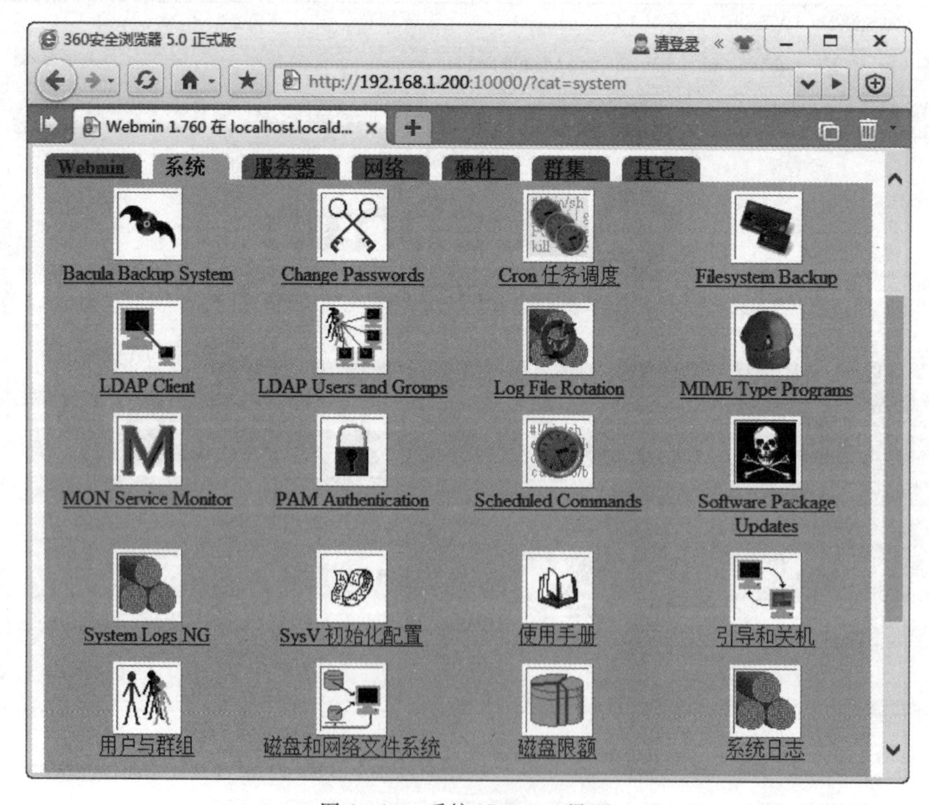

图 10-13　系统(System)界面

2. 服务器

Linux 系统的有些服务器(Servers)并不是系统自带的,而是第三方提供的,插件式结构使得 Webmin 具有很强的扩展性和伸缩性。目前 Webmin 的最新版本提供的标准管理模块几乎涵盖了常见的 Linux/UNIX 的管理,而且第三方的服务管理模块也被不断地开发出来。

服务器窗体可以为 Linux 系统所提供的各种服务进行配置和管理,Webmin-1.330 版本的服务管理主要包括 Apache 的 Web 服务、DHCP 的域名服务、WU-FTP 的 FTP 服务、代理服务、邮件及邮件列表服务(Sendmail、Profix)、与 Windows 共享的 Samba 服务、MySQL 和 PostgreSQL 的数据库服务及 SSH 服务等。如图 10-14 所示,用户可以单击某一服务对其进行详细的配置管理。

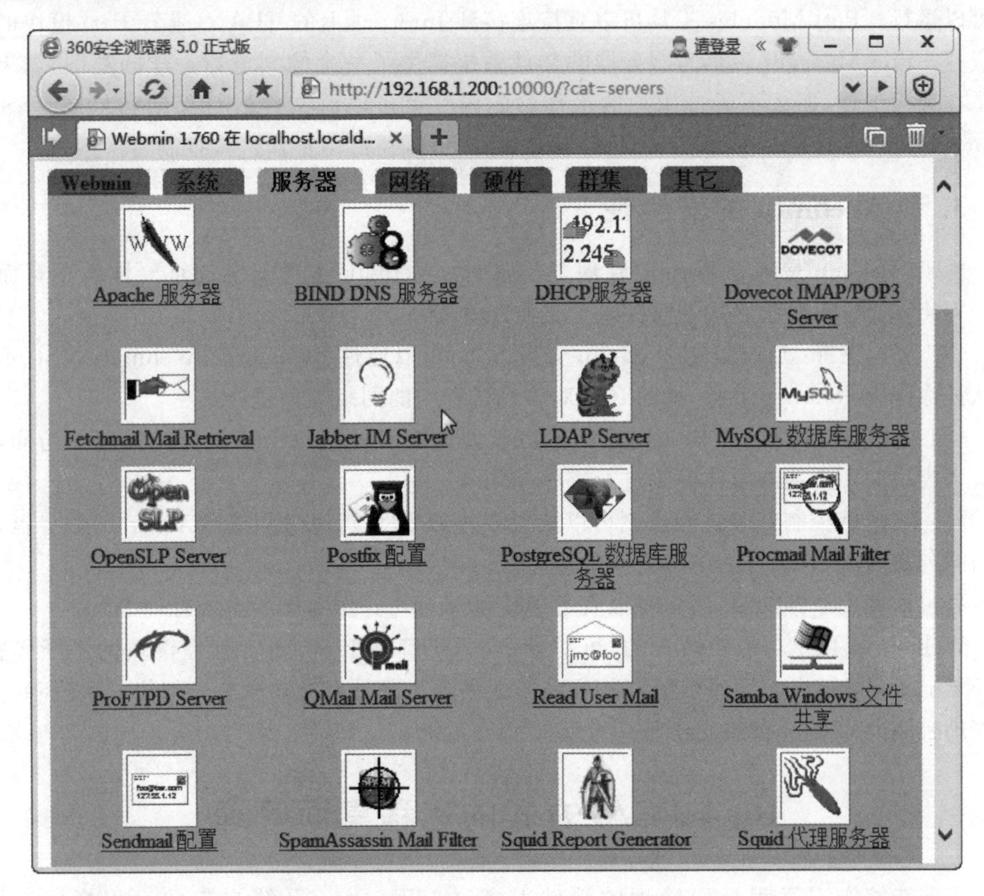

图 10-14 服务器(Servers)界面

3. 网络

网络(Networking)窗体所提供的工具可以对 NFS 服务器、代理服务器、防火墙及路由、网关、主机地址等参数进行一些复杂的网络控制。所有的工具都要去修改标准的配置文件,因此用户在 Webmin 中所做的任何工作都可以由相对应的控制台工具来完成。

4. 硬件

硬件(Hardware)窗体用于配置物理设备,主要是打印机和存储设备。特别值得关注的是，逻辑卷管理(Logical Volume Management，LVM)工具可以帮用户可视化地管理 Linux 系统上的动态卷。

5. 集群

集群(Cluster)窗体中的工具用于管理集群系统。集群在这里指的是其配置需要同步的一组相关系统。系统可以在进行系统故障检测时同步用户、组、软件包等配置。这些工具可以帮助用户构建错误恢复系统和其他需要同步的系统。集群是一个高级的主题，可能需要安装一些 Linux 发行版本没有自带的软件包。

6. 其他

其他(Others)窗体中有各种各样的工具，用户可能会发现它们很有用。SSH/Telnet Login 和 File Manager 工具需要 applet 支持，只有在用户客户端浏览器上安装了 JRE 以后才可以运行。Perl Modules 工具可以直接连接到 Internet 上的 CPAN，查看 Perl 模块的最新资料。File Manager 工具为服务器的文件系统提供了一个像浏览器一样的视图，如果用户是在远程工作，那么不通过用户的工作站的内存就可以对文件进行移动和复制。SSH/Telnet Login 工具是一个远程 Shell 控制台，用户可以通过浏览器进入控制台。

10.3.5 Webmin 的安全性

由于 Webmin 是基于 Web 的管理工具，因此 Webmin 本身安全的重要性就不言而喻了。Webmin 的安全性主要体现在如下 3 个方面。

(1) SSL 支持：通过设定 Webmin 支持 SSL，可以通过 https 访问 Webmin。SSL 不仅会认证你的 Webmin 服务器，而且还会对管理过程中的网络通信进行加密。

(2) 用户访问控制：用户访问控制使得管理员能够控制每个模块由哪些用户访问，访问某个模块的用户能够对该模块进行哪些操作等。

(3) IP 访问控制：IP 访问控制可以限定哪些 IP 地址可以访问这个 Webmin 服务器，不在访问列表内的 IP 地址的访问将被禁止。

通过这些安全性加强，用户可以安心地使用 Webmin 作为你的系统管理工具。

Webmin 提供了功能较强大的、可扩展的 GUI 管理工具，随着管理模块的不断丰富，Webmin 一定能够成为管理小型 UNIX 系统的利器。但是因为缺少有效的集成手段和分布式管理机制，Webmin 很难用于管理大型 UNIX 系统。

10.4 C/S 方式的远程桌面管理

目前能够实现远程桌面管理的软件很多，如 Windows 系统自带的远程桌面连接、PCAnyWhere 和灰鸽子远程控制等，它们大多是针对 Windows 系统进行的远程控制，配制相对比较麻烦。这里我们推荐针对 Linux 系统的一种免费且优秀的远程控制软件——VNC(Virtual Network Computer，虚拟网络计算机)，它提供一种在本地系统上显示远程计算机整个"桌面"的轻量型协议，实现远程管理功能。VNC 属于主从结构(Client/Server)，它是一种已经移植到许多 GUI 平台上的客户机/服务器系统，它由 VNC Server 和 VNC Viewer 两部分组成，由于 VNC Server 与 VNC Viewer 支持多种操作系统，如 UNIX 系列(UNIX、Linux、Solaris 等)及 Windows，因此可以实现跨平台的远程控制，而且如果目前操作主控端的计算机没有安装 VNC Viewer,也可以通过一般的网页浏览器来控制被控端。

在 CentOS 6 以上的 Linux 系统中由原来的 VNC 换成了 TigerVNC 的版本,TigerVNC 也是一款优秀的远程控制应用程序,它是一个开源的、跨平台的项目,为用户提供了一个客户端和服务器实现 VNC(虚拟网络计算机)的远程桌面连接协议。它支持 Linux、Windows 和 MAC OS X 等操作系统。下面以 CentOS 7 系统下的 TigerVNC 为例,进行远程桌面的操作讲解。

10.4.1 启动及关闭 Linux 系统下的 VNC 服务

实现 VNC 的远程桌面管理,首先要启动远程服务器端的 VNC 服务。一般情况下启动 VNC 服务需要用户手工启动,不要设置成随系统自动启动,这是出于安全因素的考虑。使用 VNC 服务的操作步骤如下。

1. 检查及安装 VNC 软件包

在 CentOS 7 下,系统自带的 VNC 软件包为 TigerVNC,执行如下命令查看系统的 VNC 安装情况。

```
[root@localhost ~]# rpm -qa | grep vnc                    #查询系统的 VNC 安装情况
tigervnc-server-minimal-1.8.0-1.el7.x86_64               #VNC 的服务器端简版程序
tigervnc-license-1.8.0-1.el7.noarch                      #VNC 的许可程序
```

我们可以接着进行 TigerVNC 程序的安装,使用 yum 通过本地源方式安装,执行命令方法如下:

```
[root@localhost ~]# yum list | grep tigervnc                           #查找 TigerVNC 程序
tigervnc.x86_64              1.8.0-5.el7          local            #VNC 的客户端程序
tigervnc-server.x86_64       1.8.0-5.el7          local            #VNC 的服务器端程序
…
[root@localhost ~]# yum install tigervnc.x86_64
[root@localhost ~]# yum install tigervnc-server.x86_64
```

通过以上操作,我们安装了 VNC 程序。

2. 修改防火墙

VNC 服务默认的端口号是 5900,如果建立了一个新用户远程登录桌面,那么它的端口号为 5901,以此类推。这里我们添加防火墙放行的端口号为 5901～5905,其操作命令为:

```
[root@localhost ~]# firewall-cmd --permanent --zone=public --add-port=5901-
5905/tcp
success
[root@localhost ~]# systemctl restart firewalld
```

3. 启动 VNC 服务

第一次启动 VNC 服务时,需要设置 VNC 登录的密码。下面是启动情况:

```
[root@localhost ~]# vncserver                                  #启动 VNC 服务
You will require a password to access your desktops.          #首次启动时的提示
```

```
Password:                                               #第一次启动需要访问密码
Verify:                                                 #确认
# 是否输入一个只能查看的密码
Would you like to enter a view-only password (y/n)? n
# 提示创建新 X 窗口桌面服务器的地址
New 'localhost.localdomain:1 (root)' desktop is localhost.localdomain:1
Creating default startup script /root/.vnc/xstartup
Creating default config /root/.vnc/config
Starting applications specified in /root/.vnc/xstartup  #指定启动的应用程序
Log file is /root/.vnc/localhost.localdomain:1.log      #指定 VNC 的日志文件
[root@localhost ~]#
```

在第一次启动 VNC 服务器时会提示用户设置验证密码。以后启动就可沿用第一次启动 VNC 服务器时的用户设置。

启动 VNC 服务器可以在 Linux 终端使用 vncserver 命令，将出现“New 'X' desktop is localhost.localdomain:1”，其中，localhost.localdomain 是 Hostname，1 是启动显示的会话(session)编号；再次执行 vncserver 命令，则出现第 2 个会话编号。不同的用户可以用不同的会话编号同时登录同一个 VNC 服务的主机，如果以授权的不同本地用户登录远程桌面，则显示不同的用户桌面。VNC 服务支持多用户方式的远程桌面。

经过以上操作，不用进行任何配置就可以在异地使用 VNC 客户端浏览器进行登录了。当然如果想做个性化的远程桌面，可以进行进一步的配置。

在 CentOS 7 系统中，默认配置的 VNC 服务提供的远程桌面的分辨率是 1024 像素×768 像素，色彩是 8bit，用户可以在启动 VNC 服务时加上提供的远程桌面的环境参数。

例如，在 wdg 用户下启动 VNC 服务，设定所提供的远程桌面的分辨率是 800 像素×600 像素，色彩是 16bit，示例命令如下：

```
[wdg@localhost ~]# vncserver -geometry 800x600 -depth 16t
Warning: localhost.localdomain:2 is taken because of /tmp/.X11-unix/X2
Remove this file if there is no X server localhost.localdomain:2
New 'localhost.localdomain:3 (wdg)' desktop is localhost.localdomain:3
Starting applications specified in /home/wdg/.vnc/xstartup
Log file is /home/wdg/.vnc/localhost.localdomain:3.log
```

4. 关闭 VNC 服务

在不需要使用 VNC 服务时，出于安全考虑，建议关闭 VNC 服务。关闭 VNC 服务的命令如下：

```
[root@localhost ~]# vncserver -kill :1
Killing Xvnc process ID 16247
Xvnc seems to be deadlocked.  Kill the process manually and then re-run
    /usr/bin/vncserver -kill :1
to clean up the socket files.
```

其中，kill 后必须有空格；1 为启动时的会话编号。

10.4.2 配置 VNC 服务

服务器端统称为 VNC Servers，与其他服务器程序不同，VNC 服务器既可以由超级用户 root，也可以由普通用户启动。哪个用户启动，客户机连接后看到的就是哪个用户的界面。不同用户可以分别启动自己的 VNC 服务器，只要服务器会话号码唯一，就可以互不影响。

在 CentOS 7 系统中，出于安全考虑，系统防火墙是屏蔽其他端口访问的，所以针对不同的网络服务需要在防火墙信任的端口号中加入该服务的端口号，因为 VNC 服务针对不同的访问方式的端口号是不同的(5800 或 5900)，或者用户启动 VNC 服务前暂时关闭防火墙。

1. 启动用户个人的 VNC 服务

不同的用户在启动 VNC 服务后，都会在该用户的主目录下自动创建一个".vnc"目录，如用户 wdg 启动 VNC 服务示例如下：

```
[wdg@wdg-linux-5 ~]$ vncserver                              #在 wdg 用户身份启动 VNC 服务
You will require a password to access your desktops.

Password:                                                   #首次启动 VNC 设定访问密码
Verify:                                                     #确认密码

xauth:  creating new authority file /home/wdg/.Xauthority
New 'localhost.localdomain:3 (wdg)' desktop is localhost.localdomain:3
Creating default startup script /home/wdg/.vnc/xstartup    #创建启动文件
Starting applications specified in /home/wdg/.vnc/xstartup
Log file is /home/wdg/.vnc/localhost.localdomain:3.log
```

在启动 VNC 服务后，查看".vnc"目录下的文件清单：

```
[wdg@localhost ~]$ ls .vnc                                     #查看用户自己的 VNC
config  localhost.localdomain:3.log  localhost.localdomain:3.pid  passwd  xstartup
```

用户个人启动 VNC 服务后，需要用户个人停止 VNC 服务，root 用户可以通过进程状态查看系统中的 VNC 情况，但不能直接去停止个人的 VNC 服务，需转到启动 VNC 服务的用户名及其环境变量下去停止该 VNC 服务。

2. 修改用户个人的 VNC 服务的配置

在 CentOS 7 系统中，远程桌面消耗了大量的系统资源，所以 VNC 服务默认的远程桌面只提供基本的图形桌面功能，用户可以修改用户个人的 VNC 服务的启动配置文件(~/.vnc/xstartup)，加入桌面工具功能。修改的主要参数形式如下：

```
[wdg@wdg-linux-5 ~]$ vi .vnc/xstartup
#!/bin/sh
unset SESSION_MANAGER
unset DBUS_SESSION_BUS_ADDRESS
```

```
exec /etc/X11/xinit/xinitrc              #执行桌面进程
#以下为是否带桌面工具
gnome-session &                          #桌面的显示方式为单独通道;否则为同步
gnome-panel&                             #显示桌面面板
gnome-settings-daemon&                   #是否可以设置虚拟设备
gnome-terminal&                          #是否可以使用桌面下的终端
metacity&                                #GNOME桌面下的一个窗口管理器
nautilus&                                #GNOME桌面下的一个文件管理工具
```

修改用户个人的VNC配置后,需停止原来的VNC服务,再重新启动VNC后修改的参数方可生效。

3. 配置VNC服务的指定用户登录

VNC服务组件安装后只需对服务器配置文件进行简单配置即可使用,TigerVNC服务器端的默认配置文件为/lib/systemd/system/vncserver@.service,把该配置文件复制一份到/etc/systemd/system目录下并另命名为vncserver@:1.service,其中,数字1表示开启1号窗口,该窗口号依顺序命名。

接下来需要对vncserver@:1.service文件进行简单配置,只需更改使用VNC的用户名即可。编辑其配置如下:

```
[root@localhost ~]# vi /etc/systemd/system/vncserver@:1.service
…
# Clean any existing files in /tmp/.X11-unix environment
ExecStartPre=/bin/sh -c '/usr/bin/vncserver -kill %i > /dev/null 2>&1 || :'
ExecStart=/usr/sbin/runuser -l <USER> -c "/usr/bin/vncserver %i"
PIDFile=/home/<USER>/.vnc/%H%i.pid
ExecStop=/bin/sh -c '/usr/bin/vncserver -kill %i > /dev/null 2>&1 || :'

[Install]
WantedBy=multi-user.target
```

在上面的示例文件中把所有出现的“<USER>”改成系统中已经创建好的实际用户名,如wdg用户名即可。改完配置文件存盘后执行如下命令。

```
[root@localhost ~]# systemctl daemon-reload          #重新加载配置文件
```

设置完指定用户配置后,可以使用vncpasswd命令,来设定指定用户登录的密码:

```
[root@localhost ~]# vncpasswd wdg
Password:
Verify:
```

现在可以启动指定配置的VNC服务进程:

```
[root@localhost ~]# systemctl start vncserver@:1.service
```

启动成功后就可以使用指定的用户登录远程桌面了。

10.4.3　VNC 客户机连接到 Linux 下的 VNC 服务器

可以使用以下 3 种方式从 VNC 客户机连接到 VNC 服务器。

1. 使用 Linux 下的 VNC 客户机连接到 Linux 下的 VNC 服务器

服务器端的 vncserver 启动后，远程的客户端 Linux 中，必须在 X 窗口下，以终端方式的窗口中输入 vncviewer 命令，在弹出的对话框中，输入远程的“服务器端 IP(或服务器的机器名):1”。其中，1 是服务器端启动的显示编号，如图 10-15 所示的示例中，本地的 Linux 系统为 Red Hat Enterprise Linux 7，远程的 VNC 服务的主机为 CentOS 7。如果连接成功，则弹出如图 10-16 所示窗口，输入密码，通过验证后即可出现远程服务器的桌面窗口，用户就可以像操作本地系统一样任意远程控制主机，如图 10-17 所示。

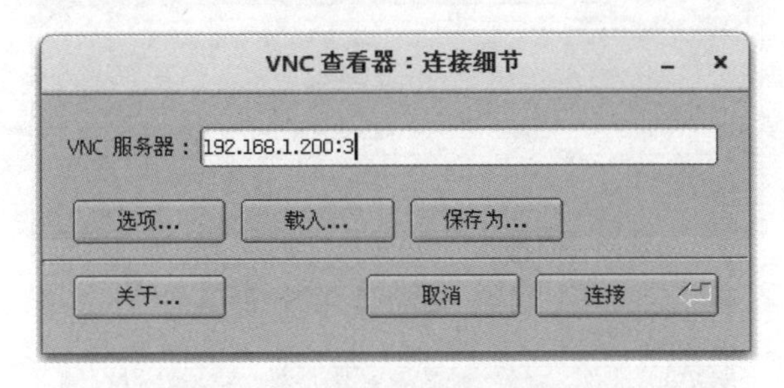

图 10-15　连接 VNC Server 对话框

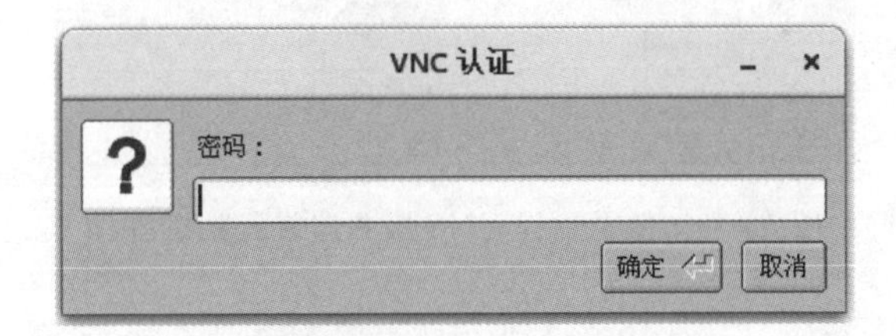

图 10-16　VNC Password 对话框

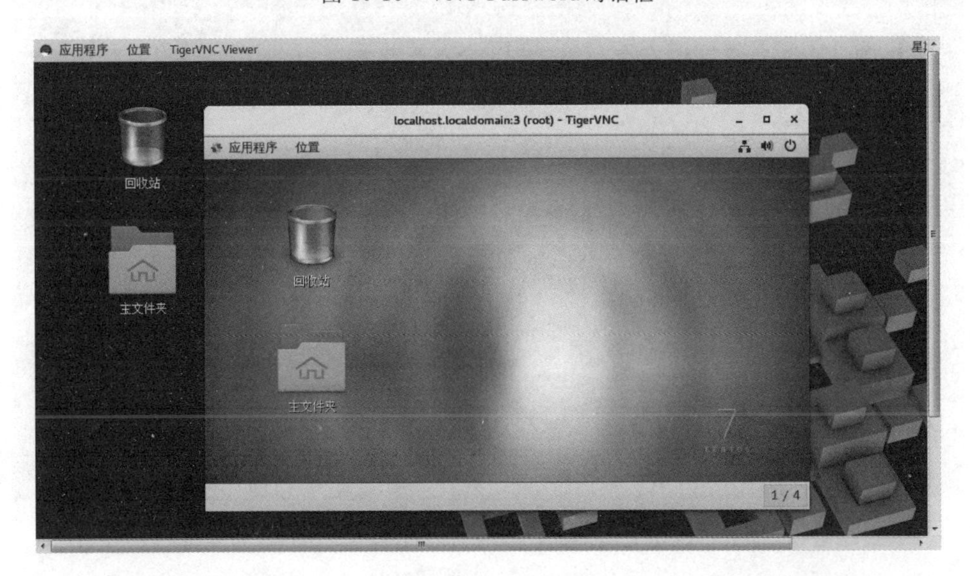

图 10-17　Red Hat Enterprise Linux 7 下浏览 CentOS 7 远程桌面示例图

2. 使用 Windows 下的 VNC 客户机连接到 Linux 下的 VNC 服务器

首先安装 Windows 下的 VNC 软件,可以在网上免费下载一个 Windows 版本的 TigerVNC 软件: TigerVNC 1.4.3 x64。安装过程中,一般默认安装为服务器(VNC Server)及客户端(TigerVNC Viewer)程序,安装后运行 TigerVNC Viewer 客户端浏览器程序,则出现如图 10-18 所示的登录远程 VNC 服务器的窗口。在 VNC 服务器连接地址中输入"服务器端 IP:1",其中,1 是服务器端启动 VNC Server 时的显示会话编号,其他为默认选项。单击 Connect 按钮,连上远程主机后,系统将出现如图 10-19 所示的验证密码窗口,输入密码,单击 OK 按钮后即可打开并远程控制 Linux 主机,如图 10-20 所示。

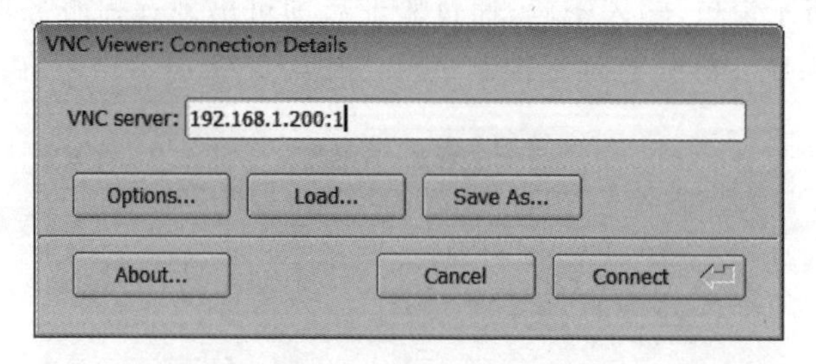

图 10-18 VNC Viewer 窗口

图 10-19 登录远程 VNC 服务器密码验证窗口

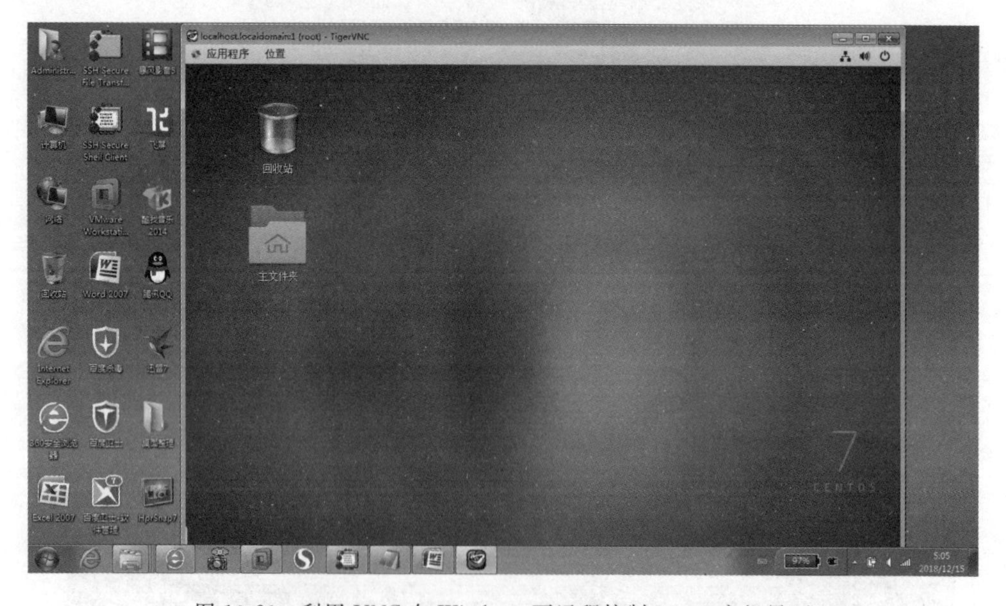

图 10-20 利用 VNC 在 Windows 下远程控制 Linux 主机界面

3. 使用浏览器 VNC 客户机连接到 VNC 服务器

VNC 服务器提供了 Java 的 Applet 程序，实现了基于 B/S 方式的远程桌面管理，在客户机上直接使用浏览器就可以访问 VNC 服务器所提供的远程桌面。

在浏览器地址栏中直接输入"http://服务器端 IP:5801"。一般来说，VNC Server 对 HTTP 浏览器服务的默认端口是 5800，其中，1 是服务器端启动 VNC Server 时的显示会话编号，所以连接远程主机的端口号是 5801。如果连接验证成功后即可在浏览器中访问远程服务器的登录窗口，在输入正确的密码后，单击 OK 按钮，即可登录远程的主机桌面窗口。

注意：VNC 服务的远程桌面的端口号分为两个，即正常的"授权连接"的端口号 5900 和通过 HTTP 方式浏览的 Java Applet 支持的端口号 5800。这就要求客户端的浏览器对 Java Applet 的支持，即客户端需要安装 Java 的解释器 JDK，并且在浏览器的安装设置中添加允许 Java 小程序的脚本的启用。另外，这两个号段的端口号在 VNC 服务器端设置防火墙放行。

10.4.4 Linux 下访问 Windows 系统的远程桌面

TigerVNC 也是一款跨平台的远程控制应用程序，它支持 Linux 和 Windows 之间的远程桌面。在 Windows 系统中，安装 TigerVNC 应用程序，除了带客户端浏览器外，也集成了 VNC 的服务器。

1. Windows 下的 VNC 服务的启动及配置

在 Windows 系统中 TigerVNC 安装完后，在"开始"菜单中，找到 TigerVNC 程序菜单，选择 Start VNC Service，如图 10-21 所示，则开始了 VNC 的服务后台运行。

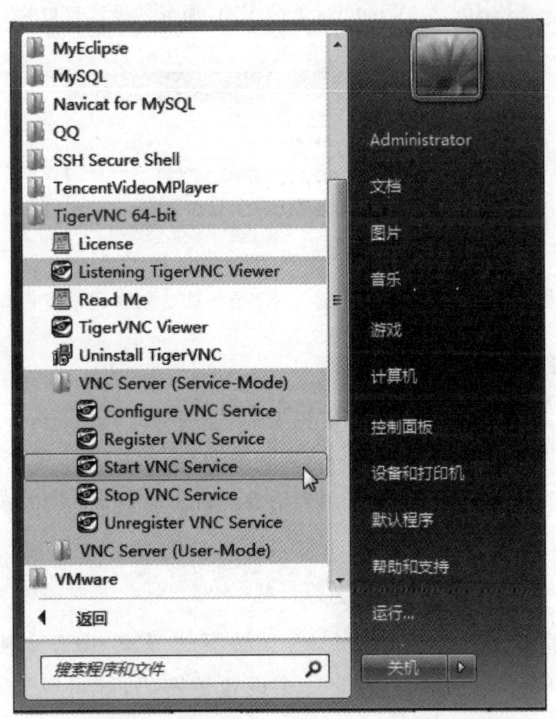

图 10-21　在 Windows 系统下启动 VNC 服务

VNC 服务运行后,在 Windows 系统右下角的状态栏中,找到 VNC 服务的图标并右击,在弹出的快捷菜单中选择 Options 命令,则弹出如图 10-22 所示窗口。在窗口中选择 Security 选项卡,然后单击 Configure 按钮,如图 10-23 所示,在弹出的密码设置窗口中设置远程登录的密码。

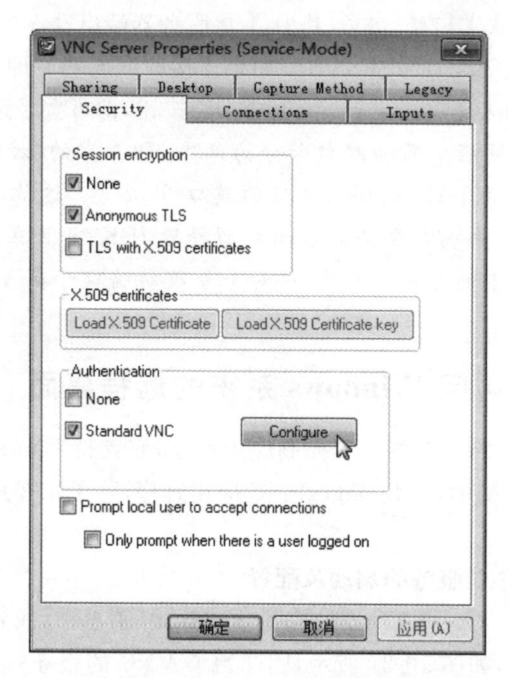

图 10-22　Windows 下的 VNC 服务的设置窗口

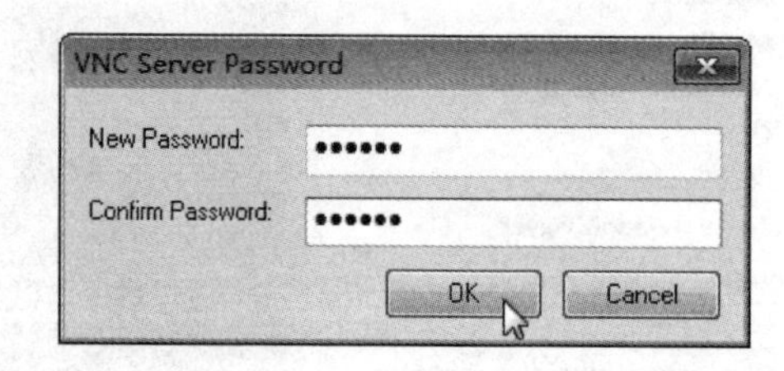

图 10-23　Windows 下的 VNC 服务的登录密码设置窗口

至此,服务器端的简单配置设置完成。

2. 在 Linux 的 X 窗口下连接 Windows 的远程桌面

在 Linux 系统下连接 Windows 系统的远程桌面,同样需要 Linux 的 X 窗口的图形界面支持,操作步骤是打开 Linux 的 X 图形界面下的字符终端窗口,输入如下命令。

```
[root@wdg-linux-5 ~]# vncviewer
```

在弹出的窗口中直接输入远程 Windows 系统下的 VNC 服务主机 IP 地址(这里不需要输入端口号及序号),确定后再输入图 10-23 中设置的密码,即可登录 Windows 系统的远程桌面,如图 10-24 所示。

在图 10-24 中,为在本地主机 Windows 7 中运行的虚拟系统 CentOS 7 下,远程连接异

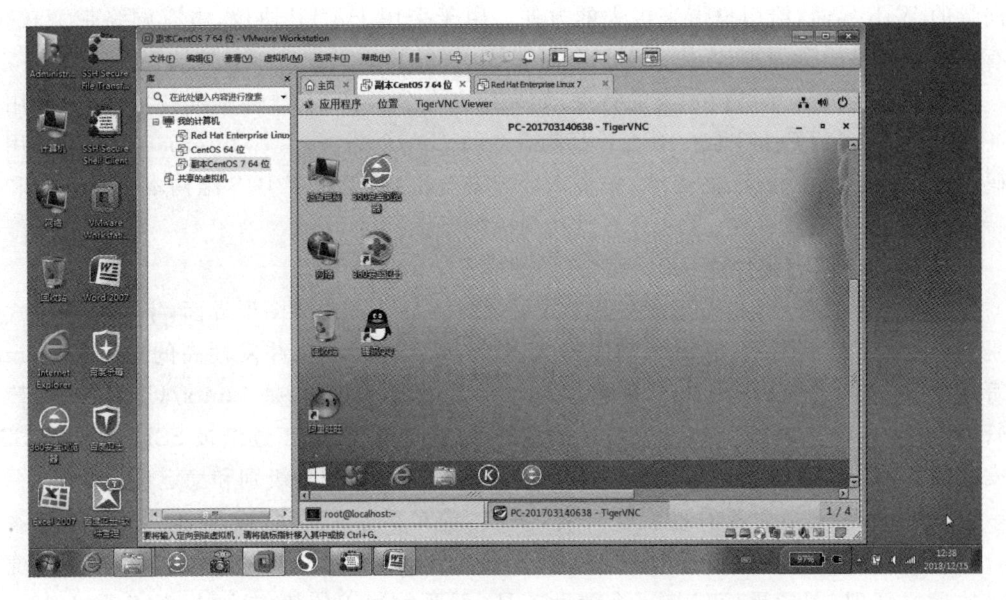

图 10-24　在 Linux 下连接 Windows 系统的远程桌面

地的 Windows 8 系统的远程桌面。

10.5　远程管理方式的性能比较

基于 Internet 网络进行 Linux 服务器的远程管理采用的方法，可根据用户使用者的操作方式、服务器的性能、网络速度、服务器的安全稳定性、并发性等综合因素分析而采用。

1. C/S 方式的远程管理性能

采用 C/S 方式的远程桌面管理服务器，虽然是图形窗口方式访问的，如同在本地操作桌面一样，给用户使用带来极大的操作方便，但也存在严重的缺点。

(1) 受到网络速度的制约，客户端鼠标操作窗口会出现“停顿”不同步现象。

(2) 一般 Linux 服务器是保障多用户、多进程方式的操作，图形方式的远程管理极大地消耗服务器的系统资源，不适合用户的并发操作，同时也会影响服务器的网络服务的效率。

(3) 采用 C/S 方式的远程访问，需要客户端安装软件再连接服务器才能操作，使用维护上带来不便，虽然 VNC 提供了基本的身份验证加密机制，但是，与服务器建立连接之后，VNC 浏览器和 VNC 服务器之间的数据就完全是以未加密的明文方式传送，这样的传输数据就有可能被网络中的窃听者窃听，造成数据和秘密的泄露。

(4) Linux 的 X 窗口的图形界面作为服务器管理、配置、服务设置、维护来说，功能并不强大，有些还要在字符命令下实现。

正是由于以上原因，系统管理员在远程维护服务器时一般不宜采用 C/S 方式的远程桌面管理。

2. B/S 方式的远程管理性能

采用 B/S 方式的远程桌面管理，首先在客户端不需要安装任何软件，直接通过浏览器操作，用户可随时随地地在任何连接 Internet 网络的计算机上进行远程维护，而且是图形的易向导的 Web 界面,给用户带来极大的方便。由于采用 HTTP 协议,占有网络带宽较少,占有的服务器端的资源也少,因此对初学者来说,一般的远程维护是最佳选择。

由于 B/S 方式体系结构本身的特点,如果建立在公开的、开放性标准技术之上,采用的 TCP/IP、FTP、SMTP、HTTP、NFS 等都隐含着许多安全漏洞,尽管 Internet 专家们采用如密码、数字签名、身份验证、防火墙、安全审计等安全机制,但由于 B/S 结构本身的结构和功能特点,安全隐患依然存在,这是 B/S 结构目前的最大问题。

3. 终端的字符方式性能

作为 Linux 服务器,在采用服务器方式安装时一般都不安装图形界面,字符命令方式管理是图形方式不可代替的,它有着功能强大、效率高、响应及时、并发性高的特点,而 Linux 的管理配置文件、vi 编辑器、Shell 脚本编程等都是适应于此的,是 Linux/UNIX 不可替代的管理方式。Telnet 方式是以明文传递信息的,且稳定性不强,正逐渐被 SSH 所取代,SSH 是安全的 Shell,除了具备字符命令的优点外,还有着更高的安全级别和稳定性。

综上所述,对于初学者的远程管理者,采取 VNC 的远程桌面或 Webmin 的浏览器方式,比较简单方便,可以克服对 Linux/UNIX 系统管理的畏惧。但作为 Linux 操作系统专业级的远程管理,图形界面只是一个辅助工具,不要太过于依赖它,要想真正学好 Linux/UNIX 系统,还应该从基本功做起,也就是从 command line 着手。对于远程管理,采用 SSH 的终端字符命令方式是最佳选择。

10.6 本章小结

本章主要介绍了以用户常用的 Windows 系统为客户端,远程管理 Linux 服务器的管理方法,介绍了 4 种远程管理软件的配置及使用方法:字符方式的 Telnet、SSH、C/S 方式的远程桌面 VNC 以及基于 Web 的 B/S 方式的 Webmin。对于初学者来说,可能并不涉及远程管理服务器的内容,因此可以不必阅读本章内容,但如果想从事服务器的网络管理和网络开发方面的工作,本章知识是非常有用的。

10.7 思考与实践

1. 什么是远程管理?远程管理的方式有哪几种?各自的特点是什么?
2. 对于专业的网络管理员来说,使用哪一种远程管理方式比较适合?
3. 远程桌面的管理方式,服务器端和客户端需要什么条件?
4. 对采用 Telnet、SSH、Webmin、VNC 4 种软件进行 Linux 操作系统远程管理来说,从下面几个方面讨论它们的性能:用户使用的方便性、多用户性、并发性、稳定性、系统响应速度、耗用服务器的资源、安全性,并说明哪一种远程管理方式更卓越。

第11章

Linux 系统的安全管理

网络上的每台主机都是黑客的潜在攻击对象,尽管 Linux 安全性能非常高,是一个相对严密、安全的系统,并且 Linux 系统本身也包括了一些认证及安全防护方面的机制,对系统提供了较高的安全保障,但是由于系统管理的疏忽,以及未排除的安全隐患,因此系统还是有可能受到攻击。

本章主要介绍 Linux 系统的安全管理上的知识,提供一些有关的安全建议、安全配置、安全措施及防火墙的设置,这样会大大降低系统安全风险。

本章的学习目标

- 了解计算机网络安全基础知识。
- 掌握 Linux 系统的日志管理。
- 掌握 Linux 系统的安全防范的策略。
- 掌握 Linux 下的防火墙管理。

11.1 计算机网络安全的基础知识

众所周知,网络安全是一个非常重要的课题,而服务器是网络安全中最关键的环节。Linux 被认为是一个比较安全的 Internet 服务器,作为一种开放源代码操作系统,一旦 Linux 系统中发现安全漏洞,Internet 上来自世界各地的志愿者会踊跃修补它。

11.1.1 计算机网络安全的概念及其特征

计算机网络安全是利用网络管理控制技术的一门涉及计算机科学、网络技术、通信技术、信息安全技术、应用数学、数论及信息论等多种学科的,为了确保网络上的硬件资源、软件资源和信息资源不被非法用户破坏和使用的综合性学科。对于计算机通信网络来说,除具有传统通信网络所有的共同特征之外,还具有如操作系统、应用软件等方面运行安全的特征。因此,计算机通信网络的安全性是一个集硬件、软件、环境、运行管理等方面的综合性课题,涉及的内容众多、范围广泛,包括访问控制和口令、加密、数字签名、认证、内容过滤、包过滤、杀毒软件及防火墙等。

网络安全是一个系统的概念,它包含实体安全、软件安全、数据安全(或称信息安全)和运行安全等几个方面。从其本质上讲,网络安全就是网络上的信息安全。

广义上而言,凡是涉及网络上信息的安全性、完整性、可用性、真实性和可控性的相关理论和技术,都属于网络信息安全所要研究的领域。

狭义的"网络信息安全"是指网络上相关信息内容的安全性,即保护信息的秘密性、真实性和完整性,避免攻击者利用系统的安全漏洞进行窃听、冒充、诈骗及盗用等有损于合法用户利益的行为,保护合法用户的利益和隐私。

11.1.2 计算机操作系统中的不安全因素

网络安全问题往往使上网的企业、机构及用户苦恼不已,甚至还要蒙受巨大经济损失。影响网络安全的因素很多,主要有以下几方面。

1. 人为因素

人为因素主要是指用户的操作失误、安全意识不够、用户口令选择不慎、用户的密码被他人很容易地猜测到等造成的对信息安全的威胁,对网络系统造成极大的破坏。另外,网络管理人员在网络中路由器配置错误、存在匿名 FTP、Telnet 的开放、口令文件缺乏安全的保护、保留了不必要的保密终端、命令的不合理使用等,都会带来或多或少的安全漏洞。

2. 病毒感染

计算机病毒是指编制或在计算机程序中插入的破坏计算机功能和数据,影响计算机使用并且能够自我复制的一组计算机指令或者程序代码。它具有很强的破坏性和潜伏性,通过在计算机之间的传播,会附着在某一类程序或存储介质上,再将自身代码插入其中,开始在计算机上迅速繁殖。而被感染的文件又成了新的传染源,网络更是为病毒提供了迅速传播的途径。病毒很容易通过代理服务器以软件下载、邮件接收等方式进入网络,然后对网络进行攻击,造成很大的损失。

3. 特洛伊木马

特洛伊木马是一种基于远程控制的黑客工具,具有隐蔽性和非授权性的特点。制作并传播特洛伊木马是黑客常用的攻击手段。比较典型的做法就是把一个能帮助黑客完成某一特定动作的程序依附在某一合法用户的正常程序中,改变合法用户的程序代码。一旦用户触发该程序,那么依附在内的黑客指令程序就会被激活。这些代码往往能完成黑客指定的任务,如窃取口令、复制或删除文件、重新启动计算机等。

4. 系统漏洞

目前流行的许多操作系统都存在或多或少的网络安全漏洞,包括 UNIX 服务器、NT 服务器及 Windows 桌面 PC 等。黑客正是利用了这些漏洞的潜在隐患完成对系统的攻击,一旦这些漏洞依靠互联网广泛传播的话,就会成为整个网络系统受攻击的首选目标和薄弱环节。随着软件系统规模的日益扩大,漏洞也大量存在,这无疑为黑客入侵开辟了通道。

11.1.3 计算机网络安全中的关键技术

针对上述网络安全的威胁,为了保护网络资源,维护广大用户的利益,除了运用一定的法律和管理的手段外,还必须针对网络安全所存在的各方面问题,应对计算机网络硬件、软件、信息和人为的安全问题采取相应的技术对策,实现对网络及数据的保护,以保证网络的正常运行,保障合法网络用户在网络上的权益不受侵犯。目前,解决网络安全威胁采取的关键技术主要有防火墙技术、数据加密技术、入侵检测技术、防病毒技术、访问与控制等。

1. 防火墙技术

防火墙技术是指网络之间通过预定义的安全策略,对内外网通信强制实施访问控制的安全应用措施。它对两个或多个网络之间传输的数据包按照一定的安全策略来实施检查,以决定网络之间的通信是否被允许，并监视网络运行状态。防火墙能极大地提高一个内部网络的安全性，对网络存取和访问进行监控审计，通过过滤不安全的服务而降低风险。当发生可疑动作时，防火墙能进行适当的报警，并提供网络是否受到监测和攻击的详细信息。

2. 数据加密技术

数据加密技术就是对信息进行重新编码，从而隐藏信息内容，使非法用户无法获取信息的真实内容的一种技术手段，从而能够有效防止机密信息的泄露。数据加密技术是为提高信息系统及数据的安全性和保密性，防止秘密数据被外部破解所采用的主要手段之一。加密是通过一种复杂的方式将信息变成不规则的加密信息，其主要目的是防止信息的非授权泄密。加密被广泛地应用于信息鉴别、数字签名等技术中。这对信息处理系统的安全起到极其重要的作用。

3. 入侵检测技术

入侵检测技术主要用于检测任何损害或企图损害系统的保密性、完整性和可用性等行为，查找非法用户和合法用户的越权操作，是一种用于检测计算机网络中违反安全策略行为的技术。它是为了保障计算机系统的安全而设计与配置的一种能够及时发现并报告系统中未授权或异常现象的技术。入侵检测在不影响网络性能的情况下能对网络进行监测，扩展了系统管理员的安全管理能力，提高了信息安全基础结构的完整性，从而提供了对内部攻击、外部攻击和误操作的实时保护。

4. 防病毒技术

随着互联网的飞速发展和计算机的日益普及，人们越来越多地接触到计算机病毒，在进行一般计算机操作时都会感染计算机病毒。病毒防范中主要使用防病毒软件，软件将新发现的病毒加以分析后根据其特征编成病毒代码，加入资料库中。以后每当执行杀毒程序时，便能立刻扫描程序文件，并进行病毒代码比对，即能检测到是否有病毒。

5. 访问与控制技术

访问控制是网络安全防范和保护的主要策略，即授权控制不同用户对信息资源的访问权限，即哪些用户可访问哪些资源及可访问的用户各自具有的权限。对网络的访问与控制进行技术处理是维护系统运行安全、保护系统资源的一项重要技术，也是维护网络系统安全、保护网络资源的关键手段。其主要技术手段有入网访问控制、网络的权限控制、目录级安全控制、属性安全控制、网络服务器安全控制、网络监测和锁定控制、网络端口和节点的安全控制等。

6. 鉴别和认证技术

对合法用户进行认证可以防止非法用户获得对公司信息系统的访问，使用认证机制还可以防止合法用户访问他们无权查看的信息。常用的几种方法有身份认证、报文认证、访问授权、数字签名等。

7. 虚拟专用网技术

所谓虚拟专用网技术，就是在公共网络上建立专用网络，使数据通过安全的“加密管道”在公共网络中传播。目前虚拟专用网技术主要采用了 4 项技术来保障安全：隧道技术、加解密技术、密匙管理技术与设备身份认证技术。

目前，计算机通信网络发展异常迅速，计算机网络安全是一个涉及多方面的系统工程，为了确保网络安全运行，除了运用上述的安全技术之外，还必须针对来自不同方面的安全威胁,采取不同的安全对策。因此,网络安全不是一个单纯的技术问题,它涉及整个网络安全系统,需要人们的长期参与和努力,要加大投入,科技创新,建立严密的安全防范体系,才能有力地保障网络的安全。

11.2 Linux 系统中日志的安全管理

日志对于安全管理来说非常重要,它记录了系统每天发生的各种各样的事情,可以通过它来检查错误发生的原因,或者受到攻击时攻击者留下的痕迹。日志主要的功能有审计和监测,还可以实时地监测系统状态、监测和追踪侵入者等。

11.2.1 日志文件的类型

在 Linux 系统中,日志文件包含了系统消息的文件,包括内核、服务、系统上运行的应用程序等。不同的日志文件记载不同的信息。例如,有的是默认的系统日志,有的用于安全消息,有的记载 cron 任务等,有的被 rsyslog 的守护进程控制。被 rsyslog 维护的日志消息列表可以在/etc/rsyslog.conf 配置文件中找到。

许多系统以一天或者一周为单位对日志文件进行循环使用,日志一般默认保留 4 周,所以有的日志文件后面带有数字,因此日志文件不会变得太大。日志文件是一个能自动根据/etc/logrotate.conf 配置文件和/etc/logrotate.d 目录中的配置文件来循环日志文件的 cron 任务来设定的。

在 Linux 系统中一般日志分为两大类。

(1) 系统的专职日志:由 rsyslog 程序控制管理绝大部分操作系统相关的日志记录(安全、认证、计划任务等)。

(2) 应用程序日志:各类应用程序以自己的方式记录的日志,如 mysqld.log、vsftpd.log 等。

Linux 中的系统专职日志有 3 个主要的日志类型。

1. 连接时间日志

连接时间日志由多个程序执行,把记录写入/var/log/wtmp 和/var/run/utmp 中,login 等程序更新 wtmp 和 utmp 文件,使系统管理员能够跟踪谁在何时登录到系统。

2. 进程统计日志

进程统计日志由系统内核执行。当一个进程终止时,为每个进程往进程统计文件(pacct 或 acct)中写一个纪录。进程统计的目的是为系统中的基本服务提供命令使用统计。

3. 错误日志

错误日志由 syslogd 程序执行。各种系统守护进程、用户程序和内核通过 rsyslog 向文件/var/log/messages 报告值得注意的事件。另外,有许多 UNIX 程序创建日志,像 HTTP 和 FTP 这样提供网络服务的服务器也保存着详细的日志。

11.2.2 Linux 系统常用的日志管理命令

有些日志文件可以被系统上的所有用户查看,不过出于安全考虑,系统管理员可以设定权限来限制阅读。作为系统管理员,在远程终端字符命令下进行日志管理的常用命令如下。

1. 登录相关的日志管理命令

登录系统是 Linux 系统安全的防范重点之一。常用的登录日志如下。

(1) lastlog。列出所有用户最近登录的信息，lastlog 引用的是/var/log/lastlog 文件中的信息，包括 login-name、port、last login time。示例如下：

```
[root@localhost ~]# lastlog                    #列出所有用户最近登录的信息
用户名          端口      来自                  最后登录时间
root            pts/0     192.168.31.114        2018 年 12 月 18 日 21:36:38 +0800
bin                                             **从未登录过**
daemon                                          **从未登录过**
adm                                             **从未登录过**
lp                                              **从未登录过**
sync                                            **从未登录过**
shutdown                                        **从未登录过**
…
sshd                                            **从未登录过**
oprofile                                        **从未登录过**
tcpdump                                         **从未登录过**
wdg             pts/0                           2018 年 12 月 16 日 07:02:19 +0800
a                                               **从未登录过**
```

(2) last。列出当前和曾经登入系统的用户信息，它默认读取的是/var/log/wtmp 文件的信息，输出的内容包括用户名、终端位置、登录源信息、开始时间、结束时间、持续时间。注意，最后一行输出的是 wtmp 文件起始记录的时间。当然也可以通过 last -f 参数指定读取文件，可以是/var/log/btmp 和/var/run/utmp，也可以指定用户、端口号及时间等来查看用户所需要的特定日志信息，详看语法要求。

其语法格式为：

```
last [-num | -n num] [-f file] [-t YYYYMMDDHHMMSS] [-R] [-adioxFw] [username..] [tty..]
```

例子：

```
last pts/0                  #显示指定端口号登录的日志信息
last wdg                    #显示 wdg 用户登录的日志信息
last -t 20181212120101      #显示指定时间之前的登录信息
```

示例如下：

```
[root@localhost ~]# last                    # 列出登入系统的所有用户信息
root     pts/0         192.168.31.114     Tue Dec 18 21:36   still logged in
root     pts/1         192.168.31.114     Tue Dec 18 17:21   still logged in
root     pts/0         192.168.31.114     Tue Dec 18 13:05 - 17:53  (04:47)
root     pts/0         192.168.31.114     Tue Dec 18 02:56 - 06:53  (03:57)
root     tty1                             Tue Dec 18 02:55   still logged in
reboot   system boot   3.10.0-693.el7.x   Tue Dec 18 02:52 - 22:23  (19:31)
root     tty1                             Sun Dec 16 07:38 - 08:34  (00:56)
```

```
reboot    system boot   3.10.0-693.el7.x     Sun Dec 16 07:36 - 07:17  (23:40)
root      pts/2         192.168.31.111       Sun Dec 16 07:29 - down   (00:05)
root      pts/1         192.168.31.111       Sun Dec 16 07:15 - 07:30  (00:14)
root      tty1                               Sun Dec 16 07:13 - 07:34  (00:21)
wdg       pts/1         ::ffff:192.168.1     Sun Dec 16 05:49 - 06:07  (00:17)
wdg       pts/1         ::ffff:192.168.1     Sun Dec 16 05:40 - 05:44  (00:04)
root      pts/0         192.168.1.114        Sun Dec 16 05:29 - down   (02:05)
reboot    system boot   3.10.0-693.el7.x     Sun Dec 16 05:21 - 07:35  (02:13)
wdg       pts/1         ::ffff:192.168.1     Sat Dec 15 19:46 - down   (01:15)
root      pts/0         192.168.1.114        Sat Dec 15 18:49 - down   (02:13)
...
```

(3) lastb。列出失败尝试的登录信息，和 last 命令功能完全相同，只不过它默认读取的是/var/log/btmp 文件的信息。当然也可以通过 last -f 参数指定读取文件，可以是/var/log/btmp 和/var/run/utmp。示例如下：

```
[root@localhost ~]# lastb                        #列出失败尝试的登录信息
root      tty1                       Sat Dec 15 10:36 - 10:36  (00:00)
root      pts/0                      Wed Dec  5 06:33 - 06:33  (00:00)
root      pts/0                      Wed Dec  5 06:33 - 06:33  (00:00)
root      pts/0                      Wed Dec  5 06:31 - 06:31  (00:00)
wdg       :1            :1           Sat Dec  1 18:01 - 18:01  (00:00)
```

2. 系统其他常用的日志命令

在 CentOS 7 系统中，可以只用 journalctl 一个命令，查看所有日志（内核日志和应用日志）。

其语法格式为：

```
journalctl [参数…] [匹配类型…]
```

常用示例如下。

```
[root@localhost ~]# journalctl                      #查看所有日志
[root@localhost ~]# journalctl -k                   #查看所有内核日志
[root@localhost ~]# journalctl -n 10                #查看最后 10 条日志
[root@localhost ~]# journalctl -f                   #跟踪日志
[root@localhost ~]# journalctl -p err..alert        #只显示冲突、告警和错误
#显示指定日志(也可以同时显示多个: -u firewalld.service -u httpd.service)
[root@localhost ~]# journalctl -u httpd.service
#根据时间查找
[root@localhost ~]# journalctl --since "20 min ago"     #查找 20 分钟前的日志
[root@localhost ~]# journalctl --since today            #查找今天的日志
[root@localhost ~]# journalctl --until 2018-12-12       #查找 2018-12-12 日期的日志
#根据用户查找
[root@localhost ~]# journalctl _UID=33 --since today    #查看指定用户的今天日志
#日志的维护
[root@localhost log]# journalctl --vacuum-time=1years   #指定日志保存 1 年
```

11.2.3　Linux 系统常用的日志文件

日志文件(journaling file)是一个经常变化存储空间大小的文件,因为对目录及位图的更新信息总是在原始的磁盘日志被更新之前写到磁盘上的一个连续的日志上,所以它保证了数据的完整性。有的日志文件记录某些操作所需的一系列步骤,以便将来可以准确地回放它们以将事务提交到辅助存储中,一条日志在它对应的写操作完成之后内容中的记录被释放,而保存日志的文件空间大小是有限的,它常被循环使用,所以日志也被称为"circular log"。

1. 常用的系统日志文件

多数的日志文件是纯文本文件格式,可以使用 cat、more 及 head 来浏览它们,也有些日志文件是二进制文件类型,需要专属的命令查看。日志文件类型可以用 file 命令查看。

系统日志一般都存储在/var/log 目录下,该目录下有的日志文件命名为 logname-date,标志着该类型日志文件是以某一天的日志信息为单位进行存储的,而这些日志一般默认轮转存储时间为 4 天(该轮转存储时间可以在/etc/logrotate.conf 文件中设定)。系统常用的日志文件如下。

(1) messages:核心系统日志文件,纯文本文件,记录系统和软件的绝大多数消息,如服务启动、停止、服务错误等。

(2) secure:安全相关,纯文本文件,主要是用户认证,如登录、创建和删除账号、sudo 等。

(3) maillog:邮件日志,纯文本文件,一般系统出现错误,以及用户非法操作时系统本身会给 root 用户以发送邮件的形式告知管理员。

(4) boot.log:系统启动日志,纯文本文件,能看到启动流程。

(5) cron:计划任务日志,纯文本文件,会记录 crontab 计划任务的创建、执行信息。

(6) dmesg:硬件设备信息,纯文本文件,也可以用 dmesg 命令查看。

(7) firewalld:防火墙服务日志,纯文本文件,记录防火墙工作认证、拦截等信息。

(8) yum.log:yum 软件的日志,纯文本文件,记录 yum 安装、卸载软件的记录。

(9) wtmp:系统登录日志文件,二进制文件,记录当前和历史上登录到系统中的用户及其登录时间、地点和注销时间等。若要清除历史上系统登录信息,只需删除该文件,系统会生成新的登录信息。查看登录信息可以用 last 命令。

(10) lastlog:记录最后进入系统的用户信息,二进制文件,记录包括登录的时间、是否登录成功等日志信息,需用 lastlog 命令查看。

2. 日志文件的浏览

(1) 纯文本文件类型的日志浏览。

纯文本文件类型的日志文件,每一行就是一个消息。只要是在 Linux 下能够处理纯文本的工具,都能用来查看日志文件。有的日志文件很大,因为从第一次启动 Linux 开始,消息就都累积在日志文件中。看日志文件的一个比较好的方法是用像 more 或 less 那样的分页显示程序,或者用 grep 查找特定的消息。

先用 more 显示/var/log/messages 日志,命令操作如下:

```
[root@localhost ~]# more /var/log/messages                # 分页显示日志文件
Dec 17 08:26:00 localhost journal: st_label_set_text: assertion 'text != NULL' failed
Dec 17 08:26:00 localhost journal: st_label_set_text: assertion 'text != NULL' failed
Dec 17 08:26:00 localhost journal: st_label_set_text: assertion 'text != NULL' failed
Dec 17 08:28:01 localhost systemd: Created slice User Slice of pcp.
Dec 17 08:28:01 localhost systemd: Starting User Slice of pcp.
Dec 17 08:28:01 localhost systemd: Started Session 16 of user pcp.
Dec 17 08:28:01 localhost systemd: Starting Session 16 of user pcp.
…
-- More -- (0%)
```

可以看到从日志文件中取出来的一些消息,每一行表示一个消息,而且依次都由 4 个域的固定格式组成。

① 时间标签(Timestamp):表示消息发出的日期和时间。

② 主机名(Hostname):表示生成消息的计算机的名字。如果只有一台计算机,主机名就可能没有必要了。但是,如果在网络环境中使用 Syslog,那么就可能要把不同主机的消息发送到一台服务器上集中处理。

③ 生成消息的子系统的名字:可以是"Kernel",表示消息来自内核;也可以是发出消息的进程的名字,若带有方括号,则方括号里的是进程的 PID。

④ 消息(Message):即消息的内容。

(2) 使用日志命令浏览。

Linux/UNIX 系统中提供了丰富的日志命令,主要分为以下几种类型。

① 用户登录信息的统计。wtmp 和 utmp 文件都是二进制文件,它们不能被诸如 tail 命令剪贴、合并或使用 cat 命令浏览,而需要使用 who、w、users、last、lastlog 和 ac 来使用这两个文件包含的信息。

② 进程统计。Linux/UNIX 可以跟踪每个用户运行的每条命令,如果想知道昨晚操作了哪些重要的文件,进程统计子系统可以告诉你。它还对跟踪一个侵入者有帮助。与连接时间日志不同,进程统计子系统默认不激活,它必须启动。在 Linux 系统中启动进程统计使用 accton 命令,必须用 root 身份来运行。accton 命令的语法格式为:

```
accton file
```

其中,file 必须先存在。先使用 touch 命令来创建 psfile 文件,例如:

```
[root@localhost ~]# touch /var/log/psfile          #创建进程统计的空文件
[root@localhost ~]# accton /var/log/psfile         #激活该文件为进程统计日志
```

一旦 accton 被激活,就可以使用 lastcomm 命令监测系统中任何时候执行的命令。若要关闭统计,可以使用不带任何参数的 accton 命令。

11.2.4 Linux 系统常用的日志配置文件

在 CentOS 7 系统中,由 rsyslog 守护进程来管理日志,查看 rsyslog 日志程序的配置文件。其命令如下:

```
[root@localhost ~]# rpm -qc rsyslog
/etc/logrotate.d/syslog                    #日志轮转(切割、轮替)策略文件
/etc/rsyslog.conf                          #主配置文件
/etc/sysconfig/rsyslog                     #环境设置配置文件
```

1. 日志的主配置文件

rsyslog 具有日志集中式管理的功能，并对系统所产生的信息进行收集和分析，然后根据配置文件中的设定，按信息的类型和级别分别写入不同的日志文件中。

日志管理程序 rsyslog 的主配置文件是/etc/rsyslog.conf，通过该文件可以对系统的日志功能进行配置。默认配置下的日志信息都被写入/var/log 目录下对应的日志文件中。这些路径是在 rsyslog 的主配置文件/etc/rsyslog.conf 中设定好的。该配置文件的主要信息如下：

```
[root@localhost log]# cat /etc/rsyslog.conf
…                                                  # 省略部分
#### 全局指令 ####
# 定义备用文件存放位置
$WorkDirectory /var/lib/rsyslog
# 定义日志格式默认模板
$ActionFileDefaultTemplate RSYSLOG_TraditionalFileFormat
# File syncing capability is disabled by default. This feature is usually not required,
# not useful and an extreme performance hit
# $ActionFileEnableSync on
# 包含指定目录下所有*.conf 类型的配置文件
$IncludeConfig /etc/rsyslog.d/*.conf
# 定义规则内的省略本地日志的接收
$OmitLocalLogging on
# 定义日志文件存储的状态
$IMJournalStateFile imjournal.state
#### 规则 ####
# 关于内核的所有日志都放到/dev/console
#kern.*                                                  /dev/console
# 记录所有日志类型大于等于 info 级别的信息到/var/log/messages,但是列表中的除外
*.info;mail.none;authpriv.none;cron.none                 /var/log/messages
# authpriv 验证相关的所有信息存放在/var/log/secure
authpriv.*                                               /var/log/secure
# 邮件的所有信息存放在/var/log/maillog
mail.*                                                   -/var/log/maillog
# 计划任务有关的信息存放在/var/log/cron
cron.*                                                   /var/log/cron
# 记录所有的大于等于 emerg 级别信息,以 wall 方式发送给每个登录到系统的人
*.emerg                                                  :omusrmsg:*
# 记录 uucp,news.crit 等存放在/var/log/spooler
uucp,news.crit                                           /var/log/spooler
# 系统启动的相关信息存放在/var/log/boot.log
local7.*                                                 /var/log/boot.log
…
```

主配置文件/etc/rsyslog. conf 中设定了来自不同消息源的信息写入路径,对于这些消息采用一种向上匹配的功能进行分类,也就是说,rsyslog 指定一个消息级别,并将高于该级别的所有消息全部存放在指定的位置。

2. 轮转式日志的配置文件

如果没有日志轮转,日志文件就会越来越大,所以采用日志轮转的方式将丢弃系统中最旧的日志文件,以节省空间。logrotate 是一个日志管理程序,负责把旧日志文件删除或备份,并创建新日志文件,这个过程也称为"转储"。logrotate 程序的运行是通过计划任务 crond 服务定期执行的,实际上是通过执行/etc/cron. daily/logrotate 文件来启动的。/etc/cron. daily/logrotate 是一个脚本文件。其配置内容如下:

```
[root@localhost ~]# cat /etc/cron.daily/logrotate
#!/bin/sh
/usr/sbin/logrotate -s /var/lib/logrotate/logrotate.status /etc/logrotate.conf
EXITVALUE=$?
if [ $EXITVALUE != 0 ]; then
    /usr/bin/logger -t logrotate "ALERT exited abnormally with [$EXITVALUE]"
fi
exit 0
```

由上述脚本可以看出,日志轮转的规则是由/etc/logrotate. conf 所设定的。其配置文件内容如下:

```
[root@localhost ~]# cat /ect/logrotate.conf|grep -v^$|grep -v^#   #过滤空格及
                                                                  #符号查看
weekly                              #轮转周期,一周轮转
rotate 4                            #保留 4 份
create                              #轮转后创建新文件
dateext                             #使用日志作为后缀
compress                            #是否压缩
include /etc/logrotate.d            #包含该目录下的文件
/var/log/wtmp {                     #对该日志文件设置轮转的方法
    monthly                         #一个月轮转一次
    create 0664 root utmp           #轮转后创建新文件,并设置权限
    minsize 1M                      #最小达到 1MB 才轮转
    rotate 1                        #保留一份
}
/var/log/btmp {
    missingok                       #丢失不提示
    monthly
    create 0600 root utmp
    rotate 1
}
```

从上述配置文件中可以看到,对于每个日志文件都可以单独定义轮转规则,也就是一个类似于/var/log/wtmp 这样的独立配置来管理,使其配置不会对其他日志文件产生影响。

11.3 Linux 系统的防火墙管理

如同建筑物中的防火墙会防止火势蔓延一样，计算机中的防火墙会试图防止未经授权的用户进入系统中，阻止内部用户不适当的外网访问，还能防止计算机病毒在系统中蔓延。

11.3.1 防火墙简介

1. 防火墙的含义

在计算机网络中，所谓的防火墙，是指一种将内部网和外部网分开的方法，实际上防火墙是一种隔离技术，是在一个可信的网络和不可信的网络之间建立安全屏障的软件或硬件产品。防火墙是在两个网络通信时执行的一种访问控制尺度，能允许授权的用户及数据进入网络，同时将没有授权的人及数据拒之门外，最大限度地阻止网络中的黑客来访问我们的网络。换句话说，如果不通过防火墙，公司内部的人就无法访问 Internet 网络，Internet 网络上的人也无法和公司内部的人进行通信。

Linux 为增加系统安全性提供了防火墙保护。防火墙存在于你的计算机和网络之间，用来判定网络中的远程用户有权访问你的计算机上的哪些资源。一个正确配置的防火墙可以极大地增加系统安全性。

从逻辑上讲，防火墙是分离器、限制器、分析器。从物理角度上看，各站点防火墙物理实现的方式有所不同。通常防火墙是一组硬件设备和软件的组合——路由器、主计算机或者路由器、计算机和配有适当软件的组合。

2. 防火墙的功能

(1) 防火墙是网络安全的屏障。

一个防火墙能极大地提高一个内部网络的安全性，并通过过滤不安全的服务而降低风险。由于只有经过精心选择的应用协议才能通过防火墙，因此网络环境变得更安全。

(2) 防火墙可以强化安全策略。

通过以防火墙为中心的安全方案配置，能将所有安全软件(如密码、加密、身份认证、审计等)配置在防火墙上，如在网络访问时，密码系统和其他的身份认证系统完全可以不必分散在各个主机上，而集中在防火墙上。

(3) 对网络存储和访问进行监控和审计。

如果所有的访问都经过防火墙，那么防火墙就能记录下这些访问并记录在日志中，同时也能提供网络使用情况的统计数据。当发生异常动作时，防火墙能适当报警，并提供网络是否受到监测和攻击的详细信息。

(4) 防止内部信息的外泄。

通过利用防火墙对内部网络的划分，可实现内部网重点网段的隔离，从而限制了局部重点或敏感网络安全问题对全局网络造成的影响。再者，隐私是内部网络非常关心的问题，一个内部网络中不引人注意的细节可能包含了有关安全的线索而引起外部攻击者的兴趣，甚至因此而暴露了内部网络的某些安全漏洞。使用防火墙就可以隐蔽那些透露内部细节的服务，如 Finger、DNS 等。Finger 显示了主机的所有用户的注册名、真名、最后登录时间和使用 Shell 类型等，Finger 显示的信息非常容易被攻击者所获悉。攻击者可以知道一个系统使用的频繁程度,以及这个系统是否有用户正在连线上网与是否在被攻击时引起注意等。防火墙可以同样阻塞有关内部网络中的DNS信息,这样一台主机的域名和IP地址就不会被外界所了解。

11.3.2 防火墙的类型和设计策略

1. 防火墙的类型

防火墙作为网络安全措施中的一个重要组成部分,一直受到人们的普遍关注。在构造防火墙时,常采用两种类型,即包过滤和应用代理服务。

(1) 包过滤。

包过滤是指建立包过滤规则,根据这些规则及IP包头的信息,在网络层判定允许或拒绝包的通过。对数据包进行过滤可以说是任何防火墙所具备的最基本的功能,而Linux防火墙本身从某个角度也可以说是一种"包过滤防火墙"。在Linux防火墙中,操作系统内核对到来的每一个数据包进行检查,从它们的包头中提取出所需要的信息,如源IP地址、目的IP地址、源端口号、目的端口号等,再与已建立的防火墙规则逐条进行比较,并执行所匹配规则的策略,或者执行默认策略。

(2) 应用代理服务。

应用代理服务是由位于内部网和外部网之间的代理服务器完成的,它工作在应用层,代理用户进、出网的各种服务请求,如FTP和Telenet等。目前,防火墙一般采用双宿主机(Dual-homed Firewall)、屏蔽主机(Screened Host Firewall)和屏蔽子网(Screened Subnet Firewall)等结构。双宿主机结构是指承担代理服务任务的计算机至少有两个网络接口连接到内部网和外部网之间。屏蔽主机结构是指承担代理服务任务的计算机仅仅与内部网的主机相连。屏蔽子网结构是把额外的安全层添加到屏蔽主机的结构中,即添加了周边网络,进一步把内部网和外部网隔开。

2. 防火墙的设计策略

防火墙规则用来定义哪些数据包或服务允许/拒绝通过,在制定防火墙过滤规则时通常有两个基本的策略可供选择:一个是默认允许一切,即在接收所有数据包的基础上明确地禁止那些特殊的、不希望收到的数据包;另一个是默认禁止一切,即首先禁止所有的数据包通过,然后再根据所希望提供的服务去一项项允许需要的数据包通过。在Linux系统中常采用这种方式的防火墙策略,如添加可信任的服务及端口号。

一般来说,前者使启动和运行防火墙变得更加容易,但却更容易为自己留下安全隐患。通过在防火墙外部接口处对进来的数据包进行过滤,可以有效地阻止绝大多数有意或无意的网络攻击,同时,对发出的数据包进行限制,可以明确地指定内部网中哪些主机可以访问互联网,哪些主机只能享用哪些服务或登录哪些站点,从而实现对内部主机的管理。可以说,在对一些小型内部局域网进行安全保护和网络管理时,包过滤确实是一种简单而有效的手段。

从逻辑的观点看,在防火墙中指定一个较小的规则列表允许通过防火墙,比指定一个较大的列表不允许通过防火墙更容易实现。从Internet的发展来看,新的协议和服务不断出现,在允许这些协议和服务通过防火墙之前,相对容易审查安全漏洞。

11.3.3　Linux 的防火墙管理

对于 Linux 系统的防火墙，CentOS 7 中的防火墙程序主要是 firewalld，原来的版本使用 iptables 来管理防火墙，CentOS 7 中的 firewalld 服务已经默认安装好了，而 iptables 服务需要额外来安装。

1. 防火墙 firewalld 简介

与传统的防火墙工具相比，firewalld 守护进程是动态管理防火墙的，它支持允许服务或者应用程序直接添加防火墙规则的接口，不需要重启整个防火墙便可更改应用。以前的 system-config-firewall 防火墙是静态的，每次修改都要求防火墙完全重启。不过，要使用 firewall 守护进程就要求防火墙的所有变更都要通过该守护进程来实现，以确保守护进程中的状态和内核中的防火墙是一致的。

在 CentOS 7 中已经默认使用 firewalld 作为防火墙，其使用方式已经变化。基于 iptables 的防火墙被默认不启动，但仍然可以继续使用。CentOS 7 中的防火墙类型有 firewalld、iptables、ebtables 等，它们是可以共存的，但同一时刻只能有一种防火墙在工作，因为这几种防火墙的守护进程是冲突的，所以使用 firewalld 作为防火墙服务进程就要禁用其他几种防火墙服务。CentOS 7 的内核版本是 3.10.0，在此版本的内核里防火墙的包过滤机制是 firewalld，使用 firewalld 来管理 netfilter，不过底层调用的命令仍然是 iptables 等。如图 11-1 所示为 firewalld 和 iptables 防火墙管理工具之间的关系。另外，firewall 无法解析由 iptables 和 ebtables 命令行工具添加的防火墙规则。所以建议在 CentOS 7 系统中只使用 firewalld 作为防火墙管理工具。

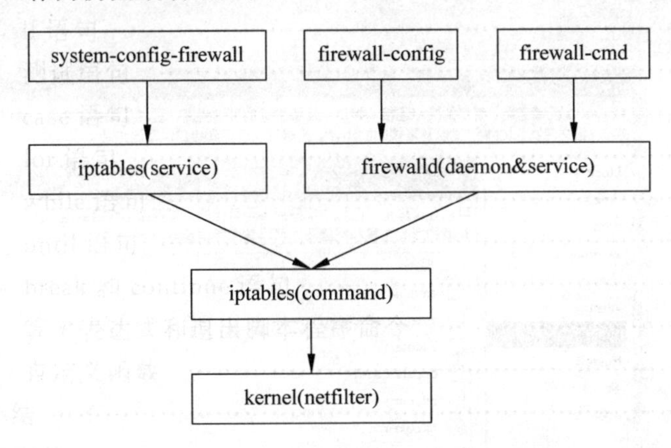

图 11-1　firewalld 和 iptables 防火墙之间的关系

CentOS 7 系统中的 firewalld 防火墙还增加了区域的概念。所谓区域，就是 firewalld 定制了几套防火墙策略的集合，用户可以根据自己的需要来选择不同的区域，从而实现防火墙策略之间的快速切换，这样就快速地提升了布置防火墙的效率。

firewalld 防火墙常见的区域及其相应的策略如下。

(1) 阻塞区域(block)：任何传入的网络数据包都将被阻止。

(2) 工作区域(work)：相信网络上的其他计算机不会损害你的计算机。

(3) 家庭区域(home)：相信网络上的其他计算机，范围大于工作区，不会损害你的计算机。

(4) 公共区域(public):不相信网络上的任何计算机,只有选择接受传入的网络连接。

(5) 隔离区域(dmz):隔离区域也称为非军事区域,是内外网络之间增加的一层网络,起到缓冲作用。对于隔离区域,只有选择接受传入的网络连接。

(6) 信任区域(trusted):所有的网络连接都可以接受。

(7) 丢弃区域(drop):任何传入的网络连接都被拒绝。

(8) 内部区域(internal):信任网络上的其他计算机不会损害你的计算机。只有选择接受传入的网络连接。

(9) 外部区域(external):不相信网络上的其他计算机不会损害你的计算机。只有选择接受传入的网络连接。

对于不同的区域,用户在设置防火墙时可以自己定义信任的服务种类,从而实现快速地切换布置防火墙的策略。

对于 firewalld 防火墙的管理,CentOS 7 系统中提供了图形界面和字符终端两种管理方式。对于专业人员,使用远程的字符终端方式来管理防火墙更加方便、效率更高。下面通过这两种方式对防火墙程序的管理进行介绍。

2. X 窗口下的防火墙管理

在 CentOS 7 系统中可以使用图形界面管理防火墙,在图形界面的终端下输入“firewall-config”命令即可弹出防火墙管理窗口,如图 11-2 所示。

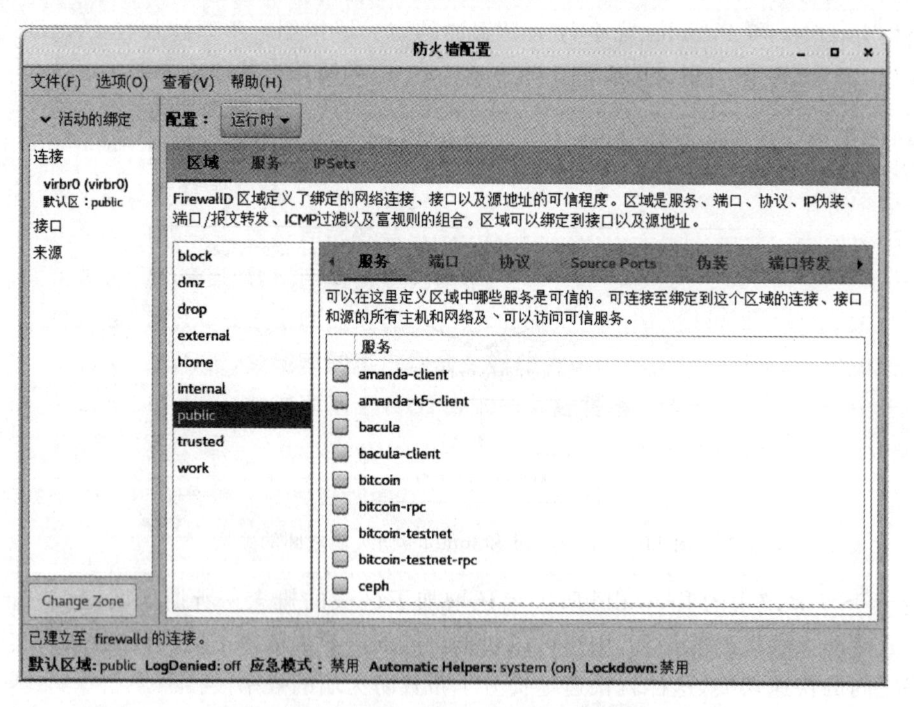

图 11-2 firewalld 防火墙“区域-服务”窗口

图 11-2 是默认打开防火墙管理窗口时的界面,图中中间列表是显示各个区域,右侧列表是对应的各种服务,可以定制某一区域内的防火墙的策略,在图中选择不同的区域防火墙所对应的各种服务关系,来设定所选的服务。这样在设定新的服务的防火墙关系时就可以

直接划归于某个区域，来符合该区域的防火墙策略。

另外，在使用某一区域的防火墙策略时，也可以直接设定开放的端口号，在图 11-2 中，选定某一区域，然后选择右侧“端口”选项，则出现如图 11-3 所示界面。在该界面中单击右侧端口下方的“添加”按钮，则出现如图 11-4 所示的添加端口窗口，添加该区域的信任端口号段。

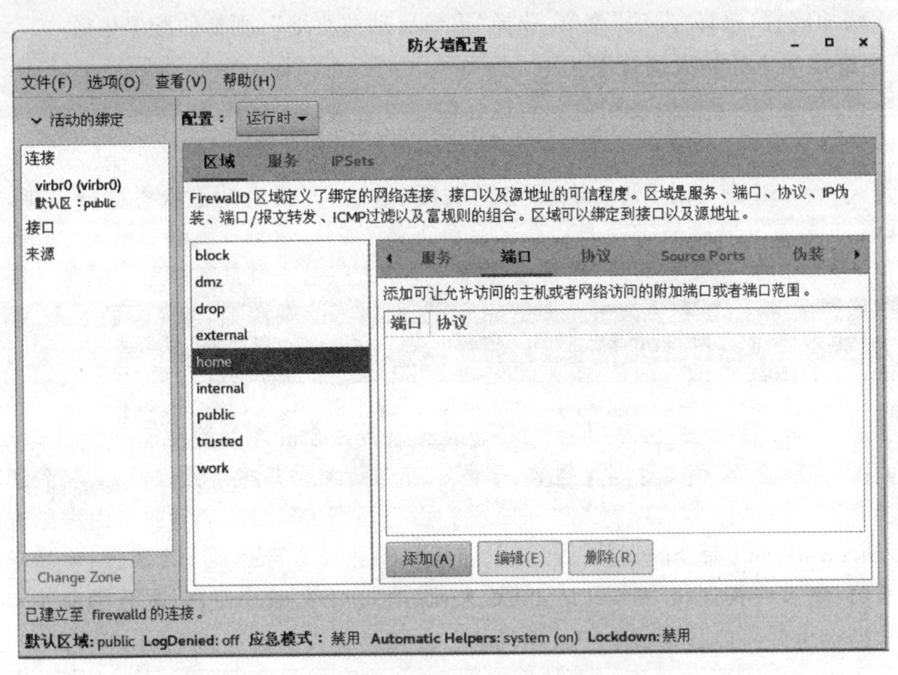

图 11-3　firewalld 防火墙区域—端口窗口

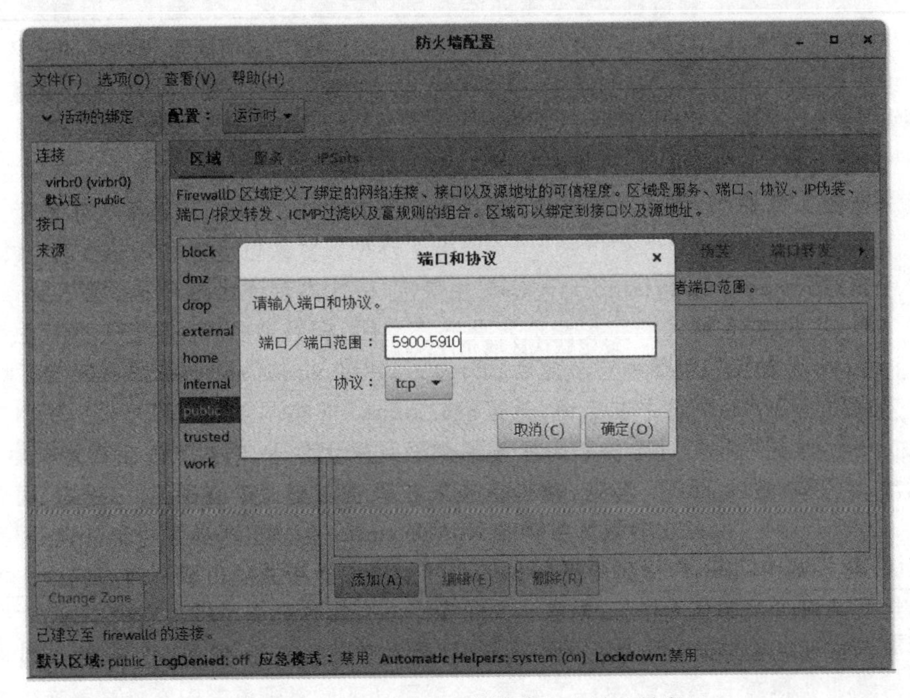

图 11-4　firewalld 防火墙添加信任的端口号窗口

在图 11-3 中,“运行时”下拉菜单有运行模式和永久模式两种,默认是运行模式,即配置规则立即生效。运行模式防火墙重新启动后会恢复原状态;而永久模式不会,永久模式配置需要重新启动防火墙后才生效。

在使用图形界面管理防火墙时,只要有内容被修改,它就会自动进行保存,不必进行再确认。其他可以查看某一服务的防火墙状态及重新设定等,这里就不再详细介绍了。完成以上防火墙的配置,选择“选项”菜单,选择“重新启动防火墙”,则新的配置生效。

3. 字符终端下的防火墙管理

在字符终端环境下可以使用命令实现远程配置管理防火墙服务。

(1) 使用 systemctl 命令对 firewalld 服务的状态控制。

使用 systemctl 命令对 firewalld 服务的关闭、重启、开机启动等状态进行管理,相关命令如下:

```
[root@localhost ~]# systemctl status firewalld          #查看防火墙状态
[root@localhost ~]# systemctl start firewalld           #启动防火墙服务
[root@localhost ~]# systemctl stop firewalld            #关闭防火墙服务
[root@localhost ~]# systemctl restart firewalld         #重启防火墙服务
[root@localhost ~]# systemctl enable firewalld          #设置开机自启动防火墙服务
[root@localhost ~]# systemctl disable firewalld         #设置开机关闭防火墙服务
```

(2) firewall-cmd 命令的参数。

防火墙服务 firewalld 命令方式中,firewall-cmd 是命令,firewall-config 是图形,firewalld 命令主要是以长格式形式来提供的。常用的格式参数如表 11-1 所示。

表 11-1 firewall-cmd 命令常用参数表

参数选项	含义
--get-default-zone	查询默认使用区域
--get-default-zone=区域名称	设置默认的区域
--get-zones	获取可用的区域
--get-services	获取所有支持的服务
--get-active-zones	获取当前正在使用的区域
--add-service=服务名	设定默认区域允许该服务通过
--remove-service=服务名	设定默认区域不再允许该服务通过
--add-port=端口号/协议	设定默认区域允许该端口号通过
--add-interface=网卡名	设定默认区域的策略都指向该网卡
--change-interface=网卡名	将网卡与某区域进行关联
--list-all	显示当前区域的所有信息
--permanent	永久生效,没有此参数重启后失效
--panic-on	启用应急模式,阻断所有网络连接,以防出现紧急状况
--panic-off	关闭应急模式

注意:firewall-cmd 命令可以带多个参数,命令和参数之间及参数和参数之间要留有空格。

(3) 常用的 firewall-cmd 命令示例。

① 基本操作。

```
[root@localhost ~]# firewall-cmd --help                    #查看帮助
[root@localhost ~]# firewall-cmd --state                   #显示状态
[root@localhost ~]# firewall-cmd --reload                  #更新规则,无须重启服务
[root@localhost ~]# firewall-cmd --complete-reload         #更新规则,重启服务
[root@localhost ~]# firewall-cmd --panic-on                #拒绝所有包
[root@localhost ~]# firewall-cmd --panic-off               #取消拒绝状态
[root@localhost ~]# firewall-cmd --list-all                #查看所有防火墙信息
```

② 区域管理。

```
# 查看当前区域信息
[root@localhost ~]# firewall-cmd --get-active-zones
# 将接口添加到区域,默认接口都在 public
[root@localhost ~]# firewall-cmd --zone=public --add-interface=eth0
# 设置默认接口区域,立即生效无须重启
[root@localhost ~]# firewall-cmd --set-default-zone=public
# 显示支持的区域列表
[root@localhost ~]# firewall-cmd --get-zones
# 设置为家庭区域
[root@localhost ~]# firewall-cmd --set-default-zone=home
# 设置当前区域的接口(ens33)
[root@localhost ~]# firewall-cmd --get-zone-of-interface=ens33
# 显示所有公共区域(public)
[root@localhost ~]# firewall-cmd --zone=public --list-all
# 临时修改网络接口(ens33)为内部区域(internal)
[root@localhost ~]# firewall-cmd --zone=internal --change-interface=ens33
```

③ 服务管理。

```
# 显示服务列表
[root@localhost ~]# firewall-cmd --get-services
# 允许 SSH 服务通过
[root@localhost ~]# firewall-cmd --enable service=ssh
# 禁止 SSH 服务通过
[root@localhost ~]# firewall-cmd --disable service=ssh
# 显示当前服务
[root@localhost ~]# firewall-cmd --list-services
# 添加 smtp 服务至 work zone
[root@localhost ~]# firewall-cmd --zone=work --add-service=smtp
# 移除 work zone 中的 smtp 服务
[root@localhost ~]# firewall-cmd --zone=work --remove-service=smtp
```

④ 端口管理。

```
# 开放 443/TCP 端口
[root@localhost ~]# firewall-cmd --add-port=443/tcp
```

```
# 临时开放TCP的8080端口
[root@localhost ~]# firewall-cmd --enable ports=8080/tcp
# 永久开放3690/TCP端口
[root@localhost ~]# firewall-cmd --permanent --add-port=3690/tcp
# 列出public区域的被允许的进入端口
[root@localhost ~]# firewall-cmd --zone=public --list-ports
# 开放tcp端口5901～5905号段至dmz区域
[root@localhost ~]# firewall-cmd --zone=dmz --add-port=5901-5905/tcp
# 永久开放8080/TCP端口至dmz区域
[root@localhost ~]# firewall-cmd --permanent --zone=dmz --add-port=8080/tcp
```

⑤ 时效管理。

```
# 临时允许Samba服务通过600秒
[root@localhost ~]# firewall-cmd --enable service=samba --timeout=600
# 临时开放TCP的8080端口
[root@localhost ~]# firewall-cmd --enable ports=8080/tcp
# 永久开放3690/TCP端口
[root@localhost ~]# firewall-cmd --permanent --add-port=3690/tcp
# 永久添加HTTP服务到内部区域(internal)
[root@localhost ~]# firewall-cmd --permanent --zone=internal --add-service=http
# 永久操作,在不改变状态的条件下需要重新加载防火墙之后才能生效
[root@localhost ~]# firewall-cmd --reload
```

⑥ IP地址管理。防火墙firewalld服务还有"富规则"配置,可以更细致、更详细地对防火墙规则进行配置,也可以针对服务、端口号、源地址、目标地址等信息进行更有针对性的策略配置。例如:

```
# 永久限制IP为192.168.1.250的地址禁止访问80端口
[root@localhost ~]# firewall-cmd --permanent --add-rich-rule="rule family="ipv4"
source address="192.168.1.250" port protocol="tcp" port="80" reject"
success
# 立刻生效
[root@localhost ~]# firewall-cmd -reload
success
# 查看设定的结果
[root@localhost ~]# firewall-cmd --zone=public --list-rich-rules
rule family="ipv4" source address="192.168.1.250" port port="80" protocol="tcp" reject
# 解除刚才被限制的192.168.1.250
[root@localhost ~]# firewall-cmd --permanent --add-rich-rule="rule family="ipv4"
source address="192.168.1.250" port protocol="tcp" port="80" accept"
success
```

对某一服务进行运行管理时,如果该服务所涉及的端口号较多,且有些端口号是随机的,这时开放使其在防火墙中被允许放行,使用防火墙针对服务配置管理方式要比针对端口配置管理方式方便得多。

另外,还可以通过webmin方式及利用iptables命令来配置防火墙,这里就不详细介绍了。

11.4　本章小结

本章讨论了 Linux 系统的安全管理，首先介绍了网络安全的基本知识，包括网络安全的含义、不安全的因素及网络安全的关键技术，使读者对计算机安全管理有个更全面的认识；之后介绍了 Linux 系统的日志管理在计算机安全中的作用，包括日志类型、常用的安全管理日志文件以及日志的浏览和监测方法；本章重点介绍了 Linux 系统安全管理的策略，并有针对性地给出了具体操作命令及设置办法；最后介绍了防火墙的相关知识，要求读者掌握 Linux 防火墙的基本配置方法。

11.5　思考与实践

1. 举例说出你使用的 Linux 操作系统网络安全管理中都使用了哪些关键技术。
2. 如何清除系统中不用的默认账户？
3. 如何查看 Linux 系统上一周 pts/0 端口中都有哪些用户来访？
4. 如何查看指定 IP 地址来访的登录用户信息？
5. 日志变化写入动态检测实践：同时开两个字符命令终端窗口，分别执行不同的命令，看 A 窗口中的日志信息变化情况。

(1) A 窗口执行如下命令。

```
[root@localhost ~]# tail -f /var/log/messages    #实时监测 messages 日志文件
```

(2) B 窗口执行如下命令。

```
[root@localhost ~]# systemctl restart firewalld   #重新启动防火墙
[root@localhost ~]# su - wdg                      #转到 wdg 用户环境下
[wdg@localhost ~]$ init 5                         #切换到图形模式
```

6. 防火墙的功能有哪些？
7. 举例说明在你使用的 Linux 操作系统中的防火墙所使用的设计策略。
8. 如何把某一个服务加设到 Linux 防火墙中，作为信任的服务？

第12章

Linux 系统下的编程

本章主要讨论 Linux/UNIX 操作系统下的各种开发平台和开发方法、常用的 Linux 编程环境和工具，包括 Linux 下的 C/C++语言编程、Java 语言编程、Linux 下编程工具 GNU make、程序调试工具 GDB、网络编程概念和嵌入式开发平台，最后简要介绍内核的概念和结构。

本章的学习目标

- 熟悉 Linux 编程环境和常用开发工具。
- 熟练掌握 Linux 下的 C/C++语言编程方法。
- 学会在 Linux 下进行 Java 语言编程。
- 了解 Linux 下的编程工具 GNU make 和程序调试工具 GDB。
- 了解 Linux 网络编程中的网络概念和 Socket 编程函数。
- 了解嵌入式开发平台和开发过程。
- 了解 Linux 内核及内核的体系结构。

12.1 Linux 编程环境及工具

我们知道 Windows 系统支持众多的程序设计语言，事实上，Linux 系统也支持几乎同样多的语言，如 C、C++、PASCAL、Java、Python 等。通过前面的学习知道，绝大多数运行在 UNIX/Linux 平台上的应用程序，都是使用 C 语言，Linux 和 UNIX 操作系统也是由 C 语言来编写的。因此，就产生了一系列基于 C 语言的软件工程工具，用来进行软件的开发。其中的很多工具也可以开发用其他编程语言编写的软件。

12.1.1 程序开发过程

Linux 系统上的编程语言，概括起来分为两种，即编译性语言和解释性语言，前者如 C、C++、PASCAL，后者如 Java、Perl、JavaScript 和 Shell 脚本语言(如 Bash 等)，因此有必要理解这两种语言的执行过程。

1. 编译过程

用编译性语言编写的程序必须首先翻译成 CPU 的机器码，然后才能执行。翻译过程通常包括 3 个步骤：编译、汇编和连接。其中，编译过程是将源代码(下面以 C 程序为例)翻译成与 CPU 相对应的汇编代码；接着，将汇编代码翻译成相应的机器码(又称为目标代码)；最后，将目标代码翻译成可执行代码。图 12-1 简要描述了整个翻译过程。

目标代码是由机器指令组成的，但它仍不是可执行的代码，原因是源程序可能使用了一

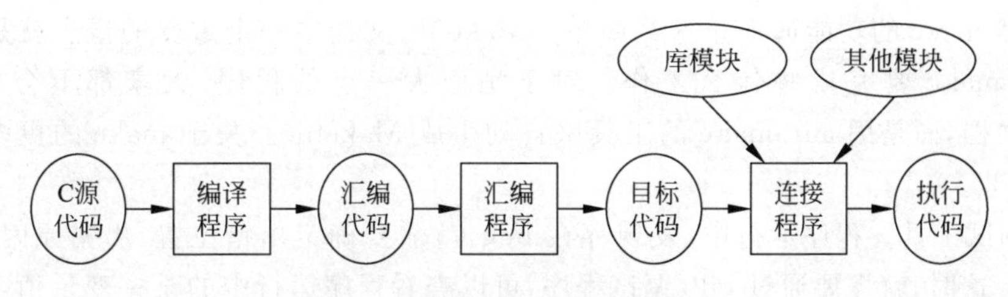

图 12-1 高级语言编译执行过程

些库函数，但这些函数的代码不在源文件中，汇编程序无法对这些函数的引用进行解释。而连接程序就是用来完成这一任务的，它将程序的目标代码与库的目标代码连接起来，生成可执行的二进制文件。

2. 解释过程

用解释性语言写的程序是由另一个程序执行的，这个程序称为语言解释程序(也称解释器)，执行时每次执行一个语句或一个命令。与编译性语言写的程序不同，用解释性语言写的程序在执行前不需要任何转换，解释程序每次读取一个语句并执行它，此种执行方式为解释执行。它的执行过程如图 12-2 所示。

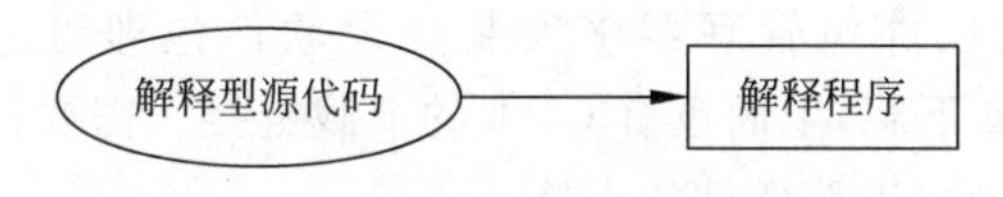

图 12-2 高级语言解释执行过程

12.1.2 Linux 编程环境和开发工具

Linux 和 UNIX 系统提供了大量的软件工程工具，用于生成代码及程序的静态或动态分析。一套完整的开发工具应至少包括编辑工具、编译工具、调试工具，如果是大型项目，还要有配置工具和项目管理工具。

编程环境大体分为基于文本的开发平台和集成开发平台。近年来，Linux 受到越来越多的开发者和普通用户的喜爱，Linux 上的集成开发工具也越来越多，比较流行的有 Eclipse、Kylix 等。具体介绍如下。

1. 基于文本模式的开发平台

(1) 编辑工具。在 Linux 中尚未拥有集成化环境时，开发者们使用类似于 DOS 下的 EDIT 工具，即经典的 vi 来编辑源程序。当然，还有其他的选择，如 joe、emacs 等。注意，这时编辑程序与编译工作是分开的，如编写 C 语言程序，用 vi 作编辑器、gcc 作编译器。

(2) 编译工具。在 Linux 下支持大量的语言，这里以 C 语言为例，在使用这些编译工具时，是使用命令行方式的。也就是说，先用编辑工具输入源程序，然后执行一行参数可能比较复杂的命令进行编译，这样就完成了整个工作。

一个要注意的问题是：在大多数情况下，程序分成很多源文件，我们不得不先把每个源文件都编译成目标代码，最后再链接成可执行文件。这样很显然效率很低。

庆幸的是，为了完成这种重复性劳动，软件业的前辈们开发了一个名为 make 的工具来帮助我们。make 依据一个 Makefile 文档来工作，而一个简单的 Makefile 文档其实就是以上那些 gcc 命令的集合。编辑好之后，只需输入“make”就可以让它自动运行这些编译命令。当然 make 的功能远不止这么简单。Makefile 文档中一个重要的概念就是目标,它用来告诉 make 要完成些什么工作。对于稍微大一点的程序,大家都不会自己去写 Makefile 文档,而是用 automake 的工具来自动生成 Makefile。关于 make 的更多功能,详见 12.2.4 节。

(3) 调试工具。程序运行中,发现存在 bug,就需要确定出错位置、出错原因及一些运行时数据。这时,就需要通过 gdb 调试程序,可以查看程序运行中的某一变量值,它支持断点调试等功能。

2. 集成开发平台

(1) Eclipse。Eclipse 是一个由 IBM、Borland 等资助的开源开发环境,其功能可以通过插件方式进行扩展。因此尽管 Eclipse 主要用于 Java 程序开发,但其体系结构确保了对其他程序语言的支持。CDT 就是用于 C/C++ 程序开发的一组插件,CDT 项目致力于为 Eclipse 平台提供功能完全的 C/C++ 集成开发环境(Integrated Development Environment, IDE),类似于 Visual Basic 和 Visual C++,该项目的重点就是 Linux 平台。

在下载和安装 CDT 之前,首先必须确保 GNU C 编译器(GNU C compiler,gcc,gcc 的使用在 12.2.1 节介绍)及所有附带的工具(make、binutil 和 GDB)都是可用的。如果正在运行 Linux,只要通过使用软件包管理器来安装开发软件包即可。Eclipse 可从官方网站 http://www.eclipse.org 下载,上面也有 CDT 的下载链接。需要注意的问题是,不同版本的 Eclipse 需要特定版本的 CDT 插件的支持。

(2) Kylix。Kylix 是 Inprise/Borland 公司公布的 KDE(the K Desktop Environment, 桌面环境),最初由 Matthias Ettrich 于 1996 年开发,目的是为 UNIX/Linux 操作系统提供一个合适、理想的界面。Kylix 是 Inprise/Borland 的内部项目代码,该项目将把 Delphi 与 C++Builder 带向 Linux 平台。该产品第一版本质上就是 Delphi for Linux,跟着就会有该产品的 C++Builder 版。

我们熟知 Windows 的 Delphi,它是功能强大的可视化工具,同时具有友好的人机界面, Kylix 就是 Linux 下的 Delphi 可视化集成开发工具。另外重要的是,Linux 将成为一个跨平台的工具,该工具使得可以很容易地生成可以在 Windows、Linux 或者二者下运行的应用程序。大多数应用程序,只要不使用 Windows 特别的调用,如 Win32API,就只需要在另一个平台上重新编译一次便可运行。

12.2 Linux 高级语言编程开发

C 和 C++ 语言都是编译运行的语言,要经过编译、汇编、连接和执行的过程。Linux 和 UNIX 提供了多个 C/C++ 编译器,包括 gcc、g++、cc 和 xlc。

12.2.1 Linux 下 C 语言编程

Linux 下最常用的 C 语言编译器是 gcc,它与最新的 C 语言标准 ANSI 兼容。g++ 是用来编辑 C++ 程序的,但所有的 C++ 编译器都可以用来编译 C 程序。g++ 编译器实际上调用的也是 gcc,只是以必要的选项参数来调用,使 gcc 能识别出 C++ 源代码。

首先在 CentOS 7 系统下查看 gcc 编译器的安装情况,默认情况下是安装的,用户也可以从 CentOS 7 的映像安装光盘中安装。

```
[root@localhost ~]# rpm -qa | grep gcc
gcc-c++-4.8.5-16.el7.x86_64                  #gcc 的 C++工具包
gcc-4.8.5-16.el7.x86_64                      #gcc 的工具包
gcc-gfortran-4.8.5-16.el7.x86_64             #gcc 的编译器
libgcc-4.8.5-16.el7.x86_64                   #gcc 的语言库
```

执行 gcc 命令可以带选项，也可以不带选项。这里将描述一些基本选项。需要说明的是，gcc 编译器所使用的大多数选项同样也适用于 cc 编译器。gcc 的语法格式为：

```
gcc [options] file-list
```

作用：用于调用 C 编译器。执行该命令，将完成预处理、编译、优化、连接并最终生成可执行代码。

默认情况下，将可执行代码存储在文件 a.out 中。gcc 可以根据命令行所指定的选项来处理多种类型的文件，如归档文件(.a 扩展名)、C 源文件(.c 扩展名)、C++ 源文件(.c、.cc 或者.cxx 扩展名)、汇编程序文件(.s 扩展名)、预处理后的文件(.i 扩展名)以及目标文件(.o 扩展名)。常用参数选项如表 12-1 所示。

其中，“-o”选项由于使用较频繁，单独详细说明如下。

“-o”选项的作用是告知 gcc 将可执行代码存储在一个专门的文件中，而不是默认的 a.out 文件中。下面的示例语句分别显示了在对 C 程序文件 test12-1 进行编译时，带“-o”选项和不带“-o”选项时的情况。

```
[wdg@localhost ~]$ gcc test12-1.c
[wdg@localhost ~]$ gcc -o test test12-1.c
```

第 1 行将生成的可执行代码存储在 a.out 文件中；第 2 行将生成的可执行代码存储在 test 文件中。用户可用命令 ls 显示由两个 gcc 命令所产生的可执行文件名。但要注意利用 gcc 命令编译 C 语言程序时，源代码文件要求带扩展名(*.c)，否则在编译中将会出错。

表 12-1　gcc 的参数选项表

选　项	作　用
-ansi	只支持 ANSI 标准的 C 语法
-c	只生成目标文件(扩展名为.o)，不进行连接
-l lib	连接到 lib 指定的库文件
-o file	指定可执行文件名为 file，而不是默认的 a.out
-0[level]	进行优化。可以指定数字 0～3 作为优化级别，一般而言，数字越大，优化级别就越高，若级别是 0，则不进行优化
-S	不对.c 文件进行优化或连接，只保留生成的汇编文件，其名与源文件相同，扩展名为.s
-v	详细模式：使每个被调用的命令均在屏幕上显示
-w	禁止警告
-W	给出额外的且更详细的警告

[**例 12-1**] 利用 vi 编辑器编写一个 C 语言程序,并进行编译执行。

```
[wdg@localhost ~]$ vi test12-1.c                          #编写程序源代码
#include <stdio.h>
main()
{
   printf("Hello! Linux world !\n");
}
[wdg@localhost ~]$ gcc test12-1.c                         #不带参数进行编译
[wdg@localhost ~]$ ls
a.out
[wdg@localhost ~]$ ./a.out                                #执行该文件
Hello! Linux world !
[wdg@localhost ~]$ gcc -o hello test12-1.c                #带参数进行编译
[wdg@localhost ~]$ ls                                     #查看编译后生成的文件
a.out   hello
[wdg@localhost ~]$ ./hello                                #执行该文件
Hello! Linux world !
```

通过上面的实例可以看出,加入"-o"参数后,可更改输出文件名,其他选项读者可自行试验。

12.2.2 Linux 下 C++语言编程

由 12.2.1 节内容可知,g++是 C++的编译器,它实际上是以必要的选项参数来调用 gcc,使 gcc 能识别出 C++源代码。下面给出一个简单的 C++程序示例,通过 g++编译器对其进行编译,然后执行它。示例程序的功能是从键盘上读取摄氏温度并显示相应的华氏温度。

[**例 12-2**] 编写 C++程序,从键盘上读取摄氏温度,并显示相应的华氏温度。

注意,C 程序源文件使用的扩展名为.c;C++程序源文件使用的扩展名为.cpp。程序代码及其编译运行结果如下:

```
[wdg@ localhost ~]$ vi test12-2.cpp                       #编写程序源代码
#include <iostream>
using namespace std;
int main()
{
        float c, f;
        cout  << "Please input degrees in Celsius:";      #请输入一个摄氏温度
        cin >> c;
        f = 9 * c/5 + 32;
        cout  << "Degrees in Fahrenheit is: " << f << endl;  #华氏温度输出
}
[wdg@ localhost ~]$ g++ test12-2.cpp -o Convert           #带参数进行编译
[wdg@ localhost ~]$ ./Convert                             #执行该文件
Please input degrees in Celsius: 29                       #键盘输入如 29
Degrees in Fahrenheit is: 84.2                            #程序计算输出
[wdg@ localhost ~]$
```

至此还没有给出任何有关 g++编译器选项的描述,原因是 g++编译器的选项与先前描述的 gcc 编译器的选项是相同的。可以使用命令 man g++获取更多的关于 g++编译器的帮助内容。

12.2.3 Linux 下 Java 语言编程

在 Linux 下进行 Java 语言编程,过程是首先将 Java 源代码翻译成 Java 字节码,然后通过 Java 虚拟机(也即 Java 解释器)进行解释,注意 Java 是解释执行的语言。

在 UNIX/Linux 系统中,Java 编译器是 javac,Java 虚拟机是 java。在 CentOS 7 系统安装中定制安装选择 Java 程序开发,系统就提供了 Java 程序开发运行环境。下面是查看系统 Java 的安装情况。

```
[root@localhost ~]# rpm -qa | grep java
python-javapackages-3.4.1-11.el7.noarch                         #python 调用 Java 包
libvirt-java-0.4.9-4.el7.noarch                                 #Java 虚拟机包
java-1.7.0-openjdk-headless-1.7.0.171-2.6.13.2.el7.x86_64       #Java 浏览器
javapackages-tools-3.4.1-11.el7.noarch                          #Java 工具类包
java-1.7.0-openjdk-1.7.0.171-2.6.13.2.el7.x86_64                #Java 基础包
java-1.7.0-openjdk-devel-1.7.0.171-2.6.13.2.el7.x86_64          #Java 开发文档包
```

[**例 12-3**] 以例 12-2 的温度转换问题为例,利用 Java 语言进行编写并编译运行。

执行过程是:使用编译器 javac 对 test12_3.java 程序进行编译(注意,Java 不支持 test12-3 的类名命名,即"-"有些版本不兼容),并将产生的 Java 字节码存储在 test12_3.class 文件中,然后通过 java 命令,对该文件进行解释执行。

```
[wdg@wdg-linux-5 ~]$ vi test12_3.java
public class test123{
    public static void main(String args[]) throws IOException{
        BufferedReader buff = new BufferedReader(new InputStreamReader(System.in));
        System.out.println("Please input degrees in Celsius :");
        String input = buff.readLine();
        double c = Double.parseDouble(input);
        double f = 9*c/5 + 32;
        System.out.println("Degrees in Fahrenheit is :" + f);
    }
}
[wdg@wdg-linux-5 ~]$ javac test12_3.java                        #编译
[wdg@wdg-linux-5 ~]$ java test12_3                              #测试运行
Please input degrees in Celsius : 29
Degrees in Fahrenheit is : 84.2
```

如果在程序正确的前提下使用 Java 编译器提示出错,可能是路径问题,类似于 Windows 中要设置 Java 的环境变量,CentOS 7 系统的 Java 编译器及虚拟机"/usr/bin"下,且环境变量已经配置好,之后安装 Java 虚拟机有的版本需要重新设置 Java 的环境变量,例如将路径"/usr/java/j2sdk1.4.0/bin"加入 shell 的搜索路径中,即 PATH 环境变量的值。

12.2.4 Linux 下编程工具 GNU make

Linux 环境下的程序员如果不会使用 GNU make 来构建和管理自己的工程,应该不能算是一个合格的专业程序员,至少不能称得上是 UNIX 程序员。GNU make 类似于 MyEclipse 工具,来建立管理自己的项目“工程”,一个 C 语言或 C++语言程序包含多个文件,通过“工程”来管理这些文件。Linux 下的 make 实现了这一功能。

本节介绍 GNU make 的用法。如果程序中没有用到 make,那么可以说所编写的程序只是个人练习,应该不具有任何实用价值。

1. GNU make 概述

在 Linux(UNIX)环境下使用 GNU 的 make 工具能够比较容易地构建一个属于自己的工程,整个工程的编译只需要一个命令就可以完成编译、连接直至最后的执行。不过这需要我们投入一些时间去完成一个或者多个名为 Makefile 文件的编写。此文件正是 make 正常工作的基础。

所要完成的 Makefile 文件描述了整个工程的编译、连接等规则。其中包括工程中的哪些源文件需要编译及如何编译,需要创建哪些库文件及如何创建这些库文件,如何最后产生想要的可执行文件。尽管看起来可能是很复杂的事情,但是为工程编写 Makefile 的好处是能够使用一行命令来完成“自动化编译”,一旦提供一个(通常对于一个工程来说会是多个)正确的 Makefile,编译整个工程所要做的唯一一件事就是在 shell 提示符下输入 make 命令。整个工程完全自动编译,极大地提高了效率。

make 是一个命令工具,它解释 Makefile 中的指令(应该说是规则)。在 Makefile 文件中描述了整个工程所有文件的编译顺序、编译规则。Makefile 有自己的书写格式、关键字、函数,像 C 语言有自己的格式、关键字和函数一样。而且在 Makefile 中可以使用系统 shell 所提供的任何命令来完成想要的工作。Makefile(在其他的系统上可能是另外的文件名)在绝大多数的 IDE 开发环境中都在使用,已经成为一种工程的编译方法。

make 工具不仅仅是用来管理 C 语言工程的,那些编译器只要是能够在 shell 下运行的语言所构建的工程,都可以使用 make 工具来管理。make 工具不仅可以用来编译源代码,而且可以完成一些其他的功能。例如,有这样的需求:当我们修改了某个或者某些文件后,需要根据修改的文件来自动对相关文件进行重建或者更新,那么应该考虑使用 GNU make 工具。GNU make 工具为我们实现这个目的提供了非常有力的支持。工程中根据源文件的修改情况来进行代码的编译正是使用了 make 的这个特征。make 执行时,根据 Makefile 的规则检查文件的修改情况,决定是否执行定义的动作(那些修改过的文件将会被重新编译)。这是 GNU make 的执行依据。

make 在执行时,需要一个名为 Makefile 的文件。这个文件告诉 make 以哪种方式编译源代码和链接程序。典型地,可执行文件可由一些.o 文件按照一定的顺序生成或者更新。如果在一个工程中已经存在一个或者多个正确的 Makefile,当对工程中的若干源文件修改以后,需要根据修改来更新可执行文件或者库文件,正如前面提到的只需要在 shell 下执行 make。make 会自动根据修改情况完成源文件的对应.o 文件的更新、库文件的更新、最终的可执行程序的更新。

make 通过比较对应文件(规则的目标和依赖)的最后修改时间,来决定哪些文件需要更新，哪些文件不需要更新。对于需要更新的文件，make 就执行数据库中所记录的相应命令(在 make 读取 Makefile 以后会建立一个编译过程的描述数据库。此数据库中记录了各个文件之间的相互关系，以及它们的关系描述)来重建它。对于不需要重建的文件，make 什么也不做。

2. Makefile 文件结构

一个简单的 Makefile 描述规则结构如下。

```
TARGET... : PREREQUISITES...
COMMAND
...
```

其中，参数含义如下。

TARGET：规则的目标。通常是最后需要生成的文件名或者为了实现这个目的而必需的中间过程文件名，可以是.o 文件，也可以是最后的可执行程序的文件名等。另外，目标也可以是一个 make 执行的动作的名称，如目标“clean”，称这样的目标是“伪目标”。读者可以参考 GNU make 手册。

PREREQUISITES：规则的依赖。生成规则目标所需要的文件名列表。通常一个目标依赖于一个或者多个文件。

COMMAND：规则的命令行。规则所要执行的动作(任意的 shell 命令或者是可在 shell 下执行的程序)。它限定了 make 执行这条规则时所需要的动作。

一个规则可以有多个命令行，每一条命令占一行。注意，每一个命令行必须以[Tab]字符开始，[Tab]字符告诉 make 此行是一个命令行，make 按照命令完成相应的动作。这也是书写 Makefile 中容易产生，而且比较隐蔽的错误。

命令就是在任何一个目标的依赖文件发生变化后重建目标的动作描述。一个目标可以没有依赖而只有动作(指定的命令)。例如，Makefile 中的目标“clean”，此目标没有依赖，只有命令。它所定义的命令用来删除 make 过程产生的中间文件(进行清理工作)。

在 Makefile 中，“规则”就是描述在什么情况下、如何重建规则的目标文件，通常规则中包括了目标的依赖关系(目标的依赖文件)和重建目标的命令。make 执行重建目标的命令，来创建或者重建规则的目标(此目标文件也可以是触发这个规则的上一个规则中的依赖文件)。规则包含了文件之间的依赖关系和更新此规则目标所需要的命令。

一个 Makefile 文件中通常还包含了除规则以外的很多东西(后续我们会一步一步地展开)。一个最简单的 Makefile 文件可能只包含规则。规则在有些 Makefile 文件中可能看起来非常复杂，但是无论规则的书写是多么的复杂，它都符合规则的基本格式。

make 程序根据规则的依赖关系，决定是否执行规则所定义的命令的过程，称为执行规则。

3. Makefile 文件示例

在执行 make 之前，需要命名一个 Makefile 的特殊文件(本文的后续将使用 Makefile 作为这个特殊文件的文件名)来告诉 make 需要做什么(完成什么任务)、该怎么做。通常，make 工具主要用来进行工程编译和程序链接。

当使用 make 工具进行编译时，工程中以下几种文件在执行 make 时将会被编译(重新编译)。

(1) 所有的源文件没有被编译过,则对各个C源文件进行编译并进行链接,生成最后的可执行程序。

(2) 每一个在上次执行 make 之后修改过的 C 源代码文件在本次执行 make 时将会被重新编译。

(3) 头文件在上一次执行 make 之后被修改,则所有包含此头文件的 C 源文件在本次执行 make 时将会被重新编译。

后两种情况是 make 只将修改过的 C 源文件重新编译生成.o 文件,对于没有修改的文件不进行任何工作。重新编译过程中,任何一个源文件的修改将产生新的对应的.o 文件,新的.o 文件将和以前的已经存在、此次没有重新编译的.o 文件重新连接生成最后的可执行程序。

下面将分析一个简单的 Makefile,它对一个包含 8 个 C 的源代码和 3 个头文件的工程进行编译和链接。这个 Makefile 给 make 提供了必要的信息,make 程序根据 Makefile 中的规则描述执行相关的命令来完成指定的任务(如编译、链接和清除编译过程文件等)。

Makefile 文件的内容如下。

```
#sample Makefile
edit : main.o kbd.o command.o display.o \
insert.o search.o files.o utils.o
cc -o edit main.o kbd.o command.o display.o \
insert.o search.o files.o utils.o
main.o : main.c defs.h
cc -c main.c
kbd.o : kbd.c defs.h command.h
cc -c kbd.c
command.o : command.c defs.h command.h
cc -c command.c
display.o : display.c defs.h buffer.h
cc -c display.c
insert.o : insert.c defs.h buffer.h
cc -c insert.c
search.o : search.c defs.h buffer.h
cc -c search.c
files.o : files.c defs.h buffer.h command.h
cc -c files.c
utils.o : utils.c defs.h
cc -c utils.c
clean :
rm edit main.o kbd.o command.o display.o \
insert.o search.o files.o utils.o
```

首先书写时,可以将一个较长行使用反斜线(\)来分解为多行,这样可以使我们的 Makefile 书写清晰、容易阅读理解。但需要注意的是,反斜线之后不能有空格(这也是大家最容易犯的错误,错误比较隐蔽)。我们推荐将一个长行分解为使用反斜线连接的多个行的方式。在完成了这个 Makefile 以后,需要创建可执行程序"edit",所要做的就是在包含此 Makefile 的目录(当然也在代码所在的目录)下输入"make"命令。删除已经在此目录下之前使用"make"生成的文件(包括那些中间过程的.o 文件),也只需要输入"make clean"命令即可。

在这个 Makefile 中,我们的目标(target)就是可执行文件 edit 和那些.o 文件(main.o、kbd.o 等);依赖(prerequisites)就是冒号后面的那些.c 文件和.h 文件。

所有的.o 文件既是依赖(相对于可执行程序 edit)又是目标(相对于.c 文件和.h 文件)。命令包括“cc-c main.c”“cc -c kbd.c”……

当规则的目标是一个文件时,在它的任何一个依赖文件被修改以后,在执行“make”时这个目标文件将会被重新编译或者重新链接。当然,此目标的任何一个依赖文件如果有必要则首先会被重新编译。在这个例子中,“edit”的依赖为 8 个.o 文件;而“main.o”的依赖文件为“main.c”和“defs.h”。当“main.c”或者“defs.h”被修改以后,再次执行“make”,“main.o”就会被更新(其他的.o 文件不会被更新),同时“main.o”的更新将会导致“edit”也被更新。

在描述依赖关系行之下通常就是规则的命令行(也存在一些规则没有命令行),命令行定义了规则的动作(如何根据依赖文件来更新目标文件)。命令行必须以“Tab”字符开始,以和 Makefile 其他行区别。也就是说,所有的命令行必须以“Tab”字符开始,但并不是所有的以“Tab”字符开始的行都是命令行。make 程序会把出现在第一条规则之后的所有以“Tab”字符开始的行都作为命令行来处理。(注意,make 程序本身并不关心命令是如何工作的,对目标文件的更新需要你在规则描述中提供正确的命令。make 程序所做的就是当目标程序需要更新时执行规则所定义的命令。)

目标“clean”不是一个文件,它仅仅代表执行一个动作的标识。正常情况下,不需要执行这个规则所定义的动作,因此目标“clean”没有出现在其他任何规则的依赖列表中。因此在执行 make 时,它所指定的动作不会被执行。除非在执行 make 时明确地指定它。而且目标“clean”没有任何依赖文件,它只有一个目的,就是通过这个目标名来执行它所定义的命令。把 Makefile 中那些没有任何依赖只有执行动作的目标称为“伪目标”(phony targets)。需要执行“clean”目标所定义的命令,可在 shell 下输入“make clean”。

GNU make 是一个强大的工具,虽然它主要用来建立程序,但它还有很多别的用处。如果想知道更多有关这个工具的知识,如它的句法、函数和许多别的特点,用户可以参照 GNU make 使用手册。

12.2.5 Linux 下程序调试工具 GDB

无论是多么优秀的程序员,都难以保证自己在编写代码时不会出现任何错误,因此调试是软件开发过程中一个必不可少的组成部分。当程序员完成代码编译之后,它很可能无法正常运行,或者不能实现预期的功能。这时就需要调试器。通常来说,软件的规模越大,调试起来就越困难,越需要一个强大而高效的调试器作为后盾。对于 Linux 程序员来说,目前可供使用的调试器较多,GDB(GNU Debugger)就是其中较为优秀的一个。

1. GDB 概述

调试器能让软件开发人员观测被调试程序在执行过程中的内部活动情况,协助程序员找到代码中的错误。GDB 就是一种高效的调试工具,也是自由软件联盟(Free Software Foundation)的主要工具。它可以帮助软件工程师提高工作效率,进而增进工程项目的进度。

如果没有 GDB 的帮助,程序员要想跟踪代码的执行流程,一般的办法是添加大量的语句来产生特定的输出(如 printf)。但这一手段本身就可能会引入新的错误,也就无法对那些导致程序崩溃的错误代码进行分析。GDB 的出现减轻了开发人员的负担,开发人员可以在程序运行的时候单步跟踪自己的代码,或者通过断点暂时中止程序的执行。

GDB 是字符工作方式,同时在 Linux 的 X-Window 系统中,也有一个 GDB 的图形工具,称为 xxgdb。GDB 主要功能如下。

(1) 运行被调试程序,设置所有的能影响该程序的参数和变量。

(2) 保证被调试程序在指定的条件下停止运行。

(3) 当被调试程序停止时,让开发工程师检查发生了什么。

(4) 根据每次调试器的提示信息来做相应的改变,那样可以修正某个错误引起的问题,然后继续查找别的错误。

以上的 4 个过程是周而复始的过程。GDB 支持的语言有 C、C++、FORTRAN、PASCAL、Java 等。

一般来说,GDB 会根据所调试的程序来确定相应的调试语言。例如,文件扩展名为. c,GDB 会认为是 C 程序;扩展名为. c、. cc、. cp、. cpp、. cxx、. c++的,GDB 会认为是 C++程序。

2. GDB 的操作基础

GDB 是一个强大的命令行调试工具。命令行的强大就在于其可以形成执行序列和脚本。UNIX 下的软件全是命令行的,这给程序开发提供了极大的便利,命令行软件的优势在于:它们可以非常容易地集成在一起,使用几个简单的已有工具的命令,就可以做出一个非常强大的功能。

运行 GDB 命令的语法格式为:

```
gdb programname
```

其中,programname 是要调试的编译后的程序文件,这样就可以用 GDB 直接调试程序。或者用 gdb 命令启动后再打开要调试的程序也是一样的。

执行 GDB 命令就会进入 GDB 的调试程序环境界面的命令提示符下,GDB 提供很多命令使其实现不同的功能,常用的命令如表 12-2 所示。

表 12-2 GDB 常用的命令表

命 令	含 义
file myfile	装入要调试的编译后的可执行程序文件
run	运行当前要调试的程序
list	列出当前调试程序的源码清单
help	显示 GDB 命令的种类
shell	在不退出 GDB 环境下,执行 shell 命令
break n	设置断点,n 表示行号
next	执行一行源代码,但不进入函数内部
step	执行一行源代码,而且进入函数内部
continue	恢复程序继续运行
make	使用户在不退出 GDB 环境下,就可以重新编译产生可执行程序文件
quit	退出 GDB 环境

GDB 命令可以像执行 shell 命令一样，按 Tab 键让 GDB 进行命令补全，也可以按光标键进行上下翻动历史命令。另外，在 GDB 中输入命令时，可以不输入全命令，只输入命令的第一个(或几个)字符，当然，命令的第一个字符应该标志着一个唯一的命令。

3. GDB 调试的实例

前面介绍了如何在 Linux 下编写、编译程序，下面通过一个较简单的实例来说明 GDB 的使用。这个程序的名称为 test12-4.c，该段程序是接收用户的输入，并把输入的内容打印出来。需要注意的是，这段程序是有错误的。程序如下：

```
[wdg@localhost ~]$ cat test12-4.c                    #查看程序的源代码
#include <stdio.h>
char buff[256];
char * string;
int main()
{
   printf("please input a string:");
   gets(string);
   printf("\nYour string is : %s\n",string);
}
```

首先要进行编译，再执行，出现的结果如下：

```
[wdg@localhost ~]$ gcc -g test12-4.c -o test12-4        #带参数进行编译
/tmp/ccG3fVaa.o: In function 'main':
/home/wdg/test12-4.c:7: warning: the 'gets' function is dangerous and not be used.
[wdg@localhost ~]$ ./test12-4                           #执行编译后生成的文件
please input a string:ggg
段错误
[wdg@localhost ~]$
```

从以上代码可以看到，在编译时会出现“段错误”，因为该程序使用了一个未经初始化的字符串地址 string，为查找出现的问题，将使用如下的步骤进行调试。

(1) 运行 gdb filename 命令，装入文件进入 GDB 调试状态，输入命令，得到的结果如下：

```
[wdg@localhost ~]$ gdb test12-4
GNU gdb Red Hat Linux (6.5-16.el5rh)
Copyright (C) 2006 Free Software Foundation, Inc.
GDB is free software, covered by the GNU General Public License, and you are
welcome to change it and/or distribute copies of it under certain conditions.
Type "show copying" to see the conditions.
There is absolutely no warranty for GDB.  Type "show warranty" for details.
This GDB was configured as "i386-redhat-linux-gnu"...Using host libthread_db library "/lib/
i686/nosegneg/libthread_db.so.1".

(gdb)                                          #gdb 状态下的提示符
```

其中，(gdb)为提示符，在它的提示下输入调试的命令。

(2) 用 r 执行装入的命令:

```
(gdb) r                                              #用 r(run 的缩写)执行装入命令
Starting program: /home/wdg/test12 - 4
please input a string:ggg                            #输入字符串 ggg

Program received signal SIGSEGV, Segmentation fault.
0x00979911 in gets() from /lib/i686/nosegneg/libc.so.6
(gdb)
```

倒数第二行表明程序在调用动态链接库/lib/tls/libc. so. 6 中的 gets()时出现了问题,这是调试的重要线索。

(3) 使用 where 来查看出错的地方:

```
(gdb) where
#0  0x00979911 in gets() from /lib/i686/nosegneg/libc.so.6      #错误点
#1  0x080483ae in main() at test12 - 4.c:7                      #错误在第 7 行
(gdb)
```

(4) 使用 list 来查看 gets 函数附近的代码:

```
(gdb) l                                              #l 是 list 的缩写,列程序清单
1        # include < stdio.h >
2        char buff[256];
3        char * string;
4        int main()
5        {
6            printf("please input a string:");
7            gets(string);
8            printf("\nYour string is : % s\n",string);
9        }
10
(gdb)                                                #直接按回车键显示程序的下一个 10 行
```

(5) 可以看到,引起错误的因素就是 string 变量,可用 print 命令查看其值。

```
(gdb) p string                                  #p 是 print 命令的缩写
$ 1 = 0x0
(gdb)
```

(6) 设置断点,在 7 行处:

```
(gdb) b 7                                       #b 是 break 的缩写,设置断点
Breakpoint 1 at 0x80483a1: file test12 - 4.c, line 7.
(gdb)
```

(7) 重新运行程序，用 set variable 命令修改变量 string 的值。

```
(gdb) set string = "111"
(gdb)
```

(8) 继续运行程序，即可得到正确的结果。

整个程序调试结束。读者可找例子自行调试，举一反三，练习 gdb 的更多参数和方法，用户还可以用 man gdb 来获得更多帮助信息。

12.3 Linux 网络编程

网络早已进入生活的各个角落，开发各种网络软件对于软件开发人员来说是其主要任务之一。Linux 作为一个开放源代码的免费的自由软件，兼容了各种 UNIX 标准的多用户、多任务的具有复杂内核的操作系统，非常适合进行网络开发。事实上，很多优秀的网络软件都是基于 Linux 平台的。

12.3.1 网络协议

不同计算机在进行通信时，要遵循一个通用的标准，才能够正常通信，正如使用不同语言的人要进行交谈则要约定使用同一种语言一样。TCP/IP 就是这样一个标准，事实上，它是一个标准的集合，它有一系列的具体标准，即网络协议。

我们知道，根据 OSI 模型，把网络的传输分为 7 个层次。事实上，TCP/IP 协议并不完全符合 OSI 的 7 层参考模型。其中，每一层执行某一特定任务。该模型的目的是使各种硬件在相同的层次之间互相通信。而 TCP/IP 通信协议采用了 4 层的层级结构，每一层都要求它的下一层所提供的网络来完成自己的需求。

(1) 应用层：应用程序之间沟通的层，如简单电子邮件传输(SMTP)、文件传输协议(FTP)、网络远程访问协议(Telnet)等。

(2) 传输层：在此层中提供了节点之间的数据传送服务，如传输控制协议(TCP)、用户数据报协议(UDP)等。TCP 和 UDP 给数据包加入传输数据并把它传输到下一层中，这层负责传送数据，并且确定数据已被送达并接收。

(3) 网络层：负责提供基本的数据封包传送功能，让每一块数据包都能够到达目的主机(但不检查是否被正确接收)，如网际协议(IP)。

(4) 网络接口层：也称物理层，是对实际的网络媒体的管理，定义如何使用实际网络(如 Ethernet、Serial Line 等)来传送数据。

下面对各种常用协议，如 TCP、IP、UDP、ICMP 等协议，从网络编程角度进行概要介绍，更多的具体相关内容，请参考计算机网络相关教材。

(1) IP 协议：是工作在网络层的协议，它是 TCP/IP 的最重要部分，IP 协议主要完成数据包的发送。IP 层接收由更低层(网络接口层)发来的数据包，并把该数据包发送到更高层(TCP 或 UDP 层)；相反，IP 层也把从 TCP 或 UDP 层接收来的数据包传送到更低层。

但要注意，IP 数据包是不可靠的，因为 IP 并没有确认数据包是按顺序发送的或者没有被破坏。IP 数据包中含有发送它的主机的地址(源地址)和接收它的主机的地址(目的地址)。

(2) ICMP 协议:是消息控制协议,也处于网络层。在网络上传递 IP 数据包时,如果发生了错误,就会用 ICMP 协议来报告错误。ICMP 与 IP 位于同层,它被用来传送 IP 的控制信息。它主要用来提供有关通向目的地址的路径信息。ICMP 通知主机通向其他系统的更准确的路径,同时指出路径是否有问题。另外,如果路径不可用,ICMP 可以使 TCP 连接终止。PING 是最常用的基于 ICMP 的服务。

(3) UDP 协议:建立在 IP 协议基础上,是传输层的协议。UDP 和 IP 协议一样是不可靠的数据包服务。UDP 与 TCP 位于同一层,但对于数据包的顺序错误或重发没有 TCP 来得可靠。因此不被应用于那些使用虚电路的面向连接的服务。

(4) TCP 协议:建立在 IP 协议上,是按照一定的顺序来传输数据包的,这种协议是可靠的传输协议。如果 IP 数据包中有已经封好的 TCP 数据包,那么 IP 将把它们向"上"传送到 TCP 层。TCP 将数据包排序并进行错误检查,同时实现虚电路间的连接。TCP 数据包中包括序号和确认,所以未按照顺序收到的包可以被排序,有损坏的包可以被重传。TCP 将它的信息送到更高层的应用程序。

这些是网络编程中最常用到的网络协议。

12.3.2 端口和地址

端口(port)是网络通信中的另一重要问题。在 TCP/IP 协议中用到的端口是指计算机与外界通信交流的出口。

如果把 IP 地址比作一间房子,端口就是出入这间房子的门。真正的房子只有有限的几个门,但是一个 IP 地址的端口可以有 65 536 个之多!端口是通过端口号来标记的,端口号只有整数,范围为 0~65 535。

端口是一种抽象的软件结构,包括一些数据结构和 I/O 缓冲区。应用程序即进程通过系统调用与某端口建立连接(binding)后,传输层传给该端口的数据都被相应的进程所接收,相应进程发给传输层的数据都从该端口输出。

端口号的分配是一个重要问题,有两种基本分配方式:第一种是全局分配,这是一种集中分配方式,由一个公认的中央机构根据用户需要进行统一分配,并将结果公布于众;第二种是本地分配,又称动态连接,即进程需要访问传输层服务时,向本地操作系统提出申请,操作系统返回本地唯一的端口号,进程再通过合适的系统调用,将自己和该端口连接起来(即绑定)。TCP/IP 端口号的分配综合了两种方式,它将端口号分为两部分,少量的作为保留端口,以全局方式分配给服务进程。

TCP 和 UDP 连接都使用端口号,端口号是一个 16 位的数字,它可以用来区分连接的进程。除此之外,它还可以用来标志连接的固定的服务类型。例如,经常使用的 FTP 服务使用的端口号是 21,WWW 服务的端口号是 80,Telnet 的端口号是 23,等等。

在 Linux 中,范围为 0~1023 的端口为预留端口,这些端口只有超级用户才能使用。系统中常见的网络服务使用这些端口。

清楚端口的概念后,便很容易理解连接的概念,所谓连接,即对应于一个 IP 地址和端口号的进程和另外一个主机上对应于一个 IP 地址和端口号的进程所建立的联系。IP 地址和端口号便构成了套接字。

在 TCP/IP 网络应用中，通信的两个进程相互作用的主要模式是客户机/服务器模式，即客户端向服务器发出请求，服务器接收到请求后提供相应的服务。

12.3.3 Socket 网络编程

在 UNIX/Linux 中，主流的编程界面是 BSD 的套接字 Socket。它已经成为 TCP/IP 网络编程的标准。它也称为 TCP/IP 编程，来进行客户机/服务器应用程序的设计。

1. 端口和套接口

若一个主机上同时有多个应用程序在运行，它们都可能使用 TCP 或 UDP 协议进行通信，则传输层协议收到数据后如何区分数据是传给哪个应用程序的呢？为了解决这个问题，引入了端口和套接口。

端口：标识传输层与应用程序的数据接口（服务访问点，SAP），每个端口有一个 16 位的标识符，称为端口号。

套接口：IP 地址与端口号的组合，用来标识全网范围内的唯一一个端口，在 TCP 协议中用来标识一个连接。网络应用程序之间通过套接口来实现通信。

套接字是套接口描述字的简称，是整型数字，它与文件描述符共用一段数值空间 0～65 535。应用程序中使用套接字来调用套接口，套接字可认为是指向套接口的指针，就像文件描述符是指向文件的指针一样。

套接字和端口号是最容易混淆的两个概念，套接字不是人为指定的，而是由函数 Socket()的返回值决定的。一般来说，该套接字（文件描述符）是系统当前可用的，并且是数值最小的整型描述符；端口号在客户机应用程序中一般不人为指定，而在服务器应用程序中必须指定，因为服务器应用程序要在某个固定端口上监听。

2. 套接口类型及 Socket()函数

常用的 Socket 类型有流式套接口、数据报式套接口和原始套接口 3 种。

(1) 流式套接口（SOCKET_STREAM）。

流式套接口提供了一个面向连接、可靠的数据传输服务，数据无差错、无重复地发送且按发送顺序接收。内设流量控制，避免数据流超限；数据被看作是字节流，无长度限制。FTP 协议即采用流式套接字。

(2) 数据报套接口（SOCKET_DGRAM）。

数据报套接口提供了一个无连接服务。数据包以独立包形式被发送，不提供无错保证，数据可能丢失或重复，并且接收顺序无序。网络文件系统（NFS）使用数据报式套接字。

(3) 原始套接口（SOCKET_RAW）。

原始套接口允许对较低层次协议，如 IP、ICMP 直接访问，常用于检验新的协议实现或访问现有服务中配置的新设备。原始套接字函数原型和参数说明简要说明如下。

① 创建套接字—— Socket()函数。调用 Socket()来建立一个新的 Socket，也就是向系统注册，通知系统建立一通信端口。其头文件如下：

```
#include <sys/types.h>
#include <sys/socket.h>
```

函数原型如下：

```
int socket(int domain, int type, int protocol);
```

参数说明：domain 参数指定 Socket 的协议类型。

② 绑定本机端口——bind()函数。调用 bind()给 Socket 设置一个地址，也就是把 Socket 描述符与端口绑在一起。头文件同于 Socket()函数。

函数原型如下：

```
int  bind(int sockfd, struct sockaddr * my_addr, int addrlen);
```

参数说明：sockfd 是一个 Socket 描述符；my_addr 是一个指向包含本机 IP 地址及端口号等信息的 sockaddr 类型的指针。

③ 建立连接——connect()函数。调用 connect()与远端服务器建立一个 TCP 连接。头文件同于 Socket()函数。

函数原型如下：

```
int  connect(int sockfd,struct sockaddr * serv_addr, int addrlen);
```

参数说明：sockfd 是目的服务器的 Socket 描述符；serv_addr 是包含目的机 IP 地址和端口号的指针。遇到错误时返回－1。进行客户端程序设计无须调用 bind()，因为这种情况下并不需要关心客户通过哪个端口与服务器建立连接，内核会自动选择一个未被占用的端口供客户端来使用。connect()用来将参数 sockfd 的 Socket 连至参数 serv_addr 指定的网络地址。参数 addrlen 为 sockaddr 的结构长度。

④ 监听端——listen()函数。系统调用 listen()监听是否有服务请求。在服务器端程序中，当 Socket 与某一端口捆绑以后，就需要监听该端口，以便对到达的服务请求加以处理。

头文件如下：

```
#include <sys/socket.h>
```

函数原型如下：

```
int  listen(int sockfd,void * addr, int backlog);
```

参数说明：sockfd 是 Socket 系统调用返回的 Socket 描述符；backlog 指定请求队列中允许的最大请求数，进入的连接请求将在队列中等待 accept()。backlog 对队列中等待服务的请求的数目进行了限制，大多数系统默认值为 20。

⑤ 数据传输——send()函数。该函数用于在面向连接的 Socket 上进行数据传输，它的功能就是将数据由指定的 Socket 传给对方主机。头文件同于 Socket()函数。

函数原型如下：

```
int  send(int sockfd,const void * msg,int len, int flags);
```

参数说明：sockfd 是用来传输数据的 Socket 描述符；msg 是一个指向要发送数据的指针；len 是以字节为单位的数据的长度。

⑥ 进行数据读写——read()和 write()函数。该函数用于从套接字读写数据，定义如下：

```
int read(int fd,char * buf,int len)
int write(int fd,char * buf,int len)
```

函数执行成功时，返回读或写的数据量的大小，失败则返回－1。

⑦ 关闭套接字——close()和 shutdown()函数。调用 close()和 shutdown()可以结束数据传输，当所有的数据操作结束以后，可以调用 close()函数来释放该 Socket，从而停止在该 Socket 上的任何数据操作。示例如下。

```
close(sockfd);
```

也可以调用 shutdown()函数来关闭该 Socket。该函数允许只停止在某个方向上的数据传输，其他方向上的数据传输将继续进行。例如，可以关闭某 Socket 的写操作而允许继续在该 Socket 上接收数据，直至读入所有数据。

头文件如下。

```
#include <sys/socket.h>
```

定义函数如下。

```
int shutdown(int sockd,int how);
```

shutdown()用来终止参数 s 所指定的 Socket 连线。参数 s 是连线中的 Socket 处理代码，参数 how 有 3 个值，即 0、1、2，其中，0 表示终止读取操作，1 表示终止传送操作，2 表示终止读取及传送操作。

还有其他常用的系统调用和相关函数，限于篇幅本书不再做介绍，读者如需要可查阅相关书籍。

3. 程序设计流程

(1) 客户端的 TCP 应用程序流程。

① 先用 socket()创建本地套接口，给服务器端套接口地址结构赋值。

② 用 connect()函数使本地套接口向服务器端套接口发出建立连接请求，经三次握手建立 TCP 连接。

③ 若连接建立成功，则用 send()函数和 recv()函数与服务器通信。

④ 通信结束，用 close()关闭套接口。

(2) 服务器端的 TCP 应用程序流程。

① 先用 socket 函数创建套接口，并给套接口地址结构赋值。

② 用 bind()函数绑定套接口。

③ 用 listen()函数在该套接口上监听请求。

④ 用 accept()函数接收请求，产生新的套接口及描述字，并与客户端连接。

⑤ 用 fork()函数派生新的子进程与客户端通信,主进程继续处理其他请求。

12.4 Linux 嵌入式程序开发

嵌入式系统开发已经成为一门热门技术,社会生活中的各个方面都离不开嵌入式技术,国内外嵌入式产品(如车载计算机、机顶盒、家用无人机等)层出不穷,嵌入式技术越来越和人们的生活紧密结合。从家里的洗衣机、电冰箱、汽车,到办公室里的远程会议系统等,这些都属于可以使用嵌入式技术进行开发和改造的产品。而 Linux 平台由于其自身突出的良好特性,更是成为嵌入式系统开发的主力军。本节将介绍嵌入式的含义、发展及应用开发平台和基本开发过程。

12.4.1 嵌入式开发概述

嵌入式(系统)是我们经常听到的一个名词,下面进行具体介绍。

1. 嵌入式系统的定义

嵌入式操作系统是一种支持嵌入式系统应用的操作系统软件,它是嵌入式系统的重要组成部分。嵌入式操作系统具有通用操作系统的基本特点,能够有效管理复杂的系统资源,并且把硬件虚拟化。

传统定义(狭义嵌入式):嵌入式系统是以应用为中心,以计算机技术为基础,并且软硬件可裁剪,适用于应用系统对功能、可靠性、成本、体积、功耗有严格要求的专用计算机系统。

当前客观定义(广义嵌入式):除 PC 之外的一切计算机系统都可以称为嵌入式系统。典型代表有智能手机、工业机器人、汽车电子、航空航天(四轴飞行器)、安防监控(IPC)等。

2. 嵌入式操作系统的产生及应用

嵌入式系统最开始并没有与之配套的专用操作系统,而是使用如循环控制程序来对控制请求进行处理。但嵌入式系统的应用领域日益扩大,提供的功能也越来越复杂,当初的控制程序已不适应要求,所以逐渐形成了嵌入式专用操作系统。

商用嵌入式系统和专有操作系统的开发开始于 20 世纪 80 年代,这些商家开发嵌入式系统已经有 30 多年的经验,其产品目前的应用范围也比较广泛。

嵌入式技术有着广泛的应用前景,它可以渗透到人们生活和工作的诸多领域,如智能公路、虚拟机器人、家政系统、工业控制、电子商务、数码设备、卫星定位及环境工程等。

3. 主流的嵌入式操作系统

(1) Microsoft Windows CE。它是一个高效率的多平台操作系统,从整体上为有限资源的平台设计的多线程、完整优先权、多任务的操作系统。它的模块化设计允许它对于从掌上电脑到专用的工业控制器的用户设备进行定制。操作系统的基本内核需要至少 200KB 的 ROM。从 SEGA 的 DreamCast 游戏机到现在许多高价掌上电脑,都采用了 Windows CE。

(2) VxWorks。WindRiver 的 VxWorks 是目前嵌入式系统领域中使用最广泛、市场占有率最高的系统,并且支持多种处理器。它的使用环境是和 UNIX 不兼容的,大多数的 VxWorks API 是专有的,采用 GNU 的编译和调试器。它以其良好的可靠性和卓越的实时性被广泛地应用在通信、军事、航空、航天等高精尖技术及实时性要求极高的领域中，如卫星通信、军事演习、弹道制导、飞机导航等。

(3) Palm OS。Palm 是 3Corn 公司的产品，其操作系统为 Palm OS。Palm OS 是一种 32 位的嵌入式操作系统，也是一套具有极强开放性的系统，现在有大约数千种专门为 Palm OS 编写的应用程序。从程序内容上看，小到个人管理、游戏，大到行业解决方案，Palm OS 无所不包。在丰富的软件支持下，基于 Palm OS 的掌上电脑功能得以不断扩展。Palm OS 是一套专门为掌上电脑开发的 OS。在编写程序时，Palm OS 充分考虑了掌上电脑内存相对较小的情况，因此它只占有非常小的内存。由于基于 Palm OS 编写的应用程序占用的空间也非常小(通常只有几 M 字节)，因此，基于 Palm OS 的掌上电脑(虽然只有几兆字节的 RAM)可以运行众多应用程序。Palm 产品的最大特点是使用简便、机体轻巧。

(4) Linux。Linux 是一套以 UNIX 为基础发展而成的操作系统，它实现了真正的多任务、多用户环境，Linux 对硬件配置的要求相当低，能够在 4MB 内存的 386 机器上很好地运行，而且可以支持很多种处理器芯片。Linux 配置灵活，内核可裁减，Linux 最小可以放在一张软盘上运行，非常适合嵌入式开发。目前正在开发的嵌入式系统中，近一半的项目选择 Linux 作为嵌入式操作系统。Linux 现已成为嵌入式操作系统的理想选择。

嵌入式应用对操作系统的要求主要是：功能专一高效、高度节约资源、启动速度快，有些系统需要实时性。Linux 的特点使得它天生就是一个适合于嵌入式开发和应用的操作系统。

还有其他比较流行的嵌入式操作系统，如 QNX 系统、FreeRTOS、WindRiver 的 pSOS 系统、Microwave 的 OS-9、Lynx Real-time System 的 LynxOS 等。

12.4.2 Linux 嵌入式的优势

随着微处理器的产生，价格低廉、结构小巧的 CPU 和外设连接提供了稳定可靠的硬件架构，那么限制嵌入式系统发展的瓶颈就突出表现在了软件方面。尽管从 20 世纪 80 年代末开始，陆续出现了一些嵌入式操作系统，比较著名的有 Vxwork、pSOS、Neculeus 和 Windows CE，但这些专用操作系统都是商业化产品，其高昂的价格使许多低端产品的小公司望而却步；而且，源代码封闭性也大大限制了开发者的积极性。另外，结合国内实情，当前国家对自主操作系统的大力支持，也为源代码开放的 Linux 的推广提供了广阔的发展前景。

Linux 操作系统是一种性能优良、源代码公开且被广泛应用的免费操作系统，由于其体积小、可裁减、运行速度高、良好的网络性能等优点，可以作为嵌入式操作系统。而 Linux 的低成本和开放性，更是它应用于嵌入式系统领域的优势。嵌入式 Linux 是按照嵌入式操作系统的要求而设计的一种小型操作系统，与其他嵌入式操作系统相比，Linux 的源代码是开放的，不存在黑箱技术。Linux 作为一种可裁剪的软件平台，很可能发展成为未来嵌入式设备产品的绝佳资源。因此，在保持 Linux 内核更小、更稳定、更具价格竞争力等优势的同时，对系统内核进行实时性优化，使之能够更加适应对各种领域的实际要求。如今，业界已经达成共识，即嵌入式 Linux 是大势所趋，其巨大的市场潜力与酝酿的无限商机必然会吸引众多的厂商进入这一领域。

12.4.3 嵌入式开发设计过程

按照嵌入式系统的工程设计方法,嵌入式系统的设计可以分为 3 个阶段: 分析、设计和实现。分析阶段是确定要解决的问题及需要完成的目标,也常常被称为"需求阶段"; 设计阶段主要是解决如何在给定的约束条件下完成用户的要求; 实现阶段主要是解决如何在所选择的硬件和软件的基础上进行整个软、硬件系统的协调实现。在分析阶段结束后,通常开发者面临的一个棘手的问题就是硬件平台和软件平台的选择,因为它的好坏直接影响着实现阶段的任务完成。

嵌入式系统的核心部件是各种类型的嵌入式处理器。设计者在选择处理器时要考虑的主要因素有处理性能、技术指标、功耗、软件支持工具、是否内置调试工具、供应商是否提供评估版。另外,选择其他硬件时,我们也要考虑厂家的生产规模、开发的市场目标、软件对硬件的依赖性。只要可能,尽量选择使用普通的硬件。所以,在 CPU 及架构的选择上,一个原则是: 只要有可替代的方案,尽量不要选择 Linux 尚不支持的硬件平台。

一般而言,嵌入式系统的软件可以采用两种: 一种是缺少操作系统的嵌入式控制系统软件; 另一种是在具备嵌入式操作系统情况下的嵌入式软件。目前后者由于配置灵活,发展势头已经超过前者,前者在此不做介绍。

在存在操作系统的情况下,嵌入式软件开发主要分为建立交叉开发环境、交叉编译和连接、重定位和下载、联机调试这几个步骤。下面简要介绍这些过程。

1. 建立交叉开发环境

在开发之前,需要了解在嵌入式编程中使用的交叉开发环境(cross development environment)。对于一般的用户来说,交叉开发环境是不需要的,因为编程工作会在需要运行这个程序的机器上完成。但是嵌入式系统的程序很少能够这样。不仅是因为嵌入式系统资源受限制,无法建立起所需要的开发环境,还因为对于只是面向产品的嵌入式系统来说,没有必要发展成为既是运行环境,又是开发环境的系统。所以交叉开发环境是嵌入式系统开发中必不可少的编程环境。

交叉开发环境的原理很简单,只是在主机和目标机器体系结构不同的情况下,在主机上开发那些将在目标机器上运行的程序。例如,在 x86 上开发 ARM 目标板上运行的程序,就是在 x86 上运行可以将程序编译连接成 ARM 可运行代码的编译连接器,并以其编译在 x86 上编写的代码,就是一种交叉环境开发。

按照发布的形式,交叉开发环境主要分为开放和商用两种类型。开放式交叉开发环境实例主要有 gcc,它可以支持多种交叉平台的编译器,由 www.gnu.org 负责维护。使用 gcc 作为交叉开发平台要遵守 general public license 的规定。商用的交叉开发环境主要有 Metroworks CodeWarrior、ARM Software Development Toolkit、SDS Cross Compiler、WindRiver Tomado 等。

按照使用方式,交叉开发工具主要分为使用 Makefile 和 IDE 开发环境两种类型。使用 Makefile 的开发环境需要编译 Makefile 来管理和控制项目的开发,可以自己手写,有时也可以使用一些自动化的工具。这种开发工具是 gcc、SDS Cross Compiler 等。新类型的开发环境一般有一个用户友好的 IDE 界面,类似于 Windows 下的 IDE 开发环境,会方便管理和控制项目的开发,如 codeWarrior 等。有些开发环境既可以使用 Makefile 管理项目,又可以使用 IDE,如 Torando II,给使用者很大的余地。

建立交叉开发环境是进行嵌入式系统软件开发的第一步。以 gcc 为例,如果是在 x86 的 Linux 平台上建立一个面向 ARM 的开发平台,大概步骤如下。

(1) 从 www.gnu.org 中下载需要的文件包,包括 binutils、gcc、glibc、gdb 等。

(2) 按顺序对编译器、连接器和函数库进行编译和安装,在配置时需要使用 target=arm-linux 选项指定开发环境的目标平台。

(3) 在安装结束之后,应该有 arm-linux-gcc、arm-linux_ar 等程序,这些就是交叉开发平台的程序。

2. 交叉编译和连接

使用建立好的交叉开发环境完成编译和连接工作。例如,ARM 的 gcc 交叉开发环境中,arm-linux-gcc 是编译器,arm-linux-ld 是连接器。

需要注意的是,一种体系结构可有多种编译连接器,如对 M68K 体系结构的 gcc 编译器而言,就有多种不同的编译和连接器。如果使用 COFF 的可执行文件格式,那么在编译 Linux 内核时需要使用 m68k-coff-gcc 和 m68k-coff-ld 的编译连接器,在编译应用程序时需要使用 m68k-coff-pic-gcc 和 m68k-coff-pic-ld 的编译连接器。这是因为应用程序代码需要编译成为可重定位代码。

在连接过程中,对于嵌入式系统的开发而言,都希望使用较小型的函数库,以使最后产生的可执行代码尽量小,因此在编译中使用的一般是经过特殊定制的函数库。

3. 重定位和下载

生成了目标平台需要的 image 文件之后,就可以通过相应的工具与目标板上的 bootloader 程序进行通信。可以使用 bootloader 提供的,或者通用的终端工具与目标板相连接。

一般在目标板上使用串口,通过主机端工具和目标板通信。bootloader 中提供下载等控制命令,完成在嵌入式系统正式在目标板上运行之前对目标板的控制任务。bootloader 指定 image 文件下载的位置。在下载结束之后,使用 bootloader 提供的运行命令,从指定地址开始运行嵌入式系统软件。这样,一个完整的嵌入式软件便可以运行了。

4. 联机调试

嵌入式系统的调试有多种方法,也被分成不同层次。就调试方法而言,有软件调试和硬件调试两种方法:前者使用软件调试器调试嵌入式系统软件;后者使用仿真调试器协助调试过程。

就操作系统调试的层次而言,有时需要调试嵌入式操作系统的内核,有时需要调试嵌入式操作系统的应用程序。由于嵌入式系统特殊的开发环境,不可避免的是调试时必然需要目标运行平台和调试器两方面的支持。

以上简要介绍了嵌入式开发的各阶段,读者可在实际开发中进行更深入的体会。

12.5 内核基础

Linux 内核是一个庞大而复杂的操作系统的核心,不过尽管庞大,但是却采用子系统和分层的概念很好地进行了组织。在本节将探索 Linux 内核的总体结构,并学习一些主要的子系统。

12.5.1 内核概述

20世纪90年代,Linus Torvalds开发了Linux,也即内核0.11版,到目前已发展为3.0版。内核(kernel)是操作系统的内部核心程序,它向外部提供了对计算机设备的核心管理调用。

从UNIX起,人们开始用C语言编写内核代码,使得内核具有良好的扩展性。单一内核(monolithic kernel)是当时操作系统的主流,操作系统中所有的系统相关功能都被封装在内核中,它们与外部程序处在不同的内存地址空间中,并通过各种方式(如386的保护模式)防止外部程序直接访问内核中的数据结构。程序只有通过一套名为系统调用(system call)的界面访问内核结构。近些年来,微内核结构逐渐流行。

Linux系统的就是单内核结构,可将Linux看作是一个整体,因为它会将所有基本服务都集成到内核中。这与微内核的体系结构不同,后者会提供一些基本的服务,如通信、I/O、内存和进程管理,更具体的服务都是插入到微内核层中的。Linux采用单内核主要是由于Linux是一个更追求实用的操作系统,它以代码执行效率为其操作系统的第一要务。

虽然Linux是一个单内核操作系统,但它与传统的单内核UNIX操作系统不同。在普通的单内核系统中,所有内核代码都是被静态编译连入的;而在Linux中,可以动态装入和卸载内核中的部分代码。在Linux中,将这样的代码段称为模块(modulc),并对模块给予了强有力的支持。在Linux中,可以在需要时自动装入和卸载模块。

操作系统的代码可以分成内部空间和外部空间两部分,Linux也不例外:内核所在的地址空间称为内核空间;而在内核以外,剩下的程序统称为外部管理程序,它们大部分是对外围设备的管理和界面操作,外部管理程序与用户进程所占据的地址空间称为外部空间。通常,一个程序会跨越两个空间。当执行到内核空间的一段代码时,称程序处于内核态(系统);而当程序执行到外部空间代码时,称程序处于用户态。

12.5.2 Linux内核体系结构

现在让我们从一个全局的高度来审视一下GNU/Linux操作系统的体系结构。可以从两个层次来考虑操作系统。

最上面是用户(或应用程序)空间。这是用户应用程序执行的地方。用户空间之下是内核空间,Linux内核正是位于这里。

GNU C Library(glibc)也在这里。它提供了连接内核的系统调用接口,还提供了在用户空间应用程序和内核之间进行转换的机制。这一点非常重要,因为内核和用户空间的应用程序使用的是不同的保护地址空间。每个用户空间的进程都使用自己的虚拟地址空间,而内核则占用单独的地址空间。

Linux内核可以进一步划分为3层,如图12-3所示。

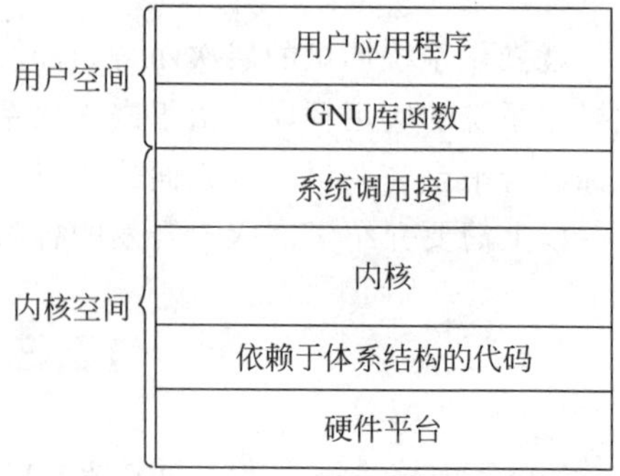

图12-3 Linux内核体系结构

(1) 系统调用接口。

系统调用接口在最上面,实现了一些基本的功能,如 read 和 write。

(2) 内核代码。

内核代码位于系统调用接口下面,它可以更精确地定义为独立于体系结构的内核代码。这些代码是 Linux 所支持的所有处理器体系结构所通用的。

(3) 依赖于体系结构的代码。

这些代码在内核空间的最下面,构成了通常称为 BSP(Board Support Package)的部分。这些代码用作给定体系结构的处理器和特定于平台的代码。

Linux 内核在内存和 CPU 使用方面具有较高的效率,并且非常稳定。尤其是在这种大小和复杂性的前提下,Linux 依然具有良好的可移植性。Linux 编译后可在大量处理器和具有不同体系结构约束和需求的平台上运行。

Linux 内核实现了很多重要的体系结构属性。在或高或低的层次上,内核被划分为多个子系统。

12.5.3　内核的主要子系统

Linux 内核主要由 5 个子系统组成:进程调度(process management)、内存管理(memory management)、虚拟文件系统(virtual file system)、网络接口(network interface)和进程间通信(inter-process communication)。

Linux 内核的主要子系统说明如下。

(1) 进程调度(PM):控制进程对 CPU 的访问。当需要选择下一个进程运行时,由调度程序选择最值得运行的进程。可运行进程实际上是仅等待 CPU 资源的进程,如果某个进程在等待其他资源,则该进程是不可运行进程。Linux 使用了比较简单的基于优先级的进程调度算法选择新的进程。

(2) 内存管理(简称 MM):允许多个进程安全地共享主内存区域。Linux 的内存管理支持虚拟内存,即在计算机中运行的程序,其代码、数据、堆栈的总量可以超过实际内存的大小,操作系统只是把当前使用的程序块保留在内存中,其余的程序块则保留在磁盘中。必要时,操作系统负责在磁盘和内存之间交换程序块。内存管理从逻辑上分为硬件无关部分和硬件有关部分。硬件无关部分提供了进程的映射和逻辑内存的对换;硬件有关部分为内存管理硬件提供了虚拟接口。

(3) 虚拟文件系统(VFS):隐藏了各种硬件的具体细节,为所有的设备提供了统一的接口,VFS 提供了多达数十种不同的文件系统。虚拟文件系统可以分为逻辑文件系统和设备驱动程序。逻辑文件系统指 Linux 所支持的文件系统,如 ext2、fat 等,设备驱动程序指为每一种硬件控制器所编写的设备驱动程序模块。

在 VFS 上面,是对诸如 open、close、read 和 write 之类的函数的一个通用 API 抽象。在 VFS 下面是文件系统抽象,它定义了上层函数的实现方式。它们是给定文件系统的插件。文件系统的源代码可以在/usr/src/linux/fs 中找到。

(4) 网络接口(NET):提供了对各种网络标准的存取和各种网络硬件的支持。网络接口可分为网络协议和网络驱动程序。网络协议部分负责实现每一种可能的网络传输协议。网络设备驱动程序负责与硬件设备通信,每一种可能的硬件设备都有相应的设备驱动程序。

(5) 进程间通信(IPC):支持进程间的各种通信机制。处于中心位置的进程调度,所有其他的子系统都依赖它,因为每个子系统都需要挂起或恢复进程。一般情况下,当一个进程等待硬件操作完成时,它被挂起;当操作真正完成时,进程被恢复执行。例如,当一个进程通过网络发送一条消息时,网络接口需要挂起发送进程,直到硬件成功地完成消息的发送,当消息被成功地发送出去以后,网络接口给进程返回一个代码,表示操作成功或失败。其他子系统以相似的理由依赖于进程调度。

以上简要介绍了 Linux 内核的特性、内核体系结构和各子系统。由于 Linux 内核庞大,具有超过 600 万行的代码,因此不可能进行完整的介绍。其他内容读者可参考资料自行学习。

12.5.4 第一个内核模块程序

用户所使用的 Linux 必须支持内核模块的加载,如果不支持,请在编译内核时选上内核模块的支持或升级内核到一个支持内核模块的版本。

一个内核模块必须至少有两个函数:当模块被插入内核时调用的 init_module 函数和模块从内核中清除时调用的 cleanup_module 函数。通常,init_module 既可以在内核中注册(register)处理某些情况的函数,也可以用它自己的代码代替某个内核函数(通常是先做一些自己的处理,再调用原来的函数)。cleanup_module 函数应该做 init_module 函数相反的工作,以便模块能够被安全地卸载。

下面是一个内核模块程序的开发过程。

1. 程序代码

相信很多学 C 语言的人从书上学的第一个程序是 Hello,world。这几乎已经是一个传统。所以我们的内核模块编程也从 Hello,world 开始。

实例:hello.c。

```
#include <linux/kernel.h>                    #引用标准的内核模块
#include <linux/module.h>
#if CONFIG_MODVERSIONS == 1                  #用 CONFIG_MODVERSIONS 处理
#define MODVERSIONS
#include <linux/modversions.h>
#endif
int init_module()                            #内核模块初始化
{
  printk("Hello, world - this is the kernel speaking\n");
  return 0;                                  #如果返回一个非零的值, 它意味着装载系统的内核
                                             #模块失败
}
void cleanup_module()                        #清除所装载的 init_module 模块
{
  printk("Short is the life of a kernel module\n");
}
```

2. 编译 hello. c 的 Makefile 文件

一个内核模块不是一个独立的可执行文件，只是一个在运行时连接内核的目标文件。所以它们应该用-c 选项编译成目标文件。另外，所有的内核模块都必须用某些宏定义来编译。下面是主要宏定义的含义。

(1) _KERNEL_：这个宏定义告诉头文件这些代码是用于运行内核模块，不是作为用户进程的一部分。

(2) MODULE：这个宏定义告诉头文件给出适当的内核模块的定义。

(3) LINUX：从技术上讲，这个宏定义并不是必需的。然而，如果想写一个在多个操作系统上编译的内核模块，你应该为你定义了该宏而高兴。它允许有条件地编译操作系统相关的部分。还有其他一些需要或不需要的宏定义，这取决于内核编译选项的需要。如果不确定你的内核是如何编译的，则可以看一下/usr/include/linux/config. h 文件。

(4) _SMP_：对称多处理器的支持。当内核是用支持对称多处理器选项编译的时候，必须使用该宏定义来编译内核模块。如果使用对称多处理器，则还有一些其他的事情要做，这在以后会讲到。

(5) CONFIG_MODVERSIONS：如果内核编译选项允许了 CONFIG_MODVERSIONS，编译内核模块时要定义宏 MODVERSIONS，而且要包含/usr/include/linux/modversions. h 头文件。这些可以在代码中做。

实例：Makefile。

```
# Makefile for a basic kernel module
CC = gcc
MODCFLAGS : =  - Wall  - DMODULE  - D__KERNEL__  - DLINUX
hello.o: hello.c /usr/include/linux/version.h
$ (CC)  $ (MODCFLAGS)  - c hello.c
#end of Makefile
```

在 root 用户状态下，执行 insmod hello 来加载 hello 模块，执行 rmmod hello 来卸载内核中的 hello 模块。当执行这些命令时，注意/proc/modules 前后的变化。

注意：用 printk 打印的内核信息是输出到控制台的，当不用 X 界面时，它输出到你所使用的虚拟终端(通过 Alt+F<n>选定的)，可以看到这些信息。当用 X 图形界面时，有两种可能性：一种是用 xterm -C 运行一个终端，信息的输出将送到那里显示；另一种是信息被送到虚拟终端 7，将会被 X 窗口所掩盖，你将看不到 printk 所显示的信息。

如果内核变得不稳定，那么不应该使用 X 界面来得到调试信息。不用 X 时，信息直接从内核到控制台。在 X 里面，printk 打印的信息输出到用户进程 xterm -C，当该进程取得 CPU 运行时间时，它将信息传给 X 的服务器进程。然后当 X 服务器进程取得 CPU 运行时间，信息才显示出来。但是一个不稳定的内核通常意味着系统将会崩溃或重启，所以不想延迟错误信息的输出的话，建议使用控制台来调试内核模块。

注意：这个简单的例子可以直接在命令行上编译。

```
# cc  - D _KERNEL_  - DLINUX  - DMODULE  - c hello.c
```

12.6 本章小结

本章讨论了 Linux 系统下的各种开发平台和开发方法,读者要掌握最常用的 Linux 编程工具,如 vi、gcc、make、gdb 等,以及其环境(如做 Linux 较大型的开发会很有用处)。要深入理解 Linux 下网络协议等概念,了解 Socket 最基本的系统调用,这是将来做网络开发工作的重要基础。对于嵌入式开发平台,了解其含义和嵌入式系统的基本开发过程。最后介绍了内核含义、内核的体系结构及开发内核模块的过程。

本章前两节为重点掌握,后三节对 Linux 的应用做了一个扩展,使读者在将来做不同方面的 Linux 管理或开发时,有一个基础和准备,读者可自行把握。

12.7 思考与实践

1. Linux 下的开发工具有哪些?集成开发平台都有哪些?
2. 在 Linux 下如何开发、调试 C、C++、Java 程序?
3. 编写一个 C 语言程序,出现错误时利用 GDB 进行调试,说出程序调试工具 GDB 的一般使用步骤及方法。
4. Linux 下编程都用到哪些协议?Socket 原始套接字有哪些操作函数?有哪些作用?
5. 嵌入式系统有哪些应用领域?嵌入式软件开发主要分为几个步骤?
6. Linux 内核都有哪些结构?作用各是什么?

参考文献

[1] 李蔚泽. Linux 系统安装与管理[M]. 北京：机械工业出版社，2006.

[2] 黄丽娜，许社春，陈彩可. Red Hat Linux 9 基础教程[M]. 2 版. 北京：清华大学出版社，2007.

[3] 刘兵，吴煜煌. Linux 实用教程[M]. 北京：中国水利水电出版社，2004.

[4] 梁如军，王娟. Red Hat Linux 9 网络服务[M]. 北京：机械工业出版社，2005.

[5] 孟庆昌. UNIX 教程[M]. 北京：电子工业出版社，2000.

[6] 王俊伟，吴俊海. Linux 标准教程[M]. 北京：清华大学出版社，2006.

[7] 王亚飞，王刚. CentOS 7 系统管理与运维实战[M]. 北京：清华大学出版社，2016.

[8] 黑马程序员. Linux 系统管理与自动化运维[M]. 北京：清华大学出版社，2018.

[9] 陈祥林. CentOS Linux 系统运维[M]. 北京：清华大学出版社，2016.

[10] 陈智斌，梁鹏，肖政宏. Linux 综合实训案例教程[M]. 北京：清华大学出版社，2016.

图书资源支持

感谢您一直以来对清华版图书的支持和爱护。为了配合本书的使用，本书提供配套的资源，有需求的读者请扫描下方的“书圈”微信公众号二维码，在图书专区下载，也可以拨打电话或发送电子邮件咨询。

如果您在使用本书的过程中遇到了什么问题，或者有相关图书出版计划，也请您发邮件告诉我们，以便我们更好地为您服务。

我们的联系方式：

地　　址：北京市海淀区双清路学研大厦 A 座 714

邮　　编：100084

电　　话：010-83470236　010-83470237

客服邮箱：2301891038@qq.com

QQ：2301891038（请写明您的单位和姓名）

资源下载：关注公众号“书圈”下载配套资源。

书圈

获取最新书目

观看课程直播